MENÉNDEZ DE AVILÉS Y LA FLORIDA:
CRÓNICAS DE SUS EXPEDICIONES

escribana
books

Title: *Menéndez De Avilés y La Florida: crónicas de sus expediciones*

ISBN-13: 978-1-952336-31-7

Design: © Artepoetica Press
Cover Design: © Bitdistric for Artepoetica Press
Editorial Director: Carlos Aguasaco
E-mail: carlos@artepoetica.com
Mail: 38-38 215 Place, Bayside, NY 11361, USA.

Woodcut carving of Pedro Menendez de Avilés
Public domain scan of woodcut print, free to use, no copyright restrictions image -

Source Georgetown University Art Collection -
[https://jenikirbyhistory.getarchive.net/media/pedro-menendez-de-aviles-340bbe]

Jacques Le Moyne
Floridae Americae Provinciae Recens & exactissima descriptio Auctore Iacobo le Moyne cui cognomen de Morgues, Qui Laudonnierum
[Source https://www.loc.gov/resource/g3930.ct000134/]

Menéndez De Avilés
y La Florida:
Crónicas de sus expediciones

Juan Carlos Mercado
Edición, introducción y notas

escribana books

Nueva York, 2024

Índice general

Índice de láminas

Abreviaturas

(Autoridades)	Real Academia Española. *Diccionario de Autoridades*. Edición facsímile. Madrid: Gredos, 1990.
(Corominas)	Corominas, Joan. *Diccionario crítico etimológico castellano e hispánico*. Madrid: Gredos, 1980-91.
(Covarrubias)	Covarrubias Orozco, Sebastián de. *Tesoro de la lengua castellana o española*. Edición de Felipe C. Maldonado revisada por Manuel Camarero. Madrid: Editorial Castalia, 1995.
(DRAE)	Real Academia Española. *Diccionario de la lengua española*. Madrid: Espasa Calpe, 1992.
(Moliner)	Moliner, María. *Diccionario del uso del español*. Madrid: Gredos, 1998.

Prólogo a esta edición

Es con profunda satisfacción que presentamos esta nueva edición de las crónicas de Pedro Menéndez de Avilés sobre La Florida del siglo XVI. Este valioso documento histórico nos transporta a una época de exploración, descubrimiento y conquista, donde la determinación, el sentido de historia y los deseos de fortuna forjaron los cimientos de lo que hoy conocemos como parte integral de la historia de América.

Pedro Menéndez de Avilés, marino y conquistador asturiano, es reconocido por haber fundado San Agustín en 1565, la ciudad más antigua de los Estados Unidos continentales con ocupación europea ininterrumpida. Sus crónicas ofrecen un relato detallado y vivaz de los desafíos, triunfos y experiencias que marcaron la empresa colonizadora española en tierras floridanas. A través de sus palabras, somos testigos de encuentros con pueblos indígenas, batallas por el control territorial y la incansable búsqueda de establecer una presencia duradera en el Nuevo Mundo.

Estas crónicas no solo documentan eventos históricos significativos, sino que también nos brindan una visión íntima de la personalidad y el liderazgo de Menéndez de Avilés. Su habilidad estratégica, su profunda fe religiosa y su inquebrantable compromiso con la corona española se reflejan en cada página, proporcionando una comprensión más profunda de las motivaciones y circunstancias que impulsaron la colonización española en América del Norte.

En un mundo contemporáneo donde la comprensión del pasado es esencial para afrontar los desafíos presentes y futuros, estas crónicas cobran una relevancia renovada. Nos invitan a reflexionar sobre los complejos encuentros culturales, las dinámicas de poder y las consecuencias duraderas de la colonización. Además, ofrecen una oportunidad invaluable para explorar las raíces históricas de La Florida y su influencia en la configuración cultural y social de la región.

Esta nueva edición ha sido revisada y las notas al pie y comentarios contextualizan los acontecimientos descritos y facilitan una comprensión más amplia y matizada de la época y sus protagonistas.

Invitamos al lector a sumergirse en este fascinante viaje al siglo XVI, a explorar los relatos de aventura y desafío que conforman estas crónicas, y a descubrir las narrativas que han moldeado nuestra comprensión del pasado. Que esta obra sirva como puente entre siglos, conectando experiencias humanas a través del tiempo y enriqueciendo nuestro entendimiento de la historia compartida.

Prólogo de Isaías Lerner

Este volumen ofrece al lector actual las dos narraciones correspondientes al establecimiento español en el extenso territorio conocido entonces como La Florida y descubierto en 1512 por Juan Ponce de León. Los dos textos, editados ahora por primera vez en un volumen, dan detallado recuento de los violentos esfuerzos por expulsar a los franceses que intentaron colonizar las tierras no ocupadas y parcialmente recorridas por diversas expediciones españolas, como explica en la "Introducción" el nuevo y erudito editor del *Memorial* de Gonzalo Solís de Merás y la *Relación* de Bartolomé Barrientos, el profesor Juan Carlos Mercado, autor también de una excelente edición de las cartas sobre La Florida de Pedro Menéndez de Avilés.

Barrientos se apoya para su relato histórico en documentación de primera mano, pero sin ser testigo presencial. Solís de Merás, sin duda alentado por la estrecha relación de parentesco, escribe su *Memorial*, que por momentos se lee como homenaje y apología, desde el escenario de los hechos y a poco de ser presenciados. Ambos textos, sin embargo, se complementan y ayudan a reconstruir los hechos y también el paisaje natural y, sobre todo, humano de estos territorios en gran medida desconocidos para los protagonistas.

Si por razones políticas del momento ambos autores se centran en la sangrienta empresa de desalojar a los pobladores franceses, los comentarios sobre el inédito paisaje por el que se aventuraban y las notas acerca de los pueblos indígenas que encuentran a su paso, dan un valor inestimable a ambas narraciones y, particularmente, a la de Barrientos. De este modo, a los datos históricos, se añaden informaciones valiosas, por lo tempranas, de la presencia hispana en lo que hoy es parte del territorio de los Estados Unidos de Norteamérica y de la visión que esa presencia construye.

Datos y comentarios sobre el clima, los accidentes naturales, la alimentación y los productos naturales. Las negociaciones con los caciques y pobladores de los lugares de las diversas expediciones. Las rivalidades entre ambos grupos europeos por conquistar la confianza de los pobladores. La función evangelizadora de los sacerdotes españoles y el traslado de conflictos político-religiosos a territorios ajenos a la gran polémica y cruenta lucha desatadas en Europa por la Reforma, son el marco dentro del que ambos cronistas dan cuenta de los hechos de conquista y defensa de un vasto territorio que la corona española consideraba suyo y que veía amenazado por la invasión de colonos hugonotes que buscaban en las nuevas tierras la posibilidad de una libre práctica religiosa por entonces prohibida por la monarquía francesa.

La figura de Pedro Menéndez de Avilés, fundador de la población más antigua del territorio actual de los Estados Unidos, San Agustín, aparece en las dos crónicas como modelo del defensor de los derechos de la corona española, y como natural paradigma del valor militar y las virtudes civiles. Sin embargo, los lectores actuales encontramos difícil de entender y casi imposible de asimilar la dureza sobrecogedora con que Menéndez de Avilés suprimió la presencia francesa en territorio apenas explorado; al mismo tiempo, estos textos adquieren hoy particular vigencia y valor docente. Por un lado, nos hacen evidente la peligrosa deshumanización de una visión político-religiosa intransigente que pasaba por norma aceptable de imposible convivencia; pero, por el otro, dan testimonio claro de un agudo y, al mismo tiempo, poco benevolente interés por las costumbres, ritos y modos de vivir de estos pueblos representantes de los pobladores iniciales de La Florida. A ello hay que añadir que, sin esta peculiar y conflictiva capacidad de observación, nada sabríamos de esas sociedades a principios del XVI.

Además, como ya señalamos, estos textos aclaran los inicios no siempre recordados de la presencia hispánica en La Florida, que actualmente, y más de cuatro siglos después, vuelve a hacerse evidente en parte importante de este territorio, por razones perversamente opuestas. En efecto, la razón fundamental de la presencia actual de numerosos grupos hispánicos en los Estados Unidos solamente se explica por la persecución político-ideológica en los países de habla castellana o por falta de oportunidades o libertad para el desarrollo económico de la mayoría.

Finalmente, el profesor Mercado ha llevado a cabo una paciente y muy cuidadosa revisión del texto para acercarlo a la versión más cercana posible a la de sus autores. Su prolija anotación aclara de modo conciso y escrupuloso las acepciones de un vocabulario algo distante de los usos actuales. Con ella ha enriquecido notablemente y ha hecho más accesibles estas crónicas fundamentales de los principios de la historia de la población y colonización de las tierras de La Florida.

Isaías Lerner
Distinguished Professor
The Graduate Center
The City University of New York

Agradecimientos

Esta edición es la conclusión de un trabajo que se inició con la edición de las cartas de Menéndez de Avilés.

Como lo he señalado previamente, debo agradecer a Isaías Lerner, quien como en otras oportunidades leyó con cuidado borradores de este trabajo, me dio sugerencias valiosas, y escribió el prólogo a la primera edición. Las indicaciones sobre aspectos puntuales de estas crónicas de Raquel Chang-Rodríguez fueron de gran valor. También debo extender mi reconocimiento a Eugene Lyon, uno de los más importantes especialistas en Menéndez de Avilés y La Florida española, quien leyó partes del manuscrito, por su generosa ayuda y contribución en el mejoramiento de este trabajo. También resultaron de gran utilidad los comentarios de Mbare Ngom, Bettina Lerner, David Unger, Ainoa Iñigo y Laura Villa. Mi agradecimiento a María Politarhos y Juan Díaz del departamento de Arte de City College.

La ayuda que me brindaron para la etapa de investigación el Archivo General de Indias, Sevilla, el Museo Naval y la Biblioteca Nacional de Madrid fue crucial. Lo mismo debo decir de John O'Neill de la Hispanic Society of New York, Saint Augustine Historical Society, y el Center for Historial Research del Flagler College y la directora de la St. Agustine Foundation, Joy MacMillan, de la ciudad de San Agustín, Florida.

Las Instituciones que me ayudaron en la concretización de este libro son: Program for Cultural Cooperation Between Spanish Ministry of Culture and United States Universities; Recovering the United States Hispanic Literary Heritage, la Direccíon General de las Relaciones Culturales y Científicas del Ministerio de Asuntos Exteriores de España, y el PSC-CUNY Research Award.

La realización de esta re-edición de las crónicas de Pedro Menéndez de Avilés ha sido posible gracias al esfuerzo y dedicación de numerosas personas e instituciones comprometidas con la preservación y difusión de nuestro patrimonio histórico.

En primer lugar, expresamos nuestro más sincero agradecimiento a Carlos Aguasaco por su apoyo y aliento en la re-edición de este trabajo y a la Editorial Escribana, cuyo compromiso con la literatura y la historia ha sido fundamental para materializar este proyecto. Su apoyo constante y su profesionalismo han garantizado una edición de alta calidad que hará justicia a la importancia de esta obra. Su trabajo meticuloso ha asegurado que esta obra sea presentada de manera atractiva y respetuosa con el contenido original, facilitando una experiencia de lectura agradable y significativa.

Agradecemos profundamente a todos aquellos que aportaron su conocimiento y experiencia en la revisión y anotación del texto. Sus investigaciones y análisis han enriquecido esta edición, proporcionando una perspectiva informada y accesible que beneficiará tanto a estudiosos como a lectores interesados en la historia.

Nuestro reconocimiento se extiende también a los archivos y bibliotecas que facilitaron el acceso a documentos originales y fuentes complementarias esenciales para la preparación de esta edición. Su labor incansable en la conservación de estos tesoros documentales es invaluable para la continuidad de la investigación histórica.

Finalmente, extendemos nuestra gratitud a los lectores, cuya pasión y curiosidad continúan inspirando proyectos como este. Esperamos que esta edición les proporcione una comprensión más profunda y una apreciación renovada de la figura de Pedro Menéndez de Avilés y de la rica historia de La Florida.

A todos ustedes, gracias por hacer posible que estas crónicas vuelvan a la luz y sigan contribuyendo al diálogo continuo sobre nuestro pasado compartido.

1. Pedro Menéndez de Avilés
Cortesía de *St. Agustine Foundation*
Saint Augustine, Florida

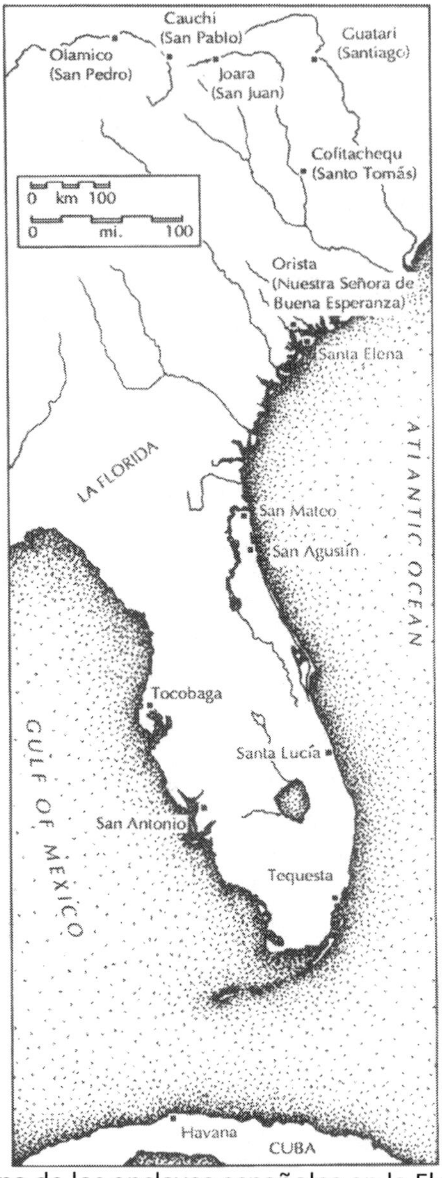

2. Mapa de los enclaves españoles en la Florida
Reproducido en Amy Turner Bushnell*, Situado y Sabana. Spain's Support System of the Presidio and Mission Provinces of Florida*. Athens, University of Georgia Press, 1994. Cortesía del *American Museum of National History*, New York City.

3. Ruta de las flotas españolas
Reproducido en Albert Manucy, Menéndez: *Captain General of the Ocean Sea. Saratosa*: Peneapple Press, 1992. Cortesía de la *St. Augustine Foundation*, Saint Augustine, Florida

4. Los franceses descubren los seis ríos
Pintura de Jacques Le Moyne de Morgues
Colección Theodore de Bry-Cortesía de la *Hispanic Society of America*, New York City

5. René de Laudonniere y el cacique Saturiba
Pintura de Jacques Le Moyne de Morgues
Colección Theodore de Bry-Cortesía de la *Hispanic Society of America*, New York City

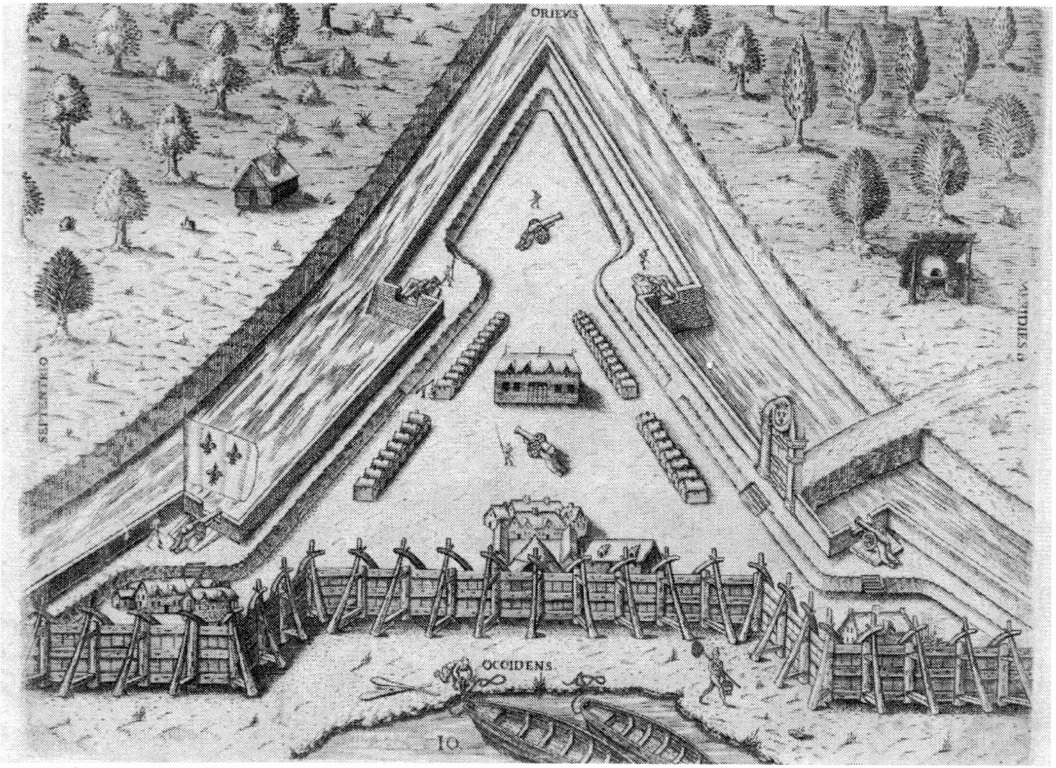

6. El fuerte Caroline
Pintura de Jacques Le Moyne de Morgues
Colección Theodore de Bry-Cortesía de la *Hispanic Society of America*, New York City

7. El cacique Otima se prepara para la guerra
Pintura de Jacques Le Moyne de Morgues
Colección Theodore de Bry-Cortesía de la *Hispanic Society of America*, New York City

8. Presentación de la esposa de Saturiba
Pintura de Jacques Le Moyne de Morgues
Colección Theodore de Bry-Cortesía de la *Hispanic Society of America*, New York City

9. Saturiba recibe a su esposa
Pintura de Jacques Le Moyne de Morgues
Colección Theodore de Bry-Cortesía de la *Hispanic Society of America*, New York City

10. Saturiba y su esposa toman un paseo
Pintura de Jacques Le Moyne de Morgues
Colección Theodore de Bry-Cortesía de la *Hispanic Society of America*, New York City

11. Búsqueda de oro en un arroyo
Pintura de Jacques Le Moyne de Morgues
Colección Theodore de Bry-Cortesía de la *Hispanic Society of America*, New York City

12. Nativa de la Florida
Acuarela de John White. Colección Theodore de Bry
Cortesía de la *Hispanic Society of America*, New York City

13. Nativo de la Florida
Acuarela de John White. Colección Theodore de Bry
Cortesía de la *Hispanic Society of America*, New York City

Introducción

I. La Florida

Las tierras de la Florida[1] (los actuales estados de Georgia, Florida, Alabama, Mississipi, Louisiana, parte de Texas y el sur de Carolina), descubiertas por Juan Ponce de León el 8 de abril de 1512, no fueron españolas de "hecho", pero sí de "derecho", hasta la llegada a ellas de Pedro Menéndez de Avilés en 1565. En efecto, después del citado viaje de Ponce de León,[2] en el cual recorrió toda

---

[1] El nombre de la Florida, llamada *Cautio*, en lengua Timucua, por sus nativos hasta la llegada de los españoles, se debe a su descubridor Ponce de León, que la divisó por vez primera el domingo de Ramos o día de Pascua Florida, además dicha denominación debió parecerle sumamente adecuada, cuando él mismo definía esta tierra como "la más florida de cuantas antes había visto". Al parecer, el descubrimiento fue casual, Ponce de León buscaba las llamadas islas de Bimini, porque los indios de Borinquen (hoy Puerto Rico) le habían revelado que en ella se encontraba la fuente de la juventud, de la cual tan detalladamente hablaría Juan de Mandeville en su *Libro de las maravillas del mundo. Franceses en la Florida*, ed. De J.M. Gómez-Tabanera, Madrid: Historia 16, 1990, 10. Ver mi edición: *Pedro Menéndez de Avilés, Cartas sobre la Florida* (1555-1574). Madrid: Iberoamericana, 2002, 13-18.

[2] Juan Ponce de León (Santervás de Campos, Valladolid, 1460 - Cuba, 1521) era de ascendencia noble, había sido paje en la corte de Fernando el Católico y había combatido en la conquista de Granada. Se duda si su primer viaje a América lo hizo con Colón (en 1493) o ya con Ovando (en 1502). En todo caso, colaboró con éste en la conquista de La Española (Santo Domingo) y recibió de él el encargo de conquistar la cercana isla de San Juan o Borinquen (Puerto Rico) en 1508. A pesar de la oposición de Diego Colón, consiguió ser nombrado gobernador en 1510. La isla se le sometió sin dificultad, merced a la conversión del cacique Agüeibana; Ponce de León pudo dedicarse a la fundación de ciudades y a la explotación del oro. Pero, tras la muerte de Agüeibana, los indios se sublevaron contra la dominación española y el régimen de encomiendas, que los había sometido a trabajo forzado. Tras una dura lucha, Ponce de León se impuso a los nativos y tomó represalias sangrientas. En 1511 fue destituido, aunque se resistió a dejar el cargo hasta que vino a exigírselo el propio Diego Colón. Se embarcó entonces en una nueva expedición de descubrimiento hacia el norte, en la que encontró la punta del continente norteamericano, territorio al que llamó *Florida*; bordeando sus costas descubrió la corriente del Golfo. Pero no pudo establecerse en tierra ante la hostilidad indígena; una posterior expedición de conquista que realizó en 1521 fue igualmente rechazada por los indios seminolas. Probablemente aquella península había recibido ya la visita de

la costa de la península, los españoles no volvieron a la Florida hasta 1521 y con el mismo descubridor; sin embargo, a causa de la resistencia de los pobladores nativos, permanecieron allí muy poco tiempo. Las principales expediciones, siempre españolas, a la Florida, fueron las de Pánfilo de Narváez[3] y Alvar Nuñez Cabeza de Vaca (1528),[4] Hernando de Soto (1539),[5] Luis de Cáncer (1549)[6] y

---

navegantes españoles o portugueses, pero su descubrimiento había quedado olvidado hasta la expedición de Ponce de León. <http://www.biografiasyvidas.com>

[3] Pánfilo de Narváez (Valladolid, 1470-Golfo de México, 1528) tomó parte en la conquista de Cuba (1514) a las órdenes de Velásquez. Posteriormente fue enviado por éste a México para someter a Cortés, que lo atacó en Cempoala, lo hizo prisionero (1520) y lo mantuvo encarcelado tres años. En 1526 organizó una expedición a La Florida, muriendo en un naufragio frente a las costas de Texas. <http://www.biografiasyvidas.com>

[4] Alvar Núñez Cabeza de Vaca (Jerez de la Frontera, 1507-Sevilla, 1559) de familia noble, era hijo de un conquistador de Gran Canaria. Su primera aventura en las Indias transcurrió en el sur de lo que hoy son los Estados Unidos y el norte de México: alistado en la expedición de Pánfilo de Narváez a la Florida (1527) fue uno de los cuatro únicos supervivientes que, durante ocho años, vivieron entre los indios como comerciantes y curanderos; tras un largo periplo hacia el oeste, restablecieron el contacto con los españoles en Sinaloa (México) en 1536. Durante aquel viaje recogió las primeras observaciones etnográficas sobre las poblaciones indígenas del golfo de México, que serían publicadas en Zamora en 1542 bajo el título de *Relación.* Cabeza de Vaca regresó a España en 1537 y consiguió que se le otorgara la gobernación del Río de la Plata. Para hacerla efectiva inició en 1540 su segundo viaje, que le llevó al sur del continente americano. Descubrió las cataratas de Iguazú, exploró el curso del río Paraguay y sometió a algunas tribus indígenas. Pero pronto entró en conflicto con los colonos españoles establecidos con anterioridad que, encabezados por Irala, rechazaban la autoridad del gobernador y sus proyectos de organizar la colonización del territorio olvidándose de perseguir los quiméricos tesoros de los que hablaban las leyendas indígenas. Los descontentos se sublevaron en 1544 (rebelión de los *comuneros)* y enviaron a Cabeza de Vaca a España acusado de abusos de poder en la represión de los disidentes (como el incendio de Asunción en 1543). El Consejo de Indias le desterró a Orán en 1545. Ocho años después fue indultado y se estableció en Sevilla como juez. <http://www.biografiasyvidas.com>

[5] Hernando de Soto (Villanueva de Barcarrota, España, 1500-en el río Mississippi, actual EE UU, 1542) viajó a América y participó en la expedición de Gaspar de Espinosa que descubrió la costa de Nicaragua, y luego en la conquista de este territorio, a las órdenes de Hernández de Córdoba, en 1523. En

Tristán de Luna y Arellano (1559).[7] Todos ellos, aun cuando pusieron pie en estos territorios, lo hicieron, como ya se ha dicho, de

---

1532 emprendió viaje como tercer capitán en la expedición de Francisco Pizarro al Perú, donde colaboró en la conquista del Tahuantinsuyo (el Imperio Inca). Como recompensa recibió la encomienda de Piura, y acumuló una gran fortuna después del reparto que Pizarro hizo del tesoro que Atahualpa había pagado infructuosamente por su libertad. Al igual que el resto de los conquistadores, se erigió en miembro de una nueva nobleza militar que basaba su poder en las grandes propiedades señoriales conseguidas en América. Enemistado con Pizarro en 1535, regresó a España, donde casó con Isabel de Bobadilla, hija del gobernador de Nicaragua, Pedrarias Dávila, tras lo cual consiguió una capitulación de la Corona para colonizar la Florida, además de los títulos de Adelantado de La Florida y gobernador de Cuba. En 1538 arribó con sus hombres a La Habana y, tras reedificar el fuerte, partió hacia la Florida. Desembarcó en la bahía del Espíritu Santo (Tampa), desde donde se adentró en el continente, para luchar a partir de ese momento contra el clima y habitantes nativos hostiles. Durante tres años, su exploración de las llanuras del sur de los actuales Estados Unidos fue una marcha desesperada por conseguir riquezas imaginarias. Llegó a tierras del actual estado de Alabama en octubre de 1540 y descubrió el Mississippi. Tras cruzarlo a la altura de la actual Memphis, alcanzó las mesetas que flanquean el río White, en la confluencia con uno de los principales afluentes del Mississippi, el Ohio, y regresó luego hasta el gran río, donde, gravemente enfermo, murió.
<http://www.biografiasyvidas.com>

[6] Luis de Cáncer fue fraile dominico. Se cree que nació en Barbastro, Aragón; en 1518 viajó a La Española y en 1521, junto a Antonio de Montesinos, a Puerto Rico. Luego pasó a Guatemala y México. Fue un ferviente defensor de los indios; aprendió diferentes dialectos mayas para tener un mejor acercamiento a los nativos. La evangelización de la Florida había comenzado a preocupar a los dominicos de México. En 1547 viajó a España y se entrevistó con el Consejo de Indias con el propósito de obtener autorización y apoyo financiero para encabezar una exploración misionera a la Florida. En la primavera de 1549, Cáncer, junto a un reducido grupo de misioneros, zarpó rumbo a La Habana y de allí a las costas de la Florida. Allí fueron recibidos por indios de las tribus Tocobaga, Timucua y Caloosa. Cáncer murió a manos de los indígenas al poco tiempo de arribar a las costas de la Florida. <http://www.biografiasyvidas.com>

[7] Tristán de Luna y Arellano (Borobia, Soria, 1510-México, 1573) mariscal de Castilla, viajó a México en 1530 y 1535. Encargado de la conquista de Florida por el virrey Luis de Velasco (1559), tuvo que abandonar la empresa por enfermedad (1560).
<http://www.biografiasyvidas.com>

un modo pasajero; tampoco fundaron ninguna ciudad, ni establecieron colonia o fuerte alguno en la península.

La Florida, conocida ya como parte de Tierra Firme, era considerada como el territorio septentrional del Virreinato de la Nueva España. Al respecto, conviene recordar que las instrucciones que en 1548 dejó Carlos I a su hijo Felipe II subrayarían la amenaza potencial de Francia sobre las Indias, urgiéndole por ello poner en marcha una política indiana aliancista con los monarcas portugueses para defender así derechos comunes. Por otro lado, Felipe II contaba con el texto de la famosa bula de Alejandro VI,[8] cuyo título fue denunciado por otras potencias.[9] No es extraño pues, que con estos antecedentes, el monarca español viera en las expediciones francesas al Canadá y Terranova actos tan intolerables como los continuamente llevados a cabo, en el mar

---

[8] Alejandro VI (Játiva, España, 1413-Roma, 1503) Papa (1492-1503). Sobrino del también Papa Calixto III, viajó a Italia, donde cursó estudios religiosos, y en 1456 fue nombrado cardenal. Tras la muerte de Calixto III volvió a la Península Ibérica y ostentó el cargo de obispo de Barcelona y, más tarde, el de arzobispo de Valencia. Su nombramiento como Papa en 1492 desencadenó una fuerte oposición en Roma, por considerar que su vida era licenciosa e inmoral (había tenido cinco hijos), y, además, por el hecho de ser extranjero. Esta hostilidad explicaría la leyenda creada alrededor de su figura, que llegó a hacer parecer a Alejandro VI y a su familia como seres monstruosos y abyectos. En el terreno político, consiguió mantener la independencia del Papado frente a Francia y España, en lucha por el control de Italia. Al mismo tiempo, se encargó de arbitrar el reparto de América entre Castilla y Portugal, y fue un mecenas de las ciencias y las artes. <http://www.biografiasyvidas.com>

[9] En las negociaciones diplomáticas entre Francia y España, el proyecto de los enviados españoles de excluir totalmente a los franceses del tráfico de ultramar chocaba contra la inconmovible firmeza de los delegados de Enrique II. Estos reconocían a Portugal y España el poder de prohibir la entrada a las naciones extranjeras en sus posesiones, de ninguna manera en tierras no ocupadas, aunque estuvieran dentro de las demarcaciones. Para mantener esta actitud inquebrantable alegaban la libertad de los mares. Contra esta declaración se estrelló el fundamento alegado por sus adversarios de las concesiones de Alejando VI y el tratado de Tordesillas. Ante la postura francesa, España prometió imponer por la fuerza la línea de demarcación e impedir dentro de aquellos límites todo comercio extranjero. El territorio de la Florida, aún no del todo explorado, por su proximidad con la Nueva España, ofrecía esperanzas de grandes tesoros. Cf. Félix Zubillaga, *La Florida: la misión jesuítica y la colonización española*, Roma: Instituto Historicum, 1941, 134-135.

de las Antillas, por los piratas y corsarios, a los cuales se perseguía implacablemente.

Los primeros extranjeros que se establecieron en la Florida a partir de 1562 fueron de origen francés; a partir de esta fecha fueron llegando nuevas expediciones francesas, integradas mayormente por adherentes de la Reforma. Las guerras de religión que azotaban Europa propiciaron la tentativa; el rey de Francia no tuvo inconveniente en conceder patentes de corso, es decir, autorizaciones para realizar campañas marítimas contra embarcaciones enemigas, a quienes bajo su bandera quisieran enfrentar a las naves españolas en el Atlántico y el mar Caribe. Algunos de estos franceses, apresados por españoles, comunicaron a la corona acerca de los asentamientos. Esto, unido a las creencias protestantes de los colonos franceses, indujo a Felipe II a montar una expedición contra ellos, al frente de la cual iría Pedro Menéndez de Avilés, con el título de Adelantado de la Florida.

Pedro Menéndez ganó fama, entre otras cosas, por la captura de Fort Caroline (después rebautizado San Mateo)[10] y la posterior ejecución del comandante francés Jean Ribault y sus hombres, en 1565. Estos hechos le aseguraron a España, temporalmente, el control de la franja oriental norteamericana. Menéndez fundó entonces dos ciudades, San Agustín[11] y Santa Elena,[12] una de las cuales, San Agustín, sería la más antigua de origen europeo en lo que es hoy territorio de los Estados Unidos.[13] Desde estos dos enclaves, partirían las expediciones que explorarían toda la costa y establecerían fortalezas para defender el continente de los ataques de los piratas y establecer relaciones con los nativos. De este modo se podría llevar a cabo la penetración

---

[10] San Mateo, en honor del apóstol evangelista que goza de particular devoción en Oviedo, capital del Principado de Asturias, patria de Pedro Menéndez.

[11] Menéndez de Avilés desembarcó el 28 de agosto de 1565, día de San Agustín, de allí el nombre de este enclave. San Agustín está ubicada cerca de la ciudad de Jacksonville.

[12] Santa Elena, en la actual isla de Parris, en South Carolina.

[13] Menéndez fracasó al tratar de establecer poblados en otras localidades; tampoco pudo crear colonias permanentes más allá de los montes Apalaches. Eugene Lyon, "La visita de 1576 y la transformación del gobierno en la Florida española", en *Pedro Menéndez de Avilés*, N.Y. Garland, 1995, 197.

hacia el interior, y tomar así contacto con las posiciones españolas de Zacatecas.

Cuando Pedro Menéndez de Avilés fundó San Agustín en la Florida, en 1565, había ya en el Nuevo Mundo aproximadamente unos 160.000 españoles.[14] No fue hasta 1607, 40 años después de la fundación de San Agustín, que se estableció la colonia inglesa en Jamestown,[15] 55 años más tarde Plymouth[16] y no fue hasta 1670, en que otro asentamiento sureño, Charleston,[17] se colonizó. Desde un comienzo San Agustín se vio afectada por desastres naturales (inundaciones, incendios y huracanes) y el devastador ataque del pirata Francis Drake[18] en 1586 que destruyó la ciudad.[19]

Menéndez murió en 1574; sus herederos recibieron la gobernación, con las correspondientes responsabilidades.

---

[14] P.C. Emmer and M. Morner, eds. *European Expansion and Migration.* New York: St. Martin's Press, 1992, 212.

[15] Estado de Virginia.

[16] Ciudad ubicada al sudeste de Boston, estado de Massachussets.

[17] Ciudad del actual estado de South Carolina.

[18] Francis Drake nació en Crowndale, cerca de Tavistok, entre 1540 y 1545. Aprovechando la circunstancia de ser sobrino de William Hawkins (hermano de John Hawkins) entró al servicio de dichos armadores. En 1566 realizó su primer viaje a América bajo las órdenes de John Lowell, enviado por Hawkins. Drake conoció entonces Tierra Firme y se familiarizó con la trata de esclavos. En 1567 acompañó a John Hawkins en su desastroso viaje a Veracruz. Drake hizo luego algunas expediciones a las colonias españolas en 1570 y 1571. En 1572 intentó apoderarse de la plata española que iba a ser embarcada en el istmo. Al año siguiente regresó a Inglaterra, donde llevó una vida opaca hasta 1577, año en que se dirigió a la costa pacífica americana. Tras asaltar varias plazas y gran número de barcos recaló en California en un lugar que llamó la Nueva Albión. Carenó sus naves y cruzó el océano hasta las islas Marianas, completando luego la vuelta al mundo. Volvió a Inglaterra en 1580 y la reina lo nombró caballero. En 1586, saqueó y destruyó Santo Domingo y Cartagena. En 1588 fue uno de los artífices de la victoria contra la Invencible. Al año siguiente, pretendió tomar La Coruña y Lisboa con una flota de 80 naves y 20.000 hombres. En 1595 dirigió con Hawkins la armada contra el Caribe. Fracasó en Puerto Rico y se apoderó de Riohacha, incendiándola. Siguió luego a Nombre de Dios para apoderarse de la plata enviada de Perú a Panamá, pero sufrió un descalabro. Se retiró a Portobelo y murió al llegar a dicho puerto el 28 de enero de 1596. Lucena Salmoral, 282. Cf. David Cordingly, 9-10, 19, 27, 29-33, 57.

[19] Kathleen Deagan, 23.

Inmediatamente, la corona decidió subsidiar la colonia, considerando su valor defensivo en la protección del Canal de Bahamas y el estrecho de la Florida, áreas estratégicas de navegación. Si bien es cierto que la localización geográfica de San Agustín fue una especie de elemento disuasivo a los ataques de piratas, también sirvió como puesto de socorro a las innumerables víctimas de naufragios.

Uno de los primeros misioneros jesuitas en desembarcar en San Agustín, en 1569, Antonio Sedeño,[20] describe la región en los siguientes términos:

> La tierra era la más mísera de las descubiertas hasta entonces; unas treinta leguas por el interior toda arena, llena de ríos y pantanos y tan pobre que producía únicamente palmitos y nueces silvestres; grandes pinares y bosques infructuosos e inútiles por falta de medios para talarlos y cultivarlos servían de guarida a ciervos y osos; los habitantes vivían dispersos y vagaban a la rebusca de un poco de tierra donde plantar maíz. En distancia de quince leguas ejercitaban su hegemonía unos treinta caciques, de tal suerte diseminados entre selvas y pantanos, que ninguno de ellos mandaba a más de veinte vecinos; se veían poblaciones con cuatro o cinco chozas, a las que había que ir por agua y lodo hasta la rodilla.[21]

Durante el siglo XVI San Agustín desarrolló muchas de las características que permanecerían a través del período español de esta zona. Fue un puesto militar aislado del resto del imperio español en América aunque dependiente de él a los efectos de

---

[20] Muy poco se conoce de los primeros años de Antonio Sedeño. Nació en San Clemente, Toledo, se trasladó a Italia, siendo muy joven, para vivir al servicio del conde Francisco Landriano, bienhechor de la Compañía. En 1559, entró como jesuita en el colegio de Loreto, dos años más tarde se trasladó al colegio de Macerata, pasó luego a la Universidad de Padua, para estudiar retórica. En 1563 se trasladó a Roma, donde fijó su residencia en el colegio Germánico; en 1566 completó su formación, y al año siguiente recibió la orden de marchar a las Indias. Félix Zubillaga, *La Florida: la misión jesuítica y la colonización española*, 324

[21] León Lopetegui y Félix Zubillaga, *Historia de la Iglesia en la América española*, 467.

subsistencia. Objetivos militares y su situación como centro de la cadena de misiones establecidas por los franciscanos en 1572 fueron las principales razones de la existencia de esta colonia. La ciudad experimentó un crecimiento gradual a lo largo del siglo XVII, con un incremento de la población de 400 a 1000 habitantes. También durante este período, una incipiente industria ganadera comenzó a surgir en el interior de la Florida, y se reforzaron contactos con las zonas no costeras a través del sistema de misiones, cuyo máximo desarrollo se logró en 1655 con 38 misiones. Vale señalar que las amenazas inglesas de usurpación y los continuos ataques de piratas aumentaron en el siglo XVII, sobre todo con la fundación de Jamestown (1607) y Charleston (1670). Esta situación obligó a la administración colonial a construir el Castillo de San Marcos entre 1672 y 1695, el único fuerte de piedra construido en San Agustín. Con todo, las amenazas inglesas prevalecieron a lo largo del siglo, hasta que en las primeras décadas del XVIII se hicieron realidad con los ataques devastadores de James Moore, gobernador de Carolina del Sur. Si bien Moore fracasó en la toma de la colonia, la mayoría de las misiones franciscanas del interior de la península fueron destruidas, y sus sobrevivientes reubicados en San Agustín.[22]

El primer período español finalizó en 1763 cuando la Florida fue cedida a Inglaterra en intercambio por Cuba, de la cual acababa de apoderarse, bajo los términos del primer Tratado de París.[23] Inglaterra ocupó la colonia durante 20 años hasta que España la recuperó con la firma del segundo Tratado de París, en 1783. La Florida continuó bajo control español por casi cuarenta años hasta que en 1821, con la firma del Tratado Adams-Onís, pasó a formar parte del territorio de los Estados Unidos.

Pedro Menéndez de Avilés, notable personaje en la expansión imperial española en el siglo XVI, había soñado con colonias prósperas en la Florida. El 8 de septiembre de 1574, ocho días antes de su muerte, le escribe a su sobrino Pedro Menéndez Marqués:

> Después de la salvación de mi alma, no hay cosa en este mundo que más desee que verme en la Florida para acabar

---

[22] Deagan, 26.

[23] Carlos Fernández-Shaw, 123.

> mis días salvando almas. Y ansí, dando cuenta a S.M. del descontento que traigo en verme apartado de la Florida, me ha hecho merced de decirme que todas las veces que se sufriere darme licencia para ello, lo hará de muy buena voluntad; y espero en Dios lo hará a la primavera, porque sin duda tengo que este invierno se allanará lo de Flandes; y como esto sea, yo quedo con libertad para me ir de hecho a la Florida, para no salir de allí en cuanto viviere; que estos son mis deseos y felicidad.[24]

Aunque la Florida sobrevivió su muerte y permaneció como territorio en dependencia de España hasta el siglo XIX, el tipo de colonia que él había soñado nunca se materializó. No obstante, la ciudad de San Agustín es una marca imborrable del legado español en los Estados Unidos.

II. Protagonistas

Pedro Menéndez de Avilés

Pedro Menéndez[25] nació en la villa de Avilés, Asturias, el 15 de febrero de 1519. Miembro de una familia de marinos, desde muy joven se inició en esta profesión destacándose por su habilidad como hombre de mar. Aún no había cumplido 14 años, cuando, arrastrado por su irresistible vocación a la marina, abandonó su casa, sentando, con nombre supuesto, plaza de grumete en Santander, en una Armada que se daba a la vela para atacar a corsarios franceses. De regreso a su casa, según manifiesta Solís de Merás[26] en su *Memorial*, su familia, para que

---

[24] Carta LIX.

[25] Ver mi edición: *Pedro Menéndez de Avilés, Cartas sobre la Florida,* 13-43.

[26] Gonzalo Solís de Merás, era cuñado de Pedro Menéndez, y lo acompañó en conquistas y jornadas, en calidad de cronista, escribiendo el "Diario" de aquellos sucesos, al que puso por título "Memorial que hizo el Dr. Gonzalo Solís de Merás, de todas las jornadas y sucesos del Adelantado Pedro Menéndez de Avilés, su cuñado, y de la conquista de la Florida, y justicia que hizo de Juan Ribao y otros franceses". Cfr. Eugenio Ruidíaz y Caravia. *La Florida: su conquista y colonización por Pedro Menéndez de Avilés*, 2 tomos, I, 1-336. Hay tres biógrafos de Pedro Menéndez: Solís de Merás, su cuñado; Mendoza Grajales, capellán de la expedición y Bartolomé Barrientos, profesor de Latín en la Universidad de Salamanca. Merás y Mendoza acompañaron a Menéndez en la

no volviese a escapar, decidió desposarlo con una niña de 10 años, Ana María de Solís, pariente de Pedro Menéndez en cuarto grado. Pocas semanas después, a pesar de las súplicas de su esposa, logró comprarse un patache, y lejos de dejarse convencer por los miembros de su familia, consiguió llevarlos en su compañía.[27] Desde entonces, Menéndez se lanzó a la vida de marino, "y con sus amigos se metió en corso venturero, donde tuvo e hizo cosas muy venturosas e notables que serían muy largas de contar".[28]

No hay dato alguno de su formación literaria y militar, aunque se pueden obtener conclusiones de sus cartas y memoriales que de él se conservan, los cuales demuestran, al menos, mediana cultura y profunda fe religiosa, característica de muchos de los hombres del XVI que sirvieron desde posiciones de poder a la corona española. El principal esfuerzo de Menéndez estuvo orientado hacia la carrera de marino, en la que desplegó y puso de manifiesto dotes de técnica y experiencia. Esta fisonomía general queda justificada con la lectura de las cartas del mismo Menéndez y con la confianza que siempre encontró en la corte.

Sus primeros éxitos como marino parecen coincidir con la cuarta y última guerra del emperador Carlos V contra su constante rival Francisco I (1542-1544)[29] en la que Menéndez dio su nombre para la armada que había de luchar contra corsarios.[30]

---

expedición a la Florida de 1565. Mendoza fue testigo del primer ataque a los franceses y Merás participó del segundo ataque, ya que él fue uno de los que mataron al capitán Jean Ribault; aunque Merás no menciona este hecho, lo sabemos a través del relato de Barrientos. Este último no acompañó a Menéndez a la Florida, pero su obra es, dice Barrientos, "copia de memoriales de los acontecimientos del muy ilustre señor Adelantado y de las cartas, provisiones, cédulas e instrucciones de su Majestad y relaciones verdaderas de personas y soldados que en esta empresa y conquista se hallaron".

[27] Una simple mirada a los nombres de los generales y almirantes que condujeron las flotas armadas de Indias durante el siglo XVI, nos muestra la existencia de verdaderas sagas familiares. En ocasiones, el número de miembros de un mismo grupo familiar que sirvieron como generales o almirantes fue muy numeroso, como es el caso de los Menéndez: Pedro, Juan, Bartolomé y Pedro Menéndez Márquez. Cf. Pablo Emilio Pérez-Mallaína, *Los hombres del Océano*, 40.

[28] Solís de Merás, en Ruidíaz, I, 2.

[29] Francisco I. Rey de Francia (Cognac, 1494 - Rambouillet, 1547). Hijo del duque de Angulema, heredó el Trono en 1515 de su primo Luis XII, con cuya

hija estaba casado. Fue un príncipe típico del Renacimiento: gran deportista, aficionado a la caza y a los torneos, pero también protector de intelectuales y artistas; fundó el Colegio de Francia (1530) e introdujo en aquel país la cultura renacentista italiana (atrayendo a hombres como Leonardo da Vinci). Con él adquirió importancia la corte como espacio de poder: un lugar marcado por el lujo y la generosidad del rey (que gravaron pesadamente las finanzas de la monarquía), en donde se concentraba una nobleza ávida de influencia política, pero alejada de toda tentación de autonomía. Allí actuaban los favoritos en los que Francisco delegó sucesivamente el ejercicio cotidiano del poder (Bonnivet, Chabot y Ana de Montmorency), los miembros de la familia real (fundamentalmente la hermana de Francisco, Margarita de Angulema, y su madre, Luisa de Saboya) y las amantes reales (la condesa de Châteaubriand, la duquesa de Étampes, Diana de Poitiers...) que ejercieron igualmente una gran influencia sobre los asuntos de gobierno. En torno a este foco de poder, Francisco reforzó la centralización administrativa y la unificación de la Monarquía. La Ordenanza de Villers-Cotterêts (1539) implantó el francés como lengua oficial en lugar del latín. En asuntos religiosos, en cambio, Francisco demostró cierta indiferencia, aunque reprimió los primeros brotes protestantes mientras necesitó la ayuda financiera de la Iglesia. La política exterior de Francisco I estuvo marcada por el enfrentamiento con los Habsburgo, cuyos territorios rodeaban a los de la monarquía francesa. Continuó la lucha por la hegemonía en Italia, que heredó de sus predecesores en el Trono, iniciándola con buen pie por su victoria sobre los suizos en Marignan (1515), que le hizo dueño del Milanesado. Posteriormente sostuvo cuatro guerras contra Carlos V: la primera (1521-26), motivada por disputas territoriales en Italia y Navarra, se saldó con la derrota de Pavía, que llevó a Francisco, prisionero en Madrid, a concluir una paz desventajosa, cuyas condiciones rompería una vez puesto en libertad. En la segunda guerra (1526-29), Francisco reunió la Liga de Cognac o Liga Clementina (con Venecia, Florencia, Milán, Inglaterra y el papa Clemente VII); tras el saqueo de Roma por Carlos V, Francisco hubo de renunciar a intervenir en Italia por la Paz de Cambray o «de las damas», si bien su adversario renunció a sus pretensiones sobre Borgoña. La tercera guerra (1536-38) estalló a raíz de la anexión de Milán por Carlos V, a la que respondió Francisco -aliado con los protestantes alemanes- invadiendo Saboya, hasta que ambos firmaron la Tregua de Niza. En la cuarta guerra (1542-44), Francisco consiguió la alianza del Imperio Turco, Suecia y Dinamarca, mientras que Carlos obtenía la de Enrique VIII de Inglaterra; el avance de las tropas imperiales llegó a amenazar París, pero fue detenido en la batalla de Cerisoles y permitió firmar la Paz de Crépy. Su hijo y sucesor Enrique II hubo de continuar el enfrentamiento, tanto contra Carlos V como contra Felipe II. <http://www.biografiasyvidas.com>

[30] Ruidíaz y Caravia, II, 327.

Como protector de los reyes marchó con el emperador Carlos a Flandes, en el trayecto salvó de un naufragio la galera imperial. La confianza real en Menéndez se evidenciará a través de las múltiples Cédulas y nombramientos que se le fueron concediendo; entre ellos, el de capitán general de la Armada de Indias, en 1554. Según Solís de Merás, Menéndez resulta victorioso en todos los encuentros y realiza navegaciones riesgosas y rápidas a Flandes y a las Indias, conduciendo, unas veces dinero y tropas, y otras a importantes personajes.

En 1554,[31] fue nombrado por el entonces príncipe Felipe escolta y consejero para que le acompañase en su viaje a Inglaterra para contraer matrimonio con María Tudor.[32] Nupcias de suma trascendencia política y diplomática. España estaba inmersa en permanentes guerras de religión; se abría con estos esponsales la vía para garantizar una época de paz, y la posibilidad de restaurar el catolicismo en Inglaterra. El acuerdo matrimonial no podía frustrarse por problemas que pudieran surgir en el difícil camino a Londres; y para entonces Pedro Menéndez tenía experiencia suficiente, sobre todo en esa zona, como para serle encomendada la seguridad de la travesía.[33] Luego de esta misión, se incorporará al puesto de capitán general de la Armada de Indias, en 1555. Ya en el Caribe, excediéndose en sus atribuciones, traspasaría el mando a

---

[31] Carta XV. Cf. Barrientos, Bartolomé, *Pedro Menéndez de Avilés*. Translated with an Introduction by Anthony Kerrigan. Gainesville: University of Florida Press, 1965, 11-16.

[32] Es interesante acotar que Alonso de Ercilla, el futuro autor de *La Araucana*, también viajó a Inglaterra a las bodas del príncipe con María Tudor. Allí llegó la noticia de la muerte del gobernador de Chile, Pedro de Valdivia, y de la rebelión de Francisco Hernández de Girón en el Perú. En su calidad de regente del reino, el príncipe Felipe nombró a Jerónimo de Alderete como nuevo gobernador de Chile, y a Andrés Hurtado de Mendoza, como virrey del Perú. El joven Ercilla decidió embarcar con Alderete, y a la muerte de éste en el Caribe siguió al Perú con el nuevo virrey. Ya en Lima Hurtado de Mendoza dispuso una expedición a Chile y en ella sentó plaza Ercilla. Alonso de Ercilla, *La Araucana*. Edición de Isaías Lerner. Madrid: Cátedra, 1993, 13-14.

[33] María Tudor morirá en 1558 y con su muerte se perderán definitivamente las esperanzas de Felipe II de recuperar Inglaterra para la Iglesia Católica. En 1559, en el Tratado de Cateau-Cambrésis, que ponía fin a las guerras de religión entre Francia e Inglaterra y España, se acordó el matrimonio de Felipe II con Isabel de Valois, hija de Enrique II y Catalina de Médicis.

su lugarteniente y hermano, Bartolomé, marchando él a Nueva España, para atender negocios particulares, acerca de cuya índole nada se sabe. Mientras tanto, su hermano arribará a Sevilla, en septiembre de 1556, con un rico cargamento de más de siete millones de ducados, aun cuando el cargamento estaba destinado a llegar en abril del año siguiente. Es probable que este anticipo en el regreso cargado de mercancías, originara un perjuicio mercantil, al tener que abaratar anteriores existencias.[34] Todo esto, unido a los nombramientos de capitán general que le hacía directamente el rey, provocó la ira y los celos de los oficiales de la Casa de Contratación, y asimismo marcaría el inicio de los problemas legales de Menéndez por los cuales estuvo preso más de veinte meses.[35]

En 1557, es nombrado capitán general de la Armada en Flandes, adonde se desplazará escoltando un gran convoy de cargueros de lana y llevando una importante suma de dinero y mil quinientos soldados, que influirán decisivamente en la victoria de San Quintín.[36] En esta época la cobertura naval de la navegación ultramarina estaba a cargo de Armadas sostenidas mediante asiento, como es la de guarda de la Carrera de Indias, distinta de la protección cercana de las flotas a cargo de las naves que las acompañan. Cuando es necesario, se moviliza una Armada por cuenta de la corona o de la avería[37] para operar, como es el caso de

---

[34] José Manuel Gómez-Tabanera, "Al margen de un centenario: leyenda negra y razón de Estado en la Florida hispana", en *Boletín del Instituto de Estudios Asturianos*, núm. 83, 1974, 733.

[35] Cf. Carta XIII.

[36] La victoria alcanzada por Felipe II en San Quintín que poetiza memorablemente Ercilla en *La Araucana* (Canto XVIII) afirmó la hegemonía española en la península italiana y estabiliza su situación política por muchos años. Véase Ricardo Cerezo Martínez. *Las Armadas de Felipe II*. Madrid: Editorial San Martín, 1988, 191.

[37] En la Casa de Contratación, derecho y repartimiento que se hacía para satisfacer el descubierto en que estaban las arcas de la avería, gabela impuesta a los mercaderes (DRAE). Desde 1521 se pensó y puso en práctica una protección permanente de las flotas que salieran y volvieran de Indias sobre la base de una avería. De origen hispano-árabe, la avería había venido a ser una prima de seguro establecida sobre el valor de las mercancías arriesgadas en una relación comercial a media o larga distancia. La establecida en 1521 a instancias de la corona y administrada por la Casa de Contratación, se imponía sobre todas las

ésta de Menéndez.[38] Dos años después, es designado para transportar al rey Felipe desde Flandes a España; en esta ocasión, un fuerte temporal pone en peligro la nave real, nuevamente la pericia de Menéndez permite desembarcar al rey en Laredo, para marchar de allí a Toledo, donde estaban convocadas las cortes del reino.

En 1561, Menéndez es confirmado en el cargo de capitán general de la Carrera de Indias; en 1564, Felipe II lo nombra Adelantado para la conquista y población de la Florida, con los derechos inherentes a tal designación, transmisibles a sus descendientes.[39] Ese mismo año, solicita al soberano explorar las costas de la Florida, con vistas a buscar a su hijo Juan, que había naufragado, no hacía muchos meses, en esa zona.[40] A partir de ese momento, Menéndez dependería de las órdenes del rey y así quedó libre de las intromisiones de los oficiales de la Casa de

---

mercancías destinadas a América y se destinaba a cubrir riesgos de naufragio, sobre todo los ocasionados por el corso. Desde 1547 su establecimiento fue definitivo y estuvo en la base de la organización del sistema de flotas y galeones. *Puertos y fortificaciones en América y Filipinas*. Madrid: CEHOPU, 1985, 49.

[38] Cerezo Martínez, 105.

[39] Ruidíaz, II, 415-427.

[40] Juan Menéndez había partido de La Habana el 11 de agosto de 1563, naufragó unos días más tarde en el canal de Bahamas. Pierre Chaunu, *Séville et l'Atlantique* (XVI-XVII Siecle). Paris: Librairie Armand Colin, 1955, III, *Le Trafic de 1561 à 1595*, 44. Pérez-Mallaína señala que este naufragio dio origen, años más tarde, a un proyecto de recuperación de un mítico tesoro. Se conoce gracias a un informe que el gobernador de Puerto Rico envió al rey en 1588, donde le proponía enviar una expedición contra la isla Dominica, a fin de recuperar un fabuloso tesoro que tenían escondido los indios caribes. Los testimonios de dos cristianos que habían estado prisioneros de los indios parecían demostrar que el rico cargamento de aquella desgraciada expedición había sido encontrado y escondido por los indígenas "antropófagos" de la isla. No existe constancia de que se accediese a la petición del gobernador de Puerto Rico, ni que éste recibiese el imprescindible apoyo de las galeras basadas en Santo Domingo para realizar una expedición contra los caribes en busca del tesoro. Pablo Emilio Pérez-Mallaína, *El hombre frente al mar*. Sevilla: Universidad de Sevilla, 1997, 92-93. Cf. Hernando Escalante Fontaneda, *Memoir of d'Escalante Fontaneda respecting Florida*, written in Spain, about 1575. Translated from Spanish by Buckingham Smith. Washington, 1854. Reprinted with revisions. Miami, 1944, 73.

Contratación. Organiza y administra la Armada de la Carrera de Indias, mandándola en varios viajes trasatlánticos con gran habilidad y fortuna; reconoce, sondea y explica multitud de accidentes y pasos marítimos, y traza curiosas cartas de marear, aprovechadas por los cosmógrafos de la Casa de Contratación para corregir el padrón real. Inventa además dos nuevos tipos de naves, "galibrazas"[41] y "balandras",[42] y crea un instrumento para poder calcular la longitud Este-Oeste, por el cual obtuvo un privilegio de invención.[43]

La situación en las aguas del Atlántico y en las Indias se había complicado. Los franceses intentaban establecerse en Norteamérica, de allí que la corona española decidiera enviar nuevas expediciones a la Florida. Ante estos hechos, se le encomienda a Menéndez de Avilés una doble misión: expulsar a los intrusos (sobre esto comentaremos más adelante), y construir fuertes para defender el territorio y dar protección a una colonia que habría de establecerse en esa región. Logrado este objetivo, Menéndez consolida la posesión de la Florida con colonos y soldados llegados de España.[44]

En 1567 regresa a la península, con objeto de obtener la gobernación de Cuba, la cual ejercerá, por delegación, entre 1568 y 1572, y disponer de una mayor libertad de acción, sin

[41] Embarcación de vela de unas cien toneladas de capacidad. Cerezo Martínez señala que estas naves presentaron serios inconvenientes de utilización como naves ambivalentes -vela y remo- por causas estructurales y debido a la inestabilidad producida por la artillería instalada en la cubierta: cuatro versos dobles de 5 quintales y dos cañones de 30 quintales en cada banda. Sin embargo, su construcción fue una experiencia necesaria para confirmar y desestimar criterios que se corroborarían a finales del siglo XVI y darían paso en el XVII a la aparición de la fragata como prototipo de bajel de porte medio, ligero y fuertemente artillado, aceptado por todos los países atlánticos como nave de acompañamiento a los navíos, y de exploración y acción rápida en mares lejanos. Cerezo Martínez, 113.

[42] Pequeña embarcación con cubierta y una sola vela.

[43] Real Cédula del 17 de febrero de 1573, concediendo al Adelantado Pedro Menéndez de Avilés privilegio por diez años para hacer y vender un instrumento de su invención destinado a calcular la longitud Este-Oeste. Ruidíaz, I, 366.

[44] Solís de Merás señala que la escuadra sumó 26 barcos y 2.646 personas, entre ellos "pobladores" (labradores con sus familias).

dependencias administrativas entorpecedoras.[45] Durante este período, Pedro Menéndez Marqués, su sobrino, queda al frente de una Armada anticorsaria, en la región de la Florida y el Caribe. Con su actuación, la piratería sufre una seria represalia en la zona y desaparece de algunas regiones, entre ellas Cuba.[46] En 1573, Menéndez abandona la isla y se traslada a España para hacerse cargo, en Santander, de la organización de la Armada que habría de restablecer la supremacía naval española en el canal de la Mancha.

En 1574, Felipe II le tenía reservada una importante asignación a Menéndez de Avilés. Los rebeldes protestantes amenazaban el control de las provincias de Flandes, lo que había obligado a España a enviar un ejército para restaurar el orden. Menéndez tuvo a su cargo preparar una gran armada de más de 150 navíos, casi 30.000 soldados, artillería y bastimentos para seis meses. Pedro Menéndez de Avilés y la Armada de Santander suponen un nuevo intento de finalizar con la situación de rebeldía en los Países Bajos y, al mismo tiempo, el deseo de terminar con la devastadora acción de los piratas en las costas de Europa.[47]

El objetivo de esta Armada, tal como lo señala Menéndez en sus cartas, era el siguiente: veinte naos gruesas saldrían de Santander con cuatro mil hombres armados y bien abastecidos, llevando como escolta cinco o seis pataches, junto con las cuarenta zabras, cuarenta pinazas y cuarenta lanchas, cargadas de bastimentos. Las naos se refugiarían en un lugar oculto, y el resto de la flota entraría con seis mil hombres de mar y guerra en el río de Amberes o Zelanda con bastimentos, al menos por un mes. El objetivo inmediato era la construcción de fuertes a lo largo del

---

[45] Denuncias relacionadas con el mal trato de pobladores en la Florida, desfalco de los tenientes de Menéndez en Cuba, contrabando llevado en su armada y mala administración fiscal en la Florida, obligaron al Consejo de Indias a recomendar reiteradas investigaciones y a quitarle a Menéndez su gobierno en Cuba. Lyon, "La visita de 1576 y la transformación del gobierno en la Florida española", en *La influencia de España en el Caribe, la Florida y la Luisiana, 1500-1800*. Ed. Antonio Acosta y Juan Marchena. Madrid: Instituto de Cooperación Iberoamericana, 1983, 199.

[46] Cerezo Martínez, 262.

[47] Magdalena Pi Corrales, *España y las potencias nórdicas*. Madrid: Editorial San Martín, 1983, 18.

camino de Amberes, para obligar a la Armada enemiga a dividirse, con su consiguiente desgaste de guerra. Insistía Menéndez en que este plan debía ponerse en marcha en el verano para evitar que los rebeldes se adelantaran a la estrategia española.

Menéndez de Avilés expresaba al rey la conveniencia que supondría para la exaltación de la Iglesia Católica, la inclusión en la Armada de algunos religiosos con preferencia franciscanos y jesuitas. Tal inclusión demuestra, por otro lado, la intención de la empresa como difusora del catolicismo.[48] En el mes de agosto, el rey le encargó la redacción de un plan de estrategia que la Armada debía cumplir cuando se hiciese a la mar. Menéndez respondió con una importante relación acerca de los objetivos navales que proponía para el total éxito de la misión.[49]

En Santander, el 8 de septiembre de 1574, los ministros del rey dieron posesión a Pedro Menéndez de la Armada; estaba investido de cuantas facultades y poderes había pedido.[50] Pero en el mismo día, una epidemia, probablemente de tifus, arrasó la flota de Menéndez. Asolado por la fiebre, Pedro Menéndez murió en Santander el 16 de septiembre de 1574. Con la muerte de Menéndez, su armada se disuelve, Felipe II pasa a prestar atención fundamental a la ofensiva otomana en el Mediterráneo, lo cual tendrá como consecuencia la pérdida de Túnez y La Goleta. El proyecto de la Armada para imponer la supremacía naval en el canal de la Mancha queda relegado y la Armada de Orange asegura su dominio; a ello contribuye con su apoyo una armada inglesa preparada para operar conjuntamente con la rebelde cuando la de Menéndez de Avilés hiciera acto de presencia en aguas del canal.[51]

La expedición de Jean Ribault

Con el propósito de escapar de las guerras de religión en Francia el Almirante francés Gaspard de Coligny[52] planeó el

---

[48] Pi Corrales, 109.

[49] Carta XLVII.

[50] Solís de Merás, en Ruidíaz, I, 336.

[51] Cerezo Martínez, 247.

[52] Gaspar II de Coligny, llamado almirante de Coligny (Châtillon-sur-Loing, 1519-París, 1572) Político protestante francés. Durante su cautiverio con los españoles (1557-1559) se convirtió a la Reforma. Una vez liberado llegó a ser uno de los jefes del partido protestante. En la paz de Saint-Germain (1570)

establecimiento de colonias de hugonotes en el Nuevo Mundo. A tal efecto, en 1555, envió una expedición al Brasil al mando de Durand de Villegiagnon, la cual fracasó debido a la hostilidad de los nativos y las constantes luchas entre los mismos expedicionarios. Sin embargo, Coligny se mantuvo en su propósito y, poco después, en 1561, resolvió colonizar la Florida, abandonada por los españoles.

Al frente de esta expedición iba Jean Ribault,[53] la cual salió de Le Havre el 18 de febrero de 1562, con dos navíos y "tan bien dotados de gentilhombres, entre los cuales yo (Laudonnière) me encontraba, y de soldados veteranos que verdaderamente se iba a poder realizar una acción extraordinaria y memorable para la posteridad".[54] Tras navegar durante dos meses, sin seguir la ruta de los españoles, tocó tierra en la Florida, cerca de un cabo, al que llamaron Cabo Francés. Luego siguió hacia el norte, reconociendo en el trayecto varios ríos, entre ellos uno al que llamó Mayo,[55] por haberlo descubierto el primero de ese mes. Continuó navegando hacia el norte en busca de un lugar posible de ser habitado. Al lado de la desembocadura del río y bordeando una isla que termina en punta, descubrió un pequeño río que partía hacia el interior de la isla, lo halló profundo como para albergar buen número de galeras y galeotas. Continuando adelante, encontró un lugar llano que lindaba con el río; encontrando el lugar apropiado para construir una fortaleza. Le llamó al fuerte Charlesfort[56] y al pequeño río Chenonceaux.[57]

---

obtuvo amplios derechos para los hugonotes pero, víctima de las intrigas de la Corte, no pudo impedir la "noche de San Bartolomé", en la que pereció asesinado (1572).

[53] Jean Ribault o Ribaut (Dieppe, *c.* 1520-Fort-Caroline, 1565). Luchó junto a los hugonotes en las guerras de religión. Ver *Cartas sobre la Florida*, Carta XX; Francis Parkman, *Pioneers of France in the New World.* Boston: Little, Brown, and Company, 1935, 35-41.

[54] *Les Francais in Amérique – Les Francais en Floride*. Choisis et Annotés par Suzanne Lussagnet. Paris: Presses Universitaires de France, 1958, 50; *Franceses en la Florida*, Ed. J.M. Gómez-Tabanera. Madrid: Historia 16, 1990, 92.

[55] Río St. John.

[56] Ver nota 67.

[57] Parris Island. Jacques Lemoyne de Mourgues designa todo el lugar Portus Regalis (Port Royal), que forma parte hoy de South Carolina. Citado por Genaro García, *Dos antiguas relaciones*, LXIII.

Dejando en el fuerte a un grupo de voluntarios a las órdenes del capitán Albert, y luego de varios días de exploración en busca del río Jordan,[58] Ribault decide abandonar la costa y embarcarse rumbo a Francia para dar cuenta de su misión, conseguir provisiones y regresar; llegó a Dieppe el 20 de julio de 1562. Allí, se entera de que los puertos franceses estaban cerrados por la guerra entre protestantes y católicos. Con el propósito de obtener ayuda, se dirige a Inglaterra, donde es arrestado.[59]

Mientras tanto habían transcurrido varios meses y en la Florida los colonos de Charlesfort habían consumido todos los víveres. A pesar de la ayuda de los nativos, los enfrentamientos entre los franceses no se hicieron esperar; el capitán del fuerte, Albert, por un motivo menor colgó al soldado Guernache que había sido tambor, y desterró a otro soldado llamado Lachère, proponiéndose dejarle morir de hambre, a pesar de la promesa de enviarle víveres cada ocho días. Los soldados, temiendo por sus vidas, deciden sublevarse y matar a su capitán. Inmediatamente fueron a buscar al soldado desterrado quien se encontraba medio muerto de hambre en una pequeña isla cercana a Charlesfort. De regreso, los soldados, reunidos en asamblea, deciden elegir un nuevo jefe, llamado Nicolas Barré, y resuelven regresar a Francia. Con la ayuda de los nativos, quienes les proporcionan cuerdas, construyen un bergantín y se embarcan rumbo a Francia.

Según la crónica de Laudonnière, la escasez de víveres y agua les obligó a
comer los zapatos y los cuellos de camisa; para beber, unos utilizaban agua del mar, otros su propia orina; algunos murieron de hambre. En estado de desesperación, algunos propusieron que era mejor que uno solo muriese, antes de que perecieran todos. Esto se ejecutó en la persona del infortunado soldado Lachère, cuya carne

---

[58] La leyenda de un milagroso río de Jordán, asociada a la milagrosa fuente de la juventud, apareció muy pronto en los textos españoles. Recordemos la expedición de Ponce de León y la búsqueda de la fuente de la juventud en la costa de la Florida, donde habían de descubrir el Jordán. Los resultados fueron negativos, pero Vázquez de Ayllón, años más tarde, le daban el nombre de Jordán a un río del actual estado de South Carolina.

[59] Para el tiempo en que Ribault es liberado, una nueva colonia se había establecido, cerca de la actual ciudad de Jacksonville, Fort Caroline, al mando de Laudonnière.

fue distribuida en partes iguales entre sus compañeros. Finalmente fueron abordados por una nave inglesa, que les proporcionó socorro; algunos de ellos fueron conducidos ante la reina de Inglaterra, que estaba a punto de enviar una nueva expedición a Francia.[60]

La expedición de Laudonnière

Restablecida la paz[61] en Francia, el almirante Coligny le expuso al Rey que no se tenía noticia alguna de la gente que el capitán Jean Ribault había dejado en la Florida. Inmediatamente determinó despachar una segunda expedición a la Florida. Como Ribault no regresaba aún de Inglaterra, Coligny tuvo que escoger a otra persona como jefe de la expedición, sería René de Laudonnière[62] que ya había venido a la Florida con Ribault.

El Rey le permitió equipar tres navíos, Laudonnière zarpó de Le Havre el 22 de abril de 1564. Entre sus acompañantes merece especial mención el notable dibujante Jacques le Moyne de Morgues,[63] contratado para que copiase del natural los tipos indígenas, y el cual, en cumplimiento de su cometido, formó las bellas láminas e importantes relaciones publicadas 21 años después por Theodor de Bry.

Luego de una navegación sin complicaciones, Laudonnière arribó a la Florida el 22 de junio, tocando tierra cerca de un pequeño río, aproximadamente a unas diez leguas del Cabo Francés; llamó a ese

---

[60] Aquí concluye la narración de Laudonnière sobre la expedición de Jean Ribault. *Les Francais en Amérique*, 80; *Franceses en la Florida*, 124.

[61] Esta paz, consecuencia del edicto de Amboise, de marzo de 1563, le daba a Coligny, junto con las concesiones hechas al partido hugonote, la esperanza de reemprender con alguna garantía de éxito los proyectos en los que estaba tan interesado. *Les Francais en Amérique*, 81; *Franceses en la Florida*, 125.

[62] Renato Goulaine de Laudonnière (1529?-Saint Germain 1574. Explorador y militar francés, pudo escapar el ataque español. Posteriormente hizo otros viajes al Nuevo Mundo. Ver *Cartas sobre la Florida*, Carta XX; Cf. Parkman, 4, 40, 47-48, 124.

[63] Jacques le Moyne de Morgues, cartógrafo y pintor francés; nació en Dieppe, Francia, en 1533. Jacques le Moyne produjo el primer mapa de la Florida; además es el autor de las primeras ilustraciones del Nuevo Mundo. En Londres, trabajó para Walter Raleigh quien le animó a escribir e ilustrar la historia de sus viajes al Nuevo Mundo. Murió en 1588.

río de los Delfines, por la gran cantidad de ellos que había en su desembocadura.[64]

Al día siguiente, puesto que hacia el mediodía no había encontrado ningún lugar adecuado como para habitarlo y construir un fuerte, ordenó navegar hacia el río Mayo, al que llegaron dos días después. Allí reconoció el lugar y fue recibido por el *paracusi*[65] de la región, quien venía acompañado por gran cantidad de nativos, que les hacían continuamente gestos de amistad. El *paracusi* le dice que su nombre es Saturiba; así describe Laudonnière a este jefe nativo: "hombre al que me atrevo a calificar de perfecto en belleza, prudencia y honesta continencia, demostrado por su modesta gravedad merecer el título que ostenta y siendo por lo demás dulce y tratable".[66] Luego de remontar la costa hacia el norte, y hacer una descripción detallada de la agricultura de la región y el encuentro con otros grupos nativos, Laudonnière decide establecerse cerca del río Mayo. Construyen allí un fuerte, al que llamó Charlesfort en honor del rey Carlos IX.[67]

---

[64] El río de los Delfines, llamado por los indios "Seloy", según el propio Laudonnière, corresponde probablemente al actual St. Augustine, cerca del que efectivamente se encuentra un lugar llamado Soloy. *Les Francais en Amérique*, 86; *Franceses en la Florida*, 131.

[65] *Paracusi*, palabra que podría derivar del verbo *purucusta*, en la lengua Timucua, y significar "jefe de las expediciones guerreras". *Les Francais en Amérique*, 87; *Franceses en la Florida*, 131.

[66] *Les Francais en Amérique,* 89; *Franceses en la Florida*, 133.

[67] Carlos IX. Rey de Francia, perteneciente a la Casa de Valois (Saint-Germain-en-Laye, 1550 - Vincennes, 1574). Heredó el Trono a la muerte de su hermano Francisco II, con sólo diez años. Hasta 1563 gobernó como regente su madre, Catalina de Médicis, que siguió ejerciendo una gran influencia sobre él una vez declarado mayor de edad. Durante su reinado continuaron en Francia las guerras de religión, conflicto civil que enfrentaba a los católicos (liderados por los Guisa y apoyados por España) contra los protestantes o hugonotes (liderados por Condé y Coligny, y apoyados por Inglaterra y algunos príncipes alemanes). Carlos, aconsejado siempre por su madre, intentó poner fin al enfrentamiento mediante la Paz de Saint-Germain de 1570 (que concedía libertad de culto a los hugonotes) y el matrimonio de su hermana Margarita con el hugonote Enrique de Navarra (futuro Enrique IV). Pero la tensión continuó en la propia corte: la influencia adquirida sobre el rey por Coligny provocó las iras de los católicos, que realizaron una sangrienta matanza en la que murieron unos 20.000

Inmediatamente se dedicaron a explorar los lugares aledaños en busca de oro y plata, y aunque no encontraron lo que buscaban en cantidad, sí recibieron información de los nativos que "a varias jornadas de allí había un rey llamado Mayrra, rico en oro y plata y que a cambio de poca mercancía lo obtendrían en abundancia de él".

Si bien los franceses habían mantenido una política de neutralidad que había sido efectiva de modo de ganarse el respeto por parte de los diferentes grupos nativos, esto no duró mucho tiempo; Laudonnière quebrantó su política neutral declarándose partidario del cacique Utina en contra del cacique Saturiba,[68] a quien debía valiosos servicios. Esta situación le hace perder prestigio antes sus amigos nativos. Otro hecho significativo fue que los soldados franceses se sintieron decepcionados por no haber encontrado en la Florida las riquezas que soñaban; por otro lado, los protestantes se manifestaban disgustados debido a que Laudonnière desatendía el culto religioso.

Todo esto trajo aparejado el principio de intentos de sedición, deserciones, y por último una rebelión que terminó con la detención del mismo Laudonnière y sus colaboradores inmediatos, y la huida de los conjurados en dos navíos provistos de alimentos y municiones. Controlada la sublevación, Laudonnière recuperó el mando.

La carencia de alimentos se hizo evidente a corto plazo y obligó a los franceses a diseñar una estrategia para sobrevivir; los soldados, comenzando a renegar del trabajo a causa del hambre, se reunieron en asamblea y decidieron, ya que no podían obtener víveres de los nativos, capturar a uno de los jefes nativos, convencidos de que, una vez capturado, sus súbditos no permitirían que los franceses pasaran hambre. La víctima fue Utina, que no ofreció ninguna resistencia cuando lo apresaron; los franceses le

---

hugonotes (la «Noche de San Bartolomé» de 1572). Los protestantes que sobrevivieron se refugiaron en la plaza de La Rochela, desde donde reanudaron la guerra civil. Carlos murió poco después sin descendencia legítima, heredando el trono su hermano Enrique III. <http://www.biografiasyvidas.com>

[68] Saturiba y Utina continuaron enemistados tanto antes como después del desastre francés; Utina se alió con los españoles de Menéndez de Avilés y Saturiba continúo su resistencia hasta la llegada de Dominique de Gourgues. *Les Francais en Amérique*, 102; *Franceses en la Florida*, 158.

prometieron que no le causarían ningún mal, pues sólo trataban de remediar la situación angustiosa que sufrían. Esto no dio resultado. Frente a esta situación desesperante, los franceses decidieron utilizar otra medida: caían sobre los sembrados de los pueblos vecinos y los arrasaban completamente. El resultado fue que los nativos perjudicados comenzaron a hostilizar a los franceses, cuya situación empeoró sobremanera.

Los franceses encontraron su salvación gracias a que, afortunadamente, cuatro navíos ingleses, capitaneados por John Hawkins,[69] se acercaron a la playa en busca de agua; éstos le proveyeron alimentos y también consintieron en venderles uno de los navíos de su pequeña flota "resolvía que sería necesario entregarle al general (Hawkins) alguna prenda a cambio del barco que nos dejaba, y que, por mi parte, estaba dispuesto a dejarle lo mejor de mi vestimenta, así como la poca plata que había conseguido reunir. Sin embargo, decidimos finalmente no entregarle la plata, por temor a que la reina de Inglaterra, al verla, se sintiera tentada a enviar gentes a aquella tierra... Era preferible llevar la plata a Francia, a fin de alentar a nuestros príncipes a continuar con una empresa tan importante para nuestra república".[70] Hawkins partió el 7 de agosto de 1565. Días más

---

[69] John Hawkins nació en Plymouth, en 1532, en el seno de una familia de armadores. Tras varios intentos por continuar con los negocios de vinos y azúcares y probar suerte en el corso contra Francia, recaló en Canarias en 1560, donde esbozó el plan de llevar esclavos de contrabando a América. En 1562 hizo su primer viaje. Asaltó buques de esclavos en Guinea y se apoderó de su carga, que vendió luego mediante coacción en Cabo Isabela (Santo Domingo). En 1564 hizo su segundo viaje, vendiendo esclavos negros en la Borburata (Venezuela), Curaçao, Riohacha, Santa Marta y Cartagena. En recompensa de sus acciones, la reina Isabel de Inglaterra nombró "sir" al contrabandista. En su tercera expedición, realizada en 1567, repitió el sistema en Margarita, la Borburata y Riohacha, población que incendió en gran parte cuando los españoles se negaron a colaborar. Tras negociar en Santa Marta, recaló en Cartagena, donde no pudo contrabandear. Sorprendido luego por una tempestad, arribó a Veracruz en 1568, poco antes de llegar la flota. Allí perdió casi todas sus naves en combate, logró llegar a Marín y Vigo, y luego a Inglaterra. Hawkins participó más tarde en el combate naval contra la Invencible y, finalmente, en la gran expedición de 1595, acompañando a Drake. Falleció de enfermedad al llegar a Puerto Rico, el 22 de noviembre de aquel año. Lucena Salmoral, 285. Cf. Cordingly, 26-29.

[70] *Les Francais en Amérique,* 161*; Franceses en la Florida*, 211.

tarde, cuando Laudonnière y su gente se preparaban para zarpar, una nueva expedición francesa al mando de Jean Ribault llegaba a la Florida.

Nuevas expediciones francesas

Ribault había salido de Dieppe el 22 de mayo de 1565. Según el testimonio del capellán de Menéndez de Avilés, Francisco López de Mendoza Grajales, esta expedición estaba formada por siete naos, 700 hombres y 200 mujeres. También formaba parte de la misma otro de los cronistas franceses, N. Le Challeux, quien señala que el tamaño de esta expedición muestra el interés del Rey de Francia en disputar a los españoles su dominio en la Florida.

En agosto del mismo año, Ribault llega al sur del río Mayo; cuando estaba ocupado en instalar a su gente ya se avizoraba en el océano la flota de Menéndez de Avilés. Los franceses, diezmados por la malaria, apenas resistieron la amplia superioridad militar de los españoles. La suerte corrida por esta expedición está registrada en las crónicas que aquí presentamos.

Los nativos de la Florida

Hay que destacar que la integración de la Florida en el imperio español expuso a su población nativa a serias implicaciones en el plano internacional. Hubo una lucha inicial entre Francia y España por el control de la costa oriental de Norteamérica entre 1562 y 1565, y esta rivalidad tuvo profundas repercusiones entre los nativos. Dichas repercusiones no se manifestaron solamente en el plano estratégico-militar que las potencias europeas diseñaron para el control territorial de la Florida, sino también en la usurpación de la alimentación a que se vio sometida la población nativa.

Para continuar sus planes de conquista y colonización, Menéndez tuvo que negociar con los diferentes pobladores de la Florida, los Ays, Calusa, Timucua, Apalaches, Guale y otros.[71]

---

[71] Los Ays ocupaban el sur de cabo Cañaveral; los Calusa, alrededor del lago Okeechobee; los Timucua, el norte del actual estado de la Florida y el sur de Georgia; la región de los Apalaches se extendía del río Aucilla al río Ocklockone y los Guale se asentaban en la costa de Georgia. Cf. Jerald T.

Menéndez empleó a los sobrevivientes del rescate de un naufragio que habían vivido entre los nativos como intérpretes para así obtener acceso a sus caciques con quienes negoció acuerdos. Entre estos sobrevivientes hay que mencionar al mulato Luis que vivía con la tribu de los Calusa. Su conocimiento de la lengua Ays fue crucial en la denuncia de un atentado contra la vida de Menéndez. Asimismo, su participación en las negociaciones con el cacique Carlos para la liberación de cinco españoles, cinco mestizas y una mujer negra. Cuando el grupo regresó a San Agustín, Menéndez recompensó a Luis y a Juanillo, otro africano cautivo liberado del cacique Saturiba, con el cargo de intérpretes.[72]

En esos tratados los nativos "acordaron" reconocer a Felipe II como su soberano, mantener la paz y pagar tributos a la corona. Su conversión al cristianismo, una de las metas primarias del Adelantado, era un proceso muy lento, dentro de un ambiente de hostilidad. Debemos recordar al respecto, que la toma de posesión se legitimaba a través de la lectura del "Requerimiento", documento en español a través del cual se informaba a los nativos de sus derechos y obligaciones como vasallos del rey de España.[73] Una extraña combinación de ritos, cinismo, ficción legal e idealismo perverso, el "Requerimiento" contiene en su esencia el convencimiento de que no había barreras lingüísticas entre

---

Milanich, *Florida Indians and the Invasion from Europe*. University Press of Florida, 1995. Los Calusa y Timucua ofrecen un especial interés por ser ellos los primeros con los que entraron en contacto los españoles al llegar a estas tierras que constituyen hoy el estado de la Florida. Entre los Timucua se estableció, en tiempos de Pedro Menéndez de Avilés, la primera misión y antes de terminar el siglo, en 1594 existía ya un diccionario en esa lengua.

[72] Jane Landers, *Black Society in Spanish Florida*. Urbana: University of Illinois Press, 1999, 15.

[73] El largo documento, en tono enfático y amonestador, explica a los indios el origen de la autoridad del Papa y de cómo éste le hizo donación al rey de España de las nuevas tierras descubiertas por Colón. Les ruega y requiere que apresten su pacífica obediencia a la Iglesia, al Papa y a ellos, comprometiéndoles, en cambio todos los beneficios de su buena voluntad. Y por si esto no llegara a ocurrir como lo solicita, acaba el documento con ásperas amenazas de guerra y esclavitud, que fatalmente era lo que seguía a la lectura, cuando ella llegaba a realizarse. Alberto M. Salas, *Las armas de la conquista de América*. Buenos Aires: Editorial Plus Ultra, 1986, 256-257.

españoles y nativos.[74] Frecuentemente, los términos de esos acuerdos cambiaban drásticamente: presión por el suministro de comida, abuso de las mujeres, trabajo forzado fueron algunas de las causas que incrementaron la tensión hacia los españoles. La agresividad de los nativos comenzaba en cuanto se percataban de que sus visitantes, espléndidos al llegar, se convertían pronto en saqueadores. A esto hay que agregar, el convencimiento de que la imposición del cristianismo no sólo amenazaba su propia cosmovisión religiosa sino también su completa estructura cultural. Unido a ello, está el hecho de que los españoles interferían en la selección y deposición de los jefes indígenas. También hay que señalar la falta de jerarquía y disciplina en la cadena de comandos de los jefes nativos, lo que con tal disperso liderazgo militar hacía casi imposible eliminar la voluntad de resistencia.[75]

Una vez ocupada definitivamente la Florida, los nativos no fueron reducidos a la esclavitud, y tampoco se los sometió a la tutela de los encomenderos españoles, como se hizo en otras partes de América.[76] Sin duda, el sistema de encomienda se habría

---

[74] Los trabajos de Patricia Seed, *Ceremonies of Possession in Europe's Conquest of the New World*. Cambridge: Cambridge University Press, 1995; Stephen Greenblatt, *Marvelous Possessions*. Chicago: The University of Chicago Press, 1991; y Anthony Pagden, *European Encounters with the New World*. New Haven: Yale University Press, 1993 y *Lords of the World, Ideologies of Empire in Spain, Britain and France*. New Haven: Yale University Press, 1995, son ilustrativos al respecto.

[75] Cada grupo nativo era una unidad sociopolítica independiente; pero existían también confederaciones que integraban varios grupos, normalmente pertenecientes todos a una misma familia lingüística. La confederación era poco más que una amistad reconocida entre las tribus, o un predominio de una tribu sobre otras, y apenas si interfería la independencia política de cada una. La autonomía que tenía cada grupo nativo se reflejaba también dentro del grupo, pues cada pueblo formaba una unidad sociopolítica encabezada por su propio cacique, cuyo cargo parece que era hereditario, y cuyas funciones y prerrogativas podían ser asumidas por una mujer, conociéndose varios casos de caciques-mujer o "cacicas". El cacique recibía tributo de su pueblo, y a su vez pagaba tributo al cacique principal de su tribu, o al de la tribu dominante. Sylvia-Lyn Hilton, "El impacto español en la Florida. Siglos XVI y XVII", en *La influencia de España en el Caribe, la Florida y la Luisiana*, 255.

[76] Las Instrucciones reales sobre la ocupación de la Florida no son específicas en cuanto a la tenencia de la tierra y el servicio de los nativos. Además, Lucas

impuesto en la Florida si no hubiesen predominado por un lado, la intensidad y duración de la conquista, las limitaciones demográficas y sociopolíticas de la población nativa, y por otro, la ausencia de ricos recursos fáciles de explotar.[77] El hecho de no estar muy avanzada la cultura urbana indígena, con la consiguiente debilidad de su concentración demográfica y organización política y el hecho de que la Florida no atrajo a grandes terratenientes españoles, explican la falta de bases para la utilización generalizada de la encomienda como sistema para dominar e "integrar" al nativo en la sociedad colonial hispano floridana como sucedió en otras zonas del continente. En consecuencia, estos indígenas apenas si tuvieron alguna experiencia del sistema de encomienda; en cambio, conocieron bien el sistema de las misiones, característico precisamente de los territorios fronterizos y visto como institución "integradora" de la América española. Sin embargo, como señala Silvia-Lyn Hilton, los pobladores primitivos quedaban en una posición de inferioridad social al someterse a la tutela paternalista de los religiosos.[78] Por lo tanto, la ausencia de la esclavitud y la encomienda no significó en absoluto que los nativos se vieron libres de ciertas obligaciones de tributo y trabajo, lo cual refleja también su subordinación social en la nueva jerarquía colonial española. Además de los trabajos forzados con los que eran castigadas las rebeliones, se contaba con todos los nativos como productores de alimentos para los soldados y sus familias, y como mano de obra en general, dada la escasez de esclavos, trabajadores y agricultores españoles en la Florida. Se podría agregar que los españoles utilizaron tres métodos, además de la violencia, para lograr la cooperación de los nativos durante los

---

Vázquez de Ayllón le había advertido a Pedro Menéndez que no se podían establecer encomiendas. Cfr. Eugene Lyon. *The Enterprise of Florida.* Gainesville: The University Presses of Florida, 1971, 50.

[77] Amy Turner Bushnell señala que cuando los caciques nativos decidieron formar alianza con los españoles asumieron "de hecho" el papel de defensores de la frontera, *Situado y Sabana. Spain's Support System of the Presidio and Mission Provinces of Florida.* Anthropological Papers of the American Museum of Natural History. Athens: University of Georgia Press, 1994.

[78] Sylvia-Lyn Hilton, "Ocupación española de Florida: algunas repercusiones en la organización sociopolítica indígena, siglo XVI y XVII", en *Conquista y colonización de la Florida*, Madrid: Ediciones Itsmo, 1989, 804.

primeros años de contacto: intervención directa en los asuntos políticos de las tribus, conversión religiosa y relaciones intermatrimoniales.[79] Todo esto era, por supuesto, suplido por la tecnología militar superior de los españoles. Los indígenas habían pasado de ser libres y soberanos, con sus propias jerarquías sociales internas, a ser en su conjunto una población sometida, convertida en fuente de mano de obra, lo cual si exceptuamos a los esclavos, los colocaba en el escalón más vulnerable de la nueva sociedad colonial.[80]

III. El "Memorial" de Solís de Merás y la "Historia" de Barrientos

Walter Mignolo,[81] al analizar los escritos indianos, ha distinguido entre cartas, relaciones y crónicas e historias. Según su clasificación, la carta tendía a lo documental; llevaba un mensaje, una comunicación que subsanaba la imposibilidad de una presencia común entre el emisor del texto y su destinatario. En estos textos se notificaban los descubrimientos y las conquistas, y se detallaban sus características. Para Mignolo, la relación se caracterizaba por constituir un informe solicitado por la Corona y estructurado, a partir de un momento determinado (1570), en torno a un cuestionario fijo; sin embargo, otras relaciones se escribieron sin responder a ninguna pregunta, eran más cortas y menos ambiciosas que las crónicas o las historias generales o particulares.

En cuanto a la crónica, no siempre el autor era un especialista ya que las circunstancias históricas determinaban que capitanes y soldados tomaran a su cargo una tarea que no siempre estaban en condiciones intelectuales de desempeñar. Mientras predominaron las expediciones descubridoras, los conocimientos

---

[79] Un famoso ejemplo de la alianza política por matrimonio es el del propio Menéndez de Avilés y la hermana de Carlos, cacique de la tribu calusa. La aceptación de la hermana de Carlos tuvo éxito en la formación de una alianza temporal con la tribu calusa. Deagan, 273.

[80] Sylvia-Lyn Hilton, "El impacto español en la Florida. Siglos XVI y XVII", 258.

[81] Walter Mignolo, "Cartas, crónicas y relaciones del descubrimiento y conquista", en *Historia de la Literatura Hispanoamericana. Epoca Colonial.* Coordinador Luis Iñigo Madrigal. Madrid: Cátedra, 1982, 57-116.

más necesarios fueron los geográficos. La Corona incluyó pilotos y cosmógrafos entre el personal de la Casa de Contratación.

Sobre los textos considerados, debemos señalar que Solís de Merás llama a su escrito "Memorial". Para el *Diccionario de Autoridades* el sentido que tiene "Memorial" es el de "libro o cuaderno en que se apunta o anota alguna cosa necesaria para algún fin"; por lo tanto si seguimos la definición de *Autoridades* con respecto a relación, "narración o informe que se hace de alguna cosa que ocurrió", podríamos decir que el "Memorial" de Solís de Merás está más cerca de una relación ya que tiene el sentido específico de relato o informe de algo solicitado. Por otro lado, no hay una descripción libre de quien escribe, sino que responde a un pedido; además hay que señalar que hasta 1574 se habla de letras y memoriales en lugar de relaciones, palabra que se oficializa a partir de esa fecha.

Por su parte, Barrientos llama a su escrito "Historia". El sentido empleado es el de ver o formular preguntas apremiantes a testigos oculares, y así lo señala el propio autor; significa también el informe de lo visto o lo aprendido por medio de preguntas. El hecho de que específicamente utiliza tal palabra 'historia' quiere decir que el autor tenía plena conciencia de que la "escritura de la historia no podía dejarse en manos de cualquiera sino de letrados". No obstante hay que señalar que la historiografía indiana ofrece abundantes excepciones dadas las circunstancias históricas, como señalamos anteriormente; finalmente habría que agregar que, con el correr del tiempo, cualquiera sea la denominación utilizada, crónica o historia, ambas denominaciones pasan a formar parte de la historia colonial.

IV. Autores

Gonzalo Solís de Merás

Pocas son las noticias acerca de este cronista. Sabemos que Solís de Merás era natural de Tineo[82] y sobrino de célebre Gonzalo

[82] En 1212 el rey Alfonso IX otorgó a la villa de Tineo el título de "pobla" e impuso a los peregrinos a Santiago de Compostela la encomienda de hacer el camino por la villa de Tineo y el monasterio de Obona. Actualmente el Concejo de Tineo, con sus 536 km² es el segundo en extensión de Asturias.

Fernández de la Plaza,[83] guerrero que tuvo prestigio y fama durante el reinado de Carlos V.

Solís de Merás era hermano de María de Solís, con quien se casó, siendo muy joven, Pedro Menéndez de Avilés, a quien sus parientes pretendieron detener por este medio en el país, contrariando sus inclinaciones a la vida de conquistas, viajes y aventuras. Sin embargo, dicho recurso de bodas prematuras no solo no obtuvo el éxito esperado, sino que el propio Menéndez convenció a sus parientes que debían navegar con él. Entre ellos estaba Solís de Merás, que acompañó a su cuñado en conquistas y jornadas, en calidad de cronista, escribiendo el *Diario* de aquellos sucesos, al que puso por título *Memorial que hizo el Dr. Gonzalo Solís de Merás, de todas las jornadas y sucesos del Adelantado Pedro Menéndez de Avilés, su cuñado, y de la conquista de la Florida, y justicia que hizo en Juan Ribao y otros franceses.*

Ruidíaz señala que "ni los historiadores, ni los biógrafos, hablan de la carrera literaria de Solís, quien, a juzgar por sus apellidos, perteneció indudablemente a ilustres familias del principado; pero el título de *doctor,* mucho menos vulgarizado que ahora en aquellos tiempos, y el desempeño, por muchos conceptos notables, de sus tareas de cronista, bastan para disputarle desde luego como hombre de letras, de mucho estudio y de sólidos conocimientos".[84]

Solís de Merás era también sobrino de Pedro Menéndez de Avilés, por su matrimonio con Francisca de Quirós. Así se desprende de la petición de Solís, solicitando copia del testamento del Adelantado.[85] Según el autor anónimo de la *Biblioteca asturiana de Campomanes*, Solís acompañó con su hijo Pedro de Merás al Adelantado Menéndez de Avilés.[86]

Algunos cronistas, así nacionales como extranjeros, agrega Ruidíaz, cuando mencionan al Dr. Solís de Merás, suelen llamarlo

---

[83] Según Ruidíaz y Caravia, Fernández de la Plaza dio muerte al pirata Oruc Barbarroja, rey de Túnez. Por ello, la reina Juana, como su hijo Carlos, concedieron a este guerrero, en virtud de Cédula de 25 de noviembre de 1518, el privilegio de usar el escudo de armas con la cabeza y corona de Barbarroja.

[84] Ruidíaz y Caravia, tomo II, 106.

[85] Ruidíaz y Caravia, tomo II, apéndice octavo, 529.

[86] Bartolomé J. Gallardo, *Ensayo de una Biblioteca Española de Libros Raros y Curiosos*, Ed. Facsímil. Madrid: Gredos, 1968, tomo I, 419.

clérigo. Esto hace sospechar que el autor del *Memorial* e historiador de los hechos de Menéndez de Avilés pudo haber enviudado y recibido órdenes sacerdotales antes de la expedición a la Florida; y que es el mismo que, algún tiempo después, en premio acaso a los méritos propios contraídos en la conquista y colonización de aquellas tierras, y por los de su hermano político, el Adelantado, logró figurar en el Cabildo de la santa iglesia de Oviedo como Arcediano[87] de Benavente, y que en 1591 sufragó todos los gastos de la traslación del cadáver de Pedro Menéndez desde la villa de Llanes a la de Avilés, como se desprende del acta levantada en dicha villa por Tirso de Avilés.[88] Versión que parece más verosímil que la dada por el historiador anónimo; pues si, en efecto, Solís de Merás hubiese ido a la conquista de la Florida con el cargo de capitán, es posible suponer que su cuñado Pedro Menéndez le hubiese dado ocasiones en que acreditara su valor, confiándole alguna misión o enviándole a realizar empresas de peligro o de empeño, y en este caso habría sido citado seguramente alguna vez por Menéndez en sus cartas, por Mendoza Grajales, y hasta por Cárdenas.

Ruidíaz y Caravia señala más adelante que "el grado de doctor que Solís de Merás ostentaba, no era, por aquel entonces, muy común en la milicia, y hoy tampoco lo es; pues en el fragor de la batalla no se conquistan títulos académicos ni borlas[89] doctorales".

A pesar de todas estas razones, que inducen a creer que el Dr. Gonzalo Solís de Merás, cronista de las empresas de Menéndez de Avilés, y el Arcediano, son una sola y misma persona, no parece carente de fundamento la opinión de Fermín Canella y Secades, en cuyo concepto el cronista y el Arcediano son dos personas diferentes:

"El Arcediano se nombraba solamente *Don Gonzalo de Solís*, y así aparece, en efecto, en el acta de traslación del cadáver

---

[87] arcediano 'juez que ejercía jurisdicción, delegada por el obispo, en determinado territorio' (Moliner).

[88] Véase Ruidíaz, tomo II, apéndice octavo, 530.

[89] borla 'conjunto de hilos o cordones sujetos por el centro y con las puntas sueltas, de modo que, al esparcirse, forman una bola completa o media bola, que se emplea como adorno; por ejemplo, los que llevan los birretes de los catedráticos, del color distintivo de la respectiva facultad' (Moliner).

de Pedro Menéndez. El autor del *Memorial* firma *Doctor Solís de Merás*, y aunque el historiador Fuentes Acevedo le llama también Gonzalo, agrega el *Merás*, apellido nobilísimo, que seguramente no había omitido en manera alguna el notario eclesiástico Tirso de Avilés, que extendió el acta, si el Arcediano lo hubiese llevado".[90]

En atención a estas consideraciones, cree el ya mencionado Canella que los Solís son dos diferentes: Uno, Solís de Merás, el cronista. Otro, Solís, el Arcediano.

"No me atrevo a decir –añade- que ambos fuesen doctores. En el pedimento[91] figura el sacerdote con ese título de doctor y con los dos apellidos; en el acta de traslación no aparece con el título ni con el apellido *Merás*.

El pedimento es de fecha incierta, aunque posterior a 1574; la translación de Pedro Menéndez se verificó en 1591". Solís de Merás, casado, ¿pudo enviudar y hacerse clérigo y llegar a Arcediano? A Canella le parece esto improbable. Por eso se inclina a creer que el autor de *Memorial* fuese hijo de Avilés (en cuya villa ha sido y es muy común el apellido de Solís), y acaso pariente de Solís sacerdote. El lector, agrega Ruidíaz, pensando una y otras razones, optará por la que estime más aceptable o más verosímil le parezca.

Del trabajo del Dr. Solís de Merás habla el historiador Cárdenas, y comenta:

"Memorial que hizo el Doctor Solís de Merás, y se halló entre sus papeles, de todas las jornadas y sucesos y de la conquista de la Florida; como fueron ganados los fuertes y la armada francesa, y degollado Juan Ribao, General del rey de Francia, con toda su gente, y allanados y sujetados los indios caciques de aquellas provincias, plantando en ella la santa fe, que lo iba sacando en limpio dicho Dr. Solís, como quiera que le acompañó en las jornadas que hizo a la Florida, cuando la ganó, etc., que está original en el Archivo referido; y se copió, y los demás expresados, en la librería del señor D. Andrés González de Barcia".

En su *Ensayo cronológico* menciona Cárdenas el *Memorial* de Solís, y dice lo siguiente acerca de él:

---

[90] Ruidíaz, tomo II, 107.

[91] pedimento 'petición; acción de pedir al juez' (Moliner).

"Yo hallo a Solís de Merás el carácter de historiador; su estilo, lenguaje y compostura están manifestando su sinceridad y talento, y se pueden producir para pruebas de la hermosura que tenía en aquel tiempo la lengua castellana, en que siempre fueron aventajados los asturianos, como se conoce en el Marqués de Santa Cruz, en D. Valentín Moran, Obispo de Canarias, y en el Sr. Conde de Campomanes".[92]

Sobre el estilo y el lenguaje, Ruidíaz agrega que "el estilo es natural, el lenguaje es sencillo y sin galas; se ve que su *Diario* está escrito sobre el terreno y a raíz de los sucesos; hay en él vida y color y movimiento. Faltan a veces corrección de lenguaje y filigranas de estilo. Como Ercilla escribía, según dicen, las más inspiradas octavas de su *Araucana,* para descansar de las fatigas del combate, así el Dr. Solís, 'Tomando, ora la pluma, ora la espada', ha debido de relatar casi todos los sucesos en la noche misma del día en que ocurrieron, y después nos ha ofrecido su trabajo. Por eso se advierten en él algunas repeticiones, que habría suprimido seguramente en la corrección; pero esas repeticiones mismas, esa incorrección no afecta, sino natural y lógica, dan a su obra tonos de sinceridad, que es la condición más recomendable en cronistas e historiadores".[93]

Bartolomé Barrientos

Genaro García señala que fue Gonzalo de Illescas quien primero citó a Barrientos con motivo de la expedición de Pedro Menéndez a la Florida. "Esta noble jornada, dice, con las particularidades que en ella pasaron, y con la descripción y calidades de la Florida, que es la tierra firme continuada con la Nueva España sobre la mano derecha a la parte norte, la he visto yo escrita por el maestro Barrientos, catedrático y profesor de la lengua latina en la insigne y celebradísima y no menos católica Universidad de Salamanca, al cual me remito, para cuando saliere a luz".[94]

---

[92] Gallardo, tomo I, 419.

[93] Ruidíaz, tomo II, 109.

[94] Segunda parte de la *Historia Pontifical y Católica.* En Madrid, por Juan de la Cuesta, 1613, 739. Citado por Genaro García, *Dos Antiguas Relaciones de la Florida*, México, 1902, X.

Gallardo, en su *Ensayo de una Biblioteca Española de Libros Raros y Curiosos*, cita varias obras en latín de Barrientos, entre ellas: *Barbarici Lima*, *Annotationum Sylva*, *Brevissima in Somnium Scipionis*, y *Opuscula Liberalium Artium*.[95] Francisco de Quevedo en su "Ingratitud, segunda peste del mundo", cita a Barrientos y su *Barbarici Lima*, y lo llama "doctísimo maestro".[96]

Andrés González Barcia, en su *Ensayo cronológico para la historia general de la Florida,* indica que buscó la *Relación* de Barrientos: "No hemos podido conseguir, dice, ver la Jornada, que Pedro Menéndez hizo, con las particularidades que en ella pasaron y la descripción y calidades de la Florida, que tuvo en su poder el insigne Gonzalo de Illescas, escrita por el maestro Bartolomé Barrientos".[97]

Barrientos nació en Granada en 1518, se ignora la fecha de su muerte, aunque algunos autores señalan 1580. En su *Relación*, Barrientos escribe en primera persona, de lo cual podría inferirse que vino a la Florida, sin embargo no es el caso. Probablemente haya copiado frases textuales de los diversos documentos que consultó; si se hubiera hallado Barrientos en la expedición de Menéndez, no habría necesitado recopilar los memoriales, cartas, cédulas y relaciones que cita, y sobre todo habría señalado que él había presenciado los hechos narrados.

De la historia de la *Relación*, sólo se sabe que el manuscrito lo conoció y consultó Gonzalo de Illescas y que después no volvió a ser visto por ninguno de los biógrafos de Barrientos, ni aun por González Barcia.

García subraya que habían pasado tres siglos cuando inesperadamente la obra fue anunciada a la venta en Madrid, en 1885, por el librero Gabriel Sánchez, "pidióla luego mi muy

---

[95] Gallardo, tomo I, 42-44.

[96] "Así lo advierte el doctísimo maestro Barrientos en su *Lima Barbarici*, advirtiendo que por este defecto huyó tanto Cicerón la traducción de esta voz (ingratitud) que antes quiso en latín escribir griego que mal latín", Aureliano Fernández Guerra y Orbe, *Biblioteca de Autores Españoles, Obras de Francisco Quevedo Villegas*, Madrid: M. Rivadeneyra, 1859, tomo 48, 108.

[97] Andrés González Barcia, *Ensayo cronológico para la historia general de la Florida*, Madrid: Oficina Real, 1723, 2.

querido amigo el distinguido bibliófilo don José María de Agreda y Sánchez, pagando por ella mil reales de vellón".[98]

Con respecto a la *Relación*, Barrientos dividió su obra en varios capítulos, referidos a la descripción de la Florida y a la biografía de Menéndez de Avilés. A pesar de que no vino con éste a la Florida, su obra resulta autorizada por haber tenido, según manifiesta, "copia de memoriales de los acontecimientos del muy Ilustre señor Adelantado, y de las cartas y provisiones, cédulas, e instrucciones de su Majestad y relaciones verdaderas de personas y soldados que en esta empresa y conquista se hallaron"; constituye esta obra, por lo tanto, una importante recopilación de declaraciones de testigos presenciales.

IV. Esta edición

Se ofrece en este trabajo una edición anotada de las crónicas de las expediciones de Pedro Menéndez de Avilés. Para la fijación del texto me he basado en la edición de Eugenio Ruidíaz y Caravia, *Conquista y colonización de la Florida por Pedro Menéndez Avilés* (1893), en la de Genaro García, *Dos Antiguas Relaciones de la Florida* (1902), y el *Ensayo cronológico para la historia general de la Florida*, de Gabriel de Cárdenas y Cano. He consultado los manuscritos relacionados a estas expediciones que se encuentran en el Archivo General de Indias, Sevilla, en las secciones de Justicia, Escribanía de Cámara, Contaduría, Indiferente General y Gobierno: Audiencia de Santo Domingo; en la Biblioteca Nacional de Madrid y en la Biblioteca del Museo Naval de Madrid. Asimismo, he consultado los microfilmes del Archivo del Conde de Revillagigedo: legajos Canalejas, El Rey, Legajo 2, número 3 A y Don Martín Menéndez de Avilés, localizados en el Center for Historic Research del Flagler College de San Agustín, al igual que otros materiales relevantes depositados en The St. Augustine Historical Society, en la Florida. He tratado de corregir errores y erratas de las ediciones de Ruidíaz y García.

Como ya se ha señalado, Solís de Merás fue testigo presencial, cuando los hechos estaban ocurriendo; mientras que Barrientos se vale de informantes y escribe su relación varios años

---

[98] García, XIV.

después de los mismos hechos. Esto no ha de interpretarse como una merma de los méritos del trabajo de Barrientos, que tiene un interés fundamental, ya que para una visión completa de las expediciones de Menéndez es indispensable la lectura de ambos autores.

Junto a las noticias históricas y geográficas, en ambas relaciones, figuran importantes datos sobre los diferentes grupos étnicos que habitaban la Florida, resaltando sus costumbres, sus políticas de alianzas, sus conocimientos en términos de agricultura y pesquería, entre otras cosas.

Se ha procurado conservar el texto salvo con las indispensables modernizaciones en la ortografía, acentuación, puntuación, y correcciones de oraciones defectuosas e inadecuados tiempos de verbos, para hacer la lectura lo más clara posible. La modernización del texto se ha hecho con arreglo a las siguientes normas: q inicial se ha transcrito por c; u y v según su valor vocálico o consonántico; i se ha sustituido por y cuando se trata de la conjunción, siguiendo las reglas ortográficas actuales, y x por j; se eliminaron las consonantes dobles; se suplió la h inicial en aquellas palabras en que correspondía ortográficamente; se han mantenido las contracciones: del, della, y dello, desta, ques, questa, etc.

Las notas de esta edición intentan aclarar los aspectos navales, geográficos, antropológicos, históricos y filológicos, más importantes del texto.

Memorial que hizo el Doctor Gonzalo Solís de Merás, de todas las jornadas y sucesos del Adelantado Pedro Menéndez de Avilés, su cuñado, y de la Conquista de la Caridad y Justicia que hizo en Juan Ribao y otros franceses 1565

Capítulo I

El Adelantado Pedro Menéndez es hijodalgo de padres principales, descendiente de casas de solares de las antiguas de Asturias de Oviedo, donde es su naturaleza y de sus descendientes. Tiene una de las más antiguas casas que hay en aquella tierra, que es la casa de Doña Paya, donde antiguamente los Reyes del aquel tiempo tenían su habitación, después de la muerte del Rey Don Rodrigo y coronación de Pelayo, y así se llama Monte de Rey donde ella está situada, y a una legua de allí está la villa de Pravia, donde muchos de estos Reyes se enterraban, y dos leguas de allí está la villa de Avilés, donde así mismo se enterraban algunos reyes, donde al Poniente él tiene su casa, mujer e hijos; y la herencia que heredó de sus padres fue la misma casa de Paya y su distrito, y porque tuvo veinte hermanos y hermanas, dividióse la hacienda, de manera que todos quedaron pobres. Él diose a ser soldado, con otros hermanos suyos, de tal manera se inclinó[99] a la milicia de mar y tierra, que olvidando su contento, tierra, naturaleza[100] y deudos, la sigue y sigue en servicio de S.M., como es notorio. Salió de su tierra huérfano, de poder de sus propios amos que le criaban, porque su padre era muerto y su madre se casó por segunda vez; enviaron tras él y lleváronle dentro de seis meses de Valladolid, y para asegurarle que no se fuese de la tierra, le esposaron con Ana María de Solís, que era de edad de diez años, parientes dentro del cuarto grado, lo cual no bastó para tenerle en la tierra.

En aquel tiempo había guerras con Francia; hízose armada contra cosarios; metióse en ella y anduvo dos años, y luego que

---

[99] inclinar 'inclinarse a un vicio o a una virtud, o tal vez oficio o ejercicio' (Covarrubias).

[100] naturaleza 'se toma por el origen que alguno tiene en alguna ciudad o reino en que ha nacido' (Autoridades).

vino a su tierra, vendió parte de su hacienda, hizo un patache,[101] y con sus amigos se metió en casos ventureros, donde tuvo e hizo cosas muy venturosas y notables, que serían muy largas de contar. En especial, que estando juntos en el reino de Galicia, acaso, dos pataches de armada y el suyo, todos bien a punto de guerra, que andaban contra cosarios (...),[102] que era en tiempo de guerra, a la entrada de un puerto, pasando tres barcos grandes, puerto a otro, llevaban dentro una doncella (...) entregar a su marido con sus parientes, que en todos iban más de sesenta personas, y salióles al encuentro una nao[103] francesa y tres zabras,[104] y por ser el viento calma, la zabras francesas, a remo y vela, tomaron la novia con toda la gente que dentro iba. Pedro Menéndez, que sabía que aquella presa que los cosarios[105] habían hecho, era aquella doncella con otras muchas mujeres, rogó a la gente de los dos pataches fuesen a favorecerla y quitarles aquella presa por ser mujeres, o morir en la demanda. Parecióles confiado en su esfuerzo, ligereza de patache y su razón, fue contra aquellos cosarios, cosa de temeridad, y como las tres zabras francesas que habían tomado la

---

[101] patache 'bajel de guerra, que ordinariamente sigue a otro mayor. Sirve para descubrir y reconocer las costas, y suele hacer la primera guardia en la entrada de los puertos y rías. Suele también llamarse patache o fragata de aviso un buque pequeño que lleva algún paquete o aviso a las Armadas (Autoridades).

[102] Los puntos suspensivos entre paréntesis indican que está rota la hoja o que es ilegible el manuscrito.

[103] nao 'bajel grande de alto borde'. Las naos, a comienzos del XVI, tenían en el ámbito atlántico un carácter definido. Arqueaban las mayores de 500 a 600 toneladas y las menores algo más de 100. La dotación dependía de su porte: una de 500 toneladas exigía, como gente de mar, además del maestre -que a falta de capitán tomaba el mando del buque- y del piloto -que dirigía la navegación- 65 marineros, 20 grumetes y 5 pajes. Una nao de 300 toneladas, embarcaba 50 marineros, 16 grumetes y 4 pajes. Magdalena Pi Corrales, *España y las potencias nórdicas*. Madrid: Editorial San Martín, 1983, 60.

[104] zabra 'especie de fragata pequeña, que se usa en los mares de Vizcaya' (Autoridades). Las zabras eran embarcaciones de la Edad Media, de porte de 150 a 170 toneladas, parecidas a un bergantín en el aparejo, pero en el casco era más largo y más raso que éste. En el siglo XVI, las zabras llegaron a arquear hasta 600 toneladas. Pi Corrales, 62.

[105] cosario 'el que anda a robar por la mar; pirata. Cosario, en buena parte, el que es muy versado y ordinario en ir y venir algún camino o trajinar, y tener trato de alguna cosa' (Covarrubias).

novia que aquella mañana iban a entregar a su marido, con los tres barcos que llevaban toda la gente, estaban desviadas una legua de su nao francesa. Pedro Menéndez, a remo y vela, fue contra ellos solo con su patache, tocando su pífano[106] y a tambor y desplegando sus gallardetes,[107] fue contra ellos, los cuales le aguardaron con la presa, y llegando cerca de ellos, les dijo que dejasen la presa que llevaban; si no que a todos los ahorcaría; los franceses dijeron que fuese por ella, que se la darían; no se atrevió a ello, porque cada zabra era tan grande como su patache, y al parecer, tenía tanta gente. Y haciendo demostración que quería volver, dos de las zabras le iban a cometer, él se dio a huir, la una navegaba más que la otra, y él más que entre ambas; teniendo la una cerca de sí, bien media legua apartada de su compañera, fue sobre ella y tomóla. Repartió su gente entre ambas y tomó la otra; fuese sobre la zabra tercera, que estaba en guarda de la novia, y su gente desamparó la presa y fuese huyendo, no la pudo alcanzar.

Luego el año siguiente, por estas fechas paces con Francia, unos cosarios tomaron al cabo de Finisterre[108] diez o ocho navíos vizcaínos, cargados de hierro y herraje y otras muchas mercaderías de mucho valor. Pareciéndole al Emperador Maximiliano,[109] que entonces gobernaba estos reinos, que estos cosarios merecían ser castigados y no podrían ser pasados a Francia con la presa, envió a mandar a Pedro Menéndez que procurase salir en corso contra ellos, lo cual él hizo con mucha brevedad, sin que para ello se le diese un real, y pareciéndole serían pasados a Francia, se fue derecho a la costa de Bretaña, y desde Bela Isla a Rochela les tomó cinco presas y prendió al capitán francés que había cogido estas presas, surto cabe la cadena de Rochela, donde con viento y marea

---

[106] pífaro 'instrumento músico de boca, que se tañe juntamente con el atambor de guerra, suena con soplo, sin meterle en la boca, que al sonido de cerca hace pif, para formar con aquel soplo el sonido en el pífaro, y de allí, por onomatopeya, tomó el nombre. Llaman pífaro al mismo que le tañe' (Covarrubias).

[107] gallardete 'cierto género de banderilla partida, que semeja a la cola de la golondrina y se pone en lo alto de los mástiles del navío o embarcación, o en otra parte para adorno, o para demostrar algún regocijo' (Autoridades).

[108] Costa de Galicia.

[109] Merás se refiere a Maximiliano, el regente de España, durante el período en que Carlos V se encontraba en Flandes.

contraria no pudo salir. Envió la justicia a mandar a Pedro Menéndez fuese a tierra, el cual lo hizo, mostró el título que llevaba de su rey para ir tras aquel cosario y quitarle la presa; la justicia le mandó se lo entregase con todos los bienes que tenía y presas que en aquella costa había quitado, porque todo se depositaría para entregarlo a sus dueños y que el cosario sería castigado. Como Pedro Menéndez vio que no podía hacer otra cosa, permitió se hiciese así, y tomó testimonios de ello; envió a Flandes a S. M., y el otro trajo consigo a España.

Este capitán francés era un cosario famoso que los franceses llamaban Juan Alfonso Portugués, y los españoles Juan Alfonso Francés.[110] Salió herido, de que murió. Tenía un hijo muy belicoso que llamaban Antonio Alfonso, el cual envió desafiar a Pedro Menéndez, que él partiría dentro de dos meses de Francia, con juramento de nunca volver a ella sin vengar la muerte y prisión de su padre y presas que habían quitado, y en cualquier punto que supiese que estaba Pedro Menéndez, aunque fuese con fuerza doblada, le había de buscar, pelear y combatir con él; y así salió dentro de los dos meses con tres navíos de armada, y tuvo noticia que Pedro Menéndez iba a las Indias. Fuele aguardar a las Islas de Canaria, y en la Isla de Tenerife, en el puerto de Santa Cruz, fue a tomar unos dos navíos que allí estaban cargando para Indias; tirándole de tierra con ciertas piezas de artillería, estando abordado con sus navíos a los dos que ya tomara, y con una pelota que le dio, le hicieron pedazos a Antonio Alfonso, y su navío fue allí al través. Después le tomó a Pedro Menéndez los dos.

Capítulo II

Con la noticia que el emperador,[111] de gloriosa memoria, tenía de Pedro Menéndez, y la que tenía Maximiliano de sus hechos, notables en tan tierna edad, y por entender que franceses cosarios le habían de perseguir, quiso darle autoridad y diole título para que en tiempo de paz pudiese seguir cosarios, y los bienes que les tomase, fuesen suyos y de sus herederos, porque andaban muchos, y que las haciendas vedadas que hallase en los puertos de

---

[110] Jean Alphonse era de la antigua provincia francesa de Saintonge; había estado en Canadá como piloto de Roberval, en 1542-1543.
[111] Carlos V.

sus reinos y en la mar, las tomase porque fuesen repartidas conforme a la ley del reino. Tuvo con esto muchas suertes, por lo cual S.M. el rey Don Felipe le nombró por capitán general de la flota de las Indias y por su consejero, para que le fuese sirviendo desde la Coruña a Inglaterra, cuando se fue a casar con la C.R. María de Inglaterra, y así le sirvió muy bien. Y otro día que S.M. se casó en Inglaterra, le despachó con el aviso de su llegada y casamiento, al Príncipe y Princesa que entonces gobernaban, y le mandó de irse a embarcar luego a Sevilla, a servirle de capitán general en la carrera de las Indias,[112] como lo tenía ya proveído.

Embarcóse en dos zabras cargadas de mercadería, que eran de Laredo y se iban de camino para allá, que venían de Flandcs. Tuvo prósperos vientos, a cuatro leguas del puerto de Laredo, saliéronle dos cosarios, viniéronle a abordar, defendióse, aunque la dcfensa era muy poca, con gran astucia desampararon[113] los marineros el timón para rendirse, sin temor de la artillería, le fue forzado tomarlo, y con unos colchones hizo un baluarte, cerca de sí llevaba seis soldados arcabuceros consigo, hicieron muy buenas suertes y tiros, porque los enemigos teniéndolos un poco, se descubrieron sin recelo. Era a boca de noche,[114] y con la obscuridad, de temor de esta arcabucería, ya no se atrevieron abordar,[115] y así se salvaron. Dio en Valladolid los despachos que traía a la Princesa, y se fue a Sevilla a hacer su oficio de General.

Las cosas que después acá le han sucedido, se escribirán con toda la mayor brevedad que hubiere lugar.

Capítulo III

Las casas antiguas de solares más cercanas de quién el Adelantado desciende, demás de la de Doña Paya, que es suya y la tiene, son la de los Cascos y Avilés, Valdeses y Menéndez Arango,

---

[112] El comercio de España con el Nuevo Mundo.

[113] desamparar 'vale dejar, abandonar o ausentarse de algún sitio o lugar' (Moliner).

[114] a boca de noche 'lo mismo que al anochecer, al crepúsculo de la tarde o al tocar las Avemarías' (Autoridades).

[115] abordo 'se usa esta voz para decir que se ha estado en alguna embarcación, o que se va a ella, como fuimos abordo, o vamos abordo; también para dar a entender que se lleva o saca alguna cosa del navío como llevar abordo, traer o sacar de abordo' (Autoridades).

Bustio y Vegil, y así tienen en sus armas por rótulo: "Los Menéndez son Valdeses, antigualla de los Cascos, su apellido Avilés, Consejeros de Pelayo". Todas las cuales casas tienen por Principal, a esta casa de Doña Paya, porque desciende de ella y la tienen por principal de sus armas, y ellas y éstas todo es una por las razones expresadas, aunque todas, por emparentase en otras casas principales, se tienen por tan principales como ella.

En este primer viaje en que S.M. le nombró por Capitán General de la carrera de las Indias le sucedió prósperamente el viaje en ir y volver con brevedad, cosa que admiró a toda la gente. Porque entendió la necesidad grande con que S.M. quedaba de guerras con el Papa y con Francia, y el poco dinero que para sustentarla le quedaba; habiéndosele mandado por la instrucción que se le dio, invernar en las Indias, determinó quebrar la instrucción, y diola a Alvaro Sánchez de Avilés, su hermano, que era su lugarteniente, y envióle al Nombre de Dios[116] por General de la flota y armada que allí iba, y él se fue a la Nueva España. Volvieron el Septiembre venidero a Sevilla con más de siete millones, y no le aguardaban hasta el abril venidero del año siguiente cincuenta y siete, y embargaban naos y hacían gente[117] para la primavera hacer armada que los fuesen a buscar a las Islas de las Azores, y para su escolta hasta Sevilla.[118] {Estos gastos y los que su armada había de hacer, invernando en La Habana, cesaron con su venida.

Capítulo IV

A 26 de febrero de 1557, volvió a ser nombrado General de la flota; pero creciendo el daño de los corsarios en las costas de España, faltando quien pudiese remediarle, le mandó el Rey, el 22 de marzo, fuese a perseguirlos, lo cual ejecutó en el mes de abril, con tanta presteza y fortuna, que dejó libres las costas de las infamias que cometían. Hallándose por mayo en Laredo, descansando, le nombró el Rey el 2 de junio por Capitán General,

---

[116] Nombre de Dios por San Agustín.

[117] gente 'en lengua castellana vale concurso de personas en algún lugar; gentes: llamamos las naciones esparcidas por el orbe' (Covarrubias).

[118] Desde esta llamada hasta la siguiente, entre corchetes, Ruidíaz suple la falta que se observa en el manuscrito original, por la relación de Andrés González Barcia, *Ensayo cronológico para la historia de la Florida.* Madrid: Oficina Real, 1723.

para que fuese a Flandes con la armada de su cargo, escoltando 24 navíos de lanas, a llevar un socorro de 1.500 soldados y 1.200.000 ducados. Y aunque cuando se le entregó el despacho, que fue el 8 de junio, estaban los 4 navíos, de los 8 que lo acompañan, con su almirante Alvar Sánchez, su hermano, en Galicia por bastimentos,[119] de orden del proveedor general D. Diego de Mendoza. Sabiendo que D. Luis de Carvajal se detenía en la Coruña, con mucho dinero en su armada, sin viento para navegar, y que el Rey estaba en Inglaterra desairado, se resolvió a hacerse a la vela el día 9 de junio con las cuatro naos que allí había, cargado en ellas la infantería y dinero referido; y escoltando los navíos de lanas, encontró la escuadra de Pie de Palo,[120] famoso corsario, que contaba de 8 navíos corsarios, a los cuales hizo ir, usando notables ardides, menos uno, que echó a fondo. Siguió su viaje, llegó en quince días a Douvres, desembarcó en Calais el dinero e infantería, y los navíos de lanas se fueron a Zelanda;[121] y a esta buenaventura de Pedro Menéndez puede atribuirse la victoria de San Quintín.[122]

---

[119] bastimento 'provisión' (Corominas).

[120] Francois le Clerc fue el primer Pie de Palo o Pata de Palo de la historia de la piratería. La había perdido luchando contra los ingleses. Fue también el primer corsario francés, pues Enrique II le otorgó patente en 1553. Le Clerc participó en una gran operación francesa contra las posesiones españolas en América, junto con Sorel y Blondel. Este personaje incendió Yaguana, en la Española, y atacó Puerto Rico. En 1559 regresó a Europa, asaltando Santa Cruz de las Palmas. Enrique II lo nombró noble. Manuel Lucena Salmoral, *Piratas, Bucaneros, Filibusteros y Corsarios en América*. Madrid: Mapfre, 1982, 281. Cf. David Cordingly, *Pirates*. JG Press, 1998, 21.

[121] Zelandia o Zeeland, provincia de los Países Bajos, en su mayor parte formada por las islas de Walcheren, Beveland, Shouwen y Tholen.

[122] El emperador Carlos V, antes de abdicar a favor de su hijo Felipe, el 5 de febrero de 1556, firmó con el rey francés Enrique II el tratado de Vaucelles, con lo que se ponía fin a los continuos enfrentamientos entre ambos países a lo largo del siglo XVI. La diplomacia francesa, supo estrechar una Alianza con la Iglesia poniendo en peligro la presencia española en Nápoles. En este sentido, rompiendo el Tratado de Vaucelles, Enrique II firmó un acuerdo con Paulo IV para emprender una acción conjunta contra Felipe II. La primera acción de la coalición contra España tuvo lugar en 1556, mientras que Paulo IV excomulgaba a Felipe II y a su padre, el emperador Carlos V. El enfrentamiento entre las tropas francesas y las fuerzas españolas se produjo el 19 de agosto de 1557, en la localidad francesa de San Quintín, situada al margen derecho del río Somme. La derrota francesa fue total. Ante la victoria española, el papa Paulo IV tuvo que

El año de 1558 salió de Valladolid, en dos zabras, que son bajeles muy pequeños, se puso en Amberes en quince días, contados desde que salió de Valladolid, navegando en invierno aquellos mares, que aún en verano se tuviera por temeridad, en tan pequeños bajeles y de tan poca firmeza, porque fueron los primeros que halló en Laredo, quitándoselos a unos pescadores de Castro.

Volvió el Rey a enviarle a España para que llevase socorro, y el consejo le ordenó que fuese con 6 zabras y 4 navíos de su cargo para resguardo. Cuando llegó a Laredo halló que los proveedores D. Lope de Valenzuela y Juan Martínez de Recalde, sin su orden habían enviado las dos zabras a San Sebastián por bastimentos, de que estaban faltos los otros 4 navíos de su armada; y advirtiendo que el viento era próspero para el viaje y contrario para los corsarios de San Juan de Luz y otros franceses, se hizo a la vela en Laredo con las 4 zabras solas, y a los nueve días estaba en Amberes, dejando burlados a los corsarios, que poco después salieron al mar creyendo que no había partido, a esperar el socorro, con individual noticia de todo lo que llevaba. Volvió a mandarle el Rey se viniese a España, el primer buen tiempo, con las 4 zabras y 2 navíos de armada de D. Luis de Carvajal, y que llevase en ellas a Flandes al Arzobispo de Toledo, al Conde Sarria, al Regente Figueroa, a D. Diego de Mendoza y otros caballeros. Fue a Zelanda, donde tuvo noticia que le esperaba en el camino una gruesa armada francesa, por miedo de la cual no se atrevían a salir los navíos mercantiles de vasallos del rey, de aquellos puertos, ni de los de Inglaterra. Juntó a todos, que eran 27, aunque se había dado orden para que no trajeren más de 6, que estaban en Zelanda, y salió del puerto con ellos, y aunque pudiera con gran brevedad hacer su viaje con las 4 zabras y los 2 galeones, fue aguardando a los navíos mercantiles, y entre Ugente y Soringas le salió al encuentro el Almirante de Normandía con 12 galeones muy grandes y un patache; aseguró a todos los que iban con él del

---

firmar la paz con Felipe II. Finalmente, el 3 de abril de 1559 culminaron las negociaciones de paz, con el Tratado de Cateau-Cambrèsis. La firma de este tratado fue producto del cansancio de ambos reinos, con una guerra demasiado larga que solo produjo penuria para sus respectivas economías. Paralelamente, se agudizaba el problema religioso, con el avance del calvinismo en Francia.

riesgo, y usó de tantos ardides[123] y astucias militares contra los franceses, ya embistiendo, y retirándose, que no se atrevieron a embestirle y le dejaron libre el paso; y aunque pudiera haber llegado en tres días a Laredo, volvió
a arribar a Inglaterra por no desamparar a los navíos mercantiles, y entró con todos en Laredo, sin que se perdiese un alfiler. Algunas de estas cosas ejecutó contra las instrucciones que se le daban, pareciéndole que contravenirlas era mayor servicio del rey, y confiando en su experiencia y su fortuna, se atrevía a exponer su cabeza al riesgo de perderla si salían mal}[124].

Y por llevar el dicho General Pedro Menéndez muy buena gente, le mandó S. M. andar en compañía de la armada de Inglaterra, que era General de ella el Almirante de aquel Reino, y para hacer escolta a cierto número de caballería, infantería y gastadores, que pasaba de Dobras a Calés, en servicio de S.M., para de allí ir a San Quintín, que estaba cercado, y andando sirviendo en esto dos meses, mandólo S. M. se fuese entre Ugente y Sorlinga, a esperar una gruesa armada que venía de España, en que venía el Príncipe de Evoli.[125] También mandó S. M. a D. Luis de Carvajal que con su armada se pusiese en aquel paso de Ugente y Sorlinga, por donde forzosamente el príncipe de Evoli había de venir con aquel socorro para pasar a Flandes. También le mandó esto al almirante de Inglaterra, con su armada, porque se tenía nueva que en Francia se aparejaban gruesas armadas para esperar al Príncipe en aquel paso, que es junto de Francia, por donde forzosamente había de ir para entrar en Flandes. Y andando en su guarda, en el mismo paso, las dichas tres armadas inglesas y de D. Luis de Carvajal y del dicho Pedro Menéndez, sobrevínoles una gran tormenta que arribo a Inglaterra D. Luis de Carvajal, con su armada, y lo mismo hizo la inglesa. Pedro Menéndez, visto que con aquel viento, si el Príncipe de Evoli era salido de Laredo, dentro de tres o cuatro días había de dar en aquel abocamiento[126] de

---

[123] ardid 'trama y hecho ingenioso dispuesto con astucia y arte, con el cual se consigue más fácilmente alguna cosa o se viene al fin de algún intento' (Autoridades).

[124] Continúa el manuscrito.

[125] Evoli o Eboli.

[126] abocar 'comenzar a entrar en un canal, puerto o estrecho' (Moliner).

Ugente y Sorlinga, reparó la tormenta con su armada, de que lo sintieron mucho los ingleses, y le rogaron arribase con ellos a Inglaterra, el cual les respondió que no le convenía hacerlo, a causa de que con aquel tiempo había de venir navegando la armada de España, y que acudiendo sobre ella los enemigos, no se cumpla lo que su rey le había mandado. Rogáronle los ingleses mandase arribar un navío de los suyos, que quisiese, para que pudiesen decir a la reina de Inglaterra, su señora, que con tormenta les había sido forzado arribar, y que esto creería ella al Capitán de Pedro Menéndez, y visto que navío de armada arribaba, porque ella le quería mucho a Pedro Menéndez, a causa de que se había gobernado muy bien con la armada inglesa, que había cuatro meses, andando juntos entre Dobras y Calés y sobre Bolonia, haciendo daño a los franceses y teniendo encerrada en los puertos su dicha armada, que no se atrevían a salir de miedo, y andando juntos los españoles e ingleses, cosa que se pensó no fuera posible, y el tiempo que allí anduvo, hizo escolta con su armada a la caballería, infantería y gastadores ingleses que pasaron de Dobras a Calés, y pasó muchos señores de Inglaterra.

Hacíalo todo con tanta liberalidad, amor y voluntad, regalando a todos, que dio gran contento a aquella Nación, en especial que la reina María, católica mujer que fue de S.M., se tuvo dél por muy servida. Y cesando aquella tormenta, cuando el dicho Adelantado quedó solo con su armada entre Ugente y Sorlinga, con ocho velas, en que eran la capitana[127] y almiranta[128] dos galeones escogidos, fuertes veleros de 500 toneles,[129] y todos los demás eran muy ligeros navíos y muy bien armados, y pasados ocho días que por allí andaba, descubrió una mañana una vela como a cinco leguas

---

[127]capitana 'la principal galera o navío de los que componen una Armada o escuadra, a la cual siguen las demás, así en sus órdenes, como en el rumbo, por lo cual y por ir siempre en ella el general, o el que manda, se llamó así' (Autoridades).

[128] almiranta 'nombre definitivo del navío donde se embarca y navega el almirante general de la Armada naval. Este navío cuando navega o pelea ocupa el puesto de la retaguardia, cerrando y recogiendo toda la Armada o escuadra; y para distinguirse de los otros lleva bandera de cuadra en el árbol trinquete' (Autoridades).

[129] tonel 'unidad de medida de capacidad usada para los barcos, equivalente a unos cinco sextos de la tonelada' (Moliner).

de Francia, junto a Ugente; mandó al Capitán Diego de Isla, que era muy escogido marinero y buen cosario, natural de Quejo, junto a Laredo, que por traer navío ligero, la fuese a reconocer, el cual lo hizo, y dentro de dos horas descubrió el dicho Pedro Menéndez, desde las gavias de su galeón, donde iba, muchos navíos; mandándolos contar, dijeron que eran más de 80 velas; tuvo por cierto no era aquel el Príncipe de Evoli, porque le parecía no podía traer tanto navíos, ni pensaba traería, cuando muchos, de 30 navíos arriba. Creyó que eran naos francesas que venían de la Terranova, conque se regocijaron mucho, y juntando su armada, les dio orden de la manera que habían de llegar a tomarlos, porque les pareció que pocos o ninguno se les podía escapar, y yendo acometiéndolos, siempre entendían ser franceses, hasta que de las 80 velas salió un patache ligero y llegóse a meter junto al de la capitana donde iba el dicho Pedro Menéndez, que iba en la delantera, y entonces lo reconoció Pedro Menéndez, que era de su armada, que había quedado en Laredo. Cuando él se partió a Flandes con los 4 navíos de armada que quedaron a cargo de Alvar Sánchez de Avilés, su hermano, con los cuales hacía escolta al bastimento que se juntaba en Laredo para aquella armada, y era capitán de este patache Diego Flores de Valdés, el cual, llegándose al Adelantado, le conoció, de que mostró pesarle perdía una gran presa, pensando ser aquellos navíos franceses, y llegándose el patache, se juntó a la armada del Adelantado y a su nao capitana. Habiéndola reconocido, la saludó y dijo el Diego Flores al Pedro Menéndez cómo aquella era la armada de España, en que venía el Príncipe de Evoli, que venía por Capitán general de ella D. Diego de Mendoza, que había sido embajador en Roma, y por Almirante Alvar Sánchez de Avilés, hermano del dicho Pedro Menéndez y Almirante de la armada de su cargo. Luego arribó Pedro Menéndez sobre ellos con su armada y fue hablar a su hermano, y habiéndose saludado, le dijo como llevaba en su nao 400 soldados y que iba en ella D. Diego de Acevedo por coronel de 6.000 infantes que aquella armada llevaba para desembarcar en Flandes con ellos, y otros muchos caballeros que con él iban principales, y hablaron al dicho Pedro Menéndez todos con regocijo, gozo y alegría, porque era muy bien visto de todos y deseábanle harto[130] encontrar, porque ya tenían aviso, antes de partir

[130] Harto 'por mucho'.

de Laredo, que S.M. le había mandado aguardarles en aquel paso. Despidióse Pedro Menéndez de esta nao que iba en la retaguardia, para alcanzar a la capitana, donde iba el Príncipe una legua adelante, y por la ligereza que su navío tenía, que allí se vio y experimentó navegaba más que ninguna de las 80 velas, y habiéndole alcanzado a la nao capitana, abatióle[131] Pedro Menéndez su bandera, salvóla con la artillería, y con una docena de gentiles hombres saltó en el barco y se fue en él a la capitana de D. Diego, donde fue muy bien recibido dél y del Príncipe de Evoli y de muchos señores y caballeros que con él iban mandóle el Príncipe se fuese allí con él. Otro día siguiente vieron la costa de Inglaterra, llegaron a la tarde sobre Hartamua,[132] puerto de aquella isla, quedando el viento bonanza.

Dijo el Príncipe a Pedro Menéndez que le echase en tierra con una de dos zabras que traía, muy ligeras, y que la otra zabra enviase de su parte a todas las naos que con él iban, que los señores y caballeros que se quisiesen desembarcar en aquel puerto de Artamua, lo pudiesen hacer en aquella zabra, dándoles aviso como él se embarcaba en la otra, y así desembarcó con Pedro Menéndez en su zabra, y con él algunos señores y caballeros, y se fue a Artamua y llegó a boca de noche. Lo mismo hizo la otra zabra con muchos señores y caballeros que desembarcó; no pudo Pedro Menéndez volver aquella noche con sus zabras en la armada, por serle la marea y el viento contrarios. A la mañana partióse el Príncipe por tierra a Londres, a besar las manos de la reina María, y de allí pasarse a Flandes, donde S.M. iba, para que con brevedad fuese avisado del socorro que llevaba, y despedido el Adelantado dél, se fue con sus zabras a la armada, que tenía surta[133] a una legua de aquel puerto de Artamua, en un lugar harto peligroso por el semblante que tenía de tormenta. Fuese derecho a la capitana de Don Diego de Mendoza, díjole que convenía hacer vela con la armada para meterse en el puerto, o en la mar, a lo largo de tierra, porque demostraba que corría peligro de perderse toda la armada. Los pilotos que Don Diego traía en su nao capitana, no eran tan expertos ni buenos marineros como lo eran los de Pedro Menéndez

---

[131] abatir 'hacer bajar algo que estaba izado, abatir las velas' (Moliner).
[132] Probablemente Dartmouth en Devonshire. Artamua o Hartamua.
[133] surta 'estar en el puerto fondeado, vareado' (Corominas).

y sus pilotos. Parecióles que era bien aguardar allí hasta el otro día siguiente. Pedro Menéndez les replicó lo mal que fundaban su razón, y les dijo tales cosas, que concluyeron a Don Diego ser buen consejo hacer luego vela e ir en la vuelta de la mar, para que, si el viento se terciase[134] bueno, llegar a Flandes con brevedad, que era lo que él mucho deseaba, porque era a tiempo que se decía cuando partió de Laredo, tenía S. M. harta necesidad de aquel socorro que le iba de armada, gente y dinero, y dijo a Pedro Menéndez que fuese hacer levar áncoras[135] a su armada y hacerse a la vela, porque él mandaba hacer lo mismo a la suya; lo cual se empezó hacer con gran brevedad, guarneciendo, enviando los cabrestantes[136] y tomando las amarras.

Pedro Menéndez, como experto marinero, diose tan buena maña con su armada, que dentro de media hora iba con ella a la vela la vuelta de la mar, y cuando Don Diego iba con la suya a la vela, estaba Pedro Menéndez como dos leguas largo de tierra, y el viento cerrazón, a la travesía, venía entrando; la mar muy gruesa, y eran las cuatro de la tarde; reconoció Pedro Menéndez, por estar Don Diego de Mendoza con su armada, tan metido en tierra, y venir la noche y ser el tiempo travesía, y la vuelta que el viento le dejaba llevar era meterse en el Porlan, que está cerca de allí, cosa muy trabajosa y peligrosa, y que sería ventura si de noche cargase tormenta poder escapar, y por él estar a lo largo de tierra, estaba fuera de aquel peligro, para poder sacar dél a Don Diego con su armada. Arribó a popa sobre la capitana de Don Diego y díjole que antes que fuese noche cargasen de velas y se fuesen a meter en el puerto de Artamua, que estaría como 3 o 4 leguas de allí; así lo hizo luego Don Diego; Pedro Menéndez, con su armada, bien pudiera entrar media hora primero, por ser sus navíos muy ligeros; más por guardar el respeto a Don Diego, le dejó ir delante con toda su armada, quedándose él en la retaguardia de ella, cuando el Don Diego entraba por el puerto adentro, una gruesa cadena que suele

---

134 terciar 'cambiar' (Autoridades).

135 áncora 'instrumento de hierro como arpón o anzuelo de dos lengüetas, el cual afirmado al extremo del cable o gúmena, arrojado a la mar, sirve para aferrar las embarcaciones y asegurarlas del ímpetu de los vientos' (Autoridades).

136 cabrestante 'torno vertical empleado para soltar o recoger los cables de la embarcación' (Moliner).

estar atravesada, la halló echada, de manera que no pudo entrar. Amainó las velas y surgió, y como la marea iba para dentro y ventaba ya muy recio la travesía, y las naos que venían juntas de Don Diego hicieron lo que él, y juntáronse los unos con los otros en aquella estrechura, que se rompían las entenas[137] y bureles[138] y árboles[139] y se despedazaban las unas con las otras, y la noche venía, que era ya Aves Marías, y la cerrazón y viento travesía muy grandes, de tal manera que no hallaban remedio para salvarse, porque aunque acudieron, por mandado de don Diego, bateles[140] a la fortaleza para que largasen la cadena, nunca el Alcalde quiso abrir la puerta ni largarla.

Pedro Menéndez había surto con su armada a lo largo de las naos de que si de día no se entraba en el puerto, que venida la noche fuera milagro escapar hombre ni nao, con gran diligencia saltó en dos bateles equipados con hasta 50 soldados arcabuceros y fue a la fortaleza e hizo las diligencias que pudo hacer para que le abriesen, y como no quisiesen, tomó una viga gruesa con los soldados y marineros que llevaba, dio recios golpes a la puerta para quebrarla, teniendo 10 arcabuceros de puntería para quien arriba se descubriese para impedirlo. Rompió la puerta, entró dentro, no halló hombres, estaba un cubo fuerte con unas puertas de hierro muy fuertes donde estaba centro un cabestrante, que con el ingenio dél se alargaba y acortaba la cadena; proveyó Pero Menéndez que los 50 soldados se quedasen con él, uno de ellos con los bateles y marineros, y mandó que dijesen al piloto de su nao capitana, y luego al de la almiranta, porque eran galeones grandes de cada 500 toneles, porque era ya mucho y embistiesen en la cadena, porque ningún remedio quedaba para poderse salvar aquella armada, si no era aventurarse de aquella manera. Y en el entre tanto, él procuró

---

[137] entena 'palo encorvado y muy largo al cual va asegurada la vela latina en las embarcaciones' (Moliner).

[138] burel 'trozo de madera redondo de largo y grueso proporcionados, útil para los aparejos que se enganchan, o hacen firmes de este modo sobre el objeto sobre el que van a actuar' (Autoridades).

[139] árbol 'palo o mastelero' (Autoridades).

[140] batel 'un género de barco pequeño, dicho así o porque baten en él las olas del mar con ímpetu por la poca resistencia que tiene, o es nombre corrompido de bajel, navichuelo pequeño, dicho así porque con él se puede navegar por los bajíos y costas y mar baja' (Covarrubias).

desguarnecer con una palanca de hierro las puertas de hierro, y al tiempo que su galeón capitana venía a embestir a la cadena como él lo mandó, se acabó de romper la puerta, y entrando dentro del cubo Pero Menéndez, arrancó de un machete acerado que traía en la cintura y cortó una guindaresa[141] gruesa de cáñamo y desguarneció la cadena, de manera que su capitán, que iba a embestir, no recibió daño ni detrimento alguno, y así entró toda la armada a buen salvamento dentro del puerto, aunque por ser la fortuna muy grande aquella noche, aunque el puerto es muy bueno, se hubiera de perder toda la armada. Más por las grandes diligencias que Don Diego de Mendoza hizo por su parte, y Pedro Menéndez por la suya, aunque traían muy buenos pilotos y marineros, que la causa que se salvasen, todavía se perdieron aquella noche dentro del puerto 8 navíos, 6 ingleses que allí estaban y 2 de la armada de Don Diego, y otras 2 naos grandes se quedaron fuera de la cadena, desviadas como media legua surtas, no sabiendo que estaba alzada, y al alba se perdieron, con mucha hacienda que traían, y se ahogaron más de 400 personas, y Pedro Menéndez salvó con los navíos de su armada y gente (...).[142]

Fue cosa milagrosa salvar nuestro señor aquella armada de cuatro peligros, dentro de 10 o 12 horas, que por cualquier de ellos a no remediarse con las diligencias que Dios alumbró a Pedro Menéndez que hiciese, todas se perdieran. Lo uno, si no hiciera vela donde estaba surta aquella tarde, los que en ella estaban, perecieran; lo otro, si no volviera a arribar a Artamua, se perdiera también en el saco de Porlan; lo otro, si la cadena no se rompiera, también se perdía, y lo mismo se perdiera si aquella noche Pedro Menéndez, con los bateles e marineros de su armada, no los anduviera amarrado y socorriendo; que si se perdiera, fuera gran pérdida para toda España, por ir allí mucha flor de la caballería de ella, y era principal socorro para S. M. de infantería y dinero, para poder conseguir buenos sucesos de las grandes guerras que traía con Francia.

---

[141] guindaleza 'cabo grueso' (Moliner).

[142] Según Barrientos, Menéndez salvó más de trescientos. Menéndez hace referencia a esto en una carta dirigida a la princesa de Portugal, el 6 de octubre de 1557. Ver Ruidíaz, *La Florida*, II, 27; *Cartas sobre la Florida*, 94.

Otro día[143] siguiente que se vieron fuera de este peligro, no se puede encarecer la gloria que a Pedro Menéndez daban todas las personas de la armada, grandes y pequeñas, en especial Don Diego de Mendoza, que como capitán general, a cuyo cargo todo estaba y venía, era grande el gozo que tenía, y lo mismo Don Diego de Acevedo, y no acababan de darle abrazos a Pedro Menéndez, y rendir las gracias de haberlos Nuestro Señor librado de tantos peligros por su buena industria. Dio orden Don Diego para que con brevedad se volviese aparejar[144] y aprestar la armada para partir a Flandes con el primer buen tiempo, y dentro de cuatro días llegó Don Luis de Carbajal con su armada, y Don Diego de Mendoza le entregó la suya por tener orden de S. M. para ello, y se partió por tierra a Londres, y de allí a Flandes. Y Pedro Menéndez se partió con su armada a Laredo, porque así tenía orden de S. M., donde supo que cuando envió estando sobre Ugente y Sorlinga el capitán Diego de Isla con su navío de armada, a reconocer la vela que había visto, que era un cosario francés, y peleando con él lo había tomado el capitán Diego de Isla al francés cosario con dos presas que estaba la una cargada de azúcares, y la otra de vinos, y por serle el viento contrario para volver a buscar a Pedro Menéndez a Ugente, arribó a Laredo, y dos leguas del puerto se encontró con tres galeazas de San Juan de Luz que le acometieron y combinaron con él, hasta que abordándole varias veces, mataron al Capitán Diego de Isla y los más de sus soldados que consigo traía, y le tomó todas las presas y su navío de armada, de que lo sintió mucho Pedro Menéndez, porque hasta entonces no había recibido ningún daño de las armadas francesas ni cosario, antes él y Alvar Sánchez, su hermano que era (...) , habían tenido muchas y buenas suertes contra los enemigos, tomándoles muchos navíos y echando otros muchos al fondo, de la tal manera (...) franceses e ingleses todo género (...) le temían mucho. No se pondrá en esta cor (...) particularidades de buenos sucesos (...) tuvo contra corsario desde

---

[143] otro día 'al día siguiente' es acepción en la que otro conserva la acepción etimológica (Esbozo). Cf. Alonso de Ercilla, *La Araucana*. Ed. Isaías Lerner, 325.

[144] aparejar 'preparar, prevenir, disponer, apercibir lo necesario y conducente para cualquier obra, operación u otra cosa (Autoridades). También poner los aparejos (jarcias y velas) a un barco' (Moliner).

que (...) razones y luego dentro de (...) que llegó a Laredo, como está dicho (...) S. M. volver con ella a los estados de (...) a llevar dineros (...).

Capítulo V

Dentro de ocho días le mandó la Serenísima Princesa de Portugal, Gobernadora de España que entonces era, ir por la costa de Laredo a Valladolid, donde llegado que fue, le mandó que con gran brevedad aparejase, demás de la armada de su cargo, otras diez naos grandes y dos mil hombres de mar y guerra, para llevar con más seguridad a la Reina María a Flandes, porque en aquel tiempo la quería S. M. dejar en aquellos estados por gobernadora, y venirse él a España; lo cual fue a hacer con gran diligencia. Dentro de un mes lo hizo; y estando presto, y avisado que la reina se fuese a embarcar cuando quisiese, se murió la Reina; y entendido que S. M. trataba las paces con Francia, se despidió toda la armada de su cargo, y la Serenísima Princesa le mandó irse con dos zabras a Flandes con despachos a S.M., y en ellas llevase al doctor Velasco de los consejos de S. M. y de su cámara.

En este tiempo proveyeron a Alvar Sánchez de Avilés, su hermano, que era almirante de su armada, por capitán general de la carrera de las Indias; y llegado a Flandes el dicho Pedro Menéndez, S. M. le nombró por general de la armada en que su real persona había de venir de Flandes a España. Despachóle en Bruselas a fines de abril del año de 1559, y vino disfrazado por toda Francia, corriendo la costa, sin ser conocido, con dos gentiles hombres, que el uno era D. Juan Menéndez, su hijo, y el otro un caballero, su deudo, que le decían Sebastián de Estrada; hizo tanta diligencia en el camino, que en siete días llego a Fuenterrabía, donde despachó el despacho que traía a la Serenísima Princesa, y él se ocupó en ir por toda la costa de la mar, por todos los puertos, recogiendo y listando soldados y marineros y viendo los navíos que había en la costa para la venida de S. M., y haciéndose en Bilbao una galeaza hechiza,[145] dio orden que se acabase con brevedad. Recogió las naos con lanas que había en la costa, y a 10 de Julio estaba con 50 navíos, de vuelta en Flandes en el puerto de Ramna tomó una zabra, envió en ella 12 capitanes ordinarios que iban con él, para

---

[145] Hechiza por hecha.

servir a S. M. de consejeros de su venida a España; escribióles con ellos su llegada, estaba S.M. en Gante, llegó esta carta y capitanes el 12 de julio, ante S. M., que recibió grandísimo contento de ver que en tan breve tiempo hiciese tanta diligencia, que fue cosa de admiración la que en esto se hizo, que no podía creer pudiese llegar a tiempo, y a esta causa había S. M. hecho embargar muchas urcas[146] para venirse a España en ellas, y para su real persona había hecho aderezar una de las mejores. Dijeron estos capitanes a S. M. como la galeaza que Pedro Menéndez había hecho en Bilbao, era el más fuerte navío y más ligero y mejor para la guerra de cuantos habían visto, y que lo traían por capitana de la armada; envió S.M. a Mr. Dobaque, un caballero flamenco, lugarteniente del Almirante de Flandes y general de aquellas urcas, para que viese la galeaza, fortificación y bondad de ella, el cual lo hizo, y aunque su urca capitana, donde S.M. había de ir, era suya y muy buena, dijo a S. M. la bondad de la galeaza.

Su majestad envió mandar al Adelantado fuese a Gante, donde fue él bien recibido y le dio orden tuviese para el 15 de agosto toda la armada presta para poder hacer vela si el tiempo fuese bueno, de aquel estado a España, y le dio traza para los aposentos que había de hacer en su galeaza, porque quería ir en ella y le encargó el cuidado y cargo del gobierno de la dicha armada, para que como general de ella, la pusiese a punto, rigiese, gobernase, y que todos le obedeciesen y respetasen y cumpliesen sus mandamientos.

Embarcóse S.M., con toda su corte, en Ramna, una noche, a la media noche, víspera de San José de Calasanz, que son a 26 de agosto; a los 27 por la mañana, todos los pilotos flamencos y españoles acudieron a S.M., diciéndole que el viento era contrario y que no debía de partir, que S.M. volviese a desembarcar. Pedro Menéndez dijo razones que concluyeron a S.M. que por aquellos ocho o diez días, el sol mostraba bonanzas y buen tiempo, y que a las 10 del día tendrá S.M. buen tiempo y buena marea, y así sucedió. Mandó S.M. hacer vela, y por ser muy ligera la galeaza de

---

146 urca 'embarcación o barco grande' (Autoridades). Las urcas eran embarcaciones pesadas, planudas y redondas, destinadas el transporte de mercancías, aunque en ocasiones se incorporaban a las armadas para combatir con su artillado y mosquetería. Magdalena Pi Corrales, 62.

Pedro Menéndez, en que S.M. venía, y otras 6 naos de su armada y 6 zabras, que navegaban mucho más que las urcas y las otras naos, los señores y criados que S. M consigo traía, le aconsejaron que se adelantase, porque llegarían presto[147] a España, y sobre ello llamó a S.M. a Pedro Menéndez y se lo dijo. Pedro Menéndez lo contradijo, que en ninguna manera convenía a S.M. lo hiciese, porque hasta desembarcar de entre Ugente y Sorlinga, habíanse de navegar cien leguas por el medio de Francia y de Inglaterra, cercando de una tierra y otra, y que entrando el viento contrario, se había de meter en puertos de aquellos Reinos, que todos tenían fortalezas, y no podrían salir de los puertos sin licencia de los alcaldes, en especial que se decía muy cierto que la Reina de Inglaterra[148] estaba muy sentida de S.M., porque no se había querido casar con ella y se casara con la reina nuestra señora; que como era mujer belicosa, le podría dar algún disgusto en su Reino, y que la armada y gente que llevaba no era parte para poderlo remediar, ni para poder salir de los puertos de Inglaterra, a pesar de las fortalezas. Concluyeron a S.M. estas razones, y determinó de navegar con la armada junta y recogida, que eran más de 80 velas, todos muy buenos galeones, naos y urcas muy bien armadas y 8 zabras muy ligeras, de remo y vela, que Pedro Menéndez llevaba hechizas para que si los vientos fuesen calmos cerca de la costa de España, poder desembarcar a S. M. y a sus criados en el primer puerto que tomasen. Trajeron los vientos aquellos diez días bonancibles, los más[149] de ellos contrarios; gobernóse Pedro Menéndez también con ellos, que se aprovechaba mucho de los bordos que daba con la armada, reconociendo a la parte donde el viento había de saltar, y estando desembocados de entre Ugente y Sorlinga, con toda la armada, parecióle a Pedro Menéndez que el sol mostraba vientos muy recios y tormentoso, aunque no salía de la parte que había de venir. Dijo a S.M. que pues estaban libres de la costa de Francia e Inglaterra, de lo que quiso hacer el día que partió de Flandes, de adelantarse con aquellos pocos navíos, por ser ligeros, que entonces lo podían hacer. S.M. le mandó hiciese lo

---

[147] presto 'pronto, diligente, liberal y ligero en la ejecución de alguna cosa' (Autoridades).
[148] Elizabeth.
[149] más de 'se usa para explicar lo que se añade a otra cosa' (Autoridades).

que le pareciese en todo, pues venía a su cargo la navegación. Algunas personas de las que allí venían, daban culpa a Pero Menéndez porque no se adelantó el primer día, que si lo hubiera hecho, estuvieran cerca de España, y que entonces no eran bien adelantarse, sino que S.M. llegase con toda su armada, con la autoridad que era razón, a España. A lo cual respondió Pedro Menéndez que en lo primero se había proveído como convenía, y lo mismo se hacía aquello; que tanta autoridad llevaba S.M. llegar a España con un navío, como con mil, y que para cuando él enviaba algún criado a gobernar alguna tierra, era bien fuesen los tales con autoridad.

Y por ser el viento calma, no sabiendo de qué parte ventearía, entró en consejo Pedro Menéndez con los consejeros, habiendo primero de ello dado cuenta a S.M., a que parte de España sería bueno ir primero; no se podían confirmar; unos decían que a la Coruña; otros que a Laredo; otros a Bilbao; otros a San Sebastián. La voluntad de S.M. era siempre inclinada a Santander, quiso S.M. entender estas opiniones y sobre que se fundaba cada uno, y halló que no le concluían las razones que daban, más de que cada uno deseaba llevarle a su tierra, por honrar a su patria. Preguntó S.M. a Pedro Menéndez, le respondió que cada uno de aquellos consejeros hablaba por su interés particular, en quererle llevar cada uno a su tierra, pareciéndoles que S.M. haría mercedes franquezas y libertades en la parte que desembarcase, y que a él le parecía S.M. debía ir derecho a su tierra, que era en Asturias, donde tenía su mujer y casa, derecho a una punta que llaman las Peñas de Gijón, donde está un buen surtidero, que llaman Torres. Rióse de esto el rey y los que con él estaban, pareciéndoles que Pedro Menéndez lo decía por gracia, y mandóle que dijese su parecer. Pedro Menéndez le respondió que cierto le parecía se debía de hacer aquello que había dicho, y no otra cosa, y fundólo diciendo que de aquella punta que decía, que llaman las Peñas de Gijón, que salen mucho a la mar, hay 40 leguas a la Coruña y otras 40 a Laredo, y cuando el viento saltase al Nordeste, se irá S.M. a la Coruña, y si saltase vendaval, se iría a Santander o Laredo, y que si fuese bonanza, a vista de la tierra, en las zabras desembarcaría S.M., y sus criados en Avilés o en Gijón, y por tierra se iría a Oviedo y a León, que vería S.M. aquella tierra, que nunca había visto, y aquellos templos, que eran muy buenos.

Pareció a los pilotos y consejeros muy bien el parecer de Pedro Menéndez, y por tal lo aprobaron, de S.M. y los señores y criados que con él venían montaron tener gran contento, y así se hizo la navegación; y al tercer día descubrieron tierra, y fue la misma de Pedro Menéndez, donde venía derecho; cargó el viento muy recio, vendaval; no la pudieron tomar. Arribó S.M. a Laredo el segundo día; las urcas que se quedaron atrás, que iban derecho a Laredo, con aquel viento no pudieron tomar tierra de España. Arribaron a Francia, y al cabo de 40 días a España, y lo mismo hiciera S. M. si viniera derecho a Laredo, Bilbao o San Sebastián.

Y estando S.M. tres leguas de Laredo, con el viento calmado, reconoció Pedro Menéndez que quería entrar tormenta súbitamente y temióla; díjolo a S.M. y suplicóle se embarcase con él en el batel de la galeaza, que lo traían a popa, y se fuese desembarcar al puerto de Laredo, que las naos irían cuando tuviesen viento. S.M. lo hizo así.

El batel era tan bueno, que cupieron con él sus criados que allí llevaba, que eran hasta 20, y aunque la mar y viento les eran contrarios por la proa, los marineros se metieron al abrigo de un monte grande que allí hay, que llaman Santoña, y luego se fueron a Laredo, el día de Nuestra Señora de Septiembre, a las nueve de la mañana, donde S.M. fue recibido del pueblo y de los que en él estaban aguardando, con mucha alegría, y recibido debajo del palio[150] por los regidores[151] de la villa, se fue a la Iglesia mayor a oír misa, y Pedro Menéndez se fue con él, y habiéndola oído, se volvió con el batel a la mar, a procurar meter los navíos en el puerto, y así lo hizo, y pareciéndole que la tormenta no tardaría mucho de venir, hizo echar 7 anclas y cables a su galeaza para que estuviese muy bien amarrada, cuando la tormenta viniese, e ya que era noche, hizo traer 5 o 6 barcos de tierra a su galeaza, porque S.M. traía dentro de ella 150 cofres y toda su recámara; deseaba descargarlo todo en tierra, antes que la tormenta entrara, por ser aquél muy mal puerto para naos tan grandes, y trabajó toda la noche con los marineros en descargar. Otro día a las ocho de la

---

[150] palio 'dosel de tela rica colocado en cuatro o más barras (varas) con las que es transportado entre varias personas, cubriendo con él al que lleva la Eucaristía, a una imagen, al papa o a un soberano' (Moliner).
[151] regidor 'concejal' (Moliner).

mañana, envióle, S.M. a llamar, que fuese luego en tierra; envióle a decir que luego iría; detúvose una hora; volvióle a enviar a llamar por segunda vez; detuvo al mensajero, dentro del navío, bien media hora, y fue a tierra con todos los cofres y recámara de S.M. hízolo descargarlo todo con gran brevedad en el muelle de Laredo y entregarlo a quien lo había de recibir. Acudió a S.M., que estaba disgustado por su tardanza; preguntóle que en que se había detenido, díjole que en dar orden de descargar su recamara, porque temía la tormenta, por ser aquel mal puerto; preguntóle S.M. que en cuántos días la podría desembarcar; díjole que ya estaba descargada y entregada sus criados; hólgase S.M. de esto mucho; preguntóle que le parecía del tiempo y que se habrían hecho las urcas; díjole que les sería forzado arribar a Francia, y que le parecía no tardaría 6 horas la tormenta; sentóse a comer S.M., y Pedro Menéndez se fue a comer con Don Diego de Mendoza, y acabando de comer, se puso Don Diego y Pedro Menéndez a la ventana, y dijo Don Diego contra Pedro Menéndez y otros caballeros que allí estaban, que con él habían comido, que le parecía que dentro de 24 entraría temporal. Pedro Menéndez le dijo que sería antes de 4 horas, y estando en esto, dando y tomando, no se pasaron dos horas, cuando entró tan súbito viento y tanta mar, que las naos que estaban en aquel puerto, se desamarraron y vinieron a dar sobre la galeaza de Pedro Menéndez, y como la tenían bien amarradas, sostuvo algunas de ellas. En el entretanto, largaron otros cables y anclas de los navíos que estaban en aquel puerto, y se perdieron 4 y una galeaza de Martín de Otañez, que venía con S. M., nueva, del primer viaje, donde el Conde de Chinchón traía su recámara, que también se perdió. Perdióse la nao imperial, donde S.M. habría venido de Flandes al puerto de Laredo, 3 años había, navío de 700 toneles; si la galeaza no estuviera tan bien amarrada, por las naos que sobre ella vinieron, se le quebraran los cables y diera sobre las otras naos que allí estaban, y no se escapara ninguna de cuantas estaban en el puerto, porque todas las llevara consigo. S.M., espantado de esta tormenta tan súbita, y conocida por Pero Menéndez que había de venir y la guardaba dos días había, y estando en Colindres, en casa de su secretario Pedro de Hoyos, media legua de Laredo, después de pasada la tormenta, fue Pedro Menéndez a besarle las manos y a pedirle la orden que había de tener, porque S.M. a Pedro Menéndez que le había hecho Dios nuestro señor mucha merced en haberlo desembarcado antes de aquella tormenta y qué le parecía de ella. Pedro Menéndez le respondió que había muchos meses que en toda España hacían oración por S.M., suplicando a nuestro señor le trajese a sus reinos a salvamento, en el cual tiempo, los demonios no habían tenido parte de hacer mal, y que como S.M. desembarcara, había cesado la oración, y con esto tuvieron lugar de hacer el mal que podían[152]. Mandó S.M. a Pedro Menéndez que se quedase allí a despedir la nao y recoger la artillería y esperar las urcas y darle orden se fuesen a Santander, y hecho esto, se fuese a Toledo, donde S.M., había de estar en cortes, y que allí le haría merced por sus servicio. Y sin hacerle ninguna, ni darle ayuda de costa, se partió S.M., y se quedó Pedro Menéndez haciendo lo que se le mandó. Sintió tanto ver quedarse pobre, y muchos hermanos y deudos muertos, que otro el día siguiente le dieron muy grandes cuartanas,[153] que le duraron 20 meses, y muy recias; fue a Toledo, S.M. le quería mucho y deseaba hacerle merced.[154]

Gutiérrez López de Padilla y otros ministros suyos, díjose habían informado a S.M., que si le hacía merced, se retiraría, porque sus deudos y amigos suyos lo entendían. Iba entonces a las Indias, Nueva España y tierra firme[155] una gran escolta y armada, y en ella el Conde de Nieva por Virrey del Perú,[156] y el Licenciado Muntones y otros comisarios, iba por General de esta armada Pedro Sánchez y Benesa, vecino de Fuenterrabía, que por muerte de Alvar Sánchez de Avilés, hermano de Pedro Menéndez, le habían dado, y por ausencia de Pedro Menéndez, para que si venía

---

[152] "Pero Menéndez le respondió que había muchos meses que en toda España hacían oración por S.M., suplicando a Nuestro Señor le trajese a sus Reinos a salvamento, en el cual tiempo los demonios no habían tenido parte de hacer y que como S.M. desembarcara, había cesado la oración, y con esto tuvieran lugar de hacer el mal que podían". Merás "Memorial", en Ruidíaz, *La Florida*, I, 37.

[153] cuartanas 'se aplica a unas fiebres, variedad de paludismo, que dan cada cuatro días' (Moliner).

[154] mercedes 'las gracias y las dádivas que los príncipes hacen a sus vasallos, y las que los señores hacen a sus criados y a otras personas' (Covarrubias).

[155] Las provincias del norte de Sud América.

[156] Diego de Acevedo y Zúñiga, conde de Nieva (?-Lima, 1564). Fue virrey de Perú (1561-1564). Durante su gobierno se llevó a cabo una evaluación de las encomiendas y se inició la fundación de Arnedo (valle de Chancay) y de Ica.

a tiempo con S.M. a España, él fuese por General de ella, y Pedro Sánchez por almirante; y los del real consejo de la Indias acudieron a S.M. en Toledo, luego que Pedro Menéndez allí llegó, suplicándole mandase a Pedro Menéndez ir por General de aquella flota y armada, S.M. lo hizo así, y aunque Pedro Menéndez le representó estar enfermo y haber muchos años que no había visto a su mujer, ni estado en su casa, que S.M. le hiciese merced de darle licencia de irse a ella, hasta tener salud, porque en teniéndola, le vendría a servir a la parte que S.M. le mandase, S.M. le dijo que las cuartanas no era enfermedad peligrosa, y que venido de aquel viaje, le haría merced por sus servicio, que habían sido señalados, porque hasta entonces jamás se la había hecho, ni dado ayuda de costa; y así hizo aquella jornada a las Indias y se lo ordenó…, y estaba de vuelta en España el 11 de julio de 1560.[157]

Capítulo VI

{Otras hazañas y casos singulares, que parecen increíbles, acreditaron a Pedro Menéndez de ser el mayor hombre de su tiempo; pero no bastó el aplauso, tan común como verdadero, a librarle de la saña de la envidia; pues habiéndole mandado volver a las Indias con la flota el año 1561, llegó a España cargado de riquezas y émulos,[158] que dieron causa a la presión, de que ahora se tratara; habiendo cumplido en esta ocasión mejor que las demás.}[159]

Fuese a presentar el dicho Pedro Menéndez a la Casa de Contratación de la ciudad de Sevilla, ante los jueces de ella, los cuales les mandaron dar fianzas de estar por lo juzgado y sentenciado, y aunque sabían (…) abonadas, no las quisieron tomar (…) presos a las Atarazanas y aquella ciudad, con dos alguaciles (…) cada uno, y cada alguacil ganaba (…) cada día; y otro el día siguiente hacerles cargos (…) Pedro Menéndez le dan cinco informaciones contra (...) las más de ellas y de que resultaba (…) todo el cargo, hechas por el Licenciado Benegas, sin tener

---

[157] Ruidíaz suple el párrafo siguiente con otro del *Ensayo cronológico* de González Barcia.

[158] émulo 'con relación a una persona, otra que hace las mismas cosas que ella y se aproxima a ella en mérito y valor' (Moliner).

[159] Sigue el manuscrito.

comisión de los jueces para ello, y él hizo (...) ocultación y puso los cargos y (...) seguía y acusaba al dicho Pedro Menéndez y Bartolomé Menéndez, su hermano, y visto por los letrados dél (...) Pedro Menéndez, que era el Licenciado Martín Alonso, gran amigo, y había sido censor muchos años de la Casa de la Contratación, y tiraba salario de S. M. por ello, y solía quedar en el lugar de alguno de ellos, cuando hacían ausencia, por juez de aquella Casa de la Contratación, el cual no podía abogar pleito ninguno de aquella casa sin licencia de los jueces, y si lo hacía, perdía el salario y oficio que tenía en ella. Pidió licencia a los jueces para poder abogar en ella; no se la quisieron dar, por ser grandes amigos él y Pedro Menéndez, y entendido que era (...), quiso perderle el salario que llevaba (...) de la Contratación y defenderle (...) ogado y del Bartolomé, su hermano, y así (...) dioles cargo, respondió al proceso y al de Pedro Menéndez. Dijo que daba (...) rectificados los testigos de las cinco sumarias informaciones que contra Pedro Menéndez había hechas (...) y pedía sentencia; pareciéndole a los oficiales que por esta vía se les salía de entre las (...) con su causa, pidió el fiscal término ultramarino, para probar las cosas de que le tenía acusado. Fuele concedido; pidióse por parte de Pedro Menéndez que en él entre tanto le soltasen en fiado; no lo quisieron hacer, y así estuvo preso en aquella prisión 20 meses, y Bartolomé Menéndez, su hermano, 25, aunque por parte de entre ambos se hicieron las diligencias posibles a la contratación para ser sentenciados, no lo pudieron por su parte más abreviar, por la dilatación que con ellos tenía de alargar sus prisiones, hasta que por la primera y segunda cédula que de S.M. fue para que los sentenciasen pues sus procesos estaban conclusos muchos días hacía. No hallando por ellos las culpas de que a S.M. habían informado, remitieron sus personas y procesos a S.M. y a los señores de su real Consejo de Indias, y que diesen seis mil ducados de fianza que venían a presentarse a esta corte seguros con un alguacil y dos hombres de guarda. Consintieron la sentencia, dieron las fianzas, piden los procesos, no se los quieren dar los originales, mandan que se saquen los traslados, pasóse en esto dos meses, sin que se los diesen, habiéndoselos dado y pidiendo señalasen al alguacil y dos hombres de guarda que les llevasen a la corte, pusiéronle nuevas guardas, diciendo que el fiscal de servicio de Indias había apelado esta sentencia y el de la Casa de Contratación lo mismo.

Hubo en esto, entre letrados y personas graves, mucha admiración y murmuración, visto que al cabo de tantas prisiones y molestias y tantas acusaciones como habían puesto al dicho Pedro Menéndez y a su hermano, e informaciones que contra ellos se habían tomado en el reino y fuera de él, que sólo en el proceso de Pedro Menéndez había tres informaciones contra él, tomadas en el reino y fuera dél, y que siendo Capitán General tan señalado, tantos años había, en cargos de tanta confianza, y que a él ni a su hermano en ningún tiempo, ni entonces, ninguna persona particular, antes ni entonces, les hubiese pedido y demandado ninguna cosa, sino sólo el Licenciado Benegas, fiscal de aquella Contratación de Sevilla. Y que al cabo de tan prósperos sucesos y viajes que Nuestro Señor le había dado, en servicio de S.M., y cuando él aguardaba que S.M. le hiciese merced señalada, verle preso, acusado de su fiscal, y en una prisión tan larga, verle salir con tan leve sentencia y con tan pequeña guarda a él y a su hermano, y que pues los jueces de Sevilla no pueden conocer en segunda instancia, sino forzoso y de cualquier manera que sea, ha de venir al Consejo, o por apelación, o por sentencia que ellos proveían, y de ver que el fiscal del Real Consejo de Indias había también apelado aquella sentencia; fue avisado el adelantado, por personas grandes de letras, que le convenía quebrar la carcelería, dejando a Bartolomé Menéndez, su hermano, en ella, y tomar la posta[160] y con gran secreto venirse a S.M. el cual los hizo así, y entrando en Palacio, le vio venir por una crujía, que era a las 9 de la mañana, y envióle un mozo de cámara a decirle que subiese a hablarle, y por estar advertido el dicho General que si hablaba al Rey antes que a los del Real Consejo de Indias, cometía delito, por no estar descargado de las culpas que contra él había. Y por esto le envió decir que no se atrevía a besar a S.M. las manos, ni subir a su llamamiento, de temor que los señores del Consejo de Indias le mandasen castigar. Habló a los Señores del consejo, mandáronle meter en prisión, y andando el tiempo viose su causa. Fue sentenciado en primera y segunda instancia, sin hacer auto ni diligencia en el proceso, ni en el de su hermano, más de aquellas

[160] posta 'en la milicia, el lugar señalado para defenderle' (Covarrubias).

que venían hechas de Sevilla, por los mismos jueces con que traían competencia sobre jurisdicción, y ellos y el fiscal los acusaban, y presentaban los testigos y los examinaban, y hacían el proceso, y los habían de sentenciar, y habían escrito a S.M. que habían delinquido en muchas cosas feas y graves, y habían de querer hallar culpa, para que todo saliese verdad, y fue condenado el dicho Pedro Menéndez, por la culpa que resultaba dicho proceso, sin saber en que cargo, en mil ducados, y el Bartolomé Menéndez su hermano, en 200. Habiendo gastado S.M. con ellos, de su real hacienda, por querer su Fiscal hallarles culpables, en enviar hacer informaciones en el Reino y fuera dél para hallárselas, más de dos mil ducados.

Sintió S.M. esta sentencia, porque le envió a llamar y le hizo merced para un criado de la mitad de esta pena, y le mandó le volviese a servir de General en aquella carrera, con sus hermanos y deudos, como de antes, que se tendría de esto dél por bien servido y le haría merced por lo bien que antes le había servido, y que él haría demostración por el agravio que se le había hecho, porque bien entendido estaba en todo su reino, había sido acusado falsamente. Pedro Menéndez le respondió con toda humildad, besándole las manos por la merced y favor que le hacía en decirle que estaba satisfecho de sus servicios y que le tuviese por tan buen capitán, y de la certanedad[161] que tenía de saber que había sido falsamente acusado y que los jueces habían sido apasionados contra él, y que no pretendía de S.M. más merced que aquélla, que era la que podía desear, en estar satisfecho que sus servicios ser aceptos a S.M. y que le servía con todo amor y fidelidad, y que él estaba con gran aflicción, porque no teniendo más de un solo hijo, que era gentil hombre de la casa de S.M, viniendo por general de una flota y armada de Nueva España, con una fortuna que le diera en una isla que llaman la Bermuda, cerca de la Florida, se había desaparecido, y que a razón natural, la nao, con todos los que dentro venían, se había hundido, o habrían escapado en aquella isla, o en la Florida, y por su prisión no los había podido ir a buscar, para sí allí estuviesen, salvarlos y darles las vidas, porque allí han de venir en aquella nao su hijo, venían otros muchos deudos, amigos y criados suyos y soldados, que había dejado hace

[161] certanedad 'certeza' (Moliner).

mucho tiempo que servían a S.M. en su compañía, los cuales había todos dejado con él en Nueva España, que les tenía el mismo amor que a hijo.[162] Que pensaba de limosna que sacase de entre deudos y amigos, armar luego dos pataches y ir aquella isla y a la costa de la Florida, costeándola, saltando en tierra en algunas partes, para por señas preguntara a los indios si había hombres de barbas en aquella tierra, o en alguna isla cerca, porque los indios no traen ninguno de ellos barba, y hasta hacer esta diligencia le parecía que no cumplía con su conciencia, ni con el amor que tenía aquel solo hijo, que no tenía otro, ni a los deudos y amigos que con él estaban. Que hecha aquella jornada, se vendría, con cualquier suceso que tuviese, a su casa por su mujer, e hijos, que había diez y ocho años que en veces no había estado en ella si no (…) por andar ocupado en servicios de S.M., en el cual tiempo había atendido, como era obligado, a servirle, y que aunque fuese con gran pobreza, quería acabar sus días en su casa en servicios de Dios.

Húbose S.M. lástima y compasión, díjole que él le favorecería para lo uno y para lo otro, y que al otro día siguiente le fuese hablar, y así lo hizo el dicho Pero Menéndez. S.M. le dijo que le pesaba de sus trabajos y descontento, que él quería ayudarle para la jornada que quería hacer en busca de su hijo, con el que él

---

[162] Juan Menéndez había partido de La Habana el 11 de agosto de 1563, naufragó unos días más tarde en el canal de Bahama. Pierre Chaunu, *Séville et l'Atlantique* (XVI-XVII Siecle). Paris: Librairie Armand Colin, 1955, III, *Le Trafic de 1561 à 1595*, 44. Pérez-Mallaína señala que este naufragio dio origen, años más tarde, a un proyecto de recuperación de un mítico tesoro. Se conoce gracias a un informe que el gobernador de Puerto Rico envió al rey en 1588, donde le proponía enviar una expedición contra la isla Dominica, a fin de recuperar un fabuloso tesoro que tenían escondido los indios caribes. Los testimonios de dos cristianos que habían estado prisioneros de los indios parecían demostrar que el rico cargamento de aquella desgraciada expedición había sido encontrado y escondido por los indígenas "antropófagos" de la isla. No existe constancia de que se accediese a la petición del gobernador de Puerto Rico, ni que éste recibiese el imprescindible apoyo de las galeras basadas en Santo Domingo para realizar una expedición contra los caribes en busca del tesoro. Pablo Emilio Pérez-Mallaína, *El hombre frente al mar*. Sevilla: Universidad de Sevilla, 1997, 92-93. Cf. Hernando Escalante Fontaneda, *Memoir of d'Escalante Fontaneda respecting Florida, written in Spain, about 1575*. Translated from Spanish by Buckingham Smith. Washington, 1854. Reprinted with revisions. Miami, 1944, 73.

costease toda la costa de la Florida, después de haber hecho lo que iba a buscar, para descubrir las ensenadas, puertos y bajíos[163] que en ella hay, para así marcar precisamente y poner en las cartas de marear, porque de no haber hecho esto se habrían perdido muchas naos que iban y venían a las Indias, con muchas riquezas, gente y muchas armadas que el emperador, de gloriosa memoria, su padre, y S. M. habían hecho para la conquista y población de aquella tierra de la Florida.

Pedro Menéndez le respondió que pluguiese a Dios que S.M. entendiese aquello que le decía, también como convenía al servicio de Dios y al suyo, porque era una de las cosas necesarias que en su reino tenía que proveer y remediar, en especial en tiempo que se levantaban tantos herejes luteranos en Flandes y Alemania, Francia, Inglaterra, Escocia, todas tierras cercanas a la Florida, tierra tan grande y de tan buena altura y temple para todo genero de mantenimiento, que a razón de tener muchas cosas buenas, poblada toda de gente salvajes, sin fe y sin ley, desalumbrados[164] de la ley de Nuestro señor Jesucristo, y que estaba S.M. obligado en conciencia, por los poderes que los Santos Pontífices de Roma habían dado, muchos años había, para la conquista y población de aquella tierra los reyes de Castilla, para que procurasen plantar en ella el Santo Evangelio, y que aquella empresa tomaría él a su cargo, de mejor gana que ninguna de cuantas armadas, ni oficio, S.M. le podía encargar en sus Reinos. S.M. le respondió que holgaría mucho de encomendar aquella empresa e capitular con él para que lo hiciese, todo lo que fuese razón; y así capituló S.M. con el dicho Pedro Menéndez, quedando a su cargo la población y conquista de aquella tierra, con su jornada, y cobrada, y sus provisiones y cédulas, se partió a Asturias y Vizcaya a hacer su armada.

Capítulo VII

Temió Pedro Menéndez que S.M. haría concebido mal dél, por lo que sus ministros dél decían, por haber creído a los malsines que habían dicho mal del Adelantado, y que estaba en su desgracia,

---

[163] bajío 'bajo en el mar, particularmente, banco de arena' (Moliner).

[164] desalumbrado 'metafóricamente se dice el que ha perdido el tino y anda aturdido como ciego' (Covarrubias).

no teniendo del tan buen concepto como fuera razón. Deseaba volver a ganar su reputación, que con tantos trabajos y peligros y costa de su hacienda, había ganado, y con la pérdida y muerte de su hijo, hermanos y deudos y amigos; y los capitanes y gente noble que le habían seguido y servido a S.M. en su compañía, verlos pobres y necesitados, sin poderlos remediar, porque él lo estaba también. Ninguna cosa que emprendiese le parecía ser dificultosa, en especial ésta de la Florida, que era tanto del servicio de Dios Nuestro Señor, y de S.M. y bien entendido que cuando el galardón del Rey le faltase, el de Dios Nuestro Señor no le había de faltar, ni su ayuda, que era lo que él había menester y el interés particular que en esto pretendía. Y despachó desde allí tres mensajeros a partes diferentes, escribiendo a sus amigos y a Francisco de Reinoso, hombre de armas de S.M., para que le llevasen la más gente que pudiesen, y dijo a Francisco de Eraso que de la dilación[165] de su ida a la Florida, S.M. sería muy de servido. Que le parecía no convenía detenerse por estos navíos, bastimentos y gente, porque no sabía dónde hallaría los navíos; que él tenía un galeón[166] de mil toneladas, la mejor pieza que había en la mar, muy ligera y artillada, puesta a punto de guerra, que los mercaderes de Sevilla le daban veinticinco mil ducados de flete, porque fuese al nombre de Dios cargada, y que estaba ya cargando. Que él pediría aquel interés y recogería la más gente que pudiese; que se enviase recado a los oficiales de Sevilla que la tomasen y abasteciesen para llevar en ella la gente que pudiese tomar, y que cualquier despachó que S.M. le había de dar en Valladolid, se lo podría enviar a Sevilla. Parecióle muy bien a Francisco de Eraso, y encomendólo así lo hiciese, y la brevedad de su viaje; y diose el Adelantado tan

---

[165] dilación 'retraso' (Moliner).

[166] galeón 'su nombre proviene de galera, aunque son navíos menos ligeros y más fuertes contra los golpes de mar por su alto borde' (Covarrubias). El galeón se convirtió, en la segunda mitad del siglo XVI, en el principal barco de combate de las naciones europeas. Se empleo el nombre en los siglos XVI y XVII, se encuentra escrito desde 1516 y sigue su uso en 1732 en que se ordenó sustituir los "galeones", considerados buques pesados, por los "navíos". El galeón era el resultado de la evolución de los buques oceánicos existentes desde el siglo XV, que eran las naos y carracas. Tenía dos actuaciones diferentes: el dominio del mar y acciones guerreras, y la protección de la flota de naos que, en convoy, iban y venían de América. Pi Corrales, 62.

buena maña por la caída de Cádiz y Vizcaya, que día de San Pedro salió de Cádiz con el galeón *San Pelayo*[167] y con otras diez velas, y desde Asturias y Vizcaya con cinco, y en ellas 2.150 hombres de mar y guerra, como está dicho, que de todos no pagó S.M. más de 300 soldados y un navío. Todo lo demás fue a costa del Adelantado, que buscó todo el favor que pudo de deudos y amigos, que le ayudaron muy mucho, entendido ser esta empresa tanto del servicio de Dios y de S.M.; y Pedro de Castillo,[168] vecino y regidor de Cádiz, gran amigo del Adelantado, se señaló en esto más que todos, en ayudarle con su hacienda y la de sus amigos, que él solo dejó endeudado en veinte mil ducados Entendiendo el Adelantado el gran servicio que a S.M. en esto hacía, para irse derecho a la Florida, como se fue, para desbaratar a los enemigos, antes que se fortificasen y ganasen la voluntad de los caciques e indios de aquella tierra, como está dicho.

Capítulo VIII

Y en esta jornada de la Florida, visto S.M. le daba provisiones y bastante recaudo que en las Indias le diesen 200 caballos y 400 infantes, pagados por 4 meses y 3 naos de armada y artillería, municiones y bastimentos y todas las costas que pidiese y hubiese menester para echar a los franceses luteranos que estaban en la Florida. Pareciéndole que partiendo de Cádiz por junio de 65, como forzoso había de ser, que irse por las islas y Indias a recoger esta caballería, infantería y navíos de armada, se detendría mucho y no podría ir a la Florida hasta la primavera del año 66, y que entonces, como está dicho antes de ahora, por irles a los franceses que estaban en la Florida mucho socorro de gente, artillería, armas, municiones y bastimento, se fortificaría de manera que cuando el Adelantado fuese por marzo de 66 no podría hacer el efecto que haría si desde Cádiz se fuese derechamente a la Florida, donde los franceses estaban, antes de que fuesen socorridos, o caso que lo

[167] El galeón *San Pelayo* era propiedad de Menéndez de Avilés, especificándolo así la capitulación y asiento que hizo el Adelantado para poblar y conquistar la Florida.

[168] Pedro del Castillo fue uno de los amigos de Pedro Menéndez de Avilés; le ayudó poderosamente en la primera expedición a la Florida. Fue Juez oficial de Cádiz. Encinas, III, 135

hubiesen sido, antes de que se fortificasen y ganasen la voluntad, de los caciques, que éste era el mayor temor que el Adelantado tenía, porque teniendo a los indios naturales de la Florida por enemigos, y a los franceses que los industriarían para pelear, no era bastante recaudo el que el Adelantado llevaba para poner pie en aquella tierra, ni echar a los luteranos de ella. Y aunque esta particularidad del Adelantado dijo a S.M. en Santa María de Nieva por abril de 65, y en la Mejorada, y lo dijo a los señores del real consejo de estado y guerra, que con él estaban, después lo vino a decir a Madrid, donde estaba la corte, al presidente del Consejo Real de Castilla y Señores del Real Consejo de Indias, que le diesen dos galeras y dos galeotas del cargo de don Álvaro de Bazán, porque con sus zabras y pataches él se adelantase a la Florida, antes que los franceses fuesen socorridos, y que cuando lo hubiesen sido, él desembarcaría en otro puerto, el más cercano que hallase al suyo, que por ser los navíos que llevaba de poca agua, lo podría hacer. Y allí se fortificaría, procurando hacer el mal que pudiese a los enemigos, y ganar la voluntad a los caciques; y a la primavera, con la caballería que le fuese de las Indias, ser señor de la campaña y de su puerto, porque tenían el fuerte dos leguas por el río adentro, para que no fuesen socorridos, ni los indios tratasen con ellos y que por esta orden se le haría la guerra con toda buen orden e industria, y podrían ser presto echados de la tierra de la Florida, para que no plantasen en ella su mala secta luterana.

Y porque tenía S.M. aviso que el turco marchaba poderoso sobre Malta, y que las galeras que tenía para resistirle eran pocas, que por esto no las podía dar, aunque le parecía que la razón que el Adelantado daba era muy buena, y lo mismo le respondieron todos los demás señores dichos, con quien lo comunicó. Otro día siguiente proveyó S. M. en la Mejorada por su consejo de Estado y Guerra, dicen al Adelantado 500 hombres bastecidos y pagados, con 4 nabos de armada, todo a costa de S. M. para que con los 500 hombres y 10 chalupas[169] y zabras que el adelantado llevaba a su costa, conforme al asiento que con S.M. había tomado, sobre la población y conquista de la Florida, y que se fuese por las islas de

[169] chalupa 'barco prolongado mayor que esquife o bote, el cual tiene dos árboles pequeños para el uso de las velas y suele tener seis u ocho remos por banda' (Autoridades).

Puerto Rico, Española y Cuba, y recogiese la caballería, infantería y navíos.[170]

{Nombró el Adelantado oficiales de la Hacienda Real a personas muy principales, y entre ellos a Hernando de Miranda, factor,[171] de que dio cuenta al Rey, y aprobó las elecciones, porque no se puede ir a conquistar y poblar tierras nuevas sin llevarlos, y su nombramiento toca al General.

El 5 de mayo escribió de orden del Rey, Francisco de Eraso levantase más gente, y se dio la conveniente por los oficiales de la Casa de la Contratación el mismo día, con lo cual se abrieron las Atarazanas reales y se dio a Pedro Menéndez artillería y municiones de guerra y boca, y aunque mandó S.M. se le diesen 500 hombres, no tuvo efecto. Sólo se pusieron de cuenta del Rey 299 marineros con el piloto mayor, y todo lo demás que tuvo por necesario; porque la misma noticia le había hecho disponer mayor aparato que el de su obligación.

Capítulo IX

Llegó de Italia a Sevilla Juan de San Vicente, con un camarada suyo, llamado Francisco Pérez, naturales ambos de Medina del Campo; traían cartas de Luis de Quintanilla, gran amigo del Adelantado, en que él aseguraba ser muy buen soldado San Vicente, pidiéndole honrase y favoreciese en lo que pudiera, porque tenía en Italia un hermano capitán que servía con gran crédito. Y como era la primera cosa que su amigo le pedía, creyendo que el valor de ahijado correspondería al de su hermano, de quien tenía mucha noticia el Adelantado, le hizo capitán, y al camarada su alférez.

Llevó a esta conquista 2.646 personas en 34 bajeles, y entre ellos 4 muy grandes, prevenidos de mucho más que había capitulado. Antes de salir de la bahía de Cádiz, quiso hacer reseña de la gente que allí se había embarcado; pero el factor Francisco

---

[170] A partir del párrafo siguiente Ruidíaz continúa con el *Ensayo cronológico* de Cárdenas.

[171] factor 'entre los comerciantes es la persona que tienen destinada en algún paraje para hacer las compras de géneros y otros negocios en su nombre. Vulgarmente los llaman fatores' (Covarrubias).

Duarte[172] (sin orden del Rey, porque, aunque se la pidió el Adelantado, no se la enseñó), quiso entrometerse en ella, diciendo le tocaba, y porfió tanto, que porque no se gastase en disputas en tierra el tiempo próspero que para su navegación hacía en la mar, consintió en la jurisdicción que el factor no tenía. Representando al Rey, que forme el título y instrucción que llevaba, no podían los oficiales de la Casa de la Contratación de Sevilla entrometerse en ninguna cosa, sin Real cédula particular, y que hallándose en San Lucas con la armada de la guarda de las Indias, para hacerse a la vela, queriendo hacer alarde de la gente de mar y guerra y socorrerla conforme a su instrucción por ante los oficiales reales, el factor Francisco Duarte le había requerido se juntase con él y los demás Oficiales, y pidiéndole la orden, no la manifestó, y que por ser viento próspero y que no se sabe el Real servicio, teniendo por cierto reprendería S. M. este desorden, y para adelante lo mandaría remediar, se había junto con él en su
casa, donde se hizo el alarde, y suplicaba a S. M. mandase a los referidos oficiales no se entrometieran en ninguna cosa de esta armada, ni visita de ella, sin Real cédula particular, pues podrá concederla cuando fuese del Real servicio. "Porque, añadió, la gente de dicha armada anda y andará con grandísimo descontento, si los Oficiales de la Contratación hubiesen de ser sus jueces, y por este mismo caso temo que la armada se deshaga, si entendieren tener otros jueces más que el Consejo de Indias."

Hizóse el alarde, y la armada se componía de un galeón, fletado de cuenta de S.M., de 996 toneladas, y 10 naos en que iban 995 personas de mar y guerra, 4 clérigos seculares con licencias para confesar y 117 oficiales cerrajeros, molineros, plateros, curtidos, tundidores y otros, con toda la artillería necesaria para batir fuertes y defenderse. Toda la gente iba de cuenta del Adelantado excepto 299 soldados y 95 marineros, con el piloto mayor.

El galeón *San Pelayo,* que era la capitana, con el Adelantado y 317 soldados, los 299 de cuenta del Rey, 4 cañones salvajes, con la demás artillería y provisiones compradas por Pedro de Castillo, vecino y Regidor de Cádiz. La chalupa de *Magdalena,*

---

[172] Francisco Duarte. Factor de la Casa de Contratación de las Indias y Veinticuatro de Sevilla. Encinas, III, IV. Era enemigo de Menéndez de Avilés.

de 75 toneladas. Las chalupas *San Miguel y San Andrés*, maestro Gonzalo Bayón, de 100 toneladas, y la *Concepción*, que llevó 96 hombres de 70 toneladas. La galera[173] llamada *Victoria*, con 17 bancos. El bergantín la *Esperanza* de 11 bancos. La carabela *San Antonio*, de 150 toneladas, llevó 114 soldados. La carabela la *Concepción*, cargada bastimento, que sólo llegó hasta Canarias. La carabela del maestro Juan Ginete. La de *Nuestra Señora de las Virtudes*, maestro Hernando Rodríguez, vecino de Cádiz. El navío *Espíritu Santo*, de 55 toneladas, maestro Alonso Menéndez Marqués,[174] y el de *Nuestra Señora del Rosario*, maestro Pedro Suárez Caravallo, y otros 5 cuyos nombres se han perdido, que en todos hacían 19, que los demás se estaban proveyendo en Asturias y Vizcaya. El sueldo empezó a correr a la gente desde el 22 de mayo.

Y habiéndose hecho a la vela en la bahía de Cádiz en 29 de junio, que dilataron la partida los avisos y prevención contra los hugonotes,[175] se levantó tan gran tormenta, que la volvió a tierra,

---

[173] galera 'embarcación de bajo bordo, que va a vela y remo, donde tiene el rey los esclavos y forzados. Suelen tener veinte y cinco o treinta remos por banda, y a cada uno corresponde un banco con cuatro o cinco remeros. Monta un cañón grande que llaman de crujía, dos de mediana magnitud y otros dos pequeños' (Autoridades). La galera era considerada como el principal y casi único tipo de barco de guerra. Era rápida y se podía utilizar cuando los barcos de vela se detenían por la calma de los vientos, y casi todas ellas tenían el mismo manejo. Durante muchos siglos, las galeras fueron las naves de guerra por excelencia del Mediterráneo. Pi Corrales, 60. Menéndez las empleó en América para poder viajar durante las calmas del Caribe.

[174] Alonso Menéndez Marqués al parecer oriundo de Cudillero; capitán del navío *Espíritu Santo*, de su pertenencia y equipado a su costa; murió en Guale en 1566.

[175] Como es sabido a mediados del siglo XVI, el calvinismo adquirió un importante auge en la Francia de los Valois, con excepción de las provincias del norte y de Bretaña, más tradicionalistas y menos receptivas a las novedades. Sin embargo, la predicación calvinista se afianzó en las ciudades, entre la gente medianamente ilustrada, y desde éstas llegó sin dificultades a los señoríos rurales y al campo. Las regiones galas de la vertiente atlántica, que suministraba numerosos marinos para la pesca de altura en Terranova o para expediciones de rescate o tráfico en el Golfo de Guinea y Brasil, acusaron el impacto. Por lo que Normandía y Dieppe eran totalmente calvinistas, y gran parte de Ruan, Caen, y Saint-Ló, que mantenía un asiduo comercio con los puertos británicos y flamencos, y Vitré, en el que se hacían negocios con las Indias, fueron focos

con gran sentimiento del Adelantado, por la tardanza. Recogió más gente en Cádiz, y avanzando el tiempo, salió otra vez, y llegó felizmente a Canarias, donde volvió a hacer alarde de la gente que llevaba, que no pudo hacer en Cádiz por haberse ausentado el factor Francisco Duarte, y se halló con 1.504 personas, no mendigas y soeces, y para las que bastaban 50 franceses, como dice Jacobo Le Moine,[176] sino de los principales caballeros de Asturias, Galicia y Vizcaya, y que no se atrevían a esperarlos mil.

Dos días después de haber partido, llegó a la bahía de Cádiz el Capitán Luna con 90 hombres y requirió al factor Francisco Duarte, le diese navío en que pasar a la Florida; excusóse y le envió a Pedro del Castillo, el cual le fletó una carabela, con bastimento y todo lo necesario, y se embarcó con 67 personas, sin los marineros.

Al mismo tiempo que el Adelantado prevenía en Andalucía cuanto discurría conveniente al servicio de S.M. y al lucimiento de tan gran General, Esteban de las Alas, su teniente, embarcó 257 personas de mar y guerra entre navíos cargados de armas y municiones para la misma conquista, en el puerto de Avilés, y en el de Gijón, a 25 de mayo, a cargo de Pedro Menéndez Marqués, sobrino del Adelantado y Almirante de esta armada (que también fue Contador de S. M. en la Florida), se hicieron a la vela dos navíos de bastimentos, municiones, armas y jarcias,[177] con 78 personas. Entre la gente que se embarcó en Asturias fueron 11 frailes de San Francisco, presbíteros, y un lego, un fraile de la Merced, un clérigo y 8 de la Compañía de Jesús, y los más no llegaron por las tempestades. De Santander y otras partes de Vizcaya salieron a la misma empresa muchos bajeles, cargados de bastimentos y municiones. De manera que a esta jornada, excediendo el celo del Adelantado a su obligación, llevó tantas personas, que no tuvo necesidad de los 500 negros, ni sacó la

---

activos para la propagación de las nuevas ideas evangélicas. Por otro lado, las regiones del sudoeste contaban cada vez con menos población católica. José Manuel Gómez-Tabanera, "Al margen de un centenario: leyenda negra y razón de Estado en la Florida hispana", en *Boletín del Instituto de Estudios Asturianos*, núm. 83, 1974, 716.

[176] Jacques Le Moyne.

[177] jarcia 'primitivamente significa los aparejos y cabos del navío' (Autoridades).

licencia real para ello. Pues la voz de destruir los herejes, poblados en tierra del Rey, arrastraba la gente a embarcarse, de manera que si hubiera habido disposición, pudiera haber conducido cuanta hubiese querido. Llevó 2.646 personas, y entre ellas 26 vecinos casados con sus familias, gastando el Adelantado en menos de 14 meses cerca de un millón de ducados, porque toda la armada fue a su costa, excepto un navío y 299 soldados de cuenta del Rey. Cosa por cierto increíble, si no estuviese justificado el gasto con documentos auténticos, y más siendo los sueldos entonces tan cortos, que a los oficiales de más se les daban cada mes 6 ducados, a los marineros 4, a los grumetes mil maravedíes, a los pajes 2 ducados, al piloto 24, a los artilleros 5, a los otros maestros 9 ducados, a los capitanes 40, a los alféreces 15, y 8 a los sargentos, y a los cabos de escuadra, pífanos y tambores, 6 ducados, a los furrieles[178] y picas[179] secas 3, y a los arcabuceros y coseletes 4 ducados al mes, y
de socorro a los cabos de escuadra 4 ducados, y a los soldados 2.

Llevó cédulas reales para que en las Indias se le diese lo que pidiese, pero
no fueron cumplidas.

Habiéndose hecho a la vela en Canarias, a poco tiempo entró un recio temporal y se apartó la capitana con un patache de la armada, sin poderle dar más vista, y al día siguiente se volvió a tierra una chalupa, porque hacía mucha agua y no pudo ser socorrida. De las otras naves que iban a cargo de Esteban de las Alas, no se supo el rumbo, solo 5 naves navegaron juntas, y a 20 de julio les envistió tan gran borrasca, que fue necesario aligerarlas y echar al mar lo mejor de la carga. Luis de Cabrera dice llegaron a la isla Española, y a 9 de agosto a San Juan de Puerto Rico, donde ya esperaban la capitana y el patache que se habían apartado con el temporal. Allí tomó el Adelantado 43 hombres que estaban prevenidos, como había tomado en la Española las provisiones que necesitaba; y sabiendo que Juan Ribao iba delante y que había apresado un navío de aviso que iba a las islas, determinó seguirle,

---

[178] furriel 'militar, generalmente cabo, encargado principalmente de la distribución de la paga y el material de los soldados' (Moliner).

[179] pica 'lanza larga de hierro pequeño agudo, de que usan los soldados llamados piqueros' (Autoridades).

aunque el Adelantado se hallaba con poco menos de la tercera parte de su gente y armada, ignorando si el resto se habría perdido con la tempestad, y si llegarían los navíos de Asturias y Vizcaya. Advirtiendo que la gente que estaba con él eran personas de mucha confianza y valor, no obstante que muchos de los soldados no eran expertos, llamó a consejo a todos los Capitanes y les propuso que aquella jornada no había tomado a su cargo por interés ni vanidad, sino por la honra de Dios, que parecía empezaba ya a manifestar sus piedades, pues para que se conociese visiblemente su mano, había permitido que la poderosa armada que salió de Tenerife llegase tan menoscabada cerca de la Florida, para que le atribuyesen la gloria de cualquiera acción famosa que se lograra. Que confiando en la voluntad divina, tenía por muy conveniente que desde allí se hiciesen a la vela a la Florida, cogiéndolos descuidados, y más si el socorro no había llegado, porque de esperar toda la armada en las islas de Barlovento, se seguiría el inconveniente de que se publicase su llegada y tuviesen lugar los enemigos de hacerse tan fuertes que fuesen insuperables; cuyos recelos se desvanecían yendo prontamente a buscarlos; pues cuando los hallasen fortificados y con abundantes socorros, si no pudiesen tomar tierra cerca, por reconocer algún riesgo grande, volverían las proas a la Española y a Cuba, donde reforzados con la gente, bastimentos y municiones que fuesen llegando, podrían descubrir lo que se había de hacer. Aunque él tenía por cierto que habiéndose juntado allí tan valiente y honrados caballeros, eran bastantes para intentar cosa más arduas, y en ésta no podían perder nada, pues cuando volviesen a los puertos referidos, habrían ganado mucha honra y sabido el camino para acometer con los demás a los enemigos. Pidióles dieran su parecer, que él seguiría el más conveniente y razonable. El maestro de Campo Don Pedro de Valdés, su yerno,[180] dijo le parecía bien lo que proponía el

---

[180] Durante esta época, Menéndez planeaba el casamiento de su hija mayor con Pedro Menéndez Valdés. Ver la carta de Menéndez a Felipe II, del 11 de septiembre de 1565. Ruidíaz, *La Florida*, II, p.82; *Cartas sobre la Florida*, p. 129. Pedro Menéndez Valdés fue uno de los capitanes que más se destacaron en la conquista del fuerte Carolina. Se le nombró teniente general de la colonia de San Agustín durante la ausencia del Adelantado. También se le confió el mando del fuerte y colonia de San Mateo. Hubo de reprimir motines de los soldados. En la armada que se organizó en 1566 para combatir a los corsarios del Caribe,

Adelantado, y que cuanto se dilataba el viaje era perjudicar la resolución. Siguiéronle otros, pero el capitán Juan de San Vicente y algunos que traían intención de quedarse en la Española para pasar al Perú o Nueva España y dejar esta empresa, replicaron ser mejor esperar a saber el suceso de la armada y las fuerzas de los enemigos, para proporcionar con ellas las prevenciones que debían hacerse para conseguir el mayor lucimiento en empresa de tanta importancia. Con lo cual empezaron a altercar unos con otros, y vinieron a resolver conformes que se siguiese el dictamen del Adelantado. El cual, muy alegre de esta resolución, porque siempre creyó que la felicidad de esta jornada estaba en la presteza, les dio gracias e hizo recorrer los bajeles con gran cuidado.}[181]

Capítulo X

Aquel día en la tarde, el Adelantado mandó en todos los navíos entregar las armas a los capitanes, para que las repartiesen por sus soldados, que las tuviesen limpias y listas y que hasta llegar a la Florida, cada día tirase tres tiros cada soldado, para que perdiesen el miedo a los arcabuces y se ejercitasen, porque era la más de la gente bisoña,[182] y el un tiro que lo tirasen con pelota, en un terreno que se hizo dentro del dicho galeón, ofreciendo precios a los soldados que mejor tirasen de la compañías, y a sus capitanes porque tuviesen gran cuidado de hacerlos diestros, y con este ejercicio que cada día se hizo, diciendo cada día la doctrina cristiana y las letanías, haciendo plegarías y oraciones a Nuestro

---

capitaneó una de las seis naves que la componían. Exploró el río San Mateo y acompañó al Adelantado en la expedición a Santa Elena. Fue diecisiete veces general de la Armada, caballero del hábito de Santiago, comendador de Oreja y Almirante de la carrera de Indias. Barrientos, 41. Véase también Colin Martín y Geoffrey Parker, *La gran armada*, Madrid, 1980, 90; Martín Fernández de Navarrete, *Biblioteca marítima española*, tomo II. Madrid: Imprenta de la Viuda de Calero, 1852, 590.

[181] Continúa el manuscrito.

[182] bisoño 'el soldado nuevo en la milicia, es nombre casual y moderno. Dióseles con esta ocasión, que pasando a Italia compañías de españoles, y no sabiendo la lengua, la iban deprendiendo conforme a las ocasiones, y como pedían lo necesario para sus sustentos, aprendieron el vocablo bisoño, que vale tanto como he de menester, y decían bisoño pan, bisoño carne, etc. Y por esto se quedaron con el nombre de bisoños' (Covarrubias).

Señor, suplicando les diese en todo victoria, fueron navegando hasta el 28 de agosto,[183] día San Agustín, que descubrieron la tierra de la Florida, hincándose todos de rodillas, diciendo el *Te Deum laudamus*,[184] alabaron a Nuestro Señor, prosiguiendo toda la gente sus oraciones, suplicando a Nuestro Señor les diese en toda victoria.

Y por no saber en la parte que los luteranos estaban fortificados, anduvieron cuatro días navegando a lo largo de la tierra, muy afligidos y suspensos, no sabiendo si los franceses estaban al Norte, o al Sur, donde el dicho Adelantado andaba con su armada, navegando de día y surgiendo de noche. Y una mañana vio indios en la costa;[185] envió a tierra a su Maestro de Campo con los 20 arcabuceros; no quiso que desembarcase más gente, porque los indios no tuviesen miedo y huyesen, y en desembarcando el Maestro de Campo con los 20 soldados, entre los indios, salieron con sus arcos y flechas, y como los nuestros se iban para ellos, ellos se iban retirando al monte. Temiendo los cristianos habría emboscada de mucha gente y correrían peligro seguirlos, y que si no tomaban lengua de ellos para saber en la parte que los luteranos estaban, sería mal caso, porque como la costa y bajíos que tenían no eran sabidos por el dicho Adelantado ni sus pilotos, corriendo alguna tormenta, tenían peligro de perderse con la armada, y para el remedio de esto, mandó el Maestro de Campo a un soldado que había cometido delito, dejase las armas y con cierto rescate se

---

[183] Menéndez en carta al rey señala "...y a los veinticinco de agosto, domingo a mediodía, descubrimos esta tierra sobre el Cabo de Cañaveral que está en veintiocho grados a la boca de la canal de Bahama...". Ver *Cartas sobre la Florida*, 130.

[184] *Te Deum:* Himno de gozo y agradecimiento. Se ha pensado que su autor fue San Ambrosio, también San Agustín, también San Hilario. Ahora más bien se atribuye a Nicetas, obispo de Remesiana, en el siglo IV. La liturgia de la Iglesia lo usa con frecuencia en la *Liturgia de las Horas* y en las grandes festividades. Los cristianos recurren también a él cuando quieren dar gracias, pública y colectivamente, por algún acontecimiento.

[185] Jeannette Turber Connor señala que estos indios pertenecían a la tribu de los Timucua, que controlaban la parte norte de la región conocida hoy como Florida. Timucua tiene diferentes formas: Timuqua, Timoqua, Thimogona. El nombre del río Tomoka, que desemboca en Halifax sobre Ormond, en la costa este de la Florida, es la palabra inglesa de Timucua. *Pedro Menéndez de Avilés*, Gainsville: University of Florida Press, 1965, 81.

fuese a los indios, y así lo hizo el soldado. Los indios le aguardaron y recibieron bien y se aseguraron; entonces llegó el Maestro de Campo y habló con ellos, y por señas le dijeron que estaban los franceses como a 20 leguas de allí, a la parte del Norte. Preguntaron los indios si el general de la armada estaba en las naos, o si estaba entre ellos, dijéronle que estaba en las naos, respondieron que deseaban mucho verle y conocerle, quisieron llevarlos a las naos, y ellos no quisieron, dijeron que tenían miedo, y que allí en tierra le aguardarían. Y así se volvió el Maestro de Campo con sus 20 soldados a la capitana, donde estaba el Adelantado, y le contó todo lo que había pasado con los indios y que estaban 20 leguas de allí, a la parte del Norte, fue en tierra con 2 bateles y con 50 arcabuceros, y luego que los indios le vieron en tierra, dejando sus arcos y flechas, se vinieron al dicho Adelantado, empezaron a cantar, a hacer ademanes con las manos al cielo, a manera de adoración, que fue cosa harto de ver. El Adelantado les dio muchas cosas de rescates y les hizo dar de comer cosas dulces que llevaba en el batel, afirmáronse en lo que habían dicho, que a 20 leguas de allí estaban los franceses. Dejólos el Adelantado muy contentos y embarcóse en sus navíos y fue navegando a lo largo de la tierra con su armada, y descubrió a 8 leguas de allí un puerto bueno con una buena ribera, a la que puso nombre San Agustín, por ser allí la primera tierra que descubrió de la Florida y ser el mismo día de San Agustín cuando la descubrió.

Otro día siguiente, yendo navegando al luengo de la tierra, siendo las tres horas después de medio día, descubrió cuatro galeones grandes que estaban surtos, y pareciéndole ser allí el puerto donde los franceses estaban y que el socorro les era venido y que aquellos galeones eran de su armada, entró en consejo con sus capitanes y les dijo que teniendo por cierto que la armada francesa era venida y que no se les podía ganar el fuerte, ni el puerto armado, que le dijesen lo que les parecía debía de hacer dando diferentes pareceres, en que los demás capitanes determinaron se volviese el dicho Adelantado con los cinco navíos que tenía, a Santo Domingo y que allí recogería los más navíos de su armada con la tormenta se le apartaron, y otros 6 navíos de su armada con la tormenta se le apartaron, y otros 6 navíos que guardaba de Vizcaya y Asturias, que les había dejado orden en Canaria se fuesen a Puerto Rico, y que también recogería 2 naos de armada y la caballería, infantería y bastimento que S. M. le mandó dar en aquella isla de Santo Domingo y en la de Cuba, y así regió todo, se iría a La Habana, en el mes de marzo venidero, iría poderoso a la Florida para hacer cualesquiera buenos efectos.

Y este parecer temió el dicho Adelantado que si lo tomaba, corría peligro de perderse, a causa de que ya él era descubierto, con sus 5 navíos de la armada francesa, y el viento era calma y el sol demostraba grandes bonanzas, y de la tormenta que había tenido, habían quedado los 4 navíos sin mástiles de gavia y tenía otros árboles menos que se habían roto, y la armada francesa la alcanzaría, en especial que tenía aviso traían navíos del remo. Y respondióles que conforme a razón, los franceses no le podían aguardar tan presto en aquella costa y que temían la infantería en tierra y que estarían descargando los bastimentos, y que por ser aquellos 4 navíos grandes, no con ellos, porque si los tomaban, no tendrían los franceses armada suficiente para él salir a buscar a la mar y se podrían volver al puerto de San Agustín, que estaba a doce leguas de allí, y desembarcar en aquel puerto y fortificarse y enviar los navíos a la Española a dar navíos a la armada que faltaba, y que la infantería, caballería y bastimento que S.M. le mandaba dar, viniese todo junto el mes de marzo a aquél y por tierra contra los enemigos, ganándoles el puerto, porque tenían el fuerte (...) leguas por una ribera adentro, y que no les podría venir socorro de Francia, y que con la caballería serían señores de la campaña, para que no tuviesen trato ni conversación con los indios, y que de esta manera les harían guerra en breve tiempo, sin peligro de su armada, ni del dicho Adelantado, ni de su gente. Esto se haría, habiendo reconocido su fuerte y que estaban tan fuertes que corriesen peligro de darles batería y ganarlo con las armas; y con estas razones que el dicho Adelantado dijo, todos los capitanes aprobaron este parecer y consejo, y antes de la determinación hicieron oración a Nuestro Señor, suplicando les favoreciese en todo y diese victoria contra sus enemigos; y acabada la oración, el dicho Adelantado dijo que determinaba acometer la armada francesa, lo cual todos aprobaron. Luego mandó irse los capitanes a sus navíos y dioles instrucción de lo que habían de hacer, mandó al almirante de la armada que con dos navíos que le señaló y él en que iba, que eran tres, y a la parte que había de acudir y la orden que había de tener, y al otro navío, que era un patache, mandó el Adelantado no se le quitase de a bordo de su nao capitana.

Y así, yendo navegando con bonanza, estarían como a 3 leguas de la armada francesa, que estaba surta sobre su puerto, que eran 4 galeones grandes, vino el viento a calmar y muchos truenos y relámpagos y aguacero, que duró hasta las 9 de la noche, y entonces el cielo quedó muy sereno y claro, y el viento a la tierra. Pareciéndole al Adelantado que cuando llegase a los enemigos sería cerca de la media noche y no convenía aferrar con los navíos, por el peligro de artificios de fuego que los enemigos suelen traer, y de noche pueden aprovechar más de ellos que de día, y atento de que se quemasen los unos navíos y los otros que se escaparían los enemigos en los bateles y esquifes[186] que tenían por popa, de los navíos del dicho Adelantado sobre las proas de los enemigos, para que al alba del día, largando el cable, abordasen con los enemigos, los cuales no podían ser favorecidos de sus navíos que estaban dentro del puerto, a causa que por ser la barra larga, y de noche, no podían salir, y al amanecer estaba la baja mar y habían de aguardar que fuese llena, y esto era a medio día. Y así mandó venir los capitanes a bordo de su nao capitana y les dijo su determinación, la cual aprobaron todos por muy buena, y llegando como a las 11 y media de la noche cerca de la armada francesa, empezaron a tirar de ellas piezas de artillería, y las balas pasaban por entre los mástiles y jarcias de los navíos del dicho Adelantado, sin que en cosa ninguna hiciesen daño, el cual no permitió ni consintió que de sus navíos tirasen pieza de artillería, antes mandó en todos los navíos descalabrase, que pues habían de surgir[187] y no habían de abordar, no era bien que estuviesen con la artillería, arriba de cubierta.

Y con gran ánimo y gravedad sin hacer cuenta de las piezas de artillería que tiraban, pasó a luengo de la capitana francesa, que estaban todos los cuatro navíos juntos, sin hacer cuenta de ellos,

---

186 esquife 'género de bajel pequeño que suelen llevar las galeras y los navíos para su servicio, y para pasar de uno en otro o para llegar a tierra' (Covarrubias).
187 surgir 'fondear un navío' (Moliner).

los cuales tenían banderas y gallardetes,[188] y en el mástil mayor una bandera de nao capitana y un estandarte real arbolado, y en el otro galeón estaba en lo alto del mástil del trinquete[189] una bandera de nao almiranta, y como hubo surgido el dicho Adelantado, con sus 5 navíos, por la proa a tierra de ellos e hizo largar los cables, y la popa de su capitana quedó en el medio de las proas de la nao capitana y almiranta de los enemigos, que como una pica larga se llegaban las proas a sus navíos, y entonces hizo tocar las trompetas, salvando los enemigos, y los enemigos le respondieron salvándole con las suyas, y luego, acabadas estas salvas, el dicho Adelantado les habló con mucha cortesía, diciendo: "Señores, ¿dónde está la armada?", respondió uno solo, que de Francia. Volvióle a decir: "¿Qué hace aquí?", dijéronle: traemos infantería, artillería y bastimento para un fuerte que el rey de Francia tiene en esta tierra, y otros que ha de hacer. Díjoles el Adelantado: "¿Sois católicos, o luteranos, quién es vuestro General?", respondieron que todos eran luteranos de la nueva religión, y que su general era Juan Ribao, y que quién eran ellos y el que se lo preguntaba, y de quién era aquella armada, y a que venía a aquella tierra y quién era el general de ella.

El Adelantado les respondió: "el que os lo pregunta se llama Pedro Menéndez, y esta armada es del Rey de España, y yo soy el general de ella y vengo para ahorcar y degollar todos los luteranos que hallare en esta mar y tierra, y así lo traigo por instrucción de mi Rey, la cual cumpliré en siendo de día, que iré a vuestros navíos, y si hallare algún católico, le haré buen tratamiento".

Respondieron muchos juntos palabras muy desvergonzadas y deshonestas contra el Rey Nuestro Señor, nombrándole por su nombre, y contra el dicho Adelantado y diciendo: tal y tal sea para el Rey Don Felipe y para Pedro Menéndez, y si eres hombre valiente, como se dice, ven y no aguardes a la mañana. Y el Adelantado, oídas tantas deshonestidades que decían en perjuicio

---

[188] gallardete 'cierto género de banderilla partida, que semeja a la cola de la golondrina y se pone en lo alto de los mástiles del navío o embarcación, o en otra parte para adorno, o para demostrar algún regocijo' (Autoridades).
[189] triquete o trinquete 'palo inmediato a la proa en los barcos que tienen más de uno' (Moliner).

de su Rey, mandó largar el cable para abordar a los enemigos, y como hicieron de mala gana los marineros, saltó abajo del puente para que lo hiciesen con brevedad, y el cable estaba guarnecido en el cabrestante[190] no se pudo hacer tan presto, como esto vieron los enemigos, y la arma que el dicho Adelantado mandó tocar, temiéronle y cortaron los cables y guindaron las velas y echaron a huir.

El dicho Adelantado hizo lo mismo con sus navíos y siguiólos, de manera que como estaba en medio de ellos, él siguió los dos, con un patache, que llevaban la vuelta del Sur, y con patache dio aviso el dicho Adelantado a su almirante que al alba del día revolviese sobre el puerto, que él haría lo mismo, para ver si lo podrían ganar, y si no, que irían a desembarcar al puerto de San Agustín, como estaba acordado, porque en caso de que no se tomase ningún navío de los dichos franceses, porque navegaban más que los navíos del dicho Adelantado, que llevaban mástiles de menos, de la tormenta que habían tenido, y que se pasarían 3 o 4 días primero que los enemigos se volviesen a juntar, en los cuales les ganaría el dicho Adelantado el puerto, o desembarcaría en el puerto de San Agustín, porque los otros navíos franceses que estaban dentro del puerto, no se atreverían a salir, no pareciendo los cuatro, y cuando saliese, no había por qué temerlos. Y así sucedió que el dicho Adelantado siguió a los dos galeones franceses la vuelta del Norte, hasta el alba, como a 5 o 6 leguas, y su Almirante otras tantas a los otros dos en la vuelta del Sur, y dicho Adelantado, a las 10 del día, estaba con sus 5 navíos sobre el puerto de los franceses, y queriendo entrar en el puerto, vio dos banderas de infantería la punta de la barra y tirar piezas de artillería, y estaban 5 navíos dentro surtos. Pareciendo al dicho Adelantado que corría peligro perderse, si procuraba ganarles el puerto y que en el entretanto se podrían juntar los 4 navíos que habían ido huyendo, con los 5 que estaban dentro, y que no se podría escapar por mar ni por tierra, acordó sin perder tiempo cargar de velas con su nao capitana y mandar a los otros hacer lo mismo, y se fue al puerto de San Agustín, donde llegó víspera de Nuestra Señora de Septiembre, y desembarcó, luego que llegó,

---

[190] cabrestante 'torno vertical empleado para soltar y recoger los cables' (Moliner).

hasta trescientos soldados, y envió con ellos 2 capitanes que reconociesen luego a otro día, en amaneciendo, la tierra y lugares que les pareciesen más fuertes, para que hiciesen con brevedad una trinchera, en el entretanto que se miraba donde pudiesen hacer un fuerte, para que a otro día, cuando el dicho Adelantado desembarcase, le mostrasen lo que hubiesen visto, y acordasen en esto lo que más conviniese.

Y el otro día siguiente, día de Nuestra Señora de Septiembre, el dicho Adelantado desembarcó, y a cerca del medio día, donde halló muchos indios que le estaban allí aguardando, porque habían tenido noticia por los otros de los indios con quienes cuatro días antes había hablado. Hizo decir misa solemne de Nuestra Señora, y acabada, tomando posesión de la tierra en nombre de S.M., tomó juramento solemne a los oficiales de la real hacienda de S.M. y al Maestro de Campo y capitanes, que todos servirían a S.M. con toda fidelidad y lealtad, y hecho esto, hizo dar de comer a los indios y comió el dicho Adelantado, y acabando luego fue a ver los sitios que para la trinchera les pareció a los capitanes que había enviado, y dejándola señalada,[191] se volvió a las naos, habiendo primeramente entrado en consejo y acordando que dentro de 3 días se sacase de las naos todo lo que se pudiese sacar y que luego enviasen las dos de ellas a la Española, que por ser grandes, no podían entrar en el puerto, porque si la armada francesa venía, las tomaría. La diligencia que el Adelantado hizo en descargar estas naos para enviarlas, porque los enemigos no se las tomasen, pareciéndole que al cuarto día la armada francesa había de venir sobre él, fue tanta, que se admiraron todos los que allí se hallaron, porque en dos días y medio, con estar surtas las naos más de la legua y media del desembarcadero, sacó la gente, artillería y municiones y mucha parte del bastimento, y sin aguardar los tres días, una noche a la media noche, receládosele que la armada francesa había de amanecer con él, sin atender a que

---

[191] El sitio de la fundación de San Agustín cambió varias veces. El primero fue en la isla Anastasia. "Fundóle, primero en el cabo de una isla de media legua de ancho y cinco de largo, y pasóse el año de 72 a la parte de Tierra firme", Juan López de Velasco, *Geografía y Descripción Universal de las Indias, 1571-1574.* Madrid, 1894, 1894. Ver también Mendoza Grajales, "Memoria", en Ruidíaz, *La Florida*, II, 449-451.

descargasen más bastimento; los hizo hacer a la vela a la vuelta de la Española, y metió hasta 150 soldados, que consigo tenía, en una chalupa de hasta 100 toneles, y él se metió en un batel grande que cuando corrió tras la armada francesa le llevaba por la popa junto capitana, y para poder mejor ir, se lo largó, y fue a surgir con este batel y con la chalupa sobre la barra, y en dos brazas de agua, y al amanecer la armada francesa estaba junto de allí, cuarto de legua, donde el dicho Adelantado había estado a la media noche, donde hizo irse los navíos a la Española, y viene una nao de los enemigos y tres chalupas, y por baja mar de todo y la mar no andar muy buena, era peligro entrar a la barra, y cuando el dicho Adelantado vio junto de sí a los enemigos, que no podía escapar, hicieron todos oración a Dios Nuestro Señor y a su preciosa Madre, los salvase de aquel peligro. Y estando los luteranos ya junto dél, largó la amarra con que estaban surtos el batel en que él estaba y su chalupa, y entró para dentro, por encima de los bajos y con gran peligro, y nuestro Señor fue servido de meterlo dentro de la barra a salvamento. Los enemigos temieron la entrada y aguardaban que fuese la mar llena. En este tiempo estarían las naos que el dicho Adelantado enviaba a la Española como a 5 o 6 leguas de ellos, y así se salvaron de aquel peligro, sin ser descubiertos. Y cuando de allí a dos horas que los enemigos aguardaban que la marea fuese llena, hizo Dios Nuestro Señor un milagro, que estando el tiempo sereno y claro, súbitamente se alteró mucho la mar y entró viento Norte muy recio y contrario para irse a su puerto y fuerte. Conoció esto por el Adelantado, que estaba ya en tierra con su gente haciendo decir una misa al Espíritu Santo, y que todos la oyesen, suplicándole le alumbrase y encaminase en una determinación que quería tomar, y acabada la misa, entró en consejo con sus capitanes, y fue el primero que en la tierra de la Florida había tenido y ninguno de ellos sabía para que se juntaban, y estando juntos, les dijo:

"Señores y hermanos míos: nos, traemos una carga muy grande a cuesta, y muy trabajosa y peligrosa, y si fuese solamente por el Rey nuestro señor, no me espantaría que alguno de nosotros nos cansemos e hiciésemos algunas flaquezas de cobardes, en no poder pasar tantos trabajos como se nos presentan. Más por ser empresa esta carga que traemos de Dios Nuestro Señor y de nuestro Rey, por mal aventurado se puede tener el ministro de nosotros que mostrase flaqueza y que no animare a los oficiales y soldados de su cargo, que esto no importa mucho, y así, señores, os lo pido por merced, cuan encarecidamente puedo, que pues en esto servimos a Dios y a nuestro Rey, el galardón del cielo no nos ha de faltar, y no nos desmaye el poco bastimento que tenemos, ni el quedar aislados en esta tierra; pido por merced que nos animemos y esforcemos todos a pasarlos con paciencia".

Todos respondieron muy bien, ofreciéndose cada uno y todos juntos que harían de su parte lo posible.

Entonces el Adelantado, habiéndoles agradecido su buena respuesta, les dijo:

"Señores, a mí se me ofrece deciros una muy buena coyuntura, que se me representa en los sentidos y en el alma, que no la debemos de perder, y nos conviene aprovecharnos de esta ocasión y no dejarla pasar, y es que yo considero, y esto es razón natural, que pues la armada huyó de mí a cuatro días y ahora me viene a buscar, que se ha fortificado con parte de la gente de guarnición que tenía en su fuerte, y ésta será de la mejor y los mejores capitanes. El viento lo tienen muy contrario para volverse a su puerto y fuerte, y el semblante es de manera que durará este viento muchos días; y pues estos son luteranos, y así lo tenemos entendido antes que partiésemos de España, por los bandos que Juan Ribao, general de ellos, echaba en Francia al embarcar, que so pena de la vida no se embarcase ninguno que no fuese de la nueva religión, y so la misma pena, que no llevasen libros que no fuesen de esta ley, y también nos lo han certificado ellos mismos, cuando sobre su puerto estaba nuestra armada surta con la suya, que dijeron no había católico entre ellos, y queriéndolos yo castigar, dieron las velas y huyeron, y por esto no se puede hacer la guerra que con esto tenemos, y ellos con nosotros, sino a sangre y fuego, pues ellos, como luteranos, nos buscan a nosotros, que somos católicos, para que no plantemos en estas provincias el Santo Evangelio, y nos los buscamos a ellos, por ser luteranos, para que no planten su mala y detestable secta en esta tierra, ni la enseñen a los indios. Paréceme que debemos de tomar 500 soldados, las dos parte de arcabuceros, y la una piqueros, y la ración de 8 días en nuestras mochilas, sin mozos, con nuestras armas a cuestas, y que diez capitanes que sois, cada uno con su bandera y oficiales, en número de 50 personas cada capitán, vamos a reconocer el camino, tierra y fuerte donde los luteranos están, que aunque no sepamos el camino, por nuestra aguja de navegar, dos leguas a mano derecha, o dos a mano izquierda, yo os sabré guiar, y donde hallaremos bosque, abriremos el camino con las hachas para pasar el sabernos volver; que un francés[192] traigo yo conmigo que ha estado en aquel fuerte más de un año, que dice que la tierra a dos leguas alrededor la conoce y nos sabrá llevar al fuerte, y si vemos que no somos descubiertos, podría ser que a un cuarto del alba, plantando veinte escalas que haremos cuando estemos cerca de allá, a trueco de perder 50 soldados, les ganemos el fuerte, y cuando entendiéremos que somos descubiertos, pues estamos ciertos que a menos que cuarto de legua está el bosque, plantando nuestras diez banderas por sus cuarteles, a la orilla dél, les parecerá tenemos número de más dos mil hombres, y les podemos enviar una trompeta diciendo que nos dejen el fuerte y se salgan de aquella tierra y que se les dará navío y bastimento con que se vayan a Francia, y si no, que los pasaremos todos a cuchillo, y cuando no lo hiciesen, habremos ganado mucho en reconocer el camino y tierra y el fuerte, y temernos han de manera que será causa que nos dejen este invierno estar aquí seguros hasta marzo venidero, que tendremos recaudo para ir a buscar, así por mar como por tierra".

A esta plática que el Adelantado hizo, hubo muchos dares y tomares, pareciendo a algunos que no se debía hacer la jornada, y a otros que sí; acordóse que se hiciese. Mandóles allí el Adelantado que para el tercer día al alba, oyesen todos misa, y acabándola de oír, marchasen luego. Y mandó al Maestro de Campo, su deudo y desposado con su hija mayor, que se dice Don Pedro Menéndez de Valdés, y a Gonzalo de Villarroel,[193] capitán y sargento mayor,

---

[192] Jean Francois fue uno de los amotinados de Laudonnière del fuerte Carolino, a quien Menéndez llevó a la Florida y posteriormente enviado por el gobierno cubano a España. Thurber Connor, 92.

[193] Gonzalo de Villarroel fue gobernador de la fortaleza de San Mateo, salvándose de la venganza del francés Dominique de Gourgues. Fernández Duro cita un relato de Mr. Martin en los siguientes términos: "Un caballero gascón, Domingo de Gourgues, equipó tres navíos pequeños a su costa, burlando la vigilancia de Montluc, que tenía órdenes de oponerse a estas correrías; salió de Royan con un puñado de valientes, en 22 de agosto de 1567; desembarcó en la Florida; llamó a sí a los salvajes, que querían a los franceses tanto como detestaban a los españoles; sorprendió a su vez a la Carolina y a los dos fuertes

que luego entendiesen en repartir la gente que había de ir, a se le diese bastante recaudo de pólvora, mecha y plomo, para que hiciesen pelotas y hormigones, y proveyó que el capitán Bartolomé Menéndez, hermano del dicho Adelantado, quedase a su cargo la gente de la tierra que allí había de quedar, y que Diego Flores de Valdés, que era almirante de la armada, quedase por capitán de la artillería y general de los tres navíos que allí quedaron de armada, teniéndolos a su cargo, diestros y a la gente de mar de ellos. Y salidos de su junta, quedando esto acordado, luego fue público en el campo y se empezó a hacer y proveer estas cosas que el Adelantado había mandado, de que todo el campo mostró tener gran contentamiento.

Otro día siguiente por la mañana, siendo informado el Adelantado que algunos capitanes murmuraban de la determinación que había tomado de ir a buscar al fuerte los franceses, y esto le dijeron tan público y lo justificaban de manera que los soldados que el día primero mostraron tener gran contento de este acuerdo, se vio claramente andaban desmayados, y acordaron entre algunos capitanes, en especial Juan de San Vicente, Francisco de Recalde,[194] Diego de Maya,[195] que como amigos del Adelantado, que en acabando el Adelantado de comer, le dijesen de parte de los más capitanes y gente que allí había, que debía mudar consejo para que en ninguna manera fuese al fuerte de los franceses. Y el Adelantado fue avisado de esto, y mandó hacer

---

construidos por Menéndez, y trató a los españoles como ellos a Ribaud. Los vencidos fueron ahorcados en los árboles, poniendo a los cuerpos leyenda "No por españoles, si no por asesinos". De Gourgues se vino a Francia después de arrasar los fuertes (junio de 1568) *Armada española*, II, 213. Tras esto, los franceses renunciaron definitivamente a controlar el canal por el que pasaba la plata. Sus corsarios, no obstante siguieron hostigando las naves españolas hasta 1852, cuando la flota francesa fue destruida en la isla Tercera por la armada de Alvaro de Bazán. La batalla de la Florida hizo posible que las flotas españolas pudieran seguir utilizando la ruta de la Bahama, esencial para la comunicación con la metrópoli. Lucena Salmoral, 85-86.

[194] Las desavenencias de este capitán con Gonzalo de Villarroel, gobernador de San Mateo, fueron causa de la rebelión de esta colonia. El Adelantado lo envió encadenado a España por amotinador.

[195] Este Diego de Maya era el mismo que en la carta del 11 de septiembre de 1565 cita Menéndez entre la lista de capitanes con el nombre de Diego de Amaya. *Cartas sobre la Florida*, 137.

muy bien de comer y que dijesen a los capitanes que se fuesen a comer con él, y a otros soldados caballeros que iban en la jornada, y a los más de los alféreces, y acabado de comer díjoles:

"Señores y hermanos míos: después que estamos en tierra, hemos juntado los capitanes, a consejo, el cual se hizo con gran secreto, y de las palabras que allí pasamos, sólo los que allí estuvimos los supimos, y no otros; entiendo ahora que todos los soldados y mujeres que aquí están, lo saben y tienen disputas y porfías entre sí, sobre quién habló mejor o peor, de tal manera que se murmura de nuestra provisión y que es temeridad hacer lo acordado. Paréceme muy mal caso, digno de gran reprensión, y castigo, y aunque sé quienes son los más culpados de esto y están aquí, no quiero condenar a ninguno, ni más de pediros, señores, por merced, que para adelante cada uno le remedie con tener gran secreto en las cosas que en nuestros consejos se trataren, pues en las guerra donde no hubiere esto y diligencia, pocas veces se pueden tener buenos sucesos, y el que en eso hiciere pecado venial,[196] lo haré castigar por mortal. Que bien se entiende que el capitán que está desmayado y teme esta jornada por sus soldados, que los 50 soldados que han de ir con él, el desmayo que tienen es por él y su alférez y no por ellos, y los soldados que andan diestros, limpiando sus armas y haciendo sus mochilas para tomar la ración, claro está que sus capitanes, y oficiales los animan, por estar ellos animados de desear hacer la jornada, y que si todavía les parecía que debía de mudar consejo, se lo dijesen, y si salidos de allí, el capitán que de lo proveído murmurase, lo mandaría castigar, quitándole la compañía y no le admitiendo a consejo".

Todos respondieron que lo que Su Señoría decía era muy bien dicho, y que a algunos les parecía debía de mudar consejo; a otros les parecía al contrario, que se debía de seguir el acuerdo y determinación que sobre esto estaba tomado, y así les dijo el Adelantado a los capitanes que cada uno trajese las mochilas al tenedor de bastimento y una persona que recibiese las raciones, para otro día al alba oír misa y marchar, como estaba acordado, y les mandó que cada uno fuese a entender lo que había de hacer, y así se fueron.

---

[196] venial 'leve' (Moliner).

Otro día al alba, la alborada con trompetas, pífanos y tambores repicaron las campanas; acudieron todos a misa, y habiendo oído, se partieron con la buenaventura, saliendo todos marchando en ordenanza. El Adelantado tomó 20 soldados, todos vizcaínos y asturianos, con sus hachas, y un capitán vizcaíno con ellos, que se decía Martín Ochoa,[197] y 2 indios que allí se allegaron, hermanos, que parecieron ser ángeles que Dios enviaba, los cuales por señas les dijeron que habían estado 6 días antes en el fuerte de los franceses, y se adelantó, caminando adelante lo que podía, señalando el camino, cortando con las hachas en los árboles, para que la gente no lo errase y lo supiesen para la vuelta, dejando al Maestro de Campo y sargento mayor que caminasen con buena orden. Cuando le parecía al Adelantado hacer alto en un lugar cómodo y donde hubiese agua, para recoger la gente y que descansase, lo hacía, y aguardaba a que toda se recogiese y les dejaba orden de lo que habían de descansar, y partía luego, abriendo el camino y señalándole, como está dicho, y volvía a hacer alto en la parte que le parecía para alojar aquella noche y por esta orden, al cuarto día, al poner el sol, fue a reconocer la tierra del fuerte, a media legua dél, donde se paró, y por parecerle que la noche estaba tempestuosa y de muchas aguas y que le convenía acercarse más, por no ser descubierto, por entre un pinar se allegó a menos de cuarto de legua del fuerte, donde acordó alojar aquella noche, un lugar harto malo y venenoso, y volvió a buscar la retaguardia, porque acertasen el camino, por la mala noche que hacía, y eran más de las 10 de la noche cuando acabaron de llegar, y como en estos 4 días hubo muchas aguas y se pasaron muchas ciénagas, y traían a cuestas las armas y las mochilas con la comida, la gente llegó muy cansada y quebrantada, y como el agua de aquella noche fue tanta, no hubo remedió salvar pólvora ni mecha que no se mojase todo y el poco de bizcocho[198] que tenían en las

---

[197] El capitán Martín Ochoa fue muerto por los indios junto al fuerte de San Mateo, según lo cuenta Solís de Merás en el capítulo XXI de su *Memorial*. Genaro García, en el prólogo a *Dos antiguas relaciones de Florida,* no cree veraz este suceso.

[198] bizcocho 'el pan que se cuece de propósito, para la provisión y matalotaje de las armadas y todo género de bageles' (Covarrubias).

mochilas, y no tenía ninguna cosa en su cuerpo que no estuviese bañada en agua.

Aquí temió mucho el Adelantado tomar consejo con los capitanes, ni para volver atrás, ni para llegar al fuerte de los franceses, porque se empezaban algunos a desvergonzar, y sus oficiales, diciendo contra él palabras injuriosas, y tan altas, que él oía muchas de ellas, en especial un alférez del capitán San Vicente, que se puso cerca del Adelantado, y dijo alto, porque él lo oyese:

"Cómo nos trae vendidos este asturiano corito[199] que no sabe de guerra de tierra más que un asno, y si fuera de mis consejos, el primer día que salió de San Agustín para hacer este camino, se le había de dar el pago que ahora ha de llevar".

Entonces el Adelantado temió más, e hizo que no lo entendía.

El capitán San Vicente, de que éste era alférez, al tiempo de partir de San Agustín, dijo que le dolía una pierna y el estómago y quedóse, y de su quedada[200] se murmuró mucho, y de las palabras disolutas de éste, su alférez, porque se averiguó que reprendiendo al capitán San Vicente algunos de los que quedaban, porque no había ido con el Adelantado, les respondió:

"Voto a Dios, que aguardo cuando vienen las nuevas que todos los nuestros están degollados, para que los que aquí quedamos nos embarquemos en estos tres navíos e irnos a las India, que no es razón muramos todos como bestias".

El Adelantado, como dos horas antes del día, envió a cuatro soldados, que estaban cerca dél, criados suyos, que fuesen corriendo a la gente y llamasen al Maestro de Campo, sargento mayor y capitanes que se juntasen allí con él, y así lo hicieron, y estando todos juntos, les dijo:

"Señores: yo, aunque gran pecador, toda esta noche he suplicado a Nuestro Señor, y a su preciosa Madre, nos favorezca y encamine en lo que habremos de hacer, y así creo lo habéis vosotros, señores, hecho; tratemos qué será bueno que hagamos, conforme al punto en que estamos y sin municiones ni comida, y la gente muy cansada, perdida y desmayada".

---

199 corito 'encogido y pusilánime; nombre aplicado a los santanderinos y asturianos' (Moliner).

200 quedada 'acción de quedarse en algún sitio o lugar' (DRAE).

Respondiéronle algunos que para que se había de tratar en otro acuerdo más de que en siendo día se retirasen y volviesen a San Agustín, comiendo palmitos,[201] y que tratar otra cosa parecía temeridad.

El Adelantado aprobó esto y les dijo: "Señores, por amor de Dios, que me oigáis lo que diré, sino lo que quisieres, y os la diga, que no es para que haga lo que diréis no lo que quisieres, y os pareciese, porque hasta aquí siempre habéis tomado mi parecer y consejo, y ahora que me veo en este gran peligro, quiero tomar el vuestro".

Ellos le dijeron que Su Señoría lo dijese, que holgaban de oírle y decir su parecer.

Entonces les dijo: Señores, "¿estáis satisfechos que el bosque está muy cerca del fuerte?".

Respondieron que sí.

Díjoles: "Pues paréceme que debemos de ir a probar nuestra ventura, como está acordado; que no tenemos que temer, cuando el fuerte no podamos ganar, de pensar cuando les enviemos la trompeta, que han de salir de su fuerte a buscarnos a la orilla del bosque, donde estaremos, hecho alto por nuestros carteles, arboladas, nuestras banderas, y para esto poca falta nos ha de hacer la pólvora ni cuerda, porque si cuando fuésemos descubiertos, cuando por la mañana nos retiremos, si somos descubiertos, los enemigos no cobren ánimo, y nos tengan por cobardes, y nos teman un poco, y esto les será gran principio de victoria".

Respondieron algunos capitanes, en especial el Maestro de Campo y sargento mayor, que les parecía buena razón, y que se debía llevar hasta el cabo el desinio[202] y determinación acordada en este caso, y dando y tomando con los que les parecía otra cosa, todos fueron de acuerdo así se hiciese.

---

[201] palmito 'planta silvestre que crece con abundancia en las campiñas de Andalucía y Valencia. Tiene alguna semejanza en las hojas a la palma, por lo que en algunas partes se llama así. Es poco mayor de un codo, crece debajo de la tierra, es toda cubierta de hojas y solamente se come de ella un cogollito tierno a manera de corazón, que se halla en sus entrañas, el cual se llama también palmito. Es comida dulce aunque de poco sustento' (Autoridades).

[202] designio 'idea que tiene una persona de realizar cierta cosa; fin, intención, propósito' (Autoridades).

Entonces el Adelantado mandó hincarse a todos de rodillas y hacer su oración de Nuestro Señor, suplicándole les diese victoria contra sus enemigos en aquella empresa y peligro que acometían, y esta oración hicieron luego, con tanta devoción como si sus enemigos estuvieran delante y quisieran dar la batalla, y acabada, señalando los capitanes que habían de ir en vanguardia y retaguardia y de la manera y por las partes que cada uno había de acometer al fuerte, y encargándoles que por amor de Dios cada uno animase a sus soldados, mandó marchar, yendo él en la delantera guiando, llevando el francés que traían por guía, las manos atrás, amarradas con un cordel, y el cabo dél en la mano. Sería una hora antes del día, y antes de ser pasado un cuarto de ella, por ser tanta la oscuridad y tempestad del viento y agua, erróse el camino por ser una senda muy angosta, de tal manera, que algunos pensaban que iban adelante y volvían atrás, y como esto entendió el Adelantado y pareciéndole que la retaguardia podía marchar diferente de la vanguardia, de mano en mano mandó hacer alto, y que hasta el día, ninguno se menease donde estaba, de temor que no se perdiesen unos de otros, y esto hicieron muchos de ellos en una ciénaga de agua que daba encima de la rodilla, y el Adelantado uno de ellos, y venido el día, el francés reconoció por donde había de guiar, y el Adelantado marchó y envío con toda prisa, mandando de mano en mano que todos le siguiesen, so pena de la vida, porque le pareció no era tiempo de tomar consejo de lo que había de hacer, porque estaban apartados buen trecho unos capitanes de otros, y llegando a un altecico,[203] el francés les dijo que detrás de allí estaba el fuerte en lo bajo y que agua del río batía en él y que habría como 3 tiros de arcabuz.

El Adelantado dio el francés a Francisco de Castañeda, que era capitán de su guarda, que nunca se le quitaba del lado, y bajándose muy presto, fue a lo alto de descubrió el río y vio unas casas, y no pudo ver el fuerte, aunque estaba junto a ellas, y volviendo donde había dejado el capitán de la guarda con el francés, que era cerca, halló al Maestro de Campo, que había llegado, el capitán Martín Ochoa, y díjoles:

"Hermanos, yo quiero bajar a este llano, con 5 o 6 soldados, adonde están unas casas, a ver si puedo descubrir la

---

[203] Altecico por alto.

centinela, para que nos informen de la fortaleza de éstos y de la gente que tienen, porque como es ya día claro y el sol salido, no podemos sin reconocer el fuerte, acometer sin pólvora". Entonces dijo el Maestro de Campo que Su Señoría se quedase, que aquel oficio era suyo; y tomó consigo a sólo el capitán Martín Ochoa, sin querer llevar otra persona, por no ser descubiertos, y llegando cerca de las casas, descubrieron el fuerte, y volvióse con la nueva, hallaron dos sendas, y se volvieron por la que habían ido, y andando un poco por ella, encontraron un árbol caído; entonces dijo el Maestro de Campo que iban errado, y como el capitán Martín Ochoa iba detrás, al tiempo que dieron la vuelta, anduvo delante. Parece que ellos fueron descubiertos de la centinela, el cual pensó que eran franceses; iba a reconocerlos y se encontró con ellos, y como no los conoció, detúvose diciendo:

"¿Quién va?"

Respondió el Martín Ochoa: "Francés".

Y pareciéndolo a la centinela eran franceses, se fue llegando más, y el Martín Ochoa hizo lo mismo, y cuando el francés no lo conoció, reparó, y el capitán Martín Ochoa cerró con él y con vaina y todo le dio una cuchillada por la cara, aunque no le hizo gran herida, porque se la rebatió con la espada el francés; echaron mano a sus espadas y llega el Maestro de Campo, que ya traía la suya desenvainada, con una rodela en la mano, y calándole una estocada, el francés, por retirarse de ella, cayó para atrás, y a esto dio gritos.

El Maestro de Campo le puso la punta de la espada sobre el pecho, diciendo que callase, si no, que lo mataría, y el francés lo hizo así; levantáronle y lleváronle asido al Adelantado, preguntando por el fuerte y la gente que estaba; a las voces que este francés dio, parecióle al Adelantado que mataban al Maestro de Campo y capitán Martín Ochoa, y estando ya cabe él recogidos algunos capitanes y banderas, en especial el sargento mayor y Francisco de Recalde y Diego de Maya y Andrés López Patiño, con sus banderas y gente dél, y dijo el Adelantado en altas voces:

"Santiago, a ellos, Dios ayuda, victoria, degollados son los franceses; el Maestro de Campo está dentro del fuerte y le tiene ganado".

Y entonces todos sin orden fueron corriendo por la senda adelante, y el Adelantado se detuvo quedo, diciendo esto siempre, sin parar; la gente tuvo por cierto que con el Maestro de Campo había ido mucha gente y que el fuerte estaba ganado. Recibieron gran alegría y contento, en tanta manera que el que más podía correr, se tenía por más valiente, y no hubo cojo, manco, ni cobarde, y como dieron luego por donde el Maestro de Campo y el Martín Ochoa venían con el francés, el Martín Ochoa vino sin orden corriendo a pedir las albricias al Adelantado, a decirle que la centinela traían presa. El Maestro de Campo, temiendo no ser descubierto, caló una estacada al francés, que le pasó, y dejándole muerto, tomó la delantera, diciendo: "Hermanos, haced como yo, que Dios es con nosotros"; y encuentra luego con dos franceses en camisa, y mata el uno, el otro el capitán Andrés López Patiño, que iba en sus espaldas; y pasan corriendo, y llegando junto del fuerte, a las voces que la gente del arrabal dio cuando vieron matarlos, abrieron el postigo de la puerta principal, y el Maestro de Campo cerró con él, mató al que lo abrió y colóse dentro, y tras él los que más presto pudieron entrar. Algunos franceses de las casas, en camisa, y otros vestidos, salieron a reconocer lo que era; éstos fueron luego muertos, y otros se retiraban y echaban de la muralla abajo; entraron luego 2 banderas, la una fue del sargento mayor, que arboló en un caballero su alférez, que se decía Rodrigo Troche, de Tordesillas, y la otra de Diego de Maya, que arboló su alférez Cristóbal de Herrera, montañés en otro caballero; hubo diferencia entre estos 2 alféreces, cuál fue el primero, no se pudo averiguar, y juntamente con estas 2 banderas entraron las trompetas y se ponen en estos caballeros junto a las banderas tocando victoria, desmayaron todos los franceses, y acudió de golpe toda nuestra gente a la puerta, que se les abrió toda, y dan en los cuarteles de los franceses, sin dejar ninguno en vida.

El Adelantado, adonde quedó, como hubo pasado la mitad de la gente, dijo a Francisco de Castañeda, capitán de su guarda, y quien había entregado el francés, con las manos atrás, amarradas, que se quedase cantando la victoria, hasta que la retaguardia llegase, porque le convenía alcanzar los delanteros y hallarse en aquel peligro, y así lo hizo, corriendo con toda furia. Llegó al fuerte, que andaban matando nuestros soldados a los franceses; entonces dijo en altas voces, acudiendo a una parte y a otra, so pena de la vida, ninguno hiriese ni matase mujer, ni mozos de 15 años abajo; y así se hizo, que se salvaron 70 personas de éstas, los demás murieron todos, si no fue como 50 o 60, que se echaron de la muralla abajo y se acogieron al bosque.

El Adelantado se salió luego del fuerte, y unas casas que estaban cerca de la muralla, donde llegaba el Capitán Castañeda con el francés, el cual francés señaló al Adelantado una casa grande, que dijo que llamaban la Granja, que estaban llena de rescates, paños y lienzos y otras municiones.

El Adelantado dejó allí 6 hombres de guarda, para que ninguno entrase allí dentro, para que todo lo que dentro estaba fuese de todo el campo generalmente, para gastarlo y distribuir con los que tuviesen más necesidad, y acudió a la marina, donde estaban 3 naos con sus proas amarradas al fuerte y muy bien artilladas, y llamando una trompeta, la hizo tocar con señal de paz, poniendo un paño blanco por la bandera y diciendo que viniese en tierra con el batel. Los franceses respondieron que no querían, y el Adelantado les hacía seguranza que sobre su palabra podían venir; no quisieron, acudió al fuerte e hizo poner en orden 4 piezas de artillería de bronce, para echarlas al fondo, y anduvo buscando la pólvora. Halló en la casa de un lombardero[204] que una francesa le mostró, 2 barriles mediados que tenían como un quintal, y hasta 20 balas, con las cuales atacaron las piezas, y echándole sus balas, y antes de poner fuego, les volvió a decir que viniesen con el batel a tierra; respondieron de la nao donde el Adelantado hablaba, que lo enviarían para que fuese alguna persona a hablar con ellos, a decir lo que queríamos. El Adelantado mandó que viniese, y para que creyesen lo que les dijese, tomó al francés que traía amarrado y soltóle y díjole que fuese a aquellas naos y dijese al principal mandador de ellas que tomasen de todas tres la nao que quisiesen y las mujeres y mozos que se habían salvado, y el bastimento que fuese menester, y se fuesen con Dios a Francia, sin que llevasen ninguna artillería ni municiones, porque él les daría pasaporte y salvo conducto, para que en cualquier parte que llegasen, no les hiciesen mal tratamiento, y les dejasen ir a Francia seguros. Y si esto no hiciese, los echaría al fondo y mandaría degollar y ahorcar a todos, sin dejar ninguno con vida.

El batel, vino a tierra, y el francés fue en él con esta embajada, y ya entonces había mandado el Adelantado al sargento

---

[204] lombardero 'soldado que servía una lombarda' (Covarrubias).

mayor repartir entre los soldados un barril de pólvora de arcabuz, muy buena, que estaban en casa de aquel lombardero, con la pólvora de cañón.

El francés volvió con la respuesta al Adelantado, y dijo que el mandador principal de aquellos navíos era Jaques Ribao,[205] hijo mayor de Juan Ribao, que decía era Virrey y Capitán General de aquella tierra, por el Rey de Francia, y que él había venido por mandado de su Rey, en compañía de su padre, traer gente, artillería y bastimento con aquellas naos a aquel fuerte, en lo cual no había cometido delito, antes había hecho, como buen vasallo lo que era obligado, y que si el Adelantado pensaba hacer la guerra, él se la haría al Adelantado.

Entonces el Adelantado mandó hacer puntería con la mejor pieza de artillería de bronce, a una nao de las mejores, que le pareció que era nueva del primer viaje, y que estaba a propósito para batirla, porque las otras dos no lo estaban. El capitán Diego de Maya, pareciéndole que él haría aquella puntería mejor que otro, la hizo, y dio fuego a la pieza, y acertó a la nao y a la lumbre del agua, de tal manera que los franceses entendieron que se negaban, y no podían dar a la bomba, porque habían de estar descubiertos encima de cubierta, y los pudieron matar con la artillería. Los franceses que dentro de la nao estaban, cuando vieron su perdición, por un lado de ella se metieron en el batel, y acudieron a ella los 2 bateles de las otras dos naos y trajeron toda la gente de aquella nao a las dos; la cual nao se fue al fondo, y las otras dos cortaron luego los proices,[206] y con gran corriente que había, dejáronse ir por el río abajo y surgieron en parte que con la artillería no se les podía hacer mucho daño, en especial que el Adelantado no se atrevió a gastar la pólvora, porque hasta entonces no se había podido hallar más en el fuerte. Y en todo este tiempo era el viento y agua del cielo tanta, que era cosa de admiración, y como los soldados andaban alegres de la victoria y saco no atendían a recogerse y repararse de los trabajos que habían tenido y mala noche, por lo que tocaba al bien de todas, lo hizo alojar en muchas cosas que bahía fuera del fuerte, de 20 en 20, y darles todo recaudo de misas y vestidos, porque había en cantidad de ello dentro de la casa de la granja, y darle

[205] Jacques Ribault

[206] proíza 'cable que se ponía en la proa para amarrar la embarcación' (Moliner).

buenas raciones de pan y vino, manteca y tocino, que había cantidad de ello, él se desnudó y acostó en la cama, y esto sería a medio día, donde dieron de comer, y mandó a los capitanes que para las 4 horas de la tarde acudiesen todos a él, porque quería entrar con ellos en consejo, y así lo hicieron, donde el Adelantado, habiéndose levantado y vestido, les dijo a todo juntos, arrasándosele los ojos de agua:

"Señores y hermanos míos, estas cosas Dios milagrosamente las hace, y vuelve por su causa; sepamos alabarle y servirle por tan gran merced como nos ha hecho, y ahora es tiempo que nos encomendemos a él más que nunca, y proveamos nuestras cosas de manera que defendamos esta plaza a la armada francesa, cuando a ella vuelva, y aseguremos nuestra gente, artillería, armas y municiones y bastimentos que dejamos en San Agustín; y para esto, hágase luego reseña de la gente que aquí estamos, porque me parece faltan muchos de los 500 hombres que salimos de San Agustín, para ver la que aquí quedará y la que se volverá a San Agustín, porque conviene que yo me vuelva pasado mañana con la que hubiere de ir, porque es necesario aquello esté a buen recaudo, para que defendiendo esto a los franceses, cuando vengan con su armada, que no pongan pie en esta tierra y que no se nos vayan a desembarcar a San Agustín, que es mejor puerto".

E hizo alcalde de aquel fuerte y gobernador de aquel distrito al capitán Gonzalo de Villarroel, que era sargento mayor, el cual había trabajado muy bien y con mucha orden y cuidado, y le parecía muy buen soldado de gobierno y toda confianza, y se lo entregó y tomó el juramento acostumbrado, y púsole nombre el fuerte de San Mateo, por ser aquel día que le ganó día de San Mateo, mande que desde aquel día en adelante le tuviese y defendiese en nombre de S.M., con 300 soldados que para guarda dél le dejaría, y mandó al Maestro de Campo fuese luego a hacer la lista de toda la gente que había y de la que había de quedar y volver con el Adelantado. Así lo hizo, llevando consigo el sargento mayor, habiendo primero en este consejo nombrado el Adelantado a Rodrigo Montes por tenedor de bastimentos en aquel fuerte, y que se le entregase todo el bastimento que había, y le trajesen otro día por la mañana la memoria del entregado, para dejar instrucción de la manera que se habían de dar las raciones, y acordó el Adelantado en aquel consejo que luego se quitasen dos escudos de armas que estaban sobre la puerta principal de este fuerte, del Rey de Francia y del Almirante, y cuando los iban a quitar, ya un soldado los había derrocado y deshecho, y mandó que se hiciese luego un escudo con las armas reales de España, del Rey Don Felipe nuestro Señor, con una cruz de los ángeles encima de la corona, el cual pintaron muy bien unos flamencos que allí iban por soldados, y se puso en la parte que los otros estaban.

Otro día por la mañana, habiendo oído misa, el Adelantado hizo arbolar 2 cruces, en la parte que mejor le pareció, señaló el lugar para una iglesia, donde se hiciese luego, para decir cada día misa, una capilla de tabla, que los franceses tenían allí serrada[207] para una galera que estaban haciendo; y dándole memoria del bastimento que se había hallado, dio instrucción a Gonzalo de Villarroel, alcalde y gobernador de aquel fuerte distrito, de cómo se había de gastar el bastimento y dar las raciones. Trajéronle la lista de las personas que había, halláronse menos de 400 personas, porque los demás, a cumplimiento de 500, unos de cansados no habían llegado, y otros de cobardes, por el peligro que se les representaba, se volvieron a San Agustín, diciendo que habían errado el camino, según después esto se averiguó. El Adelantado mandó que se quedasen los 300 soldados, y se fuesen con él los 100, con los capitanes Andrés López Patiño y Juan Vélez de Medrano y... de Alvarado, los cuales capitanes, y soldados dijeron que no estaban para poder caminar, en especial que como había llovido mucho, era imposible pasar las ciénagas, ríos y arroyos que habían en el camino; y aunque el Adelantado procuró mucho que fuesen, vio no ser posible, por la mucha razón que tenían, y la poca voluntad de ir, y estar muy cansados y fatigados del trabajo del camino. Entonces recorrió los alojamientos donde estaban los soldados, y de los menos cansados y más sus conocidos, halló 35 que le quisieron seguir, con el capitán de su guarda, y los apercibió para partir otro día por la mañana.

Mandó el Adelantado que el Maestro de Campo partiese luego, que serían las 9 del día, con 50 soldados, a una legua de allí derecho, donde las naos francesas estaban surtas, porque aquella mañana se habían alzado las áncoras y se habían ido allí, porque le parecía que los 50 o 60 franceses que le habían echado de la

---

[207] Serrada por cortada.

muralla abajo cuando el fuerte les ganó, acudirían por el monte derecho de las naos, a llamar los bateles, para meterse dentro de ellos. Llevó el Maestro de Campo esta gente repartida por el bosque; encontráronse con hasta 20 franceses, que yendo huyendo, y no los pudieron alcanzar, les tiraron con los arcabuces, y los mataron, y de los demás se habían embarcado como 30, y entre ellos el capitán Ludunier, alcalde del fuerte, que se escapó echándose de la muralla abajo con los demás; los otro diez se habían acogido a los caciques; después los hizo rescatar el Adelantado y envió a Francia, los cuales dijeron como el Ludunier, con los 30, se habían embarcado en aquellos navíos. Y vuelto el Maestro de Campo aquel día, a la noche, y el capitán Martín Ochoa, y Diego de Maya, con la gente que habían llevado, el Adelantado mandó llamar a todos los capitanes a consejo, y les dijo que por la mañana sería su partida para San Agustín, donde enviaría luego 2 navíos de lo 3 que habían dejado allí, bien armados y con buena artillería, para que tomasen aquellas 2 naos francesas, antes que saliesen del puerto, porque tenían poca gente, según habían entendido los franceses que allí estaban, y cuando fuesen idos, plantarían la artillería que los dos navíos llevasen en el fuerte, en las partes más necesarias, para estar más fortificados cuando los franceses viniesen, porque siempre el Adelantado temía que cuando la armada francesa volviese, con los indios amigos, habían de querer volver ganar aquella plaza y vengarse. Y que uno de estos navíos llevaría estas mujeres y mozos a la isla de Santo Domingo, y escribiría a la Audiencia, para que los enviasen a Sevilla, y de allí fuesen a Francia, y daría instrucción a los maestros de estos 2 navíos para que cargasen bastimento del galeón *San Pelayo*, que el Adelantado había enviado a aquella isla de Santo Domingo. Y otro día por la mañana, habiendo oído misa, el Adelantado se partió con Francisco de Castañeda, capitán de su guarda, con los 35 soldados que tenía señalados, y mandó el Maestro de Campo y más capitanes se quedasen en aquel fuerte, hasta que otra cosa les mandasen, y que los 3 capitanes Alvarado, Medrano y Patiño, con el complemento de los cien soldados, se partiesen a San Agustín, luego que estuviesen buenos para caminar, sin perder tiempo, los cuales lo hicieron así dentro de 8 días.

Capítulo XI

Los trabajos y peligros que el Adelantado pasó, y los que con él se volvieron este día que partió de San Mateo[208] y el segundo y tercero, hasta llegar a San Agustín, fueron tantos, que no se pueden creer, sino quien los vio, porque este día que partió de San Mateo, habiendo caminado 2 leguas, serían las 2, después de mediodía, entró en un monte por donde había ido, y habiendo andado por él media legua, halló mucha agua, y pensando salir pronto de ello, caminó más de otra media legua, y hallaba cada vez más agua, de manera que no pudo pasar adelante, y volviendo atrás, iban creciendo los arroyos y la agua del monte. Cerró el camino de tal manera, que ni sabía si iba para atrás, si para adelante; quiso buscar lugar donde pudiese hacer alto, y luego para descansar aquella noche, no lo pudo hallar; quiso subir encima de los árboles, pero eran tan altos y derechos, que no fue posible; allí se vio del todo perdido y sus compañeros desmayados, no sabiendo el remedio que se tomaría. Hizo subir a un soldado, el más suelto que halló, encima de un árbol muy alto, para que descubriese si podía haber algún raso o parte enjuta, el cual dijo, estando arriba, que todo cuanto veía era agua, y que no veía raso ni tierra enjuta[209]; mandóle el Adelantado que mirase si podía ver algún semblante por donde el sol iba, dijo que no; mandóle estar quedo hasta más tarde. Quiso Dios que aclaró un poco, y el soldado vio la parte que el sol se iba a poner, y señaló adónde.

El Adelantado reconoció por donde había de salir del monte, que eran árboles muy raros y limpios por debajo; cortando algunos pinos en las partes hondas, vino a salir a un río estrecho y hondo, que había pasado cuando vino de San Agustín a San Mateo con la gente, aunque no por aquel lugar, y de los árboles que estaban a la orilla del río, con 5 hachas que llevaban los soldados, cortólos por el pie, de manera que iban a caer de la otra banda del río, y lo pasaron con harto peligro, y el pasar se escaparon de no ahogarse, milagrosamente, dos soldados, y mandó subir sobre un árbol al soldado que primero había subido, y

---

[208] Los franceses llamaron a este establecimiento Charlesfort. Luego de conquistado por los españoles se le conoció con el nombre de San Mateo; en la desembocadura del río San Juan (St. Johns River).

[209] enjuta 'seca' (Covarrubias).

descubrió tierra enjuta, por donde habían venido, y salieron a la senda y se fueron alojar a una parte de tierra enjuta, donde hicieron grandes fuegos, secaron lo que llevaban vestido, que todo iba bañado en agua, y sobre el día empezó a llover mucho, y siendo ya claro se partieron. Tardaron en llegar a San Agustín 3 días, que con la victoria de Nuestro Señor les había dado, no sentían el camino, ni los trabajos dél con el deseo que tenían de dar estas buenas nuevas a sus compañeros; ido por merced aquel soldado al Adelantado, una legua antes de llegar a San Agustín, le dejase adelantar para dar las buenas nuevas. Concedióselo el Adelantado, y cuando lo recibieron los que allí habían quedado, que según el mal tiempo que habían llevado, y las nuevas que daban los que se habían vuelto, teníanlos por perdidos, a causa de que no tenían ningún género de comida, ni pólvora, ni cuerda. Y salen luego 4 clérigos que allí estaban con la cruz y con todas las personas de mar y guerra, mujeres y niños, en procesión, y cantando el *Te laudamus*, recibieron al Adelantado con gran gozo y alegría, riéndose y llorando todos de placer, alabando a Dios Nuestro Señor por tan gran victoria, y así lo metieron con este triunfo en la trinchera y lugar de San Agustín, donde les contó particularmente la merced tan grande que Nuestro Señor le había hecho en su victoria, y proveyó luego los dos navíos armados. Y dentro de 2 días, estando para partir a San Mateo con ellos, vino aviso que las 2 naos francesas habían ya salido de la barra,[210] y envió el uno de ellos con artillería, pólvora y municiones para que partiesen en el fuerte y estuviesen en toda buena defensa, y él se ocupó en fortificarse allí lo mejor que pudo, para aguardar la armada francesa, si allí viniese. Y al otro día siguiente, llegaron unos indios y por señas les dijeron que a 4 leguas de allí estaban muchos cristianos, no pudiendo pasar un brazo de mar, aunque estrecho, que es una ría que está dentro de una barra, porque para llegar a San Agustín le habían de pasar forzosamente.

---

[210] barra 'el banco de arena o arrecife que a la entrada de algún puerto suele hacerla dificultosa o no deja entrar la embarcación sino estando la mar en creciente. Por cuya razón llaman también barra a las bocas de los ríos que entran en el mar, porque allí se suelen comúnmente hacer estos bancos con la barra de San Lucar' (Autoridades).

El Adelantado tomó luego consigo aquella tarde 40 soldados y fue después de la media noche cerca de aquel brazo de mar, donde hizo alto; a la mañana, dejando sus soldados emboscados, de sobre un árbol descubrió lo que había. Vio mucha gente de la otra banda del río y 2 banderas, y para impedirles que no pasasen, llegóse tan cerca el dicho Adelantado que los pudiesen contar, para que pensasen que habían mucha gente. Como fueron descubiertos, luego se pasó un hombre a nado, era francés, y dijo que la gente allí estaba, eran todos franceses, que se habían perdido con la tormenta, y que toda la gente había escapado.

Preguntóle el Adelantado qué franceses eran.

Dijo que 200 personas, capitanes y gente de Juan Ribao, virrey y capitán general de aquella tierra por el rey de Francia.

Preguntóle si eran católicos o luteranos.

Dijo que todos eran luteranos de la nueva religión; aunque esto ya lo sabía el Adelantado, que ellos lo habían dicho cuando encontró su armada, las mujeres y mozos a quien dio la vida, cuando ganó el fuerte, se lo habían dicho, y les halló dentro del fuerte 6 cofres llenos de libros encuadernados y dorados, todos de la nueva religión, y que no decían misa, y que se les predicaba cada tarde su secta luterana, los cuales libros mandó quemar, sin dejar ninguno.

Preguntóle el Adelantado que a qué venían.

Dijo que el capitán de ellos les enviaba a ver qué gente eran

Díjole el Adelantado si se quería volver.

Respondióle que sí, más que quería saber qué gente era.

Éste hablaba muy claro, porque era gascón, de San Juan de Luz.

Entonces le dijo el Adelantado que dijese a su capitán que era el virrey y capitán general de aquella tierra por el rey Don Felipe, que se llamaba Pedro Menéndez, que estaba allí con algunos soldados a reconocer que gente eran ellos, porque habían tenido aviso el día antes que estaban allí y llegaban aquella hora.

El francés se fue con la embajada, y volvió luego diciendo que le diesen seguranza a su capitán y a otros 4 gentiles hombres que querían venir a verse con él, y que le prestase un batel que allí tenía el Adelantado, que había llegado entonces por el río con bastimento; y respondió al francés que dijese a su capitán que podía venir seguramente debajo de su palabra; y luego envió por ellos con el batel y vinieron luego.

El Adelantado los recibió muy bien, con hasta 10 personas, y los demás mandó estar un poco apartados, entre unas matas, para que se pudiesen descubrir todos, de manera que pensasen los franceses que había más gente.

Dijo el uno de estos franceses que él era capitán de aquella gente, y que con tormenta se habían perdido 4 galeones y otras chalupas del Rey de Francia, en término de 20 leguas una de otras y que ellos eran la gente de una nao, y que querían que los favoreciese para pasar con aquel batel aquel brazo de mar y otro que estaba 4 leguas de allí, que era el de San Agustín, que se querían ir a un fuerte que tenían 20 leguas de allí; éste era el que el Adelantado les ganó.

Preguntóles el Adelantado si eran católicos o luteranos.

Dijo que todos eran de la nueva religión.

Entonces les dijo el Adelantado:

"Señores, vuestro fuerte es ganado, y la gente dél degollada, si no son las mujeres y mozos de 15 años abajo, y para que sepáis cierto que es así, entre algunos soldados de los que aquí están, hay muchas cosas, y hay 2 franceses que yo traje conmigo, que dijeron eran católicos; sentados aquí y comeréis, y yo os invitaré los 2 franceses y las cosas que aquellos soldados han tomado del fuerte, para que os satisfagáis".

El Adelantado lo hizo así, mandóles de comer, y les envió 2 franceses y muchas cosas que los soldados habían ganado del fuerte para que las viesen, y retirase a comer con su gente, y de allí a una hora, ya que vio que los franceses habían comido, fue donde estaban y díjoles si estaban ciertos de lo que les había dicho.

Dijeron que sí, que le pedían por merced les diese navíos y matalotaje[211] con que se pudiesen ir a Francia.

Respondió el Adelantado que lo hiciera de buena gana, si ellos fueran católicos y tuviera navíos para ello, más no los tenía porque los dos enviábalos a San Mateo con la artillería, y que llevasen las francesas y mozos a Santo Domingo, a buscar bastimento; el otro había de ir de aviso a S.M. con lo sucedido hasta entonces en aquellas partes.

---

[211] matalotaje 'provisión de comida que se lleva en un barco' (Moliner).

El capitán francés le respondió que otorgase a todos la vida, y que estarían con él hasta que hubiese navíos para Francia, pues no tenían guerra, y los Reyes de España y Francia eran hermanos y amigos.

El Adelantado le respondió que era la verdad, y que a todos los católicos y amigos él los favorecería, entendiendo que servía a entre ambos Reyes en ello, más que por ser ellos de la nueva religión, los tenía por enemigos y tenía con ellos guerra a sangre y fuego, y que ésta la haría con toda crueldad a los que él hallase en aquella mar y tierra, donde era virrey y capitán general por su Rey, y que iba a plantar el Santo Evangelio en aquella tierra, para que fuesen alumbrados los indios y viniesen a conocimiento de la Santa Fe católica de Jesucristo, nuestro señor, como lo dice y canta la Iglesia romana. Que si ellos querían entregarle las banderas y las armas, y ponerse a su misericordia, lo podían hacer, para que él hiciera de ellos lo que Dios le diese de gracia, o que hiciesen lo que quisiesen, que otras treguas ni amistades no habían de hacer con él. Y aunque el capitán francés replicó, no se pudo acabar otra cosa con el Adelantado; y así se partió para su gente, en el batel en que había venido, diciendo que les iba a decir lo que pasaba y acordar lo que debían hacer, y que dentro de 2 horas volvería con la respuesta.

El Adelantado le dijo que hiciesen lo que mejor les pareciese, y que él aguardaría.

Pasadas 3 horas, volvió este mismo capitán francés, con los mismos que primero, y dijo al Adelantado, que allí estaban mucha gente noble, que le darían 50 mil ducados de talla, porque otorgase a todos la vida.

El Adelantado le respondió que aunque él era pobre soldado, que no quería hacer aquella flaqueza, porque no le notasen de codicioso, que cuando hubiese de ser liberal y misericordioso, había de ser sin interés.

Volvió a porfiar en esto el capitán francés, desengañóle el Adelantado, que si la tierra se juntaba con el cielo, no había de hacer otra cosa más de lo que le tenía dicho, y así volvió el capitán francés adonde estaba su gente, y dijo el Adelantado que con lo que acordasen volvería luego, y así volvió dentro de media hora y metió en el batel las banderas y hasta 60 arcabuces, y 20 pistoletas, y cantidad de espadas y rodelas[212] y algunas celadas y petos,[213] y vínose adonde el Adelantado estaba, y dijo que todos aquellos franceses se rendían a su misericordia, y entrególe las banderas y las armas. Entonces mandó el Adelantado entrar 20 soldados en el batel y que trajesen los franceses de diez en diez; el río era estrecho y fácil de pasar; y mandó a Diego Flores de Valdés,[214] almirante de la armada, recibiese las banderas y armas, y anduviese en el batel para hacer pasar los franceses, que no les hiciesen mal tratamiento los soldados, y apartóse el Adelantado de la marina, como dos tiros de arcabuz, detrás de un médano de arena, entre unas mantas, donde la gente que en el batel venía que pasaban los franceses, no lo podían ver. Entonces dijo al capitán francés y a otros 8 franceses que con él estaban:

-Señores, yo tengo poca gente y no muy conocida, y vosotros sois muchos, y andando sueltos, fácil cosa os sería satisfaceros de nosotros, por la gente que os degollamos cuando ganamos el fuerte, y así es menester que con las manos atrás amarradas, marchéis de aquí a 4 leguas, donde yo tengo mi real.

Respondieron los franceses que se hiciese así; y con los cordones de las mechas de los soldados les amarraba las manos muy bien atrás, y los diez que venían en el batel no veían a éstos que les amarraban las manos, hasta dar con ellos, porque convino hacerse así, a causa que los franceses que no habían pasado el río no lo entendiesen y se escandalizasen, y así ataron 208 franceses, a los cuales preguntó el Adelantado si habían entre ellos algunos católicos que se quisiesen confesar, ocho de ellos dijeron que lo eran. Sacólos de allí y metiólos en el batel para que los llevasen a San Agustín; los otros respondieron que ellos eran de la nueva

---

[212] rodela 'escudo redondo que cubre el pecho' (Covarrubias).

[213] peto 'armadura o parte de ella, que protegía el pecho' (Covarrubias).

[214] Diego Flores de Valdés. Caballero de Santiago y general de los galeones de Pedro Menéndez. Encinas, III, 344, 481; IV, 26, 75, 140, 141. Diego Flores de Valdés fue, después de Menéndez de Avilés, el marino asturiano más destacado de su tiempo. Natural de Las Morteras, ya en 1554 navegaba con Pedro Menéndez en el viaje que conducía a Felipe II a Inglaterra para su segundo matrimonio. Fue después uno de los capitanes que más se distinguieron en la difícil y dura empresa de la Florida. Tras la muerte del Adelantado, el Rey le confió importantes misiones. Barrientos, *Vida y hechos de Pedro Menéndez de Avilés*, 42.

religión, y se tenían por muy buenos cristianos, y que ésta era su ley y no otra.

El Adelantado mandó marchar con ellos, habiéndoles primero dado de comer y beber, cuando llegaban los diez, antes que los amarrasen, lo cual se hacía antes que los otros diez viniesen; y dijo a un capitán de los suyos, que se dice... que marchase con ellos en la vanguardia, y que a un tiro de ballesta[215] de allí hallaría una raya que él haría con una jineta[216] que llevaba en la mano, que era en un arenal, por donde habían de caminar al fuerte de San Agustín, que los degollasen a todos, y mandó al que iba en la retaguardia hiciese lo mismo, y así se hizo, dejándolos allí todos muertos. Y se volvió aquella noche al amanecer al fuerte de San Agustín, porque era ya puesto el sol cuando estos murieron.

Capítulo XII

Otro día siguiente que el Adelantado llegó a San Agustín, vinieron los mismos indios que de antes, y dijeron que muchos más cristianos estaban de aquella parte del río, donde los otros. El Adelantado entendió que éste debía de ser Juan Ribao, general de los luteranos en la mar y en la tierra, a quien ellos llamaban virrey de aquella tierra por el Rey de Francia, y luego se fue con 150 soldados, bien en orden, y llegó alojar donde la primera vez, a la media noche, y al alba púsose junto al río, con su gente tendida, y como aclaró el día vio a dos tiros de arcabuz, de la otra banda del río, mucha gente y una balsa hecha para pasar la gente, a la parte donde el Adelantado, estaba, y luego los franceses, como vieron al Adelantado y su gente, tocaron arma y despliegan un estandarte real y dos banderas de campaña, tocando pífanos y tambores con muy buena orden, y representan la batalla al Adelantado, el cual había mandado a su gente que se sentasen y almorzasen, y que no se hiciese ninguna demostración de alteración, y paseando por la marina con su almirante y otros dos capitanes, no haciendo caso de la alteración y demostración de batalla de los franceses, de tal manera que ellos se debieron de correr, y en su ordenanza como

[215] ballesta 'arma conocida, y después de la invención de la pólvora no tan usada como en los tiempos atrás; con ella arrojaban las saetas' (Covarrubias).

[216] jineta 'lanza corta con el hierro dorado y una borla, antiguamente insignia de los capitanes de infantería' (Moliner).

estaban, hicieron alto, dejando de tocar los pífanos y tambores, y con un clarín que tocaron, arbolaron un paño blanco de paz.

El Adelantado llamó luego a otro clarín que traía, muy bueno, y sacó de la faltriquera[217] un pañizuelo[218] y empezó a capear con él, a manera de paz.

Un francés se metió en la balsa y a voces altas dijo que pasásemos allá.

Por mandado del Adelantado se le respondió que pues tenía la balsa, viniesen ellos adonde él estaba, pues que los llamaba, si querían algo; respondió el de la balsa que era mala de pasar, porque la corriente era grande; que le enviasen una canoa, que allí estaba, de unos indios.

El Adelantado dijo que viniese a nado por ella, debajo de su palabra; un
francés marinero vino luego, y no consintió al Adelantado que le hablase; mandóle que tomase la canoa y se fuese y diese a su capitán que pues le llamaba, si quería alguna cosa, se lo enviase a decir; vino luego este marinero con un gentil hombre, el cual dijo que era sargento mayor de Juan Ribao, virrey y capitán general de aquella tierra por el Rey de Francia, y que le enviaba a decir que él se había perdido con una armada, con tormenta en la mar, y que tenía allí como 350 franceses, que le convenía irse a un fuerte que tenía a 20 leguas de allí, que le diese favor de bateles para pasar aquel río y otro que estaba de allí a 4 leguas, y que deseaba saber si eran españoles y que capitán traían.

El Adelantado le respondió que españoles eran y que el capitán que traían
era el mismo con quien hablaba, que se llamaba Pedro Menéndez; y dijese a su general que el fuerte que decía tenía a 20 leguas de allí, él se lo había ganado y degollado sus franceses, y aún a otros que habían venido de la armada perdida, porque se habían mal gobernado; y fueron paseando hacia donde estaban muertos, y mostróselos; y que no tenía para qué pasar el río a su fuerte.

El sargento, con gran semblante sin hacer demostración sin tener pena de lo que el Adelantado le dijo, dijo al Adelantado si le haría merced enviar un gentil hombre de los suyos decir aquello a

---

[217] faltriquera ‘bolsa que se lleva atada con unas cintas a la cintura’ (Moliner).

[218] pañizuelo ‘pañuelo’ (Moliner).

su general, para que se tratase aseguranza, porque su general venía cansado, y el Adelantado le pasase a ver en un batel que allí tenía, y el Adelantado le respondió:

"Hermano, anda con Dios y dad la respuesta que os dan, y si vuestro general quisiere venir hablar conmigo, yo le doy mi palabra que puede venir y volverse seguro, con hasta 5 o 6 compañeros que traiga consigo, de lo de su consejo, para que tome el que más le convenga", y así se partió este gentil hombre con este recaudo.

Dentro de media hora volvió aceptar la seguranza que el Adelantado le había dado y pedir el batel, el cual el Adelantado no le quiso dar, enviándole a decir que se lo podrían tomar, que pasase en la canoa, que era segura, pues el río era estrecho. Y así se volvió con este recado este gentil hombre, y luego vino el Juan Ribao, a quien el Adelantado recibió muy bien, con otros 8 gentiles hombres que con él vinieron, todos muy bien tratados, de muy buenas personas y autoridades, y les hizo dar colación[219] de cierto barril de conserva, y de beber, que les darían de comer, si lo quisiesen.

El Juan Ribao respondió con mucha humildad, agradeciendo el buen recibimiento que se le hizo, y dijo que para alegrar los espíritus, que estaban tristes por las nuevas que le habían dado de la muerte de sus compañeros, querían desayunarse con la conserva y vino, y que por entonces no querían otra comida, y así lo hicieron.

El Juan Ribao dijo que aquellos compañeros suyos que allí estaban muertos, y los vio que estaban cerca, pudieran ser engañados, y que él no lo quería ser; entonces mandó a los soldados que allí estaban, se llegase cada uno con lo que tenía del fuerte, y fueron tantas las cosas que vio, que tuvo por cierto era verdad, aunque ya él sabía aquellas nuevas, y no las podía creer, porque entre ellos estaba un francés barbero, de los que el Adelantado había mandado degollar con los demás, que habían quedado por muerto entre los otros, que de la primera cuchillada que le dieron, se dejó caer, haciéndose muerto, y cuando él allí llegara, se pasara a nado por él, y que el barbero tenía por cierto los

---

[219] colación 'comida ligera' (Moliner).

había engañado el Adelantado, diciendo que el fuerte era ganado, no lo siendo, y así lo tenía él hasta entonces por cierto.

El Adelantado dijo que para que lo creyesen mejor y se satisficiesen, hablase aparte con dos franceses que allí estaban, para satisfacerse mejor, y así lo hizo, y luego vino el Juan Ribao para el Adelantado, y le dijo que él estaba cierto que todo lo que él había dicho ser verdad, y que lo que dél acontecía, pudiera acontecer del Adelantado; que pues sus Reyes eran hermanos[220] y tan grandes amigos, hiciese el Adelantado con él como tal amigo, dándole navío bastimentos con que se fuese a Francia.

El Adelantado le respondió lo que a los primeros franceses de que hizo hacer justicia, y dando y tomando con él, no pudo acabar otra cosa el Juan Ribao con el Adelantado. Entonces el Juan Ribao le dijo que quería dar cuenta a su gente, porque había entre ellas muchos nobles, y le volvería o enviaría respuesta de lo que acordase de hacer; dentro de 3 horas volvió el Juan Ribao en la canoa, y dijo que había diferentes pareceres entre su gente, que unos se querían poner a su misericordia, y otros no.

El Adelantado le respondió que no se le daba ninguna cosa que viniesen todos, o parte, o ninguno de ellos; que hiciesen lo que mejor les estuviese, pues tenían libertad para ello.

El Juan Ribao dijo al Adelantado que la mitad de ellos se querían poner a su misericordia y pagarían de talla[221] más de cien mil ducados, y la otra mitad podían pagar más, porque había entre ellos personas ricas y de mucha renta, que pretendían hacer estado en aquella tierra.

Respondióle el Adelantado: "Mucho me pesa si perdiese tan buena talla y presa, que harta necesidad tengo de ese socorro, para ayuda de la conquista y población de esta tierra; en nombre de mi Rey, es a mi cargo plantar en ella el Santo Evangelio".

El Juan Ribao usó aquí de buen ardid, si le valiera, porque le pareció que el Adelantado, con la codicia del dinero que éstos le darían, no le mataría a él, ni a los que a él se viniesen a su misericordia, pareciéndole que con no matar, los unos y los otros, por concierto que el Juan Riba haría con él, valdría al Adelantado más de 200 mil ducados, y dijo al Adelantado que él se volvía con

---

[220] Felipe II se casó con Elizabeth de Valois, hermana de Carlos IX de Francia.

[221] talla 'premio ofrecido por el rescate de un prisionero' (Moliner).

la respuesta a su gente, que porque era tarde le pedía por merced se detuviese allí hasta el día siguiente, que volvería con la resolución que acordase.

El Adelantado dijo que sí aguardaría, y fuese a su gente, que ya era a puesta del sol; y a la mañana volvió en la canoa y entregó al Adelantado dos estandartes reales, uno del Rey de Francia, otro del almirante, y dos banderas de campaña y una espada y daga y celada[222] dorada, muy buena, y una rodela y un pistolete y un sello que traía, que el almirante de Francia le había dado para sellar las revisiones y títulos que diese. Dijo al Adelantado que hasta 150 personas de las 350 que había, se querían venir a su misericordia, y que las demás se habían retirado aquella noche, y que fuese el batel por los que se querían venir y por sus armas.

El Adelantado proveyó luego al capitán Diego Flores de Valdés, almirante de su armada, que los hiciese traer, como a los demás, de diez en diez, y llevando el Adelantado a Juan Riba detrás del médano de la arena, entre las matas, donde los demás, le hizo amarrar las manos atrás a él y a todos, como los de antes, diciéndoles que habían de caminar 4 leguas por tierra y de noche, que no se sufría ir sueltos; y estando amarrados todos, les dijo si eran católicos o luteranos, y si habían alguno que se quisiese confesarse.

El Juan Riba respondió que él y todos cuanto allí estaban eran de la nueva religión, y empezó a decir el salmo de *Domine memento mei,*[223] y acabado, dijo que de tierra era y que en tierra se habían de volver, que veinte años más o menos, todo era una cuenta, que hiciese el Adelantado lo que quisiese de ellos; y mandando el Adelantado marchasen, como a los demás, con la misma orden y en la misma raya, mandó que se hiciese de todos lo que de los otros. Solo sacó a los pífanos, tambores y trompetas y otros 4 que dijeron ser católicos, que eran en todas 16 personas, todas los demás fueron degolladas.

---

[222] celada 'parte de la armadura que cubría la cabeza' (Moliner).
[223] Como no hay Salmo que comience con estas palabras, probablemente sea un error de Merás.

Capítulo XIII

Fuese aquella noche a San Agustín, donde algunas personas le notaron de cruel, otros que lo habían hecho como muy buen capitán, y fallóse que cuando fueran católicos y no hiciera la justicia que hizo de ellos, por los pocos bastimentos que el Adelantado tenía, parecieran los unos y los otros de hambre, y los franceses, nos degollaran a nosotros, porque eran más, a causa que el fuerte de San Mateo, que les ganó el Adelantado, se quemó con mucha hacienda y bastimento, dentro de ocho días, que se ganó, por una casa donde vivía el capitán Francisco de Recalde, que un mozo con una candela puso fuego y dijo que la pegara en un palo y se cayera. Túbose mala sospecha de esto, a causa que entre el Capitán Villarroel, sargento mayor, y el Francisco de Recalde estaban muy disconformes, y empezaban algunos soldados a decir que pues no había bastimento y el fuerte era ganado, que lo arrasasen (...) a las Indias en los 2 navíos que el Adelantado le envió de San Agustín con la artillería. Y no se atrevía aclararse algunos capitanes, porque el Maestro de Campo y el Villarroel, la gente más principal de los soldados eran sus amigos, y tenía allí algunos deudos y criados, aunque en este tiempo no sabían en San Mateo que el Adelantado hubiese tenido las victorias con Juan Riba y su gente, y los hubiese degollado. Y averiguóse de las francesas y mozos que se salvaron cuando se ganó el fuerte, que el Juan Riba y sus capitanes, al tiempo que se embarcaron en la armada, se brindaran dos pipas[224] de vino, burlándose algunos de los españoles, diciendo: "Brindo a la cabeza de Pedro Menéndez y de la gente que con él está", y otras injurias, como: "Marranos españoles,[225] los castigaremos colgándolos de las antenas de sus naos y de la nuestra tierra"; de tal manera, que mucha gente noble de la que el Juan Ribao tenía, les parecía aquellas palabras y ultrajes que decían contra los españoles, muy mal.

---

[224] pipa 'la cubeta para vino. Es vocablo extranjero, de donde se dijo pipote, la pipa pequeña' (Covarrubias). También recipiente de madera usado para líquidos, principalmente vinos y aceite, formado por dos bases enlazadas por piezas unidas entre sí, que, al ser más anchas por el centro que por los extremos, dan a la vasija forma abombada característica .

[225] marrano 'cerdo; también judío converso que seguía practicando su religión en secreto' (Moliner).

Y dentro de 20 días que éstos fueron degollados, vinieron indios al Adelantado y le dijeron por señas que a 8 días de camino de allí, para la parte del Sur, dentro del canal de las Bahamas, al cabo del Cañaveral,[226] muchos hombres, hermanos de los que el Adelantado había mandado matar, hacían un fuerte a un navío. Luego sospechó el Adelantado que podía ser que de la madera, artillería y bastimento y municiones de la armada francesa se perdió, los franceses que se retiraban, se fortificaban y hacían bajel para enviar a Francia a pedir socorro; y despachó luego de San Agustín a San Mateo diez soldados, dando aviso de todo y de como quería ir para que le viniesen de la gente que allí estaba, a complemento de 150 soldados, con los 35 que trajo de allí cuando ganó el fuerte y se volvió a San Agustín, y luego los envió el Maestro de Campo con el capitán Juan Vélez de Medrano y Andrés López Patiño, y llegaron a San Agustín el 23 de octubre; y el 26 por la mañana, habiendo oído misa el Adelantado, se partió con 300 hombres, y con 3 bajeles, por la mar, con armas y bastimento, y no caminaban más los bajeles, que la gente andaba por tierra, que a donde quiera que alojaban de noche, allí surgían los bajeles, porque era todo arena y costa limpia.

Antes de su partida de San Agustín, nombró el Adelantado junta y regimiento en nombre de S.M. e hizo cabildo[227] con los capitanes. Y con ellos sentóse en los libros del cabildo[228] con los capitanes, y con ellos dejó trazado el fuerte y repartido el trabajo de hacerlo por escuadras, tanto a unos como a otros, y las horas que cada día habían de trabajar en la fortificación; eran 3 horas a la mañana y 3 de la tarde, dejó por alcalde y gobernador al capitán Bartolomé Menéndez, su hermano, como siempre lo había estado de aquel fuerte y gente, como lo está ahora. Dejó proveído que todas las sentencias criminales que hubiese, fuesen sentenciadas por el cabildo, porque los mismos capitanes eran los regidores, y otorgasen todas las apelaciones para ante el Maestro de Campo, a quien dejaba poderes bastantes para que fuese su teniente general,

---

[226] El cabo Cañaveral, que aún hoy se llama así, es bajo y rodeado de marismas, lo cual pudo hacer pensar al cura López de Mendoza se trataba de islotes de las Bahamas más que de tierra peninsular.

[227] cabildo 'junta' (Moliner).

[228] cabildo 'ayuntamiento' (Moliner).

que para ello le había dado S.M. poder en forma dejase a quien quisiere, siempre que hiciese ausencia, y la misma orden e instrucción envió a San Mateo a Gonzalo de Villarroel, para que guardase al susodicho, y despachó, antes que de allí partiese, a Diego Flores de Valdés, almirante de la armada, a S.M., con el navío que allí estaba, dándole aviso de lo sucedido hasta entonces. Todo el regimiento de San Agustín, hombres y mujeres que allí estaban, pidieron por merced al Adelantado no volviese a aquel puerto con la gente, sin comida, porque cuantos menos allí quedasen, le duraría más el bastimento que allí tenían.

El Adelantado llevó en los 3 bajeles bastimento para 40 días los 300 hombres, y la ración de un día duraba dos, y les prometió procuraría hacer en todo el bien general de todos, aunque corriese peligros y trabajos, que esperaba en la bondad y misericordia de Dios le había de ayudar en todo para salir con tan santa y buena empresa, y así se despidió de ellos, quedando los más de ellos llorando, porque era de todos muy amado, temido, querido y respetado.

Y llegó, caminando buenas jornadas, día de todos los santos, al alba, dar sobre el fuerte que los franceses hacían, que unos indios les guiaban, él por tierra, que marchaba con los soldados, y los 3 bajeles por la mar, que los llevaba a su cargo el capitán Diego de Maya, y como fueron descubiertos del fuerte, los franceses que dentro estaban, se huyeron al monte, sin quedar ninguno y el Adelantado les envió una trompeta, asegurándoles la vida, que se volviesen y se les haría el mismo tratamiento que a los españoles; viniéronse al Adelantado como 150, y el capitán de ellos, con otros 20, les envió a decir antes quería ser comido de los indios, que rendido de españoles.

El Adelantado recibió muy bien esta gente, y les hizo muy buen tratamiento; puso fuego al fuerte, que era de madera, y arrasóle, y quemó el navío que se estaba haciendo, y soterró[229] la artillería, porque no la podían llevar los bajeles, que eran chicos; y luego, aquel día a la tarde marchó la vuelta del Sur, al luengo[230] de la mar, y los 3 bajeles fueron navegando a buscar un puerto y río que estaban 15 leguas de allí, donde había algunos pueblos de

---

[229] soterrar 'ocultar' (Moliner).

[230] al luengo 'a lo largo' (Coavarrubias).

indios, para ver el Adelantado si podía dejar alojada allí su gente con algún cacique, y ver si podía ir por el canal de las Bahamas adentro, a la isla de Cuba, a buscar bastimento; y al tercer día, 4 de noviembre del dicho año de 65, llegaron a aquel puerto que llaman de Ays,[231] porque se llamaba así el cacique que allí estaba, muy buen indio y que recibió muy bien al Adelantado, no dejando el ni su gente sus casas, antes le aguardó con toda la gente del pueblo, que fue demostración de confianza, de que el Adelantado recibió gran contento, porque hasta entonces, todos los pueblos de indios donde llegaba, huían toda la agente al monte, dejando las casas desamparadas.

El Adelantado no les consentía hacer mal ninguno en sus casas ni ajuares que dejaban dentro de ellas, antes dejaba por hospedaje en las casas de los caciques, algunos rescates de espejos, cuchillos y tijeras y cascabeles, cosas que ellos estiman en mucho. Estuvo allí 4 días, en los cuales fue por un río a ver unos sitios que el cacique le decía que eran buenos para poblar, y sin salir a la mar llegó hasta un puerto pequeño, que estaba de allí como 15 leguas, por el canal de las Bahamas adentro; no contentándole la tierra, se volvió, y teniendo poca comida, y los indios de aquella tierra tampoco la tenían, si no era pescado, icacos[232] y palmitos. Visto el peligro que tenía, que todos perecerían de hambre, fue acordado y rogado por toda la gente que allí estaba, que el Adelantado, aunque era a mediados de noviembre, tiempo peligroso para navegar el canal de las Bahamas, que es muy tormentosa, y los bajeles ser muy pequeños, que S.S. se debía de partir con dos de ellos a la isla de Cuba, para enviarles bastimento a ellos y a los de San Agustín y San Mateo.

El Adelantado lo hizo así llevando consigo, entre marineros y soldados, 50 personas y 20 franceses de los del Cañaverales, que

---

231 Los Ays ocupaban el sur del cabo Cañaveral y no formaban parte de la tribu de los Timucua.

232 icaco 'cierto género de ciruelo pequeño que se cría en las Antillas, en forma de zarza. Sus ramas todo el año están cubiertas de hojas pequeñas y prolongadas, y dan dos veces al año unas flores hermosas, blancas y azules, a las cuales les sigue un fruto del tamaño de una ciruela damascena, el cual en estando maduro, se vuelve de los colores de la flor. Es muy dulce, y se trae mucho de las Indias en conserva, y la pepita de él tiene dentro una como almendra muy sabrosa' (Autoridades).

todos los llevó consigo, que fue causa que el bastimento que sacó de San Agustín, de 40 días, se le acabase más presto, porque se daba tanta ración a los franceses como a los españoles, y no se hacía ninguna ventaja en la ración al mismo Adelantado, que era media libra de bizcocho por cada día para cada soldado, habiendo de ser libra y media, sin vino ni otro género de comida más de los palmitos e icacos que cogían del campo. Allí en Ays hubo un soldado que vendió 4 libras de bizcocho a 25 reales cada una, y comió tantas uvas de palma y otro género de fruta que sabía bien, y un día a la noche estaba bueno, y a la medianoche murió.

Lo que en este camino el Adelantado andaba a pie, era cosa que admiraba a todos, porque no llevaba ningún caballo, y al tercer día no acabaron de llegar 50 soldados que dejaba en la retaguardia, con muchos cansados, que no podían caminar. Dos soldados de los más recios que allí venían, de edad de 25 o 30 años cada uno, que habían sido de los primeros que entraron en el fuerte de San Mateo cuando se les ganó a los franceses, que marchaban en la vanguardia con el Adelantado, de vergüenza, visto lo que caminaba, por no dejarle, esforzábanse más de los que era razón, y yendo andando, dijo el uno de ellos contra el otro: "Compañero, me quiero sentar un poco, que voy muy cansado"; y sin entenderlo el Adelantado, quedaron sentados estos dos, y dentro de un cuarto de hora, sin levantarse de allí, dio éste su alma a Dios. Y el otro se esforzó a caminar tras el Adelantado, y desapareció una noche, que nunca le vieron, porque marchaba toda la gente desde las 2 después de media noche por un arenal, al luengo de la marina, hasta salido el sol, y entonces hacían alto, y acudían los soldados por las sabanas adentro a comer palmitos e icacos, y cogían algunos para llevar; estábanse allí 2 horas y marchaban hasta las 10 o 12 del día; entonces descansaban hasta las 2 después de mediodía y volvieron a caminar hasta que el sol se quería poner, y no había día que no se caminase de 8 leguas arriba, cosa que admiraba a todos, por tan mal camino como eran aquellos arenales, y sin comida, caminar tanto.

Sentía mucho el cacique Ays que el Adelantado se fuese de allí, y lloraban él y sus hijos, porque en aquellos días que allí estuvo el Adelantado le regaló mucho y dio muchas cosas de rescates, y lo mismo a sus indios e indias principales, y temiendo el Adelantado que romperían guerra los soldados y los indios, de lo cual corrían peligro de ser muertos, por la falta de comida y no saber la tierra y estar tan flacos, acordó el Adelantado antes de su partida a La Habana dejarlos 3 leguas de allí, en un sitio que los indios decían ser muy bueno, y tener palmitos e icacos, y haber pescado, que era sobre la ribera, y en dos días llevó allí la gente con los bajeles, y temió mucho su partida, lo uno porque le parecía que los soldados andaban flojos y desmayados.

Por otra parte, jamás se había visto entrar por el canal de las Bahamas a la isla de Cuba a ningún navío, aunque muchos lo habían probado, porque va la corriente la vuelta el Norte, siempre muy recia, y el Adelantado había de navegar a la isla de Cuba la vuelta del Sur, y tomaba la corriente por contraria, que le daba en la proa de los bajeles, y si no fuera por el remedio de esta gente y de la que quedaba en San Agustín y San Mateo, él hubiera preferido más enviar otra persona en los dos bajeles, y quedarse él con uno o con su gente, no ponerse en aquel riesgo, que era grande. Los soldados deseaban ya su partida, por la esperanza que tenían del remedio de bastimento, yendo su persona, y así acordó de partirse de aquel puerto de Ays a (...) de noviembre, con 50 hombres de mar y guerra y 20 franceses, dejando con cargo de aquella gente al capitán Juan Vélez de Medrano, el cual y a todos los que con él quedaban hizo el Adelantado un razonamiento, esforzándoles y consolándoles y pidiéndoles que cada día hiciesen por él oración, porque él se ponía por ellos en un peligro de los grandes que nunca hombre se había puesto, que suplicase a Dios Nuestro Señor y a su preciosa Madre le diese buen viaje; e hincándose todos de rodillas, cantando las letanías, hicieron oración y el Adelantado se embarcó y tuvo tan próspero viento, que habiendo desde allí a La Habana cien leguas, y de corrientes contrarias, las anduvo en 2 días naturales, cosa de admiración, porque con galeras equipadas al remo, tenían opinión todos los pilotos que navegan a las Indias, no era posible romper esta corriente. Navegó todo el largo de la costa y tierra de la Florida, y al atravesar la isla de Cuba, tuvo gran tormenta de Norte y escarceos[233] de mar, y corrían en popa y proa golpes de una mar, y otra; en toda una noche que esta tormenta hacía, siempre gobernó,

[233] escarceo 'movimiento en la superficie del mar, en forma de pequeñas olas, en los sitios donde hay corriente' (Moliner).

no confiando el timón de ningún marinero de los suyos. Iban allí, entre los 20 franceses que llevaba, el piloto mayor de Juan Riba y otro que le pareció muy escogido marinero, al cual el adelantado preguntó si era buen timonero, respondió que sí, diole el timón cerca de la mañana, y gobernaba muy bien este francés, y así, hasta llegar a La Habana, gobernó el Adelantado y el francés.

El bajel en que el Adelantado iba, no llevaba aguja de marear, por que al partir de Ays, que la hizo sacar de donde venía, halláronla quebrada.

Dijo el capitán Diego de Maya que el bajel en que iba navegaba más que no él en que iba el Adelantado, y llevaba aguja, porque la suya era quebrada, templase las velas y no se apartasen de la tierra; y que tuviese cuenta no apartarse dél. Y la segunda noche, dejando esta tormenta ya casi del día, perdió de vista el Adelantado al otro bajel, y pasó por el puerto de La Habana adelante, pensando no había llegado aún a La Habana.

Como a las 10 del día reconoció el puerto de Bayahonda, que es 15 leguas adelante de La Habana, y vio entrar un batel, entró, fue real él y alcanzóle, eran unos indios de La Habana, que andaban a montear.[234] Dieron al Adelantado mucha carne y cazabe,[235] que es pan de aquella tierra, y palmitos, y dijéronle los indios que estaban allí en La Habana Pedro Menéndez Marqués,[236]

---

[234] montear 'perseguir u ojear la caza en el monte' (Moliner).

[235] cazabe 'torta, que a manera de pan se hace en algunas partes de las Indias Occidentales de la raíz de la Tucubia o Yuca' (Corominas).

[236] Pedro Menéndez Marquéz comenzó su aprendizaje marinero con su tío, Pedro Menéndez de Avilés, en la carrera de Indias. En 1557 fue hecho prisionero por una escuadra francesa. En 1570, Menéndez de Avilés le nombró lugarteniente suyo en el gobierno de Cuba. Allí fundó el hospital militar. Levantó con Pardo Osorio la primera carta marítima del canal de la Bahama y su archipiélago. En 1557 fue nombrado almirante de la armada de Indias. Desde 1581 a 1585 desempeñó los cargos de gobernador y capitán general de la Florida. Menéndez Marquéz no recibió el título de Adelantado ni tampoco asumió el asiento para conquista que había pertenecido a su tío. Murió en 1592 a manos de los indios timucuanos. Lyon, "La visita de 1576 y la transformación de gobierno en la Florida española", en *La influencia de España, en el Caribe, la Florida y la Luisiana, 1500-1800.* Edición de Antonio Acosta y Juan Marchena. Madrid: Instituto de Cooperación Iberoamericana, 1983, p. 206. Véase también Barrientos, 40; Fernández Duro, *Armada española*, II, 220; Navarrete, *Biblioteca marítima española*, II, 588.

su sobrino, con parte de la armada de Vizcaya y Asturias, que con tormenta se habían apartado del general Esteban de las Alas, y que toda la gente estaba muy triste por no saber qué se había hecho el Adelantado, que temían ser perecido en la mar con tormenta, o que los enemigos le habían desbaratado, que no podían sospechar ni creer que con tan pocos navíos, que él se atreviese ir a la Florida, ni les pasaba por el pensamiento que estaba allá.

Desembarcó el Adelantado con su gente en tierra, en aquel puerto de Bayahonda, e hincados todos de rodillas, dieron muchas gracias a Nuestro Señor por las mercedes que les había hecho en llevarlos en salvamento. Llamó a los franceses y encargóles mirasen el poder y bondad de Dios, y que si eran luteranos, se arrepintiesen y se volviesen católicos que él por cualquier ley que tuviesen, les haría buen tratamiento, y daría libertad, que se fuesen en los primeros navíos a España y de allí a Francia; que aquéllos les decía por desear que se salvasen.

Hubo algunos de ellos que llorando se empezaron a dar en los pechos, y alabando a Nuestro Señor y pidiéndole misericordia, diciendo que ellos habían sido malos cristianos y luteranos, y ya estaban arrepentidos, y que en adelante querían dejar su mala secta y ser católicos, confesándose y comulgándose, y querer y guardar aquello que hace la Santa Madre Iglesia.

El Adelantado les regaló y esforzó, diciendo que se alegrasen y no tuviesen pena de sus trabajos, que él tendría cuenta con ellos, como si fuesen sus hermanos, y así lo hizo por éstos, como por todos los demás que otorgó la vida, a cada uno en su grado. Al noble sentándole consigo a la mesa y haciéndole vestir, y a la gente de mar con sus pilotos y marineros, y a los de tierra con sus capitanes y soldados.

Partió el Adelantado aquella noche del puerto de Bayahonda, para volverse a La Habana, y por ser viento contrario, y fue muy recio, que lo echaba en la mar la vuelta de la Florida más de lo que él quisiera, no llegó a La Habana hasta otra noche, a la media noche, que como Diego de Maya había llegado dos días, y temía que el Adelantado era perdido, y todos lo tuvieron por cierto, que como la tormenta había sido tan grande, y no tenía aguja, pensaron que el bajel se había abierto y zozobrado, con el mucho viento, que era grande la tristeza que la gente de La Habana y la de su armada por él tenían, según se entendió. Otro día que allí llegó, como entró por el puerto adentro al remo, porque soplaba el viento a la tierra, la centinela que estaba en vela para guarda del puerto preguntó quien era el barco que entraba, respondió que el Adelantado Pedro Menéndez, la centinela respondió diciendo:

"Bendito sea Nuestro Señor, que el señor Pedro Menéndez es vivo"; y que aguardasen un poco, que lo iba a decir al gobernador García Osorio,[237] para que no tirasen de la fortaleza.

El mismo Adelantado dijo a la centinela, que estaba muy cerca:

"Hermano mío, id con Dios, que yo aguardaré"; y así aguardó por tiempo que la centinela podía ir a volver; y como vio que tardaba, mandó entrar su bajel para dentro y al poco tiempo, sabiéndose en el puerto que era el Adelantado, empezaron a disparar las piezas de artillería los navíos del puerto, donde estaba surta la armada de Asturias y Vizcaya, a cargo de su sobrino Pedro Menéndez Marqués, y empezaron a dar muchas muestras de alegría a tirar muchos tiros en señal de regocijo.

El Adelantado vio estas demostraciones y que había luces encendidas, con una bandera, y que tocaban una caja de tambor y un pífano, con grandes aclamaciones, y pareciéndole que le estaban aguardando, sin que entrase en ninguno de sus navíos, ni detenerse en ellos, se fue derecho a desembarcar al muelle, donde estaba el gobernador, el cual, cuando le vio llegar, se fue de allí con la más parte de la gente que tenía. Sólo quedó Juan de Hinostroza,[238] tesorero de S. M. en aquella isla, con algunos regidores del pueblo, que llevó ha dicho Adelantado a su casa, y le hospedó muy bien, y a todos los que con él iban.

El gobernador envió a visitar al Adelantado; esta demostración el poco contento y ningún regocijo que el gobernador mostró con la llegada del Adelantado en salvamento, y mandar tirar las piezas de artillería, admiró a todos, porque traía el Adelantado por refrán, por consolar a sus soldados, siempre que los veía descontentos:

---

[237] García Osorio era gobernador de Cuba. Negó a Menéndez de Avilés los recursos que le solicitó para la Florida, encarcelando además a Juan de la Parra, uno de los capitanes del adelantado. García Osorio fue preso por orden del monarca y conducido a España.

[238] Juan de Hinostroza. Procurador de la ciudad de la Habana. Encinas, IV, 24.

"Esforzáis, hermanos míos, que García Osorio, gobernador de la isla de Cuba, nos enviará bastante recaudo de comida para todos cuantos andamos en la Florida, porque así me lo prometió en Sevilla, y S.M. se lo ha mandado y encargado".

Y otro día por la mañana, el Adelantado se fue a misa, y al salir, entró el gobernador, y se hablaron, y todos advirtieron la mucha sequedad con que el gobernador habló al Adelantado, que fue como si nunca le hubieran conocido, y así se despidieron.

Después de comer el Adelantado, fue a ver al gobernador, y le dijo la gran necesidad en que quedaba la gente de la Florida; mostróle las provisiones, por donde se le mandaba dar una nao de armada, 40 soldados y 20 caballos, pagados por 4 meses, y le diese todo el favor y ayuda que le pidiese y hubiese menester para la conquista y población de la Florida, y le mostró como por cuenta de S. M. estaban 500 hombres en la Florida, los cuales quedaban sin bastimento y perecerían de hambre todos, si no fuesen socorridos. Que él no quería la nao de armada, ni los caballos ni soldados, que todo costaría más de veinte mil ducados; que con tres o cuatro mil que le diese, socorrería aquellos soldados que por cuenta de S.M. estaban en la Florida, hasta la primavera.

El gobernador le respondió que no los quería dar.

Díjole que de diez o doce mil ducados que tenía de una carabela de portugueses que el capitán Juan de la Parra había tomado con la nao capitana de la flota de la Nueva España, la cual nao y gente de mar y guerra estaba a obediencia y orden del Adelantado aquellos dineros eran del Adelantado y de la gente de la nao, como personas que habían tomado la carabela, con lo que dentro tenía, porque contra las ordenanzas y provisiones de S.M. y sin registro andaba contratando en las Indias.

Respondióle que tampoco se los quería dar, porque decía no le pertenecía.

Pidióle el Adelantado le prestase aquellos cuatro mil ducados, sobre fianzas abonadas, que cuando S.M. se los mandase volver, los volvería.

No lo quiso hacer.

Tenía preso a Juan de la Parra, capitán de esta nao capitana; díjole el Adelantado que se lo entregase con el proceso de su culpa.

Dijo que aunque fuese su soldado, él lo había de castigar, como gobernador de la tierra, y a los más soldados del Adelantado que en su distrito hiciesen cosas indebidas.

El Adelantado le respondió:

"Señor, sea por amor de Dios este acogimiento que vuestra merced me hace en su distrito; yo determino armarme de paciencia para pasar por todas estas cosas que V.M. usa conmigo, porque entiendo que en hacer esto me da Dios más victoria que la que tuve contra Juan Riba y los más luteranos que estaban en la Florida, porque en ésta entiendo hago a S.M. gran servicio". Y quitóle la gorra y salióse por la puerta, sin aguardar respuesta del gobernador, y luego mandó echar bando el Adelantado que toda la gente de mar y guerra que allí estaba de Asturias y Vizcaya y de la nao capitana de la flota de Nueva España, se recogiesen en todo aquel día a los navíos, que quería hacer lista y alarde[239] de la que había y tenía, para la ocupar en el servicio de S.M.

Y otro día por la mañana, oyendo misa al alba del día, se fueron a las naos e hizo lista y alarde de 550 hombres que había, y llamó a los capitanes y pilotos a la nao capitana; recogióse con ellos a consejo, y estando juntos, les dijo:

"Señores y hermanos míos, aquí tenemos aviso que andan muchos corsarios franceses e ingleses, a robar a vasallos de S.M., y siendo parecer, merecen ser castigados, y teniéndose por cierto, y algunos de vosotros, señores, lo decid, que venís de allá, que entre estos cosarios hay dos navíos ingleses y tres franceses que traen más de medio millón consigo que han robado, y de negros en mercadería que han vendido, y que están invernando en aquella isla de Santo Domingo, a la parte del Norte, para irse a Francia en la primavera. Y pues aquí tengo cuatro muy buenos navíos ligeros de vela y esta nao capitana, todos bien artillados, muchas y buenas municiones, y hay en ellos 550 hombres de mar y guerra, toda muy buena gente, paréceme que dentro de diez días podremos hacer provisión de agua y leña y carne, porque el más bastimento le tenemos dentro, que lo traen los navíos consigo de Asturias y Vizcaya, y ensebar y aparejar la naves, salir luego a la mar con el primer tiempo, e ir en busca de estos cosarios, en lo cual haremos

---

[239] alarde 'antiguamente, formación en que se pasaba revista a los soldados y sus armas' (Moliner).

gran servicio a Dios Nuestro Señor y a S. M., en castigar estos cosarios luteranos, y será gran buen general para todas las Indias, y nos podremos muy bien aprovechar, y enviaremos luego como lleguemos 2 o 3 navíos de bastimento a la Florida, a nuestros compañeros. En la primavera llevaremos cargados nuestros navíos de comida y ganados a la Florida, para hacer nuestra entrada y descubrimientos, y quitarnos hemos del peligro que se me representa corramos de perderse alguno de nosotros con este gobernador, y que nos falte la paciencia, que yo por mi parte os digo, señores, que más quiero, aunque es en diciembre, y por el canal de las Bahamas ser navegación peligrosa, andar en ella y en la mar, que no estar en este pueblo, porque aunque yo me sepa llevar con el gobernador, temo no lo sepa hacer alguno de vosotros, y de cualquier cosa que suceda se me podría en mi atribuir la culpa, viendo el peligro y no lo remediar; pídoles, señores por merced me aconsejéis si debo tomar esta determinación".

Todos la aprobaron por buena y mostraron tener gran contentamiento de ellas. Y luego mandó allí el Adelantado a los capitanes y pilotos se pusiesen a punto para poder hacer vela dentro de doce días, e hizo llamar a los maestros y contramaestres, despenseros y oficiales de todos los navíos, a los cuales dijo su determinación, y los mandó y encargó todos tuviesen cuenta de poner sus navíos a punto, y así se ofrecieron a hacerlo, mostrando gran contento y regocijo por la jornada, y lo mismo mostraron los marineros, pajes[240] y grumetes[241] de la armada; y nombró en presencia de todos por almirante de ella a Pedro Menéndez Marqués, su sobrino.

Y para el tiempo acordado, que fue dentro de doce días, los navíos estuvieron prestos y a la vela. El Adelantado se embarcó y envió a pedir al gobernador con testimonio, le entregase al capitán Juan de la Parra, no lo quiso hacer.

---

240 paje 'muchacho aspirante a grumete, dedicado en los barcos a ciertas faenas, por ejemplo de limpieza' (Moliner).

241 grumete 'el muchacho que sirve en el navío y sube por el mástil o árbol y por la antena, y hace todo lo demás que le mandan con gran presteza' (Covarrubias).

Hubo en estos 15 días algunas cosas peligrosas de dares y tomares entre el Adelantado y el gobernador; notaron muchos la paciencia del Adelantado, el cual se hizo a la vela para hacer su viaje a principio de diciembre, y al tercer día que salió del puerto de La Habana, descubrió una vela. Dándole caza, pensando que era cosario, la siguió hasta meterla en Matanzas, puerto de la isla de Cuba, donde llegado a ella, no halló hombre ninguno dentro, porque la gente se había ido al monte; mandó entrar dentro a Pedro Menéndez Marqués, su sobrino, almirante que era de esta armada, que con algunos marineros, poniendo a buen recaudo todo lo que traía, fuese a surgir cerca de su nao capitana, donde el Adelantado iba, porque quería surgir en aquel puerto, como surgió. Y oyeron voces en el monte, que la armada estaba surta junto dél; envío el Adelantado un batel a tierra, a ver lo que era; acudieron allí unos portugueses, y entendiendo que la armada era española y que venía por general de ella el Adelantado, se alegraron mucho, llamando a sus compañeros; se metieron en el batel y los trajeron a la nao capitana, delante del Adelantado, los cuales con gran alegría le dijeron que ellos venían de España con aquella carabela, por mandado de S. M., con despachos
para él, los cuales le dieron, y era que S.M. le daba aviso como en Francia se hacía gruesa armada para venir contra él a la Florida, y para poder defender de ella y socorrer las plazas e islas de Puerto Rico, Española y Cuba, le enviaba mil quinientos infantes, con mucho bastimento, y 17 navíos; que hiciese los socorros que le pareciese, así por mar como por tierra, para ofender aquella armada, si sobre él y sus tierras viniese.

Entonces el Adelantado llamó a consejo a sus capitanes, y habiéndoles mostrado la carta, les dijo:

"Señores y hermanos míos, paréceme que en todas las cosas, y en especial en la guerra, a nuevos sucesos, nuevos consejos, y paréceme que no me debo de apartar de La Habana, porque este socorro, me escriben, vendrá allí por todo marzo; volvámonos allá, y enviaré a Campeche uno o dos navíos de éstos a cargar de maíz para la Florida, y otro enviaré a Puerto de Plata, que cargue de cazabe y carne, y el otro cargaré en La Habana, lo más presto que pudiere, y aunque no tengo dinero, venderé o empeñaré alguna artillería, o de estas municiones que traigo, aunque sea menosprecio, y las cadenas y joyas de oro que hubiere entre nosotros, y nos entretendremos lo mejor que podamos, procurando, por ninguna cosa suceda, no romper[242] con el gobernador.[243] Porque si yo fuese con esta armada a la guerra contra corsarios, y el socorro viniese por otra parte a La Habana, y la armada francesa fuese a la Florida, merecería ser castigado de S.M., de cualquier mal suceso que tuviese, ya que se me da este despacho".

Todos aprobaron la determinación del Adelantado y la tuvieron por buena y buen consejo, y así partieron con toda la armada otro día para La Habana, y llegados que fueron, el Adelantado despachó los navíos, como lo tenía acordado, y envió en un patache a Pero Menéndez Marqués, su sobrino, a España, a dar aviso a S. M. de lo sucedido hasta entonces.

Capítulo XIV

Y a principio de enero del año venidero de 66, llegó Esteban de las Alas,[244] que era general de la armada de Vizcaya y

---

[242] romper 'vale reñir con alguno o dejar su comunicación o amistad' (Covarrubias).

[243] La mala relación con el gobernador Osorio queda explicitada en carta de Menéndez al rey, el 25 de diciembre de 1565, en la que señala entre otras cosas: "Doy a V.M. aviso dello para que entienda lo que pasa en esto, y cuan poco soy favorecido y ayudado en estas cosas que tanto importan para mis buenos sucesos; y si V.M. no lo remedia escribiéndole sobre ello, padezco yo e mis oficiales que cada día hemos de acudir aquí e a toda la isla con mis navíos bastecernos y socorrernos". Más adelante agrega: " Dice (Osorio) a todos públicamente que esta empresa se la daba V.M. a costa de su Real Hacienda, y que yo me ofrecí a hacerla a costa de la mía; y que como se dio a mí, se diera a cualquiera particular que lo quisiera. Ha tratado muy de veras de echarme del pueblo; y estando yo malo, quiso que Juan de Hinostroza me echase de su casa y me dijese que fuese a Matanzas; todo con intento dañado, para que, como estaba muy enfermo, con el enojo que tomase se me acabase la vida; y pues Juan de Hinostroza es criado de V.M., y Diego de Mazariegos, gobernador que fue desta isla, dellos lo podrá V.M. entender más particularmente". *Cartas sobre la Florida*, págs. 180-181. Finalmente García Osorio fue preso por oden del monarca y conducido a España.

[244] Esteban de las Alas, además de mandar la flota que parte de Avilés para la empresa de la Florida, es uno de los más directos colaboradores del Adelantado en aquellas jornadas. Ocupando relevantes cargos como el de Teniente General, contador y encargado de la exploración y conquista de extensos territorios de los que, posteriormente, fue Gobernador, así como del fuerte y provincia de San

Asturias, y con tormenta se había apartado de Pero Menéndez Marqués, almirante de ella, y había estado en la Yaguana,[245] y con su llegada, que trajo 2 navíos y 200 hombres, fue grande la alegría y contento que el Adelantado con su llegada recibió, y luego mandó que en todo aquel mes se aparejasen aquellos 2 navíos y los 2 que el Adelantado trajo de la Florida, y un bergantín nuevo que yendo Diego de Maya con bastimento a la Florida trajo de allí, y otro patache francés que allí compró en La Habana, y una chalupa nueva, y todos estos 7 navíos hizo calafatear[246] y ensebar[247] y poner a punto. Y a 10 de febrero, con 500 hombres de mar y guerra dentro de ellos, se partió a la Florida, y fue a descubrir si había paraje fondable y buena navegación entre las Tortugas y los Mártires,[248] que para las flotas de Nueva España y Tierra Firme,[249]

Agustín. Tuvo también problemas con la Casa de Contratación, que le sometió a proceso, sin que se pudieran probar los cargos formulados contra él ni, consiguientemente, su culpabilidad. Después de la muerte del Adelantado siguió prestando relevantes servicios en la Armada, nombrándole el Rey General de las flotas de tierra firme y Nueva España, en 1583. Barrientos, 39.

[245] Española.

[246] calafatear 'tapar las junturas de las maderas de los barcos con estopa y brea para que no entre agua' (Moliner).

[247] ensebar 'untar con sebo' (Moliner).

[248] Las islas Tortugas y las islas Mártires o los cayos de la Florida.

[249] Las dos flotas salían de un puerto único, Sevilla, y por una ruta fija: Mar de las Yeguas, llamado así porque en su travesía se mareaban las yeguas que se transportaban a Indias, hasta Canarias, luego el de las Damas, denominado así porque se decía que hasta las mujeres podían gobernar las naves, dado lo tranquilo de la navegación, hasta la isla Dominica o Guadalupe. Desde aquí a Veracruz o a Cartagena y Portobelo, según se tratase de la flota de Nueva España o de Tierra Firme. Teóricamente salían en unas fechas determinadas, abril y agosto, según fueran a México o a Tierra Firme, lo que facilitaba su aprehensión por piratas y corsarios, pero raramente se cumplía el calendario. Los piratas podían acechar las flotas durante meses y enterarse al cabo de este tiempo que aquel año no salían, lo que les obligaba a repetir la guardia al año siguiente, quizá con el mismo resultado. Después de repartir las mercancías en Veracruz y en los puertos del Caribe, los mercantes iban a La Habana, donde les esperaban los barcos de guerra escolta. Cuando toda la negociación terminaba y se había embarcado la plata, se efectuaba el viaje de regreso a Europa, procurando salir de Cuba antes del 10 de agosto, con objeto de evitar los grandes huracanes. Desde Cuba los galeones iban al canal de Bahamas, donde navegaban hacia el noroeste para recibir los vientos a las Azores. Desde aquí

y otros cualquier navío que por allí navegase, era muy necesario saberlo, y hallándole muy buena, pasó adelante a la costa de la Florida,[250] en demanda de unos hombres y mujeres que decían había veinte años que estaban cautivos, en poder de un cacique que llaman Carlos,[251] y cada año mataba de esta gente, haciendo sacrificio de ella al demonio, y que todos andaban desnudos, hechos salvajes, como los mismos indios, y compadeciéndose el Adelantado de estos esclavos, quiso hacer esta jornada, y de allí irse a las provincias de Santa Elena,[252] que es 50 leguas al norte del fuerte de San Mateo, que se ganó a los luteranos, porque los indios decían a los soldados que en aquel fuerte, en el puerto de Guale,[253] había franceses nuevamente venidos.

Y habiendo hecho decir muchas misas a San Antón, que fuese abogado con Nuestro Señor le encontrase con el puerto donde estaban aquellos cristianos y
con los mismos cristianos; y dentro de 8 días que partió de La Habana, encontró con ellos. Fue de esta manera, que salió de su nao capitana, en que iba, dejando a Esteban de las Alas, que hizo general de aquellos navíos y su lugarteniente, y metióse el Adelantado en un bergantín con 30 hombres, soldados y marineros,

---

alcanzaban fácilmente España. La fecha y ruta de regreso de Bahamas eran secretas, se llevaban en un sobre sellado, y frecuentemente no la sabían ni las autoridades peninsulares, dada la variación que tenían. Lo común es que no se tuviera noticia alguna del arribo de las flotas hasta que no llegaban a las islas Azores. Manuel Lucena Salmoral, *Piratas, bucaneros, filibusteros y corsarios en América*. Madrid: Editorial Mapfre, 1992, 68-69.

[250] La costa oeste de la Florida.

[251] Llamado Carlos porque su padre, que había hecho prisionero a unos españoles de las anteriores expediciones, se enteró que el emperador Carlos era el más poderoso de la tierra y quiso llamarle como él. Carlos era el principal de la tribu los Calusa, el grupo nativo más importante política y militarmente de la región suroeste de la Florida. Jerald T. Milanich, *Florida Indians and the Invasión from Europa*. Gainsville: University Press of Florida, 1995, 38

[252] Santa Elena está situado entre los actuales puertos de Savannah y Charleston.

[253] Guale abarcaba la parte este del actual estado de Georgia y también la isla Amelia. En algunos manuscritos de XVII aparece también como península de Guale.

que no demandaba más de media braza[254] de agua, y mandó al capitán Diego de Maya, que iba por almirante de los navíos, que con otro bergantín en que iba con 30 personas, que demandaba muy poca agua, se fue con él, y entre ambos los dos bergantines juntos fuesen navegando a lo largo de la tierra, y los demás navíos por lo largo, porque era la costa bajía, y al tercer día se apartó de sus 5 navíos con los dos bergantines, con una cerrazón que hubo, y al cuarto día, yendo navegando a lo largo de tierra, salió una canoa al bergantín donde iba el capitán Diego de Maya, media legua adelante, y venía en ella una persona bogando, y cuando llegó cerca del bergantín, habló diciendo:

"Españoles hermanos, cristianos, seáis bien venidos, que 8 días ha que os aguardamos, que Dios y Santa María nos han dicho que venís, y los hombres y las mujeres cristianas que aquí están vivos me han mandado venir aguardaros aquí con esta canoa, para daros una carta que os traigo".

El capitán Diego de Maya y la gente que con él iba en el bergantín, recibieron gran gozo y contento de ver que habían descubierto lo que el Adelantado buscaba, y tanto deseaba, y recibió dentro del bergantín a este hombre, que venía desnudo y pintado, hecho indio, con sus vergüenzas cubiertas.

El capitán le abrazó y pidió la carta.

El hombre sacó de entre el cuero de venado con que traía tapadas sus vergüenzas, una cruz, y diola al capitán, diciéndole que aquella era la carta que los españoles y cristianos que allí estaban cautivos le enviaban, y que le pedían que por la muerte de Nuestro Señor había recibido en aquella cruz por salvarnos, no pasase sin entrar en el puerto y procurar de sacarlos de su cacique y llevarlos a tierra de cristianos.

En esto llegó el Adelantado con su bergantín, y pasó este hombre para él, donde entendió más particularmente desde cristiano todo lo que pasaba, y de la calidad de la tierra y condición de los indios; y todos puestos de rodillas adoraron la cruz, dando gracia a Nuestro Señor.

---

254 braza 'medida de tanta longitud como la que pueden formar los dos brazos de una persona abiertos y extendidos, que comúnmente se regula por de seis pies de largo' (Covarrubias).

Metióse el Adelantado dentro del puerto y surgió a lo largo de la tierra, que saltaban del bergantín en tierra sin mojarse los zapatos; estaría el pueblo a media legua de allí, donde estaban algunas mujeres españolas y otros cristianos, y otros dos estaban en la tierra adentro, y otra mujer, porque de más de 200 españoles de naos de las Indias, perdidas en tierra de este cacique 20 años había, y la gente de ella se los llevaban todos, los habían muerto su padre y él, haciendo sus fiestas y bailes al demonio.

El Adelantado no se atrevió descubrir a este cristiano, el cómo pensaba sacar los cristianos y cristianas que allí estaban, porque le pareció sabía poco, cualquier cosa que dijese, se lo podrían decir al cacique; sólo le dijo que dijese al cacique que le traía muchas cosas para él y sus mujeres, que le viniese a ver. El cacique, sabiendo la poca gente que el Adelantado traía, vino el otro día por la mañana, con hasta 300 indios flecheros, y junto de los bergantines, a lo largo de la tierra, estando la proa del uno puesta en la popa del otro y puestos los versos[255] de la banda de la tierra, dentro de los mismos bergantines, con muchos perdigones dentro para lo que se pudiese ofrecer, e hizo poner un estrado en que se sentase el cacique, y así se asentó, y los demás indios principales alrededor dél. El Adelantado salió de los bergantines con 30 arcabuceros con sus mechas encendidas, y sentóse a cabe[256] dél, haciéndole el cacique y sus principales mucha obediencia al Adelantado.

Vistióle una camisa y unos zaragüelles[257] de tafetán[258] y una ropeta, un sombrero, y dioles otras cosas de rescates para sus mujeres; parecía muy bien, porque era muy gentil hombre, de hasta 25 años; y también dio a sus indios principales, y dioles de comer bizcocho y miel, que lo comieron muy bien.

---

[255] verso 'pieza de artillería antigua de tamaño y calibre como la mitad de los de la culebrina' (Moliner).

[256] cabe 'cerca de' (Moliner).

[257] zaragüelles 'pantalones de perneras anchas que forman pliegues, que se usaban antiguamente y que usan todavía los hombres del campo en algunos sitios de Valencia y Murcia. Enagüetas' (Moliner).

[258] tafetán 'tela de seda delgada; y díjose así del ruido que hace el que va vestida de ella, sonando el tif taf, por la figura onomatopeya' (Covarrubias).

El cacique dio al Adelantado una barra de plata que pesaba como 200 ducados, y le dijo que le diese más cosas y más de comer.

El Adelantado, con gran secretud[259] y diligencia, mandó que cada soldado estuviese cabe su indio, y 66 cabe ellos y si se quisiesen echar a la mar, no se lo consintiesen, y mandó largar los cabos con que los bergantines estaban amarrados a tierra, y túvose a lo largo; los indios se alteraron un poco, fueles dicho con la lengua que no tuviesen miedo, porque se ponían allí, a causa que no entrasen más indios en los bergantines, porque como eran pequeños, los trastornarían.

El cacique y los indios lo creyeron, y les dieron de comer y muchas cosas, y el cacique se quiso ir.

El Adelantado dijo que el Rey de España, su Señor, le enviaba por los hombres y mujeres que él tenía, cristianos, y que si no se los llevaba, le mandaría matar; que le rogaba se los diese, porque le daría muchas cosas por ellos y sería su gran amigo y hermano.

El cacique dijo que era contento y que él iría por ellos.

El Adelantado le dijo que si él iba, que su gente le mataría porque le dejaba ir; que le rogaba enviase algunos indios por ellos.

El cacique, con miedo, así lo hizo, y dentro de una hora trajeron 5 mujeres y 3 cristianos, a los cuales mandó el Adelantado dar luego unas camisas, y de cariseas[260] y Londres, que traía, mandó a 4 o 5 sastres que allí venían, les hiciesen de vestir, y lo mismo los cristianos; lloraban de contentos, que era cosa de ver. El Adelantado las consolaba y regalaba mucho, y decían que tenían mucha pena por los hijos que dejaban allí.

El Adelantado dio muchas cosas al cacique y a su gente, y le envió muy contento, diciéndole el cacique que dentro de 3 meses le tendrá allí otros 2 cristianos y una cristiana, que estaban en la tierra adentro, y que le rogaba fuese por la mañana, antes que se partiese a su pueblo para que sus mujeres lo viesen, el Adelantado dijo que así lo haría. A la mañana envió el cacique muchas canoas

---

[259] Secretud por secreto.

[260] carisea 'tela muy basta de estopa que se tejía en Inglaterra en los siglos XVI y XVII, la cual empleaba para sábanas la gente pobre. Tela semejante, de lana' (Moliner).

por él; estando el Adelantado sospechoso de su ida, llegó en una canoa el cristiano que había salido en la canoa a la mar con la cruz, que se había ido con el cacique, a visitar a sus mujeres, de parte del Adelantado, y llevarles un presente, y dijo este cristiano al Adelantado que no fuese al pueblo, porque tenían concertado de matarle, y los indios con las canoas, que sabían la traición, sospecharon que aquel cristiano los descubría, y fuéronse huyendo. El Adelantado, porque el cacique y los indios entendiesen que él no sabía la traición, levó las ancoras de los bergantines y con la boga[261] fue a surgir junto del pueblo, y allí, tocando 2 clarines, campeando[262] las banderas, hizo señal que viniesen las canoas por él, porque los bergantines no podían pasar más adelante, y como ninguna canoa quiso venir, el Adelantado salió del puerto para buscar sus 5 navíos, y como no parecían, los cristianos le dijeron que 50 leguas de allí más adelante, había un muy buen puerto, y que había otros 3 cristianos cautivos, en poder de los indios.

Al Adelantado le pareció que sus navíos habían corrido allá, y tuvo deseo de rescatar aquellos 3 cristianos, y fue allá, y no halló los navíos, ni los cristianos, y a la vuelta que volvió, halló 5 navíos surtos sobre este puerto de Carlos y que Esteban de las Alas había ido al pueblo con seis soldados, que como los indios vinieron tantos navíos y gente, que fueron a reconocer con las canoas, temieron e hicieron buen recibimiento a Esteban de las Alas. Rescataron los soldados allí más de 2.000 ducados de oro y plata con los indios, a truco de brujería.

El Adelantado acordó de enviar el cristiano a Carlos, para que él diese a entender que el Adelantado no sabía nada de la traición que le armaba para matarle. El Carlos lo creyó, y con codicia que tuvo de que le diese otras cosas, y de tomar por amigo al Adelantado, le vino a ver, con solo 5 o 6 indios no más, y le dijo que le quería tomar por su hermano mayor, para hacer todo lo que le mandase, y que le quería dar por mujer una hermana que tenía, mayor que él, a quien quería mucho, para que la llevase a tierra de cristianos, y se la volviese a enviar, que cuando volviese, él iría también y se haría cristiano, con todos sus indios, que le parecía

---

261 bogar 'llevar la galera con los remos' (Covarrubias).

264 campear 'tremolar banderas o estandartes' (Moliner).

que era mejor que no ser indio,[263] y que le rogaba fuese por ella, o fuese a ver a sus mujeres y pueblo.

El Adelantado dijo que otro día iría, y le regaló mucho y envió. Quisieran los capitanes y soldados que el Adelantado no soltara este cacique, porque decían que tenía mucho dinero, y que todo se lo daría por soltarlo. El Adelantado, pareciéndole por la confianza que el cacique dél hacía, que era bellaquería, y que nunca serían cristianos, no lo quiso hacer.

Todos los capitanes, soldados y marineros que allí estábamos, quedamos admirados de la respuesta que el Adelantado diera, porque sabíamos lo mucho que había gastado en esta empresa, y la poca ayuda que S.M. le había dado, y que quedaba en España endeudado, y lo mismo dejaba a sus deudos y amigos, y lo estaba en La Habana, y había enviado a tomar dinero prestado a la Nueva España, y lo tuvimos por hombre mal aconsejado, que por lo poco que sacara de aquel cacique cien mil ducados, que aunque no los tuviera, sus indios caciques amigos, en cuyo poder estaba algún oro y plata de naos perdidas, que no lo conocían, ni sabían que cosa era, pudiera con ellos desempeñarse, y a los que lo estaban por amor dél, y hallarse más esforzados para una tan santa y buena conquista como ésta, para procurar, como procuraba, según la gran inclinación que todos veíamos tenía, de plantar en ella el santo Evangelio. Porque los indios no sabían qué era cosa de oro ni plata, y por un naipe, que era as de oro, hubo indio que dio un pedazo de oro que valía 70 ducados y por una tijera, media barra de plata, que valía cien ducados. Rescataron de aquella vez, todos los soldados que primero habían llegado con Esteban de las Alas, y los que llegaron con el Adelantado en los dos bergantines, hasta 3.500 ducados en todo, de que andaban y regocijados y contentos y empezaban a jugar, teniendo el dinero en poco. No les quitó ni negó cosa el Adelantado de lo que cada uno rescató, ni él rescató ninguna cosa, porque no entendiesen los indios que él iba a buscar aquello. Y luego otro día siguiente que el cacique Carlos se salió de los bergantines, fue a comer con el Adelantado, llevando 200 arcabuceros consigo y una bandera, 2 pífanos y a tambores, 3

---

[263] Entiéndase 'que ser indio'.

trompetas, un arpa y vihuela de arco[264] y un salterio,[265] y un enano pequeño, gran cantador y danzador, que traía consigo. Había como 2 tiros de arcabuz, donde desembarcó, a la casa del cacique, que cogieran dentro della dos mil hombres, aunque no estuvieran muy apretados; fue su gente en ordenanza hasta esta casa, que no consintió el Adelantado entrasen dentro, sino que fuera della estuviesen a punto, con sus mechas encendidas.

Sólo se metió dentro al aposento del cacique, con hasta 20 gentiles hombres, donde había unas ventanas grandes, por donde veía su gente; estaba el cacique en un buen aposento, sentado sólo con gran autoridad, y una india también sentada, apartada un poco dél, en un alto medio estado[266] del suelo, y hasta 500 indios principales y otras 500 indias; los indios cerca dél, y las indias cerca de la india, en lo bajo.

Como el Adelantado subió a aquel aposento, el cacique le dejó el lugar que tenía, y se apartaba mucho de él.

El Adelantado le puso cabe sí, y luego se levantó el cacique, y según costumbre dellos, fuese para el Adelantado a tomarle las manos, haciendo cierta ceremonia, que es cuando acá besan la mano al Rey, que no se puede hacer más cortesía entre ellos, y la que los indios vasallos suelen hacer a sus caciques. Luego vino la india, e hizo lo mismo, y luego todos aquellos, e indias principales que allí estaban, y pusiéronse más de 500 indias, de 10 años hasta 15, sentadas de la banda de fuera de la ventana, a cantar, y otros indios a saltar y voltear. Cantaron los indios e indias

---

264 Vihuela de arco es nombrada ya por el Arcipreste de Hita pero su carácter definitivo aparece un siglo más tarde en el reino de Aragón y durante el resto de este siglo XV aparece en la iconografía con una forma muy similar a la vihuela de mano pero tocada con arco. La construcción de ambos instrumentos es muy parecida, tienen la tabla armónica plana, 6 cuerdas (sencillas en la de arco) con la misma afinación. A principios del siglo XVI, en Italia, se modificó la vihuela de arco, construyéndose con tabla armónica abovedada, aros más profundos y puente más alto, dándole un carácter más solista y llamándose desde entonces "viola da gamba".

265 salterio 'cierto instrumento musical que consiste en una caja prismática y cerrada, más estrecha por la parte superior, encima de la cual tiene varias series de cuerdas metálicas que se pulsan con un macillo, con un plectro, con una uña de marfil o con las de las manos' (Moliner).

266 estado 'medida de longitud equivalente a 7 pies, aproximadamente la de la estatura de un hombre, empleada para medir alturas y profundidades' (Moliner).

principales que cabe el cacique estaban, que decían, según después se supo, que éste era el mayor regocijo, respeto y obediencia que aquel cacique, ni otro ninguno de aquella tierra, pudo hacer al Adelantado, porque danzaron los hermanos del cacique y sus tíos y tías, que había indias, entre éstas principales, de 90 y 100 años, que danzaron. Todos mostraron estar muy contentos y tener mucha alegría.

Después que hubieron acabado sus principales de danzar y cantar, aunque las indias que estaban fuera nunca lo dejaron de hacer, hasta que el Adelantado se fue, y cantaban por mucha orden; estaban asentadas de 100 en 100, y las 50 cantaban un poco y callaban, y volvían a cantar las otras. El cacique dijo al Adelantado, después que sus principales danzaron, que si quería que trajesen la comida para él y sus cristianos.

El Adelantado le dijo que no tan presto; y llevaba escritos muchos vocablos en lenguaje de indios, los cuales eran de mucho comedimiento y amor para hablar a la mujer principal de Carlos y a su hermana, y pensando que aquella que estaba allí era la mujer principal del cacique, le dijo palabras que pensaba decirle, en su propia lengua. Quedaron admirados el cacique y los indios, pensaron que hablaba el papel y lo que en él estaba escrito, y entendió el cacique que pensaba el Adelantado que aquella era su mujer principal, y díjole con la lengua que allí tenían para entenderse, que era de los cristianos cautivos, que aquella no era su mujer, que era su hermana, la que le había dado por mujer al Adelantado.

Entonces se levantó el Adelantado y la tomó por la mano, y la sentó cabe si, en el medio dél y del cacique, y por lo que llevaba escrito le dijo en su lengua, leyendo por el papel, muchas cosas, de que ellos y todos los indios y indias que allí estaban, se alegraron. Era esta india de hasta 35 años, no nada hermosa, aunque muy grave, tanto que andando el tiempo, admiró esto a todos nosotros, porque parecía que desde su nacimiento la habían criado a saber tener gravedad.[267]

Pidió el Adelantado al cacique trajese allí a su mujer principal, el cual lo hizo; era de 20 años, muy bien dispuesta y

---

[267] gravedad 'aplicado a personas y a su manera de hablar o su actitud, seriedad, dignidad o solemnidad' (Covarrubias).

hermosa, de muy buenas ficciones, tenía muy buenas manos y ojos, y miraba con mucha gravedad a una parte y a otra, con toda honestidad. Tenía muy buena mesura, que aunque entre las muchas indias que allí se vio hermosas, ninguna lo era tanto como ésta, traía las cejas muy bien hechas, y a la garganta un muy hermoso collar de perlas y piedras y una gargantilla de cuentas de oro; estaba desnuda como la otra hermana del cacique, con sólo sus vergüenzas cubiertas.

El Adelantado la tomó por la mano, y la puso entre la india y el cacique, y habló con ella, en su lengua, muchas palabras, que las llevaba escritas en el papel, de que ella se regocijó mucho; en especial, que como habían dicho al Adelantado que era muy hermosa, llevaba escrito en su lengua palabras para decírselo, de que ella mostró no pesarle y púsosele en el rostro muy buen color, mirando a su marido con honestidad. El cacique mostró pesarle por haber traído a su mujer, y mandaba que se fuese, pensando que se la querían tomar, el Adelantado le dijo con la lengua[268] que la enviase a que comiese allí con él, porque tenía muchas cosas que darle; y luego hizo traer el presente que llevaba, e hizo vestir a la hermana del cacique una camisa y otra a la mujer del cacique, y sendas ropas verdes, conque la mujer del cacique estaba harto hermosa. Dioles cuentas, tijeras y cuchillos, cascabeles y espejos, conque se holgaron mucho, en especial con los espejos, cuando se miraban, y de esto reina mucho los indios y las indias que allí estaban, y dio al cacique otro vestido, sin oro que antes le había dado y otras menudencias de rescates, y dos hachas y dos machetes, también dio a los indios e indias principales que allí estaban, algunos rescates, sin que por esto diesen al Adelantado ningún género de interés, ni él lo pidiese mandó traer la comida, la cual fue muchos géneros de pescado muy bueno, asado y cocido, y ostiones crudos, cocidos y asados, sin otra cosa; el Adelantado había hecho desembarcar un quintal de bizcochos muy buenos y una botija de vino y otra de miel de azúcar, y partió por todos aquellos principales, y con la lengua les mandó trajesen escudillas para echarles de aquella miel. Dioles algunas confituras y carnes de membrillo, y en un plato de por sí comió el Adelantado, y la hermana del cacique en otro, y el cacique y su mujer en otro, pero

---

[268] lengua 'intérprete de idiomas' (Moliner).

en mesa, manteles y pañizuelos que el Adelantado había hecho llevar; bien entendieron ser nuestra comida muy mejor que la suya.

Cuando la comida se traía, tocaron las trompetas que estaban de la parte de fuera, y en cuanto comió el Adelantado, tocaron los instrumentos muy bien y bailaba el enano; empezaron a cantar 4 o 6 gentiles hombres que allí estaban, que tenían muy buenas voces, con muy buena orden, que por ser el Adelantado muy amigo de música, siempre procura de traer consigo lo mejor que puede; alegrándose los indios extrañamente de oír aquello. Dijo el cacique a las mozas que no cantasen, porque sabían poco, y los cristianos sabían mucho, cesó la música, rogó el cacique que hasta que él se fuese, siempre tocasen los instrumentos y cantasen, el Adelantado lo mando así. Acabaron y alzóse la mesa, entonces dijo que se quería ir.

El cacique le dijo que se fuese a reposar a un aposento que estaba allí, con su hermana, pues se la había dado por mujer, y si no lo hacía, que sus indios se escandalizarían, diciendo que se reía de ellos y de ella y la tenía en poco; y había en el pueblo más de 4.000 indios y indias.

El Adelantado mostró una poca de turbación y díjole por la lengua que los cristianos no podrían dormir con mujeres que no fuesen cristianas.

El cacique le respondió que ya su hermana y él y su gente lo eran, pues le había tomado por hermano mayor.

El Adelantado le respondió que antes que fuesen cristianos, habían de saber y creer muchas cosas, y díjoles quien era Dios y su saber, poder y bondad, y que a éste solo han de adorar todas las criaturas que nacen en la tierra, y hacer lo que él manda, y que los cristianos que lo hacemos, cuando morimos acá en la tierra, nos vamos para el cielo, y que allí estamos siempre sin morir y vemos a nuestra mujer, hijos, hermanos y amigos, y siempre estamos alegres, cantando y riendo, y que ellos, porque no conocen esto, no sirven ni adoran a Dios, antes sirven a un cacique muy bellaco y mentiroso, que se llama el diablo, y cuando mueren se van para él, y perpetuamente están llorando, porque unas veces tienen mucho frío y otras veces mucho calor, y ninguna cosa les da contento.[269]

---

[269] Ruidíaz suple lo que sigue con el *Ensayo cronológico* de Cárdenas hasta el cierre del corchete, porque en el manuscrito original falta un pliego.

{Dijo otras razones muy eficaces, y Carlos respondió que por que había conocido en el modo de los españoles, en su música y en sus manjares, ser mejor su ley, la quería abrazar, y le había dado a su hermana, y se la volvía a dar para que se la llevase; por lo cual el Adelantado hubo de llevarla al puerto con algunos indios e indias que la acompañase, y después de consultar el caso con sus capitanes, indícales que}[270] parecíale podría venir en rompimiento con los indios, y esto no convenía, por el desinio del Adelantado, que todo lo mostraba, desde que había partido de España, su interés particular era que los indios se volviesen cristianos; y los capitanes le respondieran que convenía hacerle mucha fiesta a ella y a los indios y indias que con ella estaban, y que hubiese aquella noche muchos regocijos y música, y la bautizasen y pusiesen nombre, y que el Adelantado durmiese con ella, porque sería este gran principio para que se confiasen dél y de los demás cristianos, y que todos aquellos indios y los caciques, sus vecinos, serían cristianos, y que por ninguna manera convenía hacer otra cosa.

El Adelantado mostró mucho (...) procurar otro remedio, y como no se pudo tomar, ni se halló, acordó que se hiciese así.

Luego las cristianas que allí estaban, la hicieron lavar, tocar y vestir, que pareció harto mejor que primero, cuando estaba desnuda; y los capitanes, con industria, la alababan de muy hermosa y mesurada; pusiéronle nombre Dona Antonia, y aquel puerto San Antón, por la devoción que el Adelantado había tomado al señor San Antón, para que le encontrase aquellos cristianos y cristianas que iba a buscar. Duró la cena y música y regocijo en tierra, en unas tiendas que el Adelantado tenía armada, junto de sus navíos, hasta las dos después de la media noche, que el Adelantado la tenía cabe si, y con la lengua le decía muchas cosas que la alegraban, y respondía tan discretamente y en tan pocas palabras, que a todos nos admiraba. Danzaron sus indias y las mujeres cristianas y otros soldados, y acabado esto, la llevaron a acostar a una cama que el Adelantado mandó hacer, y él se fue para ella, y a la mañana, ella se levantó alegre, y las mujeres cristianas que le hablaron, dijeron que estaba muy contenta; y luego envió con una canoa que allí estaba, a 2 indios y 2 indias, y su hermano, el cual vino a verla, y el Adelantado le recibió muy bien, y dijo que

[270] Sigue el manuscrito original.

deseaba que tuviese una cruz grande, puesta cabe su casa, y que todos los días, a las mañanas, los hombres y mujeres y los niños, la fuesen a besar y adorar, y la tuviesen por su ídolo mayor, y le dijo las causas para ello, y que quitase los demás ídolos que tenía.

El cacique dijo que si haría, más que sus ídolos no los podían quitar tan presto, hasta que su hermana volviese, y los indios que con ella iban, y les dijesen lo que habían de hacer.

Este cacique se llamaba Carlos, porque se llamaba así su padre, y su padre se puso aquel nombre, porque los cristianos cautivos que tenía le dijeron que el emperador Carlos era el mayor Rey de los cristianos.

Hízose la cruz e hízola el Adelantado hincar allí, y con gran música y devoción se hincó de rodillas y la besó y lo mismo todos los españoles que allí estábamos; luego hizo lo mismo la india Doña Antonia y las más mujeres e indios que consigo tenía; luego la besó y adoró Carlos y sus indios. Tenía este Carlos un capitán muy buen indio, que era casado con la hermana del Carlos y de esta Doña Antonia, y el cacique con la hermana del capitán, y los indios, al parecer, según los cristianos decían, más temían a este capitán que al cacique, y dijo a su cacique que él había de ser capitán de aquella cruz, para que todos hiciesen lo que el Adelantado mandaba, irla a besar y adorarla las mañanas. Y así se la entregó el Adelantado, y con gran reverencia la llevó a cuestas a las canoas; y fue el Adelantado luego y embarcar, llevando consigo a Doña Antonia y a los 3 indios y 4 indias y 7 cristianos y cristianas que estaban cautivos, porque otras 2 mujeres se habían ya ido a los indios y con el deseo que tenían de los hijos que dejaban. Y dio orden a Esteban de las Alas se fuese a La Habana con esta india y su gente, y la entregasen al tesorero Juan de Hinostroza, que era lugarteniente del Adelantado en aquella isla para las cosas de la Florida, y le escribió diese orden como fuese doctrinada la india y los que con ella iban, y les hiciese todo buen tratamiento, y cuando fuese tiempo, los hiciesen cristianos, que él volvería a La Habana, dentro de 3 o 4 meses para llevarla a su tierra. Y que diese él más bastimento que pidiese, aves y ganados, a Esteban de las Alas, y le despachase luego, para que con los 5 navíos que llevaba se fuese al fuerte de San Agustín, adonde el Adelantado le aguardaría, para ir sobre los franceses, que decían estaban en Guale y en Santa Elena. Porque él se iba con 2 bergantines, descubriendo toda aquella costa de los Mártires, a ver si hallaba algún puerto bueno en el canal de las Bahamas, y procurando de ir a hacer amistades con los caciques y pueblos que topase; y así se partieron con próspero viento, el Esteban de las Alas, con 5 navíos, a La Habana, y el Adelantado, con 2 bergantines, al luengo de los Mártires, a San Agustín.

Capítulo XV

Y a 8 días que partió del puerto de San Antón, que es donde el cacique Carlos vive, entró en un puerto que halló en el canal de las Bahamas, y saliendo otro día, vio un navío, fue a reconocerlo, y conoció ser una carabela que habían enviado desde La Habana a Campeche, a cargar el maíz, y llegóse allá, y entró dentro, y halló más de 130 personas dentro, y toda ella cargada de maíz, y fue de esta manera: que esta carabela, por cartas del Adelantado, y a ruego suyo, fray.... de Toral, Obispo de Yucatán, y D. Luis de Céspedes, gobernador de aquella isla, se la habían cargado de maíz, gallinas, miel, alpargatas y otras cosas, y cuando iba a la Florida, entró en La Habana, y Juan de Hinostroza, como lugarteniente del Adelantado para las cosas de la Florida, la despachó luego y le mandó fuese por la tierra de Ays y puerto de Santa Lucía, donde había quedado el capitán Juan Vélez de Medrano, cuando le dejó allí el Adelantado con los 13 españoles y franceses y se fue con los 2 bajeles a La Habana, a buscar bastimento. Y ya le había socorrido el Adelantado con un patache cargado, y les dejase ciertas fanegas de maíz, y gallinas y carne, y pasase con lo demás a San Agustín, y haciéndolo así el maestro de la carabela, que como llegó a Santa Lucía y quiso descarga el maíz, y los soldados prendieron al maestro, y se alzaron con la carabela, y fue el capitán Juan Vélez de Medrano quiso defenderlo, quisieron matar e hirieron a (...) de Ayala, su alférez, que también defendía, no se alzasen con la carabela, y embarcados todos en ella se iban para La Habana y habían navegado ya más de 15 leguas.

El Adelantado embarcó en ella algunos gentiles hombres de los suyos, y se fue a San Agustín, donde entró con ella a 20 de marzo de 66, y halló al Maestro de Campo muy enfermo, y sin bastimento, y había habido allí muy grandes motines, y en el fuerte de San Mateo, y fueron tan acordados entre algunos capitanes y los más soldados, que no pudiendo remediar el Maestro de Campo,

que estaba en San Agustín, ni Gonzalo de Villarroel, y cuyo cargo estaba el fuerte de San Mateo, porque no los matasen, pasaban por algunas cosas mal proveídas y ordenadas. Y siendo llegado el capitán Diego de Maya por fines de diciembre, con un navío de 80 toneles, cargado de cazabe, carne y ganado, aunque todo era poco, dejando parte en el fuerte de San Agustín, se fue con lo restante a San Mateo, y a la entrada de la barra, se perdió el navío y el bastimento; escapó la gente, fue luego avisado el Adelantado, y por principio de febrero les envió una fragata de 70 toneladas, cargadas de maíz, vino y aceite, paños y lienzos, alguna jarcia y estopa, de valor todo ello de más de seis mil ducados, a un sólo mercader compró los cuatro mil ducados de esta ropa y bastimento, fiados por un año. Y como la fragata llegó a San Agustín, antes de descargarla, una noche amotinados la gente y prendieron al Maestro de Campo, justicia y regidor que allí había, y al tenedor de bastimento; clavaron la artillería, nombraron electo[271] al sargento mayor que los gobernase, que era obedecido y respetado, estuvieron de esta manera 6 días, a cabo de los cuales se embarcaron con 130 hombres en la fragata,
y porque no cabían todos los amotinados dentro, andaba el sargento mayor, que los amotinados habían nombrado, señalando a los que se habían de embarcar, que habían de ser de los que habían sido más rebeldes y traidores a S.M. en este motín. Traía este sargento, para la guarda de su persona, 12 arcabuceros y 6 alabarderos, y queriéndose él embarcar con esta gente que le hacía guarda, tuvo lugar el Maestro de Campo de soltarse, y soltó a otros 8 del regimiento y oficiales de S.M., y toman sus arcabuces y vanse, sin ser sentidos, sobre ellos.

Desampararon la barca, y tomósela el Maestro de Campo, como se vieron perdidos, rindiéronsele y diéronle las armas; él los hizo prender a buen recaudo, hízolos cargo, había alteración entre otros amigos que allí tenían estos presos, que no habían podido caber en la fragata, y habiéndoles tomado la confesión la noche venida, antes del día, hizo ahorcar el Maestro de Campo al Sargento. Hubo lástimas del electo, que también lo prendió, porque era un simple, y muy contra su voluntad había aceptado aquel

[271] electo 'antiguamente, en los tercios españoles de Flandes, cabecilla de un motín' (Moliner).

oficio, luego a la mañana los soltó y a los demás que tenía presos, dándoles una reprehensión, y porque la fragata no podría salir, armó el Maestro de Campo un patache que allí tenía, para ir sobre ella, y habiéndolo hecho, llevando consigo dentro del patache a la gente de confianza que tenía, y empezándola a bombardear para echarla al fondo, cortaron el cabo a la fragata, con que estaba surta, y guindó las velas y fuese huyendo. El Maestro de Campo volvió al fuerte, desarmó el patache, puso su gente en gobierno y disciplina, como de antes.

Hubo gran lástima el Adelantado al Maestro de Campo de verle tan flaco del sentimiento que había hecho por habérsele desacatado; fue a 20 de marzo cuando el Adelantado allí llegó. También estaba Bartolomé Menéndez,[272] gobernador y alcalde de aquel fuerte y distrito, hermano del Adelantado, en la cama muy enfermo; y cuando fue el motín, había ido con unos soldados a los indios enemigos, a buscar algún maíz, que si allí estuviera cuando el motín, según era mal visto, le mataran. Todos estaban tristes y afligidos, que era gran lástima, y con la venida del Adelantado, luego se alegraron y estuvieron buenos los enfermos, porque la carabela traía mucho maíz, miel, gallinas y alpargatas; y el mismo día entró Esteban de las Alas, de vuelta de La Habana, donde había dejado a Doña Antonia y a los demás indios, que también traía bastimento, carne y ganado, que fue gran regocijo, contento y alegría para todos.

Capítulo XVI

En el tiempo que hubo este motín en San Agustín, lo hubo también en San Mateo, porque se averiguó que fuera caso pensado y trato doble entre algunos capitanes, oficiales y soldados de un fuerte y de otro, que ordenaron de pedir con toda instancia al Maestro de Campo que se acabase de hacer un navío que los franceses tenían en el estellero,[273] a manera de galera, en San Mateo, y se aderezase un patache que estaba en San Agustín, y se

---

[272] Este hermano del Adelantado es el que estuvo encarcelado en compañía suya, durante casi dos años, dentro de las Atarazanas de Sevilla, a causa del proceso que les instruyó la Casa de Contratación por haber retenido la salida de la flota de la Nueva España en el año 1560.

[273] estellero 'astillero' (Covarrubias).

alzasen con el primer navío de bastimento que viniese, y con los 3 navíos saldrían de la tierra, prendiendo los soldados a los capitanes que se quisiesen ir, para que se entendiese que los llevaban por fuerza, y si algún capitán se quedase de esto del motín, parecíales que en cualquier otro navío que viniese había de ser forzosa la salida, porque con tan poca gente no podían defender de los indios, si fuesen enemigos, y que de esta manera es tendría S.M. en servicio la quedada, al tiempo que hubiese el motín, y después de la salida de la tierra, porque todos no pereciesen. Y para poderlo efectuar con todo secreto, porque temían al Maestro de Campo y no atraer a sus voluntades a los gobernadores y alcaldes de los fuertes, que eran Bartolomé Menéndez, hermano del Adelantado, en San Agustín, y Gonzalo de Villarroel en San Mateo; y el Maestro de Campo, aunque vio que aderezar los navíos era malo, no se atrevió a hacer otra cosa, porque andaban ya alterados; díjoles que ordenasen ellos la carta para en San Mateo, que él la firmaría, y así se hizo. Él escribió otra a Gonzalo de Villarroel, y cosióla en las espaldas al mensajero, porque no se la hallasen, y decía porque ella al Villarroel que impidiese cuanto pudiese que aquel navío no se acabase, porque él no pudiera hacer otra cosa sino dar la carta que pedían, por estar la gente alterada, y que él se gobernase con la gente de San Mateo, si se quería amotinar, lo mejor que pudiese, y conforme al tiempo y de manera que no lo matasen. Y estos motines se empezaron a tratar 5 días después que el Adelantado partió de San Agustín, la vuelta del cabo del Cañaveral, a buscar a los franceses que se estaban fortificando allí, como está dicho, que partió de San Agustín a esto a 26 de octubre de 65. Y halláronse cartas escritas de un fuerte a otro, de 1 de noviembre, en que principiaban a buscar el remedio de salir de la tierra, no teniendo razón ni fundamento para ello, más de parecerles que no tenían nueva de oro ni plata en aquella tierra, y que los más de ellos tenían por imposible la victoria que Dios Nuestro Señor había dado al Adelantado con los luteranos, y que de Santo Domingo y isla de Cuba se pudieran pasar al Perú y a Nueva España, que era tierra rica y fértil, y eran éstos sus principales desinios con que habían salido de España. Y como no aportaron aquellas islas, y dio Dios la victoria contra los luteranos, en acabar de echarles de la tierra, y no querían ser conquistadores y pobladores en ella, parecióles que era una ocasión decir que lo hacían por falta de comida, y esto, si la quisieran reglar a los principios; por haber sacado el Adelantado los 300 hombres para el segundo fuerte, que después dejó con el capitán Juan Vélez de Medrano y la gente de mar que llevó los navíos que envió por bastimento, y el que envió a España de aviso; lo tenían hasta todo marzo, con gran cantidad pescado, y bueno, y de ostiones, cangrejos, palmitos y cantidad de aceite que el Adelantado desembarcó. Y sin haber ganado el fuerte a los enemigos, trató el Adelantado se diese una libra de bizcocho por ración, que era muy buena en conquista; y algunas veces carne; otras, garbanzos cocidos con aceite y vinagre, y otras pescado; y en nombre de todos, replicó Juan de San Vicente, que era un soldado de Medina del Campo, que al tiempo que el Adelantado quiso partir para la Florida, llegó a Sevilla, que venía de Italia, por cierta cuestión que allí había tenido; y llevó una carta de favor al Adelantado, de Luis de Quintanilla, en que le decía que era muy buen soldado, pareciéndole que respondería al esfuerzo y valor del capitán San Vicente, su hermano, que él pedía le honrase y favoreciese en lo que hubiese lugar. El Adelantado era gran amigo de Luis de Quintanilla, y era la primera cosa que le había podido; tenía noticia del capitán San Vicente, que estaba en Italia, hermano de este soldado, y ser buen capitán; parecióle que éste fuera lo mismo, y nombróle por capitán, y un compañero que consigo llevaba, que habían sido camaradas en Italia, que se llamaba Fernán Pérez, también de Medina del Campo, le nombró por su alférez.

Y dijo este capitán y su alférez al Adelantado: "una libra de bizcocho a cada soldado por ración, es poco".

Y aunque el Adelantado justificó con razones bastantes que era razonable, y conforme al tiempo y necesidad no se debía de dar mayor porfío él, y acudieron algunos de sus soldados a decir que no se sufría dar a libra de bizcocho por ración; y por esto acordó fuese a libra y cuarterón,[274] y quedóle mala sospecha de este capitán y alférez.

Y después de ganado el fuerte a los franceses, que se quemó con el bastimento, todavía quedaron más de cien pipas de harina; alargáronse a comer muchos de los soldados, sin orden y sin querer que se les acortase la ración; faltóles a mediado de

---

[274] cuarterón 'peso equivalente a la cuarta parte de una libra' (Moliner).

febrero, y ellos desearan se les acabará muy primero, según después se vio; pues vio una fragata de 70 toneles, cargada de bastimento, y se alzaron y se fueron con él; y luego vinieron otros navíos de bastimento que el Adelantado trajo de San Agustín, y los de San Mateo, que estaban amotinados, no se habían partido. Avisólos luego del bastante recaudo de bastimento que traía, y que había nueva que franceses venían sobre ellos; que él les perdonaba la alteración, y si con ellos estuviera, se hubiera antes salido de la tierra, por no parecer de hombre, y que ninguna culpa les daba en haberse amotinado para salirse de la tierra, cuando no tenían comida; más entonces que había harta, que era gran traición la que harían a S.M., desamparándole sus dos fuertes que en aquella tierra tenía; en especial que como los cristianos quedasen pocos, serán luego los indios enemigos, y andaban algunos franceses entre ellos, que les adiestrarían para hacer la guerra a los que quedasen en los fuertes, que por hacer servicio a S.M. a serles leales vasallos, algunos no los querían desamparar. Recibieron que ellos no sabían arar ni labrar, y que aquella tierra no era buena para otra cosa; que se querían ir a las Indias a vivir como cristianos, y no estar en aquella tierra hechos bestias.

Estaban en aquel navío alzados ciento veinte y tantos soldados; los 35 de ellos, gente noble, respondieron que ellos se querían ir al fuerte, para servir a su Rey y obedecer a su general; que los echasen en tierra, que estarían como dos leguas del fuerte; respondiéronles los demás que no querían; replicáronles estos 35, diciendo que se echaban a perder en llevarlos, porque a cualquier tierra de cristianos que llegasen, habían de decir a la justicia el trato del motín y como salían de la tierra dejando el fuerte desamparado, con sólo el alcalde Gonzalo de Villaroel y su alférez Rodrigo Troche, y Don Hernando de Gamboa, y Rodrigo Montes, primo hermano[275] {del Maestro de Campo y cuatro deudos suyos, Martín de Ochoa, su alférez y sargento, con otros amigos, y el capitán Francisco de Recalde y un criado suyo, que en todos serán 21 personas.

El alférez y sargento de Francisco de Recalde, que eran las más principales cabezas del motín, habían hecho muchos males y

---

[275] Ruidíaz suple lo que sigue con el *Ensayo cronológico* de Cárdenas hasta el cierre del corchete, por faltar un pliego del manuscrito.

dado muerte a algunos indios, especialmente a tres principales, haciendo a los demás poner de guerra, aunque hasta allí habían sido tan amigos de Saturiba[276] y sus vasallos, que estaban muchos en venirse a poblar junto al fuerte. Conocieron los rebeldes que si dejaban a los 35 en tierra, como pretendían, habían de darles muerte los indios, y para que éstos fuesen más presto, los desnudaron los amotinados, y robándoles cuanto tenían, los llevaron en un batel y la costa; y empezando a caminar hacía el fuerte, salieron a ellos muy feroces los indios y los flecharon a todos.

Gonzalo de Villarroel ignoraba todo lo referido, y como estaba sin gente, envió a Rodrigo Troche, su alférez, con un soldado a pedir socorro a San Agustín, teniendo por seguro, como hasta entonces, el camino; pero apenas se alargaron del fuerte, cundo les salieron al encuentro los indios, diciéndoles: cristianos, hermanos y amigos. No se recatearon los dos de ellos y los cogieron descuidados, llevándolos presos a Saturiba, que conocía bien a Rodrigo, al cual mandó luego abrir el pecho y sacarle el corazón, y lo mismo mandó hacer con el otro, para aterrorizar a los demás con estas crueldades, a que dejasen la tierra como los amotinados.

Estaba el Adelantado entonces en San Agustín, disponiendo su viaje para ir a Guale, o a la providencia de Santa Elena, teniendo señalados ya 300 soldados con sus capitanes, y entre ellos Juan de San Vicente; y antes despachó a La Habana los dos pataches de Juan de Llerena y Diego de Miranda y prestó una carabela para traer de Santo Domingo bastimento y municiones; pero sabiendo el atrevimiento de los amotinados que su piedad y disimulo los había hecho peores, mandó prestar un navío para ir a combatirlos. Al tiempo de embarcarse, salió Juan de San Vicente pidiendo licencia de irse en la carabela con su alférez.

---

[276] Saturiba aparece frecuentemente en las crónicas francesas y españolas de la época. Su área de influencia se extendía desde la ribera sur del río Saint John hasta su desembocadura. Barrientos señala: 'Entrase en el puerto al sudoeste, y a la mano izquierda hay un pueblo de 25 casas grandes donde en cada una viven ocho o nueve indios con sus mujeres e hijos, porque viven junto un linaje; llámase el pueblo Saturiba, de este nombre llamaban los luteranos al cacique señor del lugar'. Ver Barrientos, capítulo 14.

Negósela el Adelantado, para evitar el mal ejemplo, diciéndole que lo que convenía era acabar de echar a los franceses de Guale y fortificarse, por ser buena tierra, lo cual no podía hacer con menos de 300 hombres, y 100 había menester enviárselos a Gonzalo de Villarroel, y dejar otros 100 en San Agustín con el Maestro de Campo; que luego que viniese la gente que esperaba de España, le daría licencia. Replicó el capitán que él y su alférez tenían poca salud, e insistió en que se la otorgase.

El Adelantado mandó diesen petición, y sin detenerse, le presentaron más de 100 soldados, firmando cada una 12 o15; viendo el Adelantado el alboroto, decretó a todas que no había lugar; pero temiendo mayor motín en aquel fuerte, si se ausentaba a Santa Elena, y que corrían riesgo las vidas del Maestro de Campo y los demás oficiales, requirió al capitán San Vicente y a otros, sobre que no convenía al servicio real salir de la tierra, y que durante su ausencia a Santa Elena, no moviesen alborotos ni motines, antes cada uno acudiese a su obligación, que en viniendo gente de España, daría licencia a cuantos la pidiesen, y si quisiesen nombrar personas que fuesen a Santo Domingo en la carabela, para que de allí pasasen a España a sus diligencia, que las nombrasen luego. Pero que si después de haberse ido se habían de amotinar, dejando los fuertes desamparados, que se lo dejasen, que menos mal era dejar los fuertes solos que con tan ruin gente, y que tuviesen entendido habían de ir presos a Sevilla, a la orden de los oficiales de la Casa de la Concentración, y si no querían pasar por esta vergüenza, sino quedarse en el fuerte como buenos soldados, se lo agradecería mucho. Más si se alborotaban tendrían pena de muerte y confiscación de bienes y serían declarados por traidores.

Respondieron que como se les diese licencia, fuese como S.S. quisiese y viendo que de nada podía servir, sino de echar a perder a los demás, en confianza de que en la carabela sólo cabrían 50 o 60 hombres, les dio licencia de que se embarcasen, y ellos se acomodaron de suerte que cupieron más de 100, Diose orden al piloto los llevase a Puerto Rico y volviese a San Agustín con bastimentos; a los que estaban embarcados les intimaron las penas antecedentes, en que consintieron; pero apenas se alargaron de tierra, cuando se alzaron con la carabela y mandaron al piloto navegase a La Habana, donde creían lograr mejores ocasiones de ir a Nueva España, Perú, Honduras o Campeche. Fueles el viento contrario, y no queriendo aportar a Puerto Rico, se encaminaron a Santo Domingo y a Puerto de Plata, habiendo hecho antes informaciones de que venían con licencia, jurando falso unos por otros.

Avisó el piloto a Francisco de Cevallos, que gobernaban allí, la verdad del suceso; más nos hizo caso, ante él y los demás vecinos y regimiento recibieron muy bien a los amotinados, contándoles haber cédulas reales en aquella villa y las demás partes de las Indias para prender a todos los soldados que se viniesen de la Florida y volver a enviarlos a ella; más no las querían cumplir los jueces y gobernadores, pareciéndoles era mucho rigor, y si prendían a alguno, le soltaban luego, dejándole pasar al Perú o Nueva España, como hicieron algunos de estos jurados. Pero los más murieron sin pasar adelante, porque en la carabela venían}[277] hartos más de los que ella podría traer; venían muy apretados, y el calor era mucho, y era navegación de 10 o 12 días y tardaron treinta y tantos, y faltóles bastimento y el agua; fue milagro quedar ninguno vivo.

Fue avisado el Adelantado de todo esto, y que los otros 120 soldados que se habían alzado con la fragata cargada de bastimento en San Agustín, había abortado allí y se les había hecho mucha cortesía y honra;[278] dio noticia a la Real Audiencia de aquella isla, que conforme a la cédula de S.M., pues no le enviaban estos soldados a la Florida, los enviasen a España, porque sería S.M. muy deservido[279] que se pasasen a las Indias, que se pasaron los más de ellos a las partes de la Indias que quisieron, y otros se presentaron en la Audiencia, diciendo que habían servido muy bien y no tenían culpa, y los dieron por libres, en especial al capitán San Vicente y su alférez, cosa que admiró y fue muy mal ejemplo para los demás soldados que quedaban en servicio de S.M. en la Florida, sino expresamente que cualquier persona que de ella saliese sin licencia del Adelantado, se lo volviesen preso a buen recaudo.

---

[277] Sigue el manuscrito original.

[278] honra 'responde al nombre latino honor; vale reverencia, cortesía que se hace a la virtud, a la potestad; algunas veces se hace al dinero' (Covarrubias).

[279] deservir 'dejar de prestar a alguien un servicio a que se está obligado' (Moliner).

Y aunque estas provisiones se presentaron y notificaron en todas las Indias a las justicias, de 500 soldados que salieron de la Florida amotinados, y otros 500 que iban para aquella tierra y se quedaron en las Indias, los cuales todos mil llevó el Adelantado, de España, a sus expensas, y hasta dándoles pasaje[280] y matalotaje, hasta hoy no le han enviado diez de ellos a la Florida. Dio de todo aviso a S.M. para que enviase sus provisiones a todas las Indias, para que presos los enviasen a estos Reinos, para que no haya tanta gente alterada en aquellas partes. Los más de éstos, por donde quiera que iban, y los que vinieron a estos Reinos para justificar sus flaquezas, decían y publicaban mala de la tierra y de la empresa y del Adelantado, sus ministros, parientes y amigos que en ella quedaban, a las hambres, trabajos y peligros que sucediesen. Y esto fue causa que muchas personas que al principio, cuando el Adelantado fue, querían ir a poblar, y por estos cuentos que decían, por las cartas que el capitán San Vicente y Fernando Pérez, su alférez, y otros, escribían, de éstos que habían hecho flaqueza, tan perjudiciales contra el Adelantado, que sus ministros y oficiales, y en decir mal de la tierra, siendo contra toda razón y verdad, que dieron y fue causa que no se halla hombre que quiera venir a vivir, poblar ni conquistar.

Dio tanto crédito estas cartas y nuevas en todas las Indias y en España, que se decía que condenaban muchos al Adelantado en porfiar querer poblar esta tierra, de tal manera que se dijo que algunos ministros de S.M. le daban culpa, y no advertían de que todos los que esto decían, lo que habían andado era a lo largo de la marina, por arenales y ciénagas, guardando los fuertes, y haciendo la guerra a los luteranos, y no había ninguno que hubiese andado una legua por la tierra adentro de la Florida.

Capítulo XVII

Por haberse ido el capitán Juan de San Vicente y su alférez, con las ciento y tantas personas del fuerte de San Agustín en la carabela, como está dicho, a Puerto de Plata, mudó consejo el Adelantado, porque de los 300 hombres que había de llevar a Guale y Santa Elena, dejó los 150 en los dos fuertes de San Agustín y San Mateo, con la demás gente que primero había, y

---

280 pasaje ‘el acto de pasar de una parte a otra’ (Covarrubias).

fuese con los otros 150 en dos bergantines y un navío de 100 toneles, derecho a Guale, y de camino entró en San Mateo, dejó la gente y el bastimento, visitó aquel fuerte. Alegró mucho su llegada a Gonzalo de Villares y a los que con él estaban; condenaban en San Agustín y en San Mateo al capitán Francisco de Recalde, sobre lo que le daban mucha culpa por los motines que hubo, y la información general que se hizo de los que habían sido culpados resultaba contra él más que contra otro ninguno.

El Adelantado no quiso castigar a ninguno, envió el proceso a S.M. y envió preso a Francisco de Recalde a la Contratación de Sevilla; vino el proceso, hallóse sacado dél la culpa de Recalde, y como él llegó a Sevilla, no se presentó en esta corte. Como vio que no había culpa contra él en el proceso, pidió mercedes a S.M.; suspendiéronselas hasta la llegada del Adelantado a España.

Túvose por cierto que el Adelantado mandaría justiciar al capitán Francisco de Recalde, por la culpa que contra él resultaba en el proceso, y porque le halló en el cofre ciertas cartas recibidas de un clérigo de Sevilla, que estaba en el fuerte de San Agustín, que se llamaba el licenciado Rueda, que fue una de las cabezas de los amotinadores que por información que hizo en la ciudad de Santo Domingo ante la justicia, tomando por testimonio a otros soldados amotinados, sirve ahora de cura en aquella ciudad, y le hacen mucha cortesía.

Dejando el Adelantado reparados los 2 fuertes de San Agustín y San Mateo lo mejor que pudo, conforme al tiempo y bastimento que tenía, partió de San Mateo para Guale y a principios de abril de dicho año de 66, y habiendo navegado 3 días, descubrió un puerto; y metióse en los 2 bergantines con hasta 50 personas. Dejó a Esteban de las Alas, con las otras 100, en el navío de 100 toneles; a lo largo fue el Adelantado a reconocer un puerto que vio, y desembarcó en él, cerca del pueblo, como a un cuarto de legua. Acudieron muchos indios flecheros allí, y un cristiano entre ellos, también desnudo, con sus arcos y flechas, y habló en español y dijo:

"¿Qué gente, dónde sois, hermano?".

El Adelantado respondió: "Somos españoles"; y preguntóle: "Hermano, ¿quién sois vos y qué hacéis aquí?".

El hombre le respondió: "Soy francés, aunque nací y me crié en Córdoba; habrá 5 años que me solté del castillo de Triana, que me tenían allí preso, y fuime huyendo a Francia; allí me casé en Abra de Gracia,[281] después acá, siempre ando por la mar. Estuve 6 años en el Brasil, a aprender la lengua de los indios en un puerto y tierra del Brasil, que estuvo allí el capitán Villaganón[282], capitán general de aquella tierra, y fue a Francia a pedir socorros, y acudió allí una armada portuguesa, y ganóle el fuerte que tenía; unos murieron y otros quedaron vivos, yo escápeme entre los indios, que sé muy bien la lengua, fue allí después un navío francés y fuime en él para Francia. Después hizo una armada el almirante de Francia, envióme en ella a esta tierra para lengua, y por virrey de toda la Florida venía Juan Ribao, que era general de la armada. Yo vine con él y estoy aquí por lengua".

Entonces el Adelantado le dijo que cómo se llamaba aquella tierra y el cacique de ella.

Dijo que se llamaba la Florida, y que el señor de aquella tierra y pueblo que parecía cerca se llamaba Guale,[283] y que le enviaba a saber qué gente era, y para qué, si eran españoles, no les dejasen desembarcar los indios, porque aquel cacique y su gente eran amigos de los franceses. El Adelantado le dijo: "Nosotros no hacemos mal a los indios, antes les hacemos bien, y contra su voluntad no queremos ir a su tierra, llegaos acá, hermano, que me pesa veros andar de esa manera; y diole una camisa nueva, y unos zaragüelles y un sombrero, y de comer, y dijo que si los indios querían comer, que se llegasen allí".

Él llamó a los indios, y luego vinieron; sentáronse en la arena, y diéronles bizcocho, que comían muy bien, y unos higos pasados; podían ser los indios hasta 40; a todos les dio el Adelantado algún rescate, con que se holgaron mucho, y alababan al Adelantado por señas, diciendo que fuese a su tierra.

---

[281] Hâvre de Grâce; Havre.

[282] Nicolás Durand de Villegaignon (1510-1575), marino y conquistador francés.

[283] Los indios Guale eran, según Jeannette Thurber Connor, la tribu de los Yamasee, en la provincia del actual estado de Georgia, al norte de la tribu de Timucua y al sur de la tribu de Orista en la región que ocupa actualmente el estado de Carolina del Sur.

El Adelantado dijo a la lengua que les dijese que así lo quería hacer; y luego tomó consigo 30 arcabuceros y 4 ballesteros, y saltó en tierra, dejando los 16 hombres en guarda de los bergantines; y los indios no tuvieron ningún miedo. Y yendo caminando al pueblo, iba el Adelantado hablando con la lengua, y pregúntale quién le había dejado allí, dijo que había 6 meses que se perdiera Juan Ribao, con parte de su armada, andando en busca del general Pero Menéndez, que iba a aquella tierra a hacer los indios cristianos, y el Juan Ribao, capitanes y gente que con él venían, eran de la nueva religión, querían todos franceses que en aquella armada venían, y el almirante de Francia, que todos los indios fuesen luteranos de la nueva religión, como ellos, y sujetarlos para que viniesen a obediencia del Rey de Francia, y tener allí galeras para las flotas y naos de Indias que por allí pasasen, tománlas; y que con una tormenta se perdiera su General y escapara la gente; enviara en un batel un yerno suyo y otros 2 capitanes y 12 marineros, y él entre ellos, para que fuesen a un fuerte que tenían, a decir que fuesen 2 o 3 navíos por la gente, porque estaban estos navíos en el puerto donde estaba el fuerte y entrando en el puerto desde el fuerte estaban, los indios amigos les dijeron que otros cristianos como ellos les habían tomado sus casas y hacienda, y el fuerte, y les habían degollado los hombres que dentro estaban.

Acudió luego a la marina un francés que andaba huido entre los indios, que les contó todo lo que había pasado, y entonces acordó esta gente del batel que se fuesen a Santa Elena, porque los indios de allí eran sus amigos, y sabían la lengua y tierra, porque había 6 años que tuvieron allí un castillo[284] 3 o 4 años, y porque el capitán no se quería ir a Francia, le mataron sus soldados, e hicieron un navío, y se fueran con él a Inglaterra. Un criado de este capitán francés, muerto, porque no le matasen, a causa que diría en Francia lo que había pasado, huyó al monte entre los indios, y quedóse con ellos, casáronle con una hija del cacique.[285] {También le dijo este intérprete al Adelantado, el estado de Guale, que su cacique tenía guerra con Orista y 2 indios principales presos, a los

---

[284] Hacía cuatro años que Charlesfort había sido construido por los franceses. Rebautizado Santa Elena por los españoles.

[285] Ruidíaz suple lo que sigue con el *Ensayo cronológico* de Cárdenas hasta el cierre del corchete por faltar parte del manuscrito.

cuales brevemente dará muerte, como a los demás enemigos que prendía; y que en la tierra había poco bastimento, porque hacía 8 meses que no llovía.

Otras muchas cosas dijo el francés, hasta que llegaron al pueblo; salió a recibirlos el cacique, que era hombre ya viejo, y dos hijos suyos y algunos indios principales, de paz. Hizo el Adelantado con él las mismas ceremonias que con los demás, y el cacique se alegró mucho de verle, porque el francés le persuadió fácilmente a que eran gente buena y que no hacían mal, sino mucho bien, a los indios. Hablaron algunas cosas, en que sirvió bien el francés intérprete; y entre otras, preguntó el cacique al Adelantado que cómo tenía guerra con los otros cristianos y les daba muerte, siendo todos de una tierra. Respondióles que eran cristianos de mentira y enemigos suyos, por ser rebeldes a Dios, a la Iglesia y a su Rey, el cual era cristiano de verdad, y otros tan malos como ellos querían que fuese cristiano de mentira, por fuerza de armas, y que si el Rey de España, su señor, no le hubiera ayudado para castigarlos, le hubieran quitado el Reino, para dárselo a uno de su falsa secta, y que aquellos a quien él daba muerte, la merecían más cruel, porque venían huyendo de su tierra, a engañar a los caciques y sus indios, como engañaban a los otros buenos cristianos, para que el diablo se los llevase, y eran tan malvados y perjudiciales, que ninguno podía averiguarse con ellos, hasta que los sosegaban ajusticiándolos, y que este era el motivo de hacerles guerra, hasta acabar con tan mala y pestilente secta; pero que él no le tenía para la cruel guerra que hacía a Orista, pues todos eran de un mismo país, y las ofensas que se habían hecho, apenas eran dignas de azotar un vasallo. Guillermo, el intérprete,[286]

[286] Guillermo era Guillaume Rouffi or Rufin. Luego de que los soldados de Ribaut abandonaran Port Royal, y escaparan a Francia en 1562, Guillermo permaneció en Port Royal y posteriormente se casó con una india de Orista. Ver Thurber Connor, nota 8, 169. Sobre Guillermo, Barrientos señala: 'Llevaba consigo el Adelantado un francés católico que se llamaba Guillermo, que había venido en una fragata que Diego de Mazariegos, gobernador de Cuba, había enviado a la costa de la Florida a ver si había allí luteranos, y lo trajeron consigo, porque lo habían dejado allí a defender la lengua; el gobernador, por una cédula de su majestad, entrégalo al Adelantado. Este entendió que la otra lengua que estaba en Guale era luterana, y avisado dél, el Adelantado, y hablando en la otra lengua, entendió ser así; y díjole que él y sus soldados

explicó al cacique muy bien todo lo referido, y}[287] el cacique respondió al Adelantado que quería ser cristiano de verdad y no de mentira, como los otros cristianos que allí estaban.

El Adelantado le dijo el poder y bondad de Dios, y lo demás que a los otros caciques, y que mandase a su gente que fuesen a oír los cantares que los
niños decían, que era la doctrina cristiana, y a besar la cruz, que después le dirían lo que aquellos cantares querían decir, dijo que así lo haría, y hizo el Adelantado hincar allí una cruz grande, y habiéndose juntado todos y cantando la letanía[288] hincados de rodillas, fueron a adorar y besar la cruz: el cacique y todos los indios e indias hicieron lo mismo: rogó el Adelantado a la lengua, pues era español, se volviese católico y a la fe de Jesucristo; que él le quería mucho y daría muchas cosas, y si se quisiese ir a Francia, lo enviaría a España, porque desde allí se fuese, y si se quisiese estar allí, también lo podría hacer; respondió que allí se quería quedar y estar, y que él quería ser cristiano y católico, y trabajaría que lo fuesen los indios.

El Adelantado se lo agradeció mucho y le dijo que para otro día por la mañana tratasen con aquel cacique las paces con el cacique de Santa Elena, y que fuese el buen medianero para ello y para que no matasen aquellos dos indios principales de Orista; la lengua le prometió que haría en ello lo que pudiese. Y otro día por la mañana, el cacique y todos los indios e indias y muchachos y muchachas, cuando vieron que se estaba diciendo la doctrina

---

habían venido a aquella tierra a hacer que los indios fuesen cristianos, que si se extendía ser luterano le matarían, que dijese a todos que era católico y avisase al cacique de los luteranos que habían estado allí eran cristianos de mentira, y que ellos eran cristianos de verdad, siervos de dios, y que iban para matar aquellos luteranos que eran bellacos y malos cristianos; y que si el cacique y su gente querían ser cristianos, que el Adelantado le defendería de sus enemigos. La lengua, del miedo que tuvo, dijo muy bien todo aquello al cacique y todos sus indios principales; estando presente Guillermo, francés, que sabía muy bien la lengua de baale, porque en Santa Elena, donde él la había deprendido, no estaba de allí sino diez y ocho o veinte leguas; el cacique respondió que quería ser cristiano de verdad como los cristianos que allí estaban, y no de mentira como los otros que se habían ido'. Barrientos, Capítulo XXXV.

[287] Sigue el manuscrito.

[288] letanía 'cierto rezo en que se invoca a la Santísima Trinidad' (Moliner).

cristiana, acudieron allí y se hincaron de rodillas; después de acabado, que los soldados fueron a adorar y besar la cruz, hincados de rodillas, el cacique y todos los indios hicieron lo mismo. Luego tomó el Adelantado al cacique por la mano, y le llevó a su casa y le rogó que hiciese llamar a sus indios principales, porque les quería hablar, y así vinieron 10 o 12.

El Adelantado dijo con la lengua que había sabido que tenían guerra con los indios de Santa Elena, que les rogaba fuesen amigos, que él iría a tratar las paces, y les diesen los dos indios que tenía, para llevárselos, y que cuando el cacique de Santa Elena no quisiese ser su amigo, se los volvería. Guale habló con sus indios, y respondió que no quería, porque le tomaría los indios Orista y con otros dos caciques, y porque mataba la gente que les tomaba, y que por esto no le quería dar Dios agua; que les dejaría 2 cristianos en prendas de los 2 indios; y que cuando no hiciese las paces con Orista y no le trajese los dos indios, que matase aquellos 2 cristianos.

El cacique Guale habló con sus indios un rato, y respondió que era contento, y díjole el Adelantado que otro día se había de partir; mostraron tener gran placer todos los indios, grandes y pequeños, de estas paces que el Adelantado quería tratar, porque los indios de Sana Elena eran más poderosos, y mataban muchos indios a este cacique Guale. Luego fue a almorzar el Adelantado con sus soldados, y llevó a este cacique consigo y a 2 hijos suyos, muy buenos, que tenía y fuese 2 leguas de allí, a ver la isla y disposición de la tierra.

El cacique, por ser viejo, se volvió habiendo andado media legua; hallóse la tierra toda muy buena y apacible para pan y vino. A la vuelta que el Adelantado vino al pueblo, el cacique le pidió le mostrase los 2 cristianos que con él habían de quedar; luego se los mostró, porque los tenía señalados para consigo; los dos soldados callaron, sin responder nada, mostrándose muy tristes. El cacique dijo que no quería aquellos dos cristianos, que él había de tomar los dos que quisiese, el Adelantado dijo que era contento, que los señalase luego, el cacique señaló a un sobrino del Adelantado, llamado Alonso Menéndez Marqués, y a Vasco Zabal, alférez del estandarte real, que vio que comían a su mesa, y también se creyó se lo dijera la lengua que eran aquellos 2 de los más principales.

El Adelantado le dijo que era contento que quedasen aquéllos, que eran entre ambos sus capitanes, de los que él más quería, y les dejaría a cada uno un cristianos, para que los sirviese, y los niños que enseñasen la doctrina cristiana.

El cacique se mostró muy alegre por esto y los fue abrazar a su modo y darles gracia, a manera de respetarlos. Ellos se entristecieron mucho, diciendo que no era bien quedarse con aquellos salvajes.

El Adelantado les respondió que de buena gana se quedara él, que no tenían de que temer, que les rogaba mucho que procurasen con aquella lengua darles a entender cuán bestialmente vivían y cómo era bueno ser cristianos. Dijo luego al cacique que tratase bien a sus cristianos, y que si les hacía mal, que a él y a toda su gente los mandaría a cortar la cabeza, que haría las paces y traería indios principales de Santa Elena para efectuarlas, y se volvería lo más presto que pudiese.

El cacique se atemorizó, y si el Adelantado le apretara,[289] de buena gana le diera los cristianos con los indios, para que se fuera de su tierra, porque tenían gran temor los indios al Adelantado, porque ya tenían noticia de las victorias que había tenido contra los luteranos franceses, porque en aquella tierra corren mucho las nuevas de las cosas que suceden, de cacique en cacique. Respondió este cacique al Adelantado que trataría bien su gente, y que ni él, ni sus indios, no la matarían, si el cacique del cielo no la mataba. Así se partió el Adelantado otro día por la mañana para Santa Elena, dejando allí estos 6 cristianos en prendas y para que doctrinasen los indios. Embarcóse en sus bergantines, salió a la mar a mediodía, descubrió un navío, fue sobre él, reconoció que era el suyo, que estaba surto, entró dentro, fue grandísima la alegría que Esteban de las Alas y su gente recibió con el Adelantado, porque temieron mucho que era perdido, que había y días que no se apartara a reconocer puerto, que era dilación de 2 o 3 horas, y aquella noche hubo mucha tormenta. Tocaron de placer las trompetas e hicieron salva con la artillería, los dos indios que el Adelantado llevaba de Santa Elena y otro principal de

---

[289] apretara 'influir sobre alguien con ruegos, razones o amenazas para que haga cierta cosa' (Moliner).

Guale, que iba para mucho para la cabeza y para el corazón; que tañesen las trompetas, que era buena cosa, no tirasen más.

El Adelantado lo mando así, y dijo a Guillermo, lengua, que tuviese cuenta de los indios, pues los entendía, y los alegrase y regocijase todo lo que pudiese, y encargó a todos los soldados los tratasen muy bien. Hizo el Adelantado levantar la áncora al navío, y navegó para Santa Elena con él y sus 2 bergantines; con luego a Esteban de las Alas, y a la más gente, lo que le había acontecido, de que todos se holgaron, aunque les pesó mucho de la quedada[290] de Alonso Menéndez Marqués, porque era muy bien visto de todos.

Llegaron otro día en la tarde a Santa Elena, que los 3 indios que llevaban, conocieron muy bien el puerto. Entró dentro, por donde los indios le guiaban, que eran diestros pilotos, porque solían andar por allí pescando con sus canoas. Habiendo entrado y andado por la orilla adentro una legua, los indios mandaron surgir con el navío grande, porque adelante no podría pasar, y que se embarcasen en los bergantines y fuesen al pueblo. El Adelantado lo hizo así, y se embarcó en los bergantines y llevó consigo a Esteban de las Alas y hasta cien personas. Llegó al pueblo de los indios, que estaban de allí a 2 leguas, y halláronle quemado, y volvían a hacer de nuevo algunas casas; parecieron algunos indios muy alterados con sus arcos y flechas y puestos de guerra. Los dos indios que el Adelantado llevaba le dijeron que pensaban aquellos indios que él y su gente eran de los cristianos de mentira, que los habían cautivado en la guerra, sirviendo a Guale; que ellos saltarían en tierra y los dirían cómo éramos muy buenos enemigos de aquellos, y a lo que veníamos.

El Adelantado les dejó ir, y dentro de media hora desembarcó con toda la gente, dejando en guarda de los bergantines en cada uno 10 personas; y luego los indios se vinieron al Adelantado, sin arcos y flechas, con gran humildad y haciendo grandes demostraciones de respetarle, y fueron corriendo muchos, unos por unos caminos y otros por otros. Esto era que enviaban a dar aviso a los pueblos, caciques y capitanes, que viniesen a ver al Adelantado; hicieron luego gran fuego, trajeron mucho marisco y cenó el Adelantado y su gente. Acudieron muchos indios, todos le

[290] quedada 'acción de quedar(se)' (Moliner).

iban a hablar y respetar, que era cosa de ver el amor y alegría que mostraron estos indios con el Adelantado; vinieron aquella noche 3 caciques, sujetos al Orista, y le dijeron que se fuese a un pueblo, que estaba de allí una legua, que el Orista y otros capitanes y caciques suyos vendrían allí a comer. Hízole el Adelantado así, en siendo de día; vino el Orista y otros 2 caciques y capitanes. Fue grande la alegría que todos tuvieron con Guillermo, la lengua, a quien este Orista había dado una hija por mujer, en el tiempo que allí estuvo.

Mandóle el Adelantado que dijese a Orista se juntase con sus principales, porque le quería hablar; así lo hicieron, el Adelantado mandó a Guillermo, que era lengua, les dijese, estando presente los 3 indios, que el Adelantado consigo había llevado, todo lo que había pasado en Guale, cerca de las amistades. El Orista dijo que luego respondería, y habló con sus indios más de media hora, dando y tomando, sin que quisiesen que el Guillermo allí estuviese, porque no entendiese lo que trataban; y luego llamaron a la lengua, al cual le hablaron muy gran rato, y dijo luego la lengua al Adelantado, de parte del Orista, que holgaba mucho de hacer las paces, como el Adelantado se lo mandaba, y holgaría mucho más de ser cristianos de verdad él y su gente, como lo querían ser los de Guale, que aquellos no habían de ser mejores que ellos; que sus indios, que el Adelantado trajo de Guale, les habían dicho quién era Dios y cómo era bueno ser cristianos, y que querían mucho que el Adelantado viviese en aquella tierra y tomarle por hermano mayor, para hacer lo que él les mandase, y que tendrían a los cristianos de mentira por enemigos, pues eran del Adelantado, y cual les respondió con gran alegría que mostraba tener en su corazón, que los quería mucho, y que no pensaba vivir en aquella tierra, porque era mala, y la suya era mejor, y que sus indios matarían a sus cristianos, porque los cristianos que traía no hacían mal a los indios, y que si hacían algún mal, luego el Adelantado mataba a quien lo hacía. Que deseaba vivir allí sólo para que supiesen ser cristianos, para que cuando se muriesen se fuesen al cielo; díjoles el poder y bondad de Dios, y lo más que decían los otros caciques, para que fuesen cristianos, mostraron gran contento de oírlo, y volviéronse a decir[291] {que querían ser cristianos, rogándole dejase alguno que los doctrinase.

Pedían esto con tanto ahínco, que el Adelantado ofreció dejarlo; pero que si él o su gente le mataban, volvería de guerra, y a todos les cortaría la cabeza.

Llegaron luego muchas indias cargadas de maíz, pescado cocido y asado, ostras y muchas bellotas, y el Adelantado mandó traer bizcocho, vino y miel, repartió con los indios, que bebieron el vino bien, y comieron el bizcocho, mojado en aguamiel, mejor, porque son muy amigos del dulce. Acabada la comida, en que hubo gran regocijo y alegría, sentaron al Adelantado en el asiento del cacique, y con varias ceremonias se llegó a él Orista y le tomó las manos. Después los demás caciques e indios hicieron lo mismo, la madre y parientes de los dos esclavos que había traído de Guales, le acariciaron mucho y lloraban de placer. Después empezaron a cantar y bailar, quedándose los caciques y algunos indios principales con el Adelantado, y duró la fiesta y regocijo hasta el día y la noche, que se fueron a recoger.

Al otro día echaron los indios muchos pregones en el pueblo, para que ninguno hiciese mal a los cristianos, y el Adelantado dijo al cacique que iba a buscar un buen sitio donde fabricar un pueblo a sus españoles, porque no era bien habitasen entre los indios, y que riñesen después. El cacique le dio noticia de uno, cerca de donde estaba la nave surta, y se embarcó sin recelo alguno, con su mujer y 12 indios, en los bergantines del Adelantado, y fueron todos muy alegres hasta el paraje donde habían de desembarcar; allí dio de merendar a los indios, y saltaron en tierra para ir al pueblo de Orista, donde los hospedaron muy bien aquella noche.

Por la mañana llevó el cacique al Adelantado a una casa muy grande, y le sentó en su asiento, haciendo con él la misma ceremonia que en el pueblo antecedente, y mandó echar los mismos pregones. Pasaron al día siguiente a reconocer el sitio para edificar el pueblo, y les pareció a todos muy bueno y apacible, y sin perder tiempo, el Adelantado, Esteban de las Alas y otros capitanes trazaron el fuerte, y se encomendó su fábrica a Antonio

[291] Ruidíaz suple lo que sigue con el *Ensayo cronológico* de Cárdenas hasta el cierre del corchete por faltar parte del manuscrito.

Gómez, el cual, con 50 soldados y otros marineros, había sacado de la nave de flota que estaba en La Habana, para que hasta fines de mayo anduviesen con él en la Florida, y sirvieron muy bien.

Capítulo XVIII

Hízose un fuerte de estacas, tierra y fajina,[292] y en él se pusieron 6 piezas de bronce, y le llamó el Adelantado San Felipe. Nombró por gobernador de él y de aquella tierra a Esteban de las Alas, y le dejó 110 hombres. Luego envió el navío con 20 a Santo Domingo a cargar de bastimento para proveerle, porque le dejaba pocos. También despachó un bergantín a San Agustín y San Mateo, a dar aviso de todo.

Envió algunos indios, a tierra adentro, a decir a los caciques que había allí cristianos muy buenos, que no hacían males ni daños a los naturales, sino mucho bien, regalándolos, y que a él habían tomado por hermano mayor Orista y otros, para que los defendiese de sus enemigos, de que estaban muy contentos todos los indios y deseaban ser cristianos; que si querían hacer ellos lo mismo y verle, estaba esperándolos para darles algunas cosas que les traía. Dentro de 15 días, que fueron los que allí se detuvo vinieron muchos caciques a visitarle, y les hizo muchos agasajos, por lo cual le tomaron por hermano mayor, para que los mandase a su voluntad; dijéronle querían ser cristianos y que les diese una cruz y algunos de los suyos, para que los enseñasen en su tierra.

El Adelantado lo hizo así, dando a cada cacique 102 cristianos, y herramientas para hacer una cruz en cada lugar, amonestándoles[293] que todos los días, por la mañana y tarde, dijesen la doctrina cristiana y adorasen la santa cruz, para que los indios fuesen aprendiéndola e imitándoles. A todos los caciques dio rescates y una hacha a cada uno, conque fueron muy contentos, y le regalaron con gamuzas bien curtidas y algunas perlas, de que hay muchas en aquella tierra, aunque de poco valor, por estar quemadas.

Despedido del cacique Orista, que quedó muy gozoso de tener españoles, partió el Adelantado a Guale, llevando 20

---

[292] fajina 'haz de leña' (Covarrubias).

[293] amonestar 'reprender sin mucha violencia a una persona, conminándola a enmendarse' (Moliner).

soldados, 2 indios principales de Orista para ajustar la paz y a Guillermo, el intérprete. En Santa Elena}[294] quedó Esteban de las Alas y la gente que con él estaba, contentos por parecer se llevaba muy buen principio para volver los indios cristianos, que después de echar a los luteranos de la tierra, era todo lo que deseaban; mas tenían gran temor a la falta de comida que les quedaba muy poca, y al trabajo mucho de acabar su fuerte, porque cada día esperaban franceses luteranos, que como habían tenido nueva de los buenos sucesos que el Adelantado había tenido con ellos, así por mar como por tierra, en acabarlos e desarraigarlos de aquella tierra, porque no enseñasen su mala secta a los indios.

Que para vengarse del daño que habían recibido del Adelantado y su gente, y volver a poblar aquella tierra, hacían gruesa armada, y sabidos como el Adelantado los aguardaba, no se atrevieron irle a buscar y fuéronse a la isla de la Madera, que es del Rey de Portugal, la tomaron, saquearon y robaron, y se volvieron a Francia.

A querer dar los indios comida a Esteban de las Alas y a su gente, no la tenían, que había muchos meses que no llovía. Llegó el Adelantado a Guale, con 20 personas, el 8 de Mayo; desembarcó primero Guillermo, contó el cacique las paces que quedaban hechas, y a Alonso Menéndez y Vasco Zabal y los otros 4 cristianos que con él quedaron, todo lo que les había acontecido, de que se alegraron mucho. Desembarcó el Adelantado, fue muy bien recibido de Guale y de todos sus indios, luego dijeron los dos indios de Orista a Guale, su embajada, estando junto con sus principales, de que se holgaron mucho él y toda su gente, grandes y pequeños, y le pesó de las amistades que el Adelantado había tomado con los de Santa Elena, y que le hubiesen tomado aquellos caciques por hermano mayor, y luego dijo con la lengua al Adelantado que él estaba contento de las paces y que le quería tomar por su hermano mayor, para hacer lo que les mandase, y que querían ser cristianos de verdad, y no de mentira, como los franceses que allí estaban; que le dejase gente que viviese en su tierra, pues la había dejado Orista. El Adelantado le dijo que no tenía, que se la enviaría presto. El cacique respondió que dejase la que allí había quedado, que era buena, para que los enseñasen a ser

[294] Sigue el manuscrito.

cristianos y que después les invitaría más. El Adelantado dijo que él le respondería otro día por la mañana. Luego el cacique dijo al Adelantado que pues ya era cristiano, y que por no enojar a Dios había hecho las paces con el Orista, que le pidiese le diese agua para sus maizales, y sementeras,[295] que había 9 meses que no llovía.

El Adelantado le dijo que Dios estaba muy enojado con él, porque le había mandado muchas cosas y no las había hecho, y por eso, aunque le suplicase le diese agua, no lo quería hacer.

El cacique se volvió muy triste y se fue a su casa; los niños de la doctrina, que esto supieron, fuéronse al cacique con la lengua y le dijeron que no estuviese triste, que ellos suplicarían a Dios que lloviese.

El cacique les dio muchas gamuzas, que son cueros de venado adobados, maíz y pescado, los cuales lo tomaron todo y se fueron con ello.

El Adelantado, cuando esto supo, mandó que se lo quitasen todo, y los desnudasen, para azotarlos. El cacique lo supo, y vino al Adelantado muy triste, diciéndole que le traía engañado, pues no quería pedir al cacique del cielo agua, y quería azotar a los niños porque se la pedían; que no los azotase, y no quería ya que pidiesen a Dios agua, que lloviese cuando Dios quisiese.

El Adelantado dijo al cacique que aquellos niños eran bellacos, que por que les diese aquella comida y cueros de venados, le engañaban y decían aquellas mentiras, y que Dios estaba enojado con ellos, porque eran bellacos; y mandó que no azotasen los niños, y dijo que si el cacique quería ser cristiano de verdad, que mejor daría Dios agua a él, que no al Adelantado y a los niños, que le habían dicho mentiras en muchas cosas.

El cacique dijo con tristeza que era cristiano de verdad desde el primer día; y fuese derecho a la cruz que estaba allí cerca, e hincóse de rodillas y besóla, y volvióse al Adelantado y díjole por la lengua:

"Mira cómo soy cristiano de verdad".

Esto pudo ser a las 2 horas después de medio día; no pasó media hora, cuando vinieron truenos y relámpagos, y empezó a llover mucha agua, y cayó un rayo junto al pueblo, en un árbol, que

---

[295] sementera 'tierra sembrada' (Moliner).

hizo muchas rajas;[296] todos los indios e indias acudieron a tomar las rajas y llevarlas para casa, guardándolas, fueron todos los indios e indias con el cacique, y algunos llorando, a casa del Adelantado, echándose a sus pies algunos, y otros pidiéndole las manos, rogándole que dejase allí cristianos.

Capítulo XIX

Habían dicho al Adelantado, Alonso Menéndez, su sobrino, y Vasco Zabal, que la lengua que allí estaba, era luterano y gran somético,[297] y que partido de allí el Adelantado para Santa Elena, anduvo con los indios, que los matasen, y que con Guillermo se podría informar de lo que en esto pasaba, para que hablase con 2 indios con quien él se echaba, que el uno decían era el hijo mayor del cacique.

Con gran secreto hizo el Adelantado la diligencia, y sabiendo ser verdad, y que le vieron escupir la cruz muchas veces delante de los indios, haciendo burla de los cristianos, habló con Alonso Menéndez, su sobrino, y con Vasco Zabal, alférez del estandarte real, que lo sabían y lo habían visto, y díjoles que no era bueno dejar desconsolados aquel cacique y su gente, pues querían ser cristianos, que holgaría mucho se quedasen allí, como antes estaban.

El Vasco Zabal respondió que antes aguardaría que el Adelantado le cortase la cabeza, que quedarse allí.

Alonso Menéndez dijo que mucho le pesaría de quedar; mas como se lo mandase Su Señoría, que lo haría, conque se matase aquel francés o lo llevase consigo, porque de otra manera, no se haría nada y le matarían a él y a los que con él quedasen, y que el hijo del cacique mandaba más que su padre, y quería mucho aquella lengua; que si le mataban, que se escandalizarían los indios y volverían de guerra. Pareció muy bien esta razón al Adelantado, y porque se confiaba de Guillermo, y le tenía por católico, llámale, díjole que tratase con aquella lengua que se fuese con él a Santa Elena, que en canoa, sin salir a la mar, por un río, van allí en 2 o 3 días, y que Esteban de las Alas, que era muy

---

[296] raja 'pedazo de leña' (Autoridades).

[297] Somético por sodomita.

buen capitán y liberal,[298] le daría muchas cosas, y que traería a su cacique un presente que el cacique de Santa Elena le enviaba a decir enviase por él. La lengua holgó de esto, y sin entender que lo sabía el Adelantado, le vino a rogar le diese una carta para Esteban de las Alas, que le conociese, y le diese un hacha, porque él quería ir por el presente que había de enviar el cacique de Santa Elena a su cacique Guale. El Adelantado dijo que le diese papel y tinta, que luego la quería escribir, y así la escribió, muy favorable, y se la dio.

El cacique Guale despachó luego esta lengua con otros e indios suyos, en una canoa, para que fuesen y volviesen luego. El hijo del cacique mostró pesarle mucho porque la lengua se iba, y llorando le rogó se volviese luego. El Adelantado envió un soldado con una carta, a Esteban de las Alas, para que con gran secreto hiciese matar esta lengua, porque era somético y luterano, y si volvía vivo, no serían cristianos tan presto los de Guale que deseaban serlo; y regalase mucho los dos indios de Guale que iban con él, y que Orista hiciese lo mismo, dándoles buen presente, y que él enviase otro a Guale, y ofreciéndole su amistad, y que fingidamente mostrase pesarle mucho, porque la lengua no parecía, que como era cristiano de mentira, se habría escondido por los montes por no volver a Guale, para si algún navío de su tierra viniese, irse con él. Y así Esteban de las Alas le hizo dar garrote[299] con gran secreto, y los dos indios volvieron a Guale; y ya era partido el Adelantado para San Mateo y San Agustín, dejando en Guale a Alonso Menéndez, su sobrino, y a los 4 cristianos que con él estaban; llevó consigo a Vasco Zabal.

Aquella agua que llovió en Guale duró 24 horas, alcanzó en toda la isla, que tendría 4 o 5 leguas.

Capítulo XX

El Adelantado iba para San Mateo, navegando en el bergantín, por la parte de dentro, sin salir a la mar. Salían indios en canoas, y decían: "España, amigos, hermanos, queremos ser

---

[298] liberal 'desprendido o generoso; inclinado a dar de lo que él tiene y estima' (Moliner).

[299]dar garrote 'procedimiento de ejecutar a los condenados comprimiéndoles la garganta' (Covarrubias).

cristianos"; porque estos indios habían sabido lo que había pasado en Santa Elena y en Guale, y el agua que había llovido en esta última isla.

El Adelantado saltó en tierra y dioles algunos rescates, e hizo hacer muchas cruces pequeñas, y para cada pueblo una; y de este modo anduvo hasta que llegó a San Mateo a 15 de mayo, donde halló la gente de aquel fuerte buena y con gran necesidad de bastimento, y los indios todos muy de guerra, y supo que habían flechado de noche 2 veces las centinelas de San Agustín, y que habían muerto 2 soldados, y puesto fuego a la casa de munición, que estaba cubierta con hojas de palmito, por donde se quemó el fuerte; y de noche pusieron en las flechas fuego artificial, y con los arcos, las tiraron a la casa, y así se pegó el fuego, y porque hacía aire, se pegó de tal manera, que no fue posible remediarse, y la pólvora y municiones, paño y lienzo, y las banderas y estandartes, así del Adelantado, como de lo ganado a los luteranos, se quemó todo, sin escapar nada. Y que estaban el Maestro de Campo y todos los demás con grandísimo aprieto y necesidad de comida, y peligro de los indios, que andaban emboscados en cuadrillas, para que, en saliendo algún cristiano a buscar palmitos y mariscos, lo flechaban; que como estos indios de la Florida son tan ligeros, y están ciertos que nos los han de alcanzar, son muy atrevidos en llegar cerca de los cristianos, y otras veces en aguardarlos, y al retirarse los cristianos, corren con ellos mucho peligro, porque tiran tan recio con los arcos, que pasa una flecha la ropa, y la corta que el soldado trae vestida, y son muy prestos en tirar. Al disparar el arcabuz el soldado, primero que lo vuelva a cargar, por la ligereza que el indio tiene, júntase con él, y tírale 4 o 5 flechas, primero que el soldado acabe de atacar el arcabuz, y en cuanto echa el polvorín para cebarlo, el indio se retira entre yerbas y bosques, que es muy buena tierra aquella, y mira cuando el polvorín hace fuego, y bájase, y como está desnudo, se muda por entre las yerbas, y en disparando el arcabuz, sale el indio a diferente parte de donde se bajó cuando le querían hacer la puntería, y son en esto tan diestros, que es cosa de admiración. Y todos pelean escaramuzando, saltan por encima de las matas como venados; no son los españoles, tan ligeros como ellos; y si los cristianos los siguen, y ellos tienen miedo, caminan a la parte donde hay ríos o ciénagas de agua, que hay muchas en la costa de la mar, y como andan desnudos, pásanse a nado, porque nadan como peces, y llevan los arcos y flechas altos del agua, con una mano, para que no se les mojen, y puestos de la otra parte, empiezan a dar grito a los cristianos y reírse de ellos, y cuando los cristianos se retiran, vuelven a pasar el río y seguirlos, hasta meterlos en el fuerte, saliendo por entre las matas, y flechando los cristianos, que cuando ven la ocasión, no la pierden.

Y por esto se les puede hacer muy mala guerra, si no es yéndolos a buscar a sus pueblos, cortarles las sementeras y quemarles las casas y tomarles las canoas y derrocarles las pesquerías, que es toda su hacienda, para que dejen la tierra, o cumplan sus palabras con los cristianos, porque se hacen amigos con ellos los caciques y los indios; haciendo buen tratamiento, cuando van a los fuertes de San Agustín y San Mateo, si no les dan de comer, vestidos, hachas de hierro y rescates, veíanse muy enojados; rompen la guerra, matando los cristianos que hallan. Son indios muy traidores, y que de esta manera, a traición, debajo de la amistad, han muerto más de cien soldados los indios de estos 2 fuertes de San Mateo y San Agustín, donde los franceses residían; son estos más traidores.

Pesóle mucho al Adelantado de la quema de la casa de munición y fuerte, bastimento y municiones, y de la gran necesidad y peligro con que estaba el Maestro de Campo y Bartolomé Menéndez, su hermano, y toda la demás gente.

Fuese con diligencia a San Agustín, llevando alguna gente, y municiones y bastimento, de lo poco que había en San Mateo; llevó consigo a Gonzalo de Villaroel, que estaba muy enfermo de los trabajos pasados, para enviarle a La Habana a curar; dejó a Vasco Zabal, alférez del estandarte real, en su lugar.

Llegó a San Agustín el 18 de mayo; fue mucha la alegría de los que allí estaban; lloraban de placer, por la merced que Nuestro Señor les hacía en socorrerles en tal tiempo con la llegada del Adelantado, el cual les contó los buenos sucesos que había tenido en Guale y en Santa Elena, y el buen principio que había para que los indios fuesen cristianos, todos se alegraron mucho. Hizo descargar el bastimento y municiones que traía, y que se les diesen raciones.

Entró en consejo con el Maestro de Campo y capitanes; salió acordado que se mudasen de allí y hiciesen un fuerte a la entrada de la barra, donde ahora está el fuerte de San Agustín, porque allí los indios no les podían hacer tanto mal; y plantasen en él la artillería, porque de allí podrían defenderse mejor de cualquier navío de enemigo que quisiesen entrar en el puerto, y que hecho esto, si el bastimento no fuese venido dentro de 15 días, que se partiese el Adelantado a buscarlo en tres bergantines que allí tenía, porque los navíos que enviaba con otras personas, nunca había vuelto ninguno. Publicóse esta determinación, dio gran contento a todos, aunque les pesaba mucho de que el Adelantado se fuese de con ellos, porque entendieron que el Maestro de Campo se había de ir a San Mateo, por la ausencia de Villarroel, que así lo pidieron los soldados que allí quedaron, y el Adelantado se lo prometió.

Luego aquel día y el siguiente se pasaron sobre la barra; empezaron a trazar su fuerte y hacerlo con grandísima diligencia, y trabajaban desde las 3 de la mañana, antes del día, hasta las 9, y desde las 2 de la tarde hasta las 6. Repartieron la gente en 4 partes y el trabajo en otras tantas, y echaron el dado, la parte que cabía a cada una parte de éstas; fue tanta la orden que se tenía en hacer este fuerte con brevedad, de temor que los indios no cargasen sobre ellos, que era contento verlo. Trabajaban en él como 170 personas, a los 10 días estaba en razonable defensa y plantada la artillería. No venía ningún navío con bastimento, corrían peligro de perecer todos de hambre; fue acordado, de conformidad de todos, que el Adelantado se partiese luego a La Habana con los 3 bergantines, y que llevase las 100 personas, que las más eran de la nao capitana de la flota de la Nueva España, y estaba obligado el Adelantado a llevarlos a La Habana en todo Mayo, y que quedando 70 raciones no más, podrían sustentarse algunos días, en el entretanto que venía algún navío. Y así se embarcó el Adelantado con los cien hombres en los 3 bergantines, a principio de junio, y el día que partió, se encontró con un navío suyo de 60 toneles, cargado de bastimento, que traía Francisco Cepero, y en él venía el capitán Diego de Maya, muy malo, y si en aquel momento el Adelantado no le topara, iban navegando por arriba del bajo, y estaba ya en parte que si echaran la áncora, se perdía, porque pensaban que entraba por la barra, y era pleamar, y estaban en 2 brazas de agua, y a la bajamar no quedaba ninguna, y andaba mucha mar, y cuando largó el navío el cable, tocó, y el Adelantado entró dentro dél, y se dio tan buena maña, que los sacó a salvamento, y de otra manera todo pereciera y se ahogan todos los que en él venían.

Escribió al Maestro de Campo repartiese aquel bastimento por aquellos fuertes, y él se fue luego a San Mateo, y no saliese de aquel fuerte, hasta su vuelta, que sería luego, con toda brevedad, y que un bergantín que les quedaba en el puerto, le cargasen de maíz y lo enviasen a Esteban de las Alas, lo cual se hizo así; y que estando aquel navío descargado, lo echase al fondo, porque se quedasen en el fuerte 20 hombres más que traía, que era muy buena gente, y porque no se amotinasen los soldados, no teniendo navío para salir de tierra, así lo hizo el Maestro de Campo.

Fue una gran aventura y suerte la que el Adelantado tuvo en encontrarse con este navío, porque de otra manera, todos los que en el fuerte quedaban, perecerían de hambre.

E hizo vela luego el Adelantado y llegó a La Habana con los dos bergantines, dentro de 8 días, porque el otro no pudo aparejar, porque el viento y la mar era mucha, y arribó a la isla de Santo Domingo.

Era llegada a La Habana la flota de Nueva España hacía 2 días, y el Licenciado Valderrama, del Real Consejo de Indias, en ella, que había ido por visitador[300] de la Nueva España por mandado de S.M., y habiéndolo hecho, se volvía a España.

Desembarcando el Adelantado en La Habana, fuese a la Iglesia con sus soldados a hacer oración, y antes de entrar en su posada, fue a visitar al Valderrama, pareciéndole que con hallarle allí, podría presto socorrer los fuertes de gente y bastimento, porque había más de 300 soldados de la Florida que se habían huido allí. Posaba el Valderrama en casa del Gobernador, y así en pie, sin sentarse, se hablaron el Adelantado y Valderrama, saludándose y abrazándose muy cortésmente. El Adelantado le dijo que tenía a muy buena ventura hallarle allí, porque dentro de 4 o 5 días se había de volver; que le pedía por merced le señalase hora para poderle hablar y darle particular cuenta del estado de las cosas de la Florida, y la gran necesidad con que quedaban aquellos fuertes, y que S. M. tenía en ellos, a su despensa, 500 hombres, y aunque había traído bastantes provisiones y recados para el

[300] visitador 'juez u otro funcionario encargado de hacer visitas de inspección o reconocimiento' (Moliner).

Gobernador de aquella isla, no le había socorrido con ninguna cosa.

El Valderrama le respondió que todas las veces que el Adelantado quisiese que se juntase, holgaría[301] él de ello.

El otro día siguiente, el Adelantado tuvo cuenta cuando el Valderrama se iba a la iglesia, se fue también él, y acabada de oír misa, le dijo que él estaba empeñado en aquella tierra, por el bastimento que había comprado para la Florida, y que había 8 meses que proveía a los soldados que S.M. allá tenía, los cuales quedaban con extrema necesidad y peligro, así de bastimento con los indios, y que los de la tierra donde estaban los fuertes de San Agustín y San Mateo, todos estaban de guerra, y habían pocos soldados en los fuertes, y los más de ellos enfermos y maltratados y muy descontentos, por los grandes trabajos y peligros que habían tenido y tenían cada día. Y que había habido motines y tratos dobles entre algunos capitanes, por donde se habían salido de aquellos 2 fuertes más de 400 soldados, y que en aquella isla de Cuba estaban más de 500, así de los que se salieron amotinados de los fuertes, como de los que venían de España para la Florida, que con tormenta, se habían apartado del Adelantado, y habían apartado de aquella isla, y se habían quedado en ella, sin querer ir a la Florida, y que aunque había acudido al Gobernador muchas veces, le socorriese con algún bastimento, por cuenta de S.M., e hiciese recoger aquella gente y se la mandase entregar, no lo había querido hacer; que pues él estaba allí, para que constase a S.M. de todo, le suplicaba hiciese información, y para poderse volver luego, le socorriese con 2 o 3 mil ducados de los que S.M., llevaba en aquella armada, que se obligaría de cuando S.M. no fuese de ello servido, volvérselos. Y que encargase al Gobernador que de los soldados de la Florida que andaban en aquella villa e isla, le diese 200 para fortificar los 2 fuertes de San Mateo y San Agustín; y contóle lo que había acontecido en Guale y en Santa Elena, y como los indios de aquella tierra eran todos sus amigos y querían ser cristianos, y como habían hecho un fuerte y dejado en él a Esteban de las Alas, con 110 soldados, con título de Gobernador de aquel distrito. Y que él quería partirse otro día por la mañana a

---

301 holgar 'alegrarse de que las cosas ocurran de cierta manera, o de algún buen suceso ocurrido a otra persona' (Covarrubias).

tierra del cacique Carlos, y llevarle a su hermana, que estaba allí en La Habana, a causa de que se le habían muerto los indios e indias principales que consigo había traído, que no le habían quedado más que dos, y si aquellos y ella se morían, pensaría que los había hecho matar el Adelantado, y aquel cacique era señor de mucha tierra y de los Mártires y el canal de las Bahamas, donde las naos de las Indias tienen el mayor peligro de aquella navegación.

Que convenía mucho tenerle por amigo, procurando se volviese él y sus indios cristianos; y que dentro de 10 o 12 días volvería, en el cual tiempo estarían recogidos allí los 200 soldados y el bastimento que hubiese de llevar.

El Valderrama le respondió secamente que el dinero no lo podía dar, y que en lo de los soldados, él lo hablaría con el Gobernador, y se lo encargaría, y que la información que decía hiciese sobre lo mal que el Gobernador con él lo había hecho, para que contase a S. M. de la verdad, él no tenía comisión para hacerla.

Al parecer de los que estábamos presentes, vimos al Adelantado mudársele el color de afligido, y dijo a Valderrama:

"Señor, en tanto que yo vuelva de Carlos, vuestra merced verá en lo que podrá servir a S.M. en esto, y a mí me hará la merced que hubiere lugar, que para que no se pierda la Florida y salven las ánimas y naturales de ella, y el desinio de S.M. vaya adelante, que es impedir no pongan pie luteranos en aquella tierra, y procurar el plantar el Evangelio en ella, está en mano de vuestra merced hacer lo que le suplico".

El Valderrama no le respondió; y luego el Adelantado se despidió y fuese a su posada, harto afligido; trató con Juan de Hinostroza, tesorero de aquella isla y su lugar teniente en las cosas de la Florida, el poco remedio que había hallado en Valderrama, y todo lo que con él había pasado; el Juan de Hinostroza le consoló mucho, diciendo:

"Señor, yo he hecho por Vuestra Santísima todo lo que he podido con mi hacienda y persona, y ahora procuraré hacerlo con la de mis amigos; no tenga Vuestra Santísima pena, váyase mañana a Carlos, como lo tiene acordado, y yo haré buscar algún maíz, cazabe y carne que lleve para comer la gente, y en el entretanto solicitaré al Licenciado Valderrama que, pues es del Consejo de S.M. y ve lo que importa hacer este socorro, de que S. M. se tendrá por muy servido, tengo por cierto lo hará".

El Adelantado se lo agradeció y le encargo así lo hiciese.

Díjole también que era muy discreta la india Doña Antonia, hermana de Carlos, y de tanta gravedad que espantaba a los del pueblo, y que en pocos días ella y una criada suya, a quien quería mucho, habían desprendido con gran facilidad todas las cosas de oraciones y doctrina cristiana para ser bautizada, y así lo era ya, y que estaba muy triste por ausencia de S. Santísima y por la muerte de sus indios e indias, y que después que le habían dicho que S. Santísima era venido, era grande su gozo y alegría, y que lloraba de placer; que era menester regalarla y hacer mucha cuenta de ella, que pues la quería llevar, convenía fuese diciendo mucho bien, porque él y los de La Habana habían tenido gran cuenta con ella de regalarla y que tuviese contento.

El Adelantado le dijo que el día antes, cuando desembarcaran, la enviara a visitar, y que para hoy la iría a ver, y que así lo haría en acabando de comer, y así lo hizo, enviándole primero de lo que comía y ciertas camisas y ropa, que encomendó al tesorero le comprase, para que la india estuviese y viese que él traía alguna cosa; y llevó a la india consigo, cuando la fue a ver, muchas personas bien tratadas que la acompañaron, y la música, que nunca el Adelantado andaba sin ella, halló la india triste, y aunque el Adelantado le hacía muchos regalos, no se quería alegrar; rogóle muchas veces con la lengua que le dijese por qué estaba triste, díjole que ella quería que Dios la matase, porque cuando desembarcaron, no enviara por ella y la llevara a su casa, para comer con el Adelantado y dormir con él.

Entendido el Adelantado ser mujer tan principal, de tan buen entendimiento, y que no le faltaba razón, le dijo que los cristianos que traían aquella cruz; que es el Adelantado, Caballero de la Orden de Santiago, cuando desembarcaban de hacer jornada contra sus enemigos, no podían dormir con su mujer hasta pasar 8 días, y que él quisiera que estos fueran pasados, porque la quería mucho.

La india se rió medio llorando, y dijo que si ella supiese que él decía verdad, que estaría alegre.

El Adelantado le rogó que lo estuviese, porque él la decía; y dijo, empezando a contar por los dedos, que ya eran pasados 2 días, y señaló los 6; que pasados aquéllos, ella se iría para su casa, el Adelantado le dijo que así lo hiciese, y se levantó el Adelantado, y la abrazó con gran regocijo, y le pidió las manos, y mandó que tañesen los instrumentos, porque aquellos no los había visto en aquella tierra y que le parecían muy bien; estuvo el Adelantado allí más de una hora, regocijándola.

Tenía a su cargo esta india un regidor de aquella villa, que se llama Alonso de Rojas, que tiene una mujer principal, la cual fue madrina de esta india cuando se bautizó, y la quería mucho y doctrinaba, que contó al Adelantado muchas cosas del buen entendimiento de ella, con que el Adelantado se holgó mucho. Él dijo a la india que si tenía deseo de irse a su tierra, ella dijo que sí, y muy grande. El Adelantado le dijo si quería que se fuesen otro día, ella dijo que sí, y que le rogaba mucho que se fuesen; el Adelantado le dijo que así lo harían, y se despidió de ella y se fue a su posada, que era cerca de allí.

Aquella noche aconteció que, siendo pasada la media noche, estando el Adelantado durmiendo en su aposento, con una vela encendida, la india dijo a una mujer, su amiga, a quien quería mucho, de las que el Adelantado había traído de la Florida, que tenía por esclava Carlos, su hermano, que se fuese con ella a casa del Adelantado, porque le había mandado ir allá; la mujer lo creyó, y se fue con ella, y con la india su criada, y llamó a la puerta de la posada del Adelantado. Abrieron a saber quién era, conociéronla, dijo que el Adelantado le había mandado que fuese allá con la india, y el mozo que abrió la puerta, creyendo decían verdad, las dejó entrar y metió en el aposento del Adelantado, donde estaba una vela encendida, y la india la tomó en la mano, y miró si estaba en la cama alguna mujer con el Adelantado, y después miró alrededor de la cama, y por bajo.

El Adelantado, aunque muy cansado y quebrantado, despertó, y como la vio con la candela en la mano, turbóse, y dijo contra la mujer que venía con ella:

"¿Qué es esto, hermana?".

Doña Antonia se sentó encima de la cama con la candela, para ver lo que el Adelantado decía, la mujer respondió al Adelantado que doña Antonia la había dicho que mandaba S. Santísima que se la trajesen a aquella hora, y que ella, creyéndolo, lo había hecho así.

El Adelantado, con alegre rostro y regocijado, riéndose mucho de esto, le dijo que le dijese que holgara mucho que fuera pasados los 8 días, para que se acostara allí con él.

Doña Antonia dijo por la lengua que le rogaba la acostase consigo en un canto de la cama, y que no se llegaría a él, para que su hermano Carlos supiese que habían dormido juntos, porque de otra manera pensaría que se reía de ella, y no quería ser amigo de verdad de los cristianos, ni ser cristiano como ella, de que le pesaría mucho.

El Adelantado le pareció que no le faltaba razón; más que Dios le mataría; que si ella quería que él se muriese, que se desnudase y acostase con él. Ella empezó entonces a echar los brazos al Adelantado, y díjole que porque no se muriese, no quería con él acostarse.

Llamó el Adelantado a un criado suyo, que sacase de un cofre algunas cosas, que fueron 3 camisas y sendos espejos y gargantillas de cuenta[302] y vidrio, que eran rescates que el Adelantado había hecho recoger aquel día, para llevar a su hermano Carlos; y dijo a la mujer cristiana que con ella fue, que si el Adelantado no despertara, ella quería matar la candela y acostarse con él; y con esto se fueron contentas.

Luego a la mañana el Adelantado se fue a embarcar, y llevó la india consigo, y a su criada, y a 2 mujeres cristianas de las que habían sido allá cautivas; fue en un patache y una chalupeta,[303] con hasta 30 soldados y marineros. Hizo vela con próspero viento, llegó al pueblo de Carlos tercero, surgió a la entrada del puerto, porque, como llevaba poca gente, no se atrevió llegarse al pueblo, entonces dijo la india al Adelantado que se desembarcase con ella y fuese al pueblo.

El Adelantado le dijo que en ninguna manera lo podía hacer, porque le convenía partirse luego a buscar cristianos, para que viviesen allí y enseñasen a ser cristianos a su hermano y a los indios de aquella tierra, si lo quisiesen ser, y que él le prometía entonces hacerle una casa en aquella tierra, en que viviese, en el pueblo de los cristianos. Y que los parientes de los indios y indias

---

[302] cuenta 'bolita o pieza perforada de cualquier forma con que se hacen rosarios o collares y otros adornos' (Moliner).

[303] chalupeta 'barco pequeño' (Moliner).

que se murieran en La Habana, pensarían que el Adelantado los había muerto, y le querían hacer algún mal a él y a sus soldados, de que podría romperse la guerra con su hermano, y de esto le pesaría mucho, porque lo quería bien, por amor de ella, y lo tenía por hermano; y que luego se quería volver. La india le respondió que le pesaba mucho, porque el Adelantado no desembarcaba, y que estuviera algunos días en tierra, hasta ser pasados los 8 días, para que durmiese con él; mas que también tenía miedo que los indios fuesen bellacos y le hiciesen algún mal; que le rogaba viniese lo más presto que pudiese, y trajese cristianos, para que viviesen allí, y volviesen a sus hermanos y a los demás indios cristianos.

Luego vinieron muchas canoas, y la Doña Antonia envió a decir a su hermano como estaba allí, que viniese por ella; era cosa de ver la alegría que los indios tenían con ella, y otros lloraban de pesar, de los indios e indias que se murieron, que habían ido con ella. Dentro de 2 horas, con hasta 12 canoas, y las dos de ellas amarradas, una con otra y cubiertas y entoldadas[304] con sus arcos y esteras, muy bien, y primeramente metióse él y el capitán, su cuñado, y otros 6 principales, en el patache con el Adelantado.

Fue cosa de ver cómo recibieron la Doña Antonia y su hermano, y las ceremonias que se hicieron; mandó el Adelantado traer de comer y tañer[305] los instrumentos, y dar a los indios de las canoas algún maíz y cazabe, y algunos cuchillos y tijeras, espejos y cascabeles, y acabando de comer, dio un presente a Carlos para él y su mujer, y dio otro al Capitán para él y su mujer, que era hermana de doña Antonia y dio a los indios principales que allí estaban, y a la Doña Antonia le dio algunas cosas que llevaba para ella. Dijo el Adelantado a Carlos si quería ser cristiano y trasquilarse,[306] y si quería ir a tierra de cristianos, como se lo había prometido, y que le trajese los cristianos que dijo le daría cuando allí volviese.

El Carlos le respondió que le dejasen hablar con su capitán aparte, y que luego le daría la respuesta; y así se apartaron más de un cuarto de hora, y dijeron al Adelantado que por aquellos 9 meses, no podía en ninguna manera ir a tierra de cristianos, ni

---

[304] entoldar 'cubrirse' (Moliner).
[305] tañer 'tocar' (Moliner).
[306] trasquilar 'chamorrar, tusar' (Moliner).

volverse cristiano por entonces, porque sus indios no se levantasen contra él y le matasen; que pasado aquel tiempo, volviese el Adelantado; y justificó con razones bastantes.[307]

{Encargóle a Doña Antonia el Adelantado y se volvió a La Habana, donde halló comprado algún cazabe y carne por diligencia de Juan de Hinostroza; pero no halló gente, ni otras cosas que necesitaba; conque le fue forzoso valerse de D. Cristóbal de Eraso y D. Bernardino de Córdoba, que estaban allí y venían de tierra firme y Nueva España,}[308] y representóles su estrecha necesidad, y que deseaba volverse a la Florida, con algún bastimento, que no lo tenía, ni dinero para comprarlo, pensando, entendido su estrecha necesidad, hablaran al Gobernador o a Valderrama, que de las flotas y armada, que había más de 30 naos, le dieran de cada una un quintal de bizcocho y una botija de vino, y con algún maíz o cazabe que entre sus amigos pidió en La Habana, a cada uno su carga por limosna, se pudiera volver a la Florida con 50 o 60 marineros y soldados que allí tenía.

No le socorrieron con ninguna cosa; visto esto el Adelantado, y la poca gente que había dejado en los fuertes, tomó una fragata y un bergantín y una chalupeta, y metió en ella como 65 personas. Las 5 le entregó el Gobernador; y sobre un hábito de oro y vestidos y otros ajuares,[309] halló 500 ducados, que compró de maíz, carne y cazabe. Partió a primero de julio de La Habana, con las flotas de Nueva España y tierra firme, que iban para España y luego aquel día se apartó de ellas. Llegó a la Florida, al fuerte de San Mateo, dentro de 8 días, donde halló estar un navío surto fuera de la barra; llegó a reconocerlo, supo que venía de España con bastimento. Dijo la gente que en el puerto de San Agustín estaban otros 14 navíos, y en el de Santa Elena otros 2, y que todos venían cargados de bastimentos, y que traían 1.500 infantes para socorrer aquellos fuertes y las Indias, porque se tenía noticia que franceses luteranos hacían gruesa armada para aquellas partes.

---

[307] Ruidíaz suple lo que sigue con el *Ensayo cronológico* de Cárdenas hasta el cierre del corchete por faltar parte del manuscrito.

[308] Sigue el manuscrito.

[309] ajuares 'ropa y enseres' (Covarrubias).

Capítulo XXI

El contento que el Adelantado y su gente de esto recibió, fue muy grande, porque venía muy sentido del poco favor y ayuda que había hallado en La Habana, estando allí tantos criados del Rey, en oficios tan preeminentes, y todos muy buenos caballeros, no le hacen ningún socorro, limosna ni caridad; en especial, sabiendo las provisiones y cédulas bastantes de S.M., para que de su real hacienda le diese García Osorio, Gobernador de aquella isla, lo que le pidiese y hubiese menester.

Entró el Adelantado en la barra de San Mateo, fue al fuerte, halló al capitán Aguirre, que venía de España por soldado y por ausencia de Juan de Oruña, que iba por coronel de esta gente y se había quedado en San Lucas, habiéndoselo S.M. mandado, pareciéndole que no era necesario en la Florida, por los buenos capitanes que el Adelantado traía consigo, y el día que llegaron a San Agustín, Sancho de Arciniega, que iba por General de esta armada y socorro, dio la compañía del Coronel, que eran 250 soldados, a este Aguirre, para que fuese a socorrer el fuerte de San Mateo, porque el Maestro de Campo luego se vino de San Mateo a San Agustín, como supo que el socorro era venido, dejando encomendado aquel fuerte a Vasco Zabal. Y halló al Vasco Zabal con los soldados viejos, dentro del fuerte, y el Aguirre alojado fuera, y diferente el uno con el otro, porque el Vasco Zabal pedía que este capitán Aguirre se metiese dentro del fuerte con los soldados, el cual decía que sí haría, más que había de poner las centinelas y dar el nombre; el Vasco Zabal decía que la guarda y defensa del fuerte estaba a su cargo, y que no lo había consentir. Mandó el Adelantado que el capitán Aguirre metiese en el fuerte cada noche 50 soldados, y que el Vasco Zabal pusiese las centinelas y diese el nombre; y dejándolos muy conformes, se partió a San Agustín; halló en el camino, yendo navegando, al Maestre de Campo, en un bergantín, que venía a San Mateo para concordar la diferencia del capitán Aguirre y Vasco Zabal. Holgóse extrañamente el Adelantado con él; contóle las miserias, trabajos y peligros que habían padecido antes de la llegada del socorro, y como los indios, junto del fuerte de San Mateo, habían muerto a traición al capitán Martín Ochoa, y a otros soldados, y que en el de San Agustín habían muerto de la misma manera al capitán Diego de Hevia, pariente del Adelantado; y que como no tenían ninguna comida, les era forzado salir a buscar ostiones, cangrejos y palmitos. Era menester la más gente del fuerte salir a esto; de otra manera, el que iba, no volvía; pesóle mucho al Adelantado de la muerte de estos dos capitanes, porque los quería mucho, y el Martín Ochoa habíase señalado mucho en la ganada del fuerte, y en todo lo demás de su cargo sirvió con mucha fidelidad; de tal manera, que los que se amotinaron, le quisieron muchas veces matar, por él volver con grande espíritu por el servicio de S.M., afeándoles[310] la flaqueza que hacían.

También habían flechado los indios a traición otros 5 soldados y una lengua de ellos, muy queridos del Adelantado, y que habían sido de los primeros cuando el fuerte se ganó, que habían asistido a los trabajos y peligros, obedeciendo en todo al Gobernador, sin querer desamparar el fuerte e irse con los amotinados; el uno de ellos era Don Fernando de Gamboa, hijo natural de Don Prudencio de Bendaña, el otro, Juan de Valdés, primo hermano del Maestro de Campo, el otro era Juan Menéndez, hijo del primo del Adelantado. Sintió mucho esto el Adelantado, y como entendió lo mucho que el Maestro de Campo lo debió de sentir, disimuló y dijo:

"En semejantes empresas no se pueden excusar estas muertes, trabajos y peligros, Nuestro Señor los perdone, que cierto mucho lo siento".

Luego le contó particularmente el Maestro de Campo el socorro que había venido, y los hombres de los capitanes, y lo mal conque se gobernaban para con él, porque como llegaron y desembarcaron en tierra, se alojaron por sus cuarteles alrededor del fuerte, y las primeras dos noches, cuando el Maestre de Campo llegó, hizo poner las centinelas en las partes que convenía, y les dio el nombre, estando satisfechos que el Maestro de Campo, con poderes bastantes que el Adelantado le había dado, era su lugarteniente; y entendieron después los capitanes que habiéndose quemado la casa de munición y fuerte de San Agustín, donde primero estaban, con todo cuanto dentro había, con todas las escrituras le provisiones, y entre ellas, los poderes que el Maestro de Campo tenía del Adelantado, acordaron de poner en él sus centinelas, y dar su nombre, y querer nombrar Maestro de Campo

---

[310] afear 'censurar o reprochar a alguien una cosa' (Moliner).

y Sargento mayor. Algunos había que les parecía bien, otros mal, y entre sí tenían alguna discordia; en efecto, ellos iban adelante con este uso; de esta novedad se admiró el Maestro de Campo, porque nunca le habían dicho palabra, ni pedido los poderes, antes ni después; envióles a decir que se juntasen todos que les quería hablar, y estándolo, les dijo:

"Señores, el Adelantado me ha dejado en estas provincias por su lugarteniente, por comisión que de S.M. tuvo para ello, y de ello me dio bastantes poderes, los cuales se me han quemado, y está aquí el Escribano ante quienes pasaron la notoriedad que todos tienen de ello y que me respetan y obedecen como a tal lugarteniente. De los capitanes y soldados que están en esta provincia, se podrán vuestras mercedes informar de esto, que los de ellos están aquí, y son Bartolomé Menéndez, capitán ordinario de S.M., hermano del Adelantado, Alcalde de este fuerte de San Agustín y Gobernador de la tierra, y el otro Gonzalo de Villarroel, Alcalde y Gobernador del fuerte de San Mateo y su tierra, y el otro Esteban de las Alas, Alcalde y Gobernador del fuerte de San Felipe y su tierra, que es en Santa Elena, todos las tres persona de valor, hijosdalgos y muy buenos soldados, de los cuales se podrán vuestras mercedes satisfacer de esto. Y siendo así como lo digo, S.M. será servido me obedezcan en mi oficio, y demos orden de proveer las cosas que convengan, como al servicio de S.M. conviene, enviando gente y bastimento a Santa Elena, a Esteban de las Alas, que ésta con gran necesidad, y dar orden de fortificarnos, porque si los enemigos vienen sobre nosotros, como se dice vienen pujantes,[311] no estamos como soldados. Y que Sancho de Arciniega, que era General de la armada, y a quien todos tienen por cabeza, le respondió que no podía entregarle la gente, hasta que el Adelantado viniese, porque así lo habían acordado él y los capitanes que consigo traía, y que decían que S. Santa era ahogado, porque cuando saliera de San Agustín para la Habana, a buscar socorro, con los tres bergantines, que uno de ellos no pudo aproejar[312] y arribó a la Española, hubo 2 días mucho viento y marea, que le tenían por perdido, y así estaban determinados de ser

---

[311] pujante 'se dice de lo que crece, se desarrolla o prospera con mucho impulso' (Moliner).

[312] aproejar por aproar 'dirigir la proa a determinado sitio' (Moliner).

ellos las cabezas y nombrar los oficiales que conviniesen y estarse en aquella tierra, hasta dar aviso a S.M. Y que él había respondido a Sancho de Arciniega, que le pesaba mucho oír aquellas cosas, porque entendía no sería S.M. servido de ellas y su real servicio cesaría en aquellas provincias. Y pues estaban determinados de hacerlo así, que él y los alcaldes de los fuertes, con los soldados que dentro estaban, los tendrían, como tenían, en nombre de S.M., y los defenderían a los amigos y enemigos, hasta perder las vidas, y que ellos estarían alojados en las campañas, no haciendo efecto para ninguna cosa, gastando la real hacienda y bastimentos, y que si esto había de pasar adelante fuesen buenos amigos. Respondióse al Maestro de Campo que así se hiciese y que esta amistad se la tendrían; y que él había pasado por aquellas cosas, visto no poder hacer otra cosa y que convenía al servicio de S.M. disimularlas; y que de aquella manera estaban gobernándose, sin fortificarse, ni hacer otro efecto, había 12 días, desde que esta armada y socorro había entrado.

El Adelantado agradeció mucho al Maestro de Campo lo bien conque se había gobernado y que lo había hecho como muy buen capitán, porque en poblaciones y conquistas de tierras nuevas es pasar los que gobiernan por semejantes desobediencias, en tiempo que no pueden hacer otra cosa, y que aquél era el verdadero servir a S.M. y hacer lo que convenía. Llegó el Adelantado aquel día a San Agustín, fue muy bien recibido de todos.

El General Sancho de Arciniega estaba en las naos, y por ser tarde, no vino a tierra.

Otro día de mañana, habiendo el Adelantado oído misa, envió a decir a los capitanes que se viniesen al fuerte, porque les quería hablar y entrar con ellos en consejo; así se hizo, y vino el Sancho de Arciniega, que era General de la Armada y de la gente que iba en este socorro, que llevaba de S.M. cédula para que todo lo entregase al Adelantado, y hiciese lo que él ordenase y mandase. Llevaba consigo al Capitán Juan de Ubila, Almirante de la armada, el Adelantado le recibió muy bien, porque era grande su amigo el Sancho de Arciniega, de muchos años atrás.

Entrególe el General Sancho de Arciniega los despachos de S.M. y la armada y la gente; habiendo el Adelantado leído los despachos, diose por recibido de todos, y dijo al General que había traído consigo algunos malos consejeros, pues no lo había hecho aquella diligencia, el día que llegara, con el Maestro de Campo, con su lugarteniente en aquellas provincias, por comisión de S.M., y que mal podía él estar en la Florida en todas partes, siendo tierra tan grande; que si él supiera las cosas de la guerra en tierra, como las de la mar, que no creyera a sus consejeros, ni se dejaría engañar de ellos; que no le daba él tanta culpa como algunos capitanes que, por querer gobernar y serles su interés particular, no le aconsejaron el servicio de S.M., ni lo que le convenía. Mas que aquello hecho, y remediado con su venida, que no pensaba hablar más en ello, y que les pedía por merced que le tuvieran por hermano y amigo y le aconsejasen todas las cosas que les pareciesen que S.M. podría ser más servido, y que al que bien sirviese, a su tiempo suplicaría a S.M.[313] {le hiciese merced; añadiendo otras razones con que, sin disimular el exceso, ni consentirles los dejó muy contentos.}[314]

Todos respondieron que ansí lo harían, y recibieron gran contento de las buenas palabras que el Adelantado les dijo.

Luego fue el Adelantado a visitar todas las mujeres que habían ido en aquella armada, que eran 14, las cuales envió a mandar se juntasen en una casa, y les dio la horabuena de su llegada, de que ellas se alegraron mucho con la visita y favor que el Adelantado le hizo. Habló a los clérigos que con aquella gente estaban, que eran 5; encomendóles las cosas de su cargo las hiciesen con toda cristiandad; dioles el Vicario a quien habían de obedecer, que era el capellán Mendoza, de Jerez de la Frontera, muy buen religioso y soldado, que había ido con el Adelantado de España, y le hizo Vicario de aquel fuerte y del de San Mateo, y así respondieron lo harían, y dieron la obediencia al Vicario.

Fuese el Adelantado, con todos los capitanes que a esto le acompañaban, y con su acuerdo y parecer de todos, dando y tomando en ello, para acertar mejor, señalaron el sitio, lugar y compás[315] donde se habían de fortificar, que era en el mismo lugar en que el Adelantado estaba fortificado; mas porque la mar le iba comiendo el fuerte, retiráronse más a tierra, tomando él un caballero del fuerte que estaba hecho, para el que se había de

---

[313] Ruidíaz suple lo que sigue con el *Ensayo cronológico* de Cárdenas hasta el cierre del corchete por faltar parte del manuscrito.

[314] Continúa el manuscrito.

[315] compás 'territorio asignado' (Moliner).

hacer. Repartióse la gente por compañía y escuadras, y lo mismo el trabajo; echáronse los dados para que por suerte saliese a cada uno la parte que había de trabajar, y esto quedó asentado de esta manera, y contento de todos, para otro día por la mañana entender cada capitán, gente y escuadras en hacer del fuerte la parte que les había cabido.

Otro día por la mañana, al alborear, repicaron las campanas, que era señal para que todos se levantasen; tocan las cajas, recogiendo su gente; acuden todos a la obra, que era contento verlos.

Capítulo XXII

Al tercer día que el Adelantado vio que esto iba encaminado como convenía, llamó a consejo a los capitanes y díjoles que era buen tratar el socorro que S.M. mandó hacer, y cómo se había de hacer, y dando y tomando en ello, fue acordado que la mitad de los 1.500 soldados se quedasen en aquellas partes, en los 3 fuertes de San Agustín, San Mateo y San Felipe, y que con los demás se fuese el Adelantado con 6 navíos y una fragata y un patache, y con la gente de mar de ellos, que serían todos mil personas, a recorrer las islas de Puerto Rico, Santo Domingo y Cuba, para castigar los cosarios que hubiese, y fortificar aquellas plazas, y que las más naos se despidiesen con brevedad y se fuesen a España, y las llevase Sancho de Arciniega y Juan de Ubila, que como está dicho, habían ido por General y Almirante de aquel socorro. Y que en el entretanto que se descargaban y aparejaban estas 6 naos, que el Adelantado había de llevar de armada, fragata y patache, él quería ir a visitar el fuerte de San Mateo y dejar en él a Gonzalo de Villarroel, que allí estaba, que había vuelto de La Habana, con cargo de toda la gente, y pasar a Guale y a Santa Elena, a visitar el fuerte de San Felipe y ponerlo a toda buena defensa, porque habían ido allá 2 naos, la capitana y otras 2 mayores, con 300 soldados y el capitán Juan Pardo con cargo de ellos, y no se sabía que hubiesen llegado, ni el estado de las cosas de aquellas partes.

Con acuerdo y parecer de todos los capitanes, nombró al capitán Juan de Zorita para el socorro de Puerto Rico, y al capitán Rodrigo Troche, que era de los primeros que habían ido a la Florida con el Adelantado, para el socorro de Santo Domingo, y al alférez Baltasar de Barreda para el socorro de La Habana, y se partió a San Mateo, donde dijo a Gonzalo de Villarroel en aquel fuerte, con la compañía del capitán Aguirre y los demás soldados viejos que allí estaban.

Subió con cien soldados y algunos marineros por la ribera de San Mateo arriba más de 50 leguas, con 3 bergantines que hasta entonces no lo habían hecho, para tomar amistad con los caciques, y saber el secreto, si aquel río pasaba a la parte de Nueva España.

Otro día que partió de San Mateo, por este río arriba, habiendo andado 20 leguas, desembarcó, y con una guía que llevaba, caminó 5 leguas por tierra de muy buenas sabanas, de un cacique llamaban Hotina, y estando una legua de su pueblo, envióle 6 soldados con esta guía, que era lengua, y llegando a él, le dieron un presente que el Adelantado le enviaba y le dijeron que el Adelantado le venía ver porque le tenía por amigo; él recibió muy bien a los 6 soldados y respondióles que él tenía miedo al Adelantado, y si quería ir a su pueblo, no llevase más de 20 hombres, y pidiese a Dios que lloviese para sus maizales, que los tenía secos, como lo había hecho con el cacique Guale.

El Adelantado iba marchando tras los 6 soldados, y cuando le volvió la respuesta, estaba como a un cuarto de legua del pueblo; hizo alto y mandó quedar allí los 80 soldados, y fuese con los 20, riéndose de lo que el cacique pedía del agua, y llegando al pueblo, habiendo más de 6 meses que no llovía, empezó a llover mucho. Llegó a la casa del cacique, y no le halló; dijo a 5 o 6 indios que allí estaban que le fuesen a buscar y le dijesen que él iba con los 20 hombres y el agua; uno de los indios fue y volvió con la respuesta, diciendo que el cacique estaba en el monte escondido, y que le enviaba a decir que hombre que podía tanto con Dios, que le tenía gran miedo, que se fuese con Dios, que él era su amigo.

Pesóle de esto al Adelantado, porque deseaba ver este cacique, que decían era de muy buen entendimiento y muy poderoso en aquella ribera de San Mateo; y volvióle enviar a decir que le rogaba mucho le viniese a ver, que no tuviese miedo, pues no tenía más de 20 hombres, y él tenía más de mil indios, todos con arcos y flechas; respondióle que si su cacique le ayudaba, que era Dios, el Adelantado tenía mucha gente en aquellos 20 soldados; que le rogaba que se fuese, que desde entonces le tomaba por sus hermanos mayor y que era su amigo, estando el cacique en su tierra y el Adelantado en la suya, y que no quería pelear con el Adelantado ni con su gente, más que sus indios lo querían hacer, y que le hacía mucho pesar porque no se iba.

El Adelantado le envió a decir que se iba por hacerle placer y que a su gente ni a él no les tenía miedo; que subía por el río arriba de San Mateo; que enviase a decir a sus pueblos, por donde el Adelantado había de pasar, que estuviesen quedos[316] los hombres y mujeres, que no tuviesen miedo, y que si se harían, les haría guerra, quemándoles sus pueblos, canoas y pesqueras; y así se volvió el Adelantado donde estaban los 80 soldados hecho alto, y llevándolos consigo, se volvió a los bergantines al anochecer. Fue cosa que a todos espantó su caminar, porque era una hora de día cuando partió de los bergantines para Otima y estuvo allá dos horas y volvió de día, que son muy grandes 10 leguas, aunque muchos echaban 12; tuvo aquella muy mala noche, por no se poder embarcar y llover mucha agua, que como alojaron en una sabana húmeda, todos lo pasaron mal.

Otro día por la mañana envió el Adelantado el mayor bergantín con los 50 hombres a San Mateo, y él se subió con los otros 50 en los 2 bergantines por la ribera adentro, y con algunos bastimentos, por tener bastimento para 10 o 12 días, y yendo toda la gente, no pudiera durar tanto, y él no pudiera saber el secreto de aquella ribera.

De los pueblos que hallaba a la ribera del río, era muy bien recibido, porque decían que su cacique Hotina se lo había enviado a mandar.

Procuró mucho el Adelantado de llevar consigo alguna guía, para saber el secreto del río, y por dádivas que daba y bien que a los indios hacía, ninguno quiso ir con él. Caminó por la ribera adentro todo lo que los franceses habían navegado, llevando dos que les guiaban; llegaba la marea a hinchar y vaciar, bien 40 leguas, cosa que espantó mucho al Adelantado; subió como 50 leguas por esta ribera adentro, dos leguas más adelante de lo que los franceses habían subido, hasta un cacique que llaman

316 quedo 'aplicado a voz, paso, andar y, quizás, algún otro nombre semejante, silencioso o suave' (Moliner).

Macota,[317] amigo de Saturiba, cacique poderoso de la tierra y costa donde están los fuertes de San Mateo y San Agustín, el cual Macoya se retiró con sus indios, dejando el pueblo desamparado.

El Adelantado saltó en tierra, entró en las casas, no consintió hacer daño, volvióse a recoger; envió la lengua, a ver si parecía algún indio, salieron a él, que le conocían; holgáronse mucho con esta lengua. Dijo cómo estaban allí los cristianos y el capitán de ellos, que enviasen a decir a su cacique Macoya que viniese al pueblo con su gente y no tuviese miedo; algunos indios fueron a buscarlo para decírselo, otros vinieron a sus casas y llevaron al Adelantado mucho pescado. Dioles algún rescate y recibióles muy bien, y rogóles fuesen llamar al cacique, que le quería dar muchas cosas que traía para él y sus mujeres; fueron, los primeros que habían ido y estos volvieron y dijeron al Adelantado que él su cacique le tenía gran miedo y no quería venir, y que sus indios eran sus amigos, porque sabían que no hacía mal a ningún cacique, y que se volviese sin pasar adelante por el río, que sus indios estaban enojados porque había ido a su tierra sin su licencia.

El Adelantado le envió a decir que quería pasar por aquel río adelante, a ver unos cristianos, que le rogaba le diesen 2 o 3 indios para ser pilotos.

El cacique le envió a responder que no quería.

Mandó echar la boga el Adelantado, y empezó a ir por el río adentro, andando como una legua; vio muchos indios alterados con arcos y flechas, y llegando a una estrechura, halló cerrado el río con estacas, rompió la entrada y entró por ella adentro; estrechósele el río como dos picas[318] no más y muy fondable, allí venía la corriente contra él, muy recio, porque hasta entonces no había tenido ninguna, sino sus inches[319] y vaciantes;[320] temió el Adelantado no flechasen los remadores.

---

[317] El cronista se refiere al principal de la tribu de los Macotas (o Mayacas) que habitaron la región central del río Saint Johns. Milanich, *Florida Indians*, 70.
[318] pica 'medida para profundidades equivalentes a 14 pies, o sea, 3 m y 89 cm.' (Moliner).
[319] inches por hinchar 'rellenar de algo una cosa' (Moliner).
[320] vaciante 'menguante de la marea' (Moliner).

Bajaron 2 o 3 indios a la orilla y dijéronle de parte del cacique Macoya que no pasase adelante y se volviese; si no, que le empezarían a hacer la guerra.

Respondióles el Adelantado que él no iba a hacerles mal, y que viniesen a hacer la guerra cuando quisiesen; que tenía necesidad de pasar por aquel río adelante, y por ser noche, quería quedar allí hasta la mañana, y así lo hizo. La guía y lengua que el Adelantado llevaba había sido esclavo de un cacique de Ays, que llamaban Perucho, que estaba 20 leguas por el río arriba, y conocía a este Macoya, y dijo al Adelantado que se volviese, porque había muchos indios y muy guerreros por aquella tierra, y que le decían que el río iba muy estrecho por allí adentro más de 30 leguas, hasta salir a una laguna grande que llaman Miami,[321] que dicen tiene más de 30 leguas en circuito y que recoge dentro de si muchos ríos de la sierra y que desaguaba esta laguna a la parte del cacique Carlos, que está en la costa de la Nueva España, y que otro brazo desaguaba a Tequesta, que es en los Mártires.

Deseaba mucho el Adelantado descubrir este secreto, por la amistad que tenía tomado con Carlos y por saber si aquello era navegable, que fuera cosa muy provechosa para la población y conquista de la Florida, y por otra parte temía que si acudían canoas de indios de guerra en aquella estrechura, y estando dentro de la estacada, podría recibir daño; en especial, por haber llovido mucho, traían los soldados la pólvora y cuerda húmeda. Se retiró una legua otras con sus dos bergantines, y por la mañana acordó de volverse, y en el camino, a 7 u ocho leguas de vuelta, saltó en un pueblo, donde algunos indios le aguardaron; dioles rescates y díjoles que le llamasen a su cacique, el cual vino, que llaman Calabay; díjole por la lengua que Macoya le había enviado a decir

---

[321] Probablemente Miami derive de Mayaimis, tribu que habitó en las inmediaciones del lago Okeechobee, en la parte central del actual estado de la Florida. Este grupo nativo tomó su nombre del lago, el cual se llamaba Mayaimi. Mayaimi significa 'agua grande" en la lengua de los Mayaimis, Calusas y Tequestas. El nombre Okeechobee deriva de la palabra indígena 'miccosukee' que quiere decir también 'agua grande". Hernando de Escalante Fontaneda que vivió durante diecisiete años con diferentes grupos nativos señala que los Mayaimis vivían en pequeños poblados de treinta o cuarenta habitantes cada uno y que el lago Okeechobee les proveía su alimentación. Cf. Hernando de Escalante Fontaneda.

que no pasase por aquel río, y que sus soldados se habían enojado mucho contra él y querían saltar en tierra a quemarle su pueblo y las canoas y derrocarle las pesqueras, y porque no lo hiciesen, se volvía.

El Calabay le respondió que él quería ser su amigo y tomarle por hermano mayor, para hacer lo que le mandase; que le rogaba le diese una cruz, como a Guale, y otros 6 cristianos, que él y sus indios querían ser cristianos; que les mostraría aquel río hasta la laguna de Miami a los 6 cristianos que con él quedasen, porque a pocos cristianos, los indios no tenían miedo, y a muchos sí, y que no les haría mal ninguno.

Temía el Adelantado a este cacique, porque siendo sujeto a Hotina, se alzara contra él, y era muy amigo del cacique Saturiba, y porque no había desde allí por tierra a San Agustín más de 13 leguas, acordó de dejarlos y darles la cruz, y le dijo que si alguno le mataba, que él vendría hacerle la guerra, de manera que le quemaría las casas y las canoas y derrocaría las pesqueras y cortaría la cabeza a él y su gente, mujeres y niños, porque él era amigo de sus amigos de verdad y enemigo de sus enemigos.

El cacique dijo que era contento, y luego hubo muchos soldados que pidieron los dejase allí.

El Adelantado dejó los que le pareció tenían más voluntad y parecía mejor podrían doctrinar los indios; dio un presente a este cacique para sí y otro para Macoya, que le rogaba se lo llevase con tres cristianos de aquellos, que viviesen con él y doctrinasen a él y sus indios.

El Calabay dijo que así lo haría; y fue así, que llevó el presente y los cristianos; Macoya no los quiso recibir y tomó el presente. Envió a decir al Adelantado que él era su amigo y lo tenía por su hermano mayor, que es toda la obediencia que los caciques de la Florida pueden dar; mas que si iba a tierra, le tuviese por su enemigo.

Saturiba, como supo que Calabay tenía los cristianos, envió a 2 hijos suyos y a otros indios para que los matasen. El Calabay no lo consintió, envióle a decir Saturiba que los matase, o se los enviase, y si no, que lo tuviese por enemigo.

El Calabay, de temor de Saturiba, los envió a San Mateo. Cuando el Adelantado se volvió a San Mateo, en 3 o 4 pueblos de Hotina por donde había ido, le aguardaron toda la gente, grandes y pequeños, con mucho regocijo; dábales algún rescate, tocaba los instrumentos, regocijábanse todos, pesábales porque se partía tan presto.

Llegó adonde desembarcó cuando fue a ver a Hotina por tierra; envióle a decir que como le había ido a ver a su pueblo, viniese Hotina a ver al Adelantado allí, y si esto no hacía, que lo tuviese por enemigo. Hubo miedo Hotina de enojar al Adelantado, y entendió la mucha amistad que había hecho en sus pueblos donde llegaba, que en todos le querían bien, y vino a ver al Adelantado, con 300 hombres de guerra, y a un cuarto de legua de los bergantines hizo alto, y envió a decir al Adelantado que fuese allá con 20 cristianos, el cual lo hizo así, llevando 20 arcabuceros diestros y bien en orden; llegando a cerca el Hotina, le tuvo miedo, y envióle a decir que llegase a él con 2 personas no más; y como a medio tiro de arcabuz, hizo alto con los 20 soldados, y con solo dos y la lengua, se llegó el Adelantado y Hotina, que estaba rodeado con sus 300 flecheros sentados.

El Hotina se le humilló mucho, haciendo al Adelantado la más reverencia que entre ellos se usa, y luego vinieron sus principales de uno en uno, haciendo lo mismo, y todos los más indios que allí estaban hicieron aquello.

El Adelantado vistió una camisa al Hotina, que estaba en carnes, sólo cubiertas sus vergüenzas, y lo mismo todos sus indios, y vistióle unos zaragüelles y ropeta de tafetán verde, púsole un sombrero. Este indio era muy gentil hombre en disposición y facciones, de hasta 25 años, muy discreto; dijo al Adelantado que le tomaba por su hermano mayor, para hacer lo que le mandase; que le dejase una cruz, como a Guale, y cristianos que le doctrinasen a él y a su gente, y que le dejase una trompeta, pues que era su hermano de verdad.

El Adelantado lo hizo así, que le dejó la cruz y 6 cristianos, y el trompeta entre ellos; diole algún rescate para su mujer, y dio a los indios principales que allí estaban, partieron muy amigos. Embarcóse el Adelantado y se fue a San Mateo, dentro de 12 días del día que había partido; halló todo aquello muy bueno, y contento a González de Villarroel con la gente, aunque algunos, sin orden suya, se habían ido de allí a dos leguas para robar ciertas casas de Saturiba. Salieron los indios a ellos, y de 12 arcabuceros que iban, murieron los 8, y los 4 llegaron muy mal heridos, dentro de tres días, al fuerte (...), escondidos por los montes. Estuvo el Adelantado allí dos días, partióse a Santa Elena, despachó aviso a S. M. de cómo el socorro era llegado y del estado de aquellas cosas, envió un capitán con 30 soldados y 2 frailes dominicos a la bahía de Santa María, que está a 3 grados, con un indio hermano del cacique de aquella tierra, que había 6 años que el Adelantado le traía consigo. Era muy ladino[322] y de muy buen entendimiento y buen cristiano, llamado don Luis de Velasco;[323] para que con su favor, poblasen en aquella tierra y procurasen hacer los indios cristianos.

Los frailes eran del Perú y de Nueva España, tierra muy viciosa; habían pasado algunos hombres en la Florida y trabajo y peligro; pareciéndoles que no podrían sufrir tan mala vida, en secreto alteraron algunos soldados, que había menester hacer poca diligencia para ello, y alteraron al piloto, y de conformidad, tomando testimonio que con tormenta no habían podido ir allí, se vinieron a Sevilla, difamando la tierra y diciendo mal del Rey y del Adelantado, porque la querían poblar y conquistar.

Llegó el Adelantado a Santa Elena; halló a Esteban de la Alas metido en su fuerte con los soldados viejos, y a Juan Pardo alojado de fuera, haciendo casas para alojar la gente, porque llevaba orden del General Sancho de Arciniega que una noche diese él el nombre, y otra noche le diese Esteban de la Alas, y así le mostró la orden que llevaba. Esteban de las Alas dijo a Juan Pardo que se holgaba mucho con su llegada, y que él tenía orden del Adelantado Pedro Menéndez, su Capitán General, para guardar y defender aquel fuerte en nombre de S.M., y que él había de poner los centinelas y dar el nombre, y no otro ninguno, y que con esta condición se podía meter dentro del fuerte, con su gente, o con la parte de ella que quisiese, o alojarse en la campaña, como le pareciese.

---

[322] ladino 'se aplicó en la Edad Media, por oposición al árabe, al lenguaje romance y al moro que lo sabía hablar; también, a la obra escrita en lenguaje más culto y comparable al latín' (Moliner).

[323] Este nativo tomó su nombre de su homónimo el virrey de México que lo apadrinó al bautizarse. Se educó en México y en la corte de España. Menéndez lo trajo de regreso a la Florida. Maureen Ahern, "Dichosas Muertes: Jesuit Martyrdom on the Norther Frontier of la Florida", *Romance Philology*, Vol. 53, Fall 1999, 2.

El Juan Pardo es buen soldado, celoso del servicio de S.M.; parecióle tenía razón el Esteban de las Alas y que no la había tenido Sancho de Arciniega, y que él, en llegando a la Florida, estaba obligado a cumplir y obedecer los mandamientos del Adelantado, y no otros. Dio la obediencia para defensa del fuerte a Esteban de las Alas, dándole una escuadra de soldados para guarda de las centinelas, y que cuando fuese necesario, él acudiría con los demás, y alojóse con ellos en la campaña, y empezaban todos a trabajar para poner el fuerte en buena defensa.

Fue grande el gozo y alegría que todos recibieron con la llegada del Adelantado; supo que los indios estaban muy amigos, y la necesidad con que Esteban de la Alas estaba de gente y comida cuando el capitán Juan Pardo llegó con 2 naos cargadas de bastimento y con 300 soldados, porque había un mes que enviando el Adelantado un bajel cargado de bastimento, otro día que allí llegó, antes de descargar nada, se amotinaron los soldados y se alzaron con él, dejando preso a Esteban de las Alas y a sus oficiales que vinieron con él a La Habana, con hasta 60 hombres, y en el canal de las Bahamas les dio una tormenta que les forzó entrar en la Florida, en un puerto que allí estaba, que es en la cabeza de los Mártires. Hallaron un pueblo, que el cacique del que llaman Tequesta,[324] pariente cercano del cacique Carlos y de la india Doña Antonia, porque 2 cristianos que allí estaban cautivos hacía muchos años, que en una canoa llegaron, se lo dijeron, y que aquellos indios solían matar todos los cristianos de las naos que se perdían, y que ahora los querían mucho, porque sabían que el más principal de ellos tenía por mujer una parienta suya, hermana de Carlos, y que no tuviesen miedo, que en el cacique los enviaba a saber si eran ellos de aquellos cristianos, los cuales dijeron que sí, y que cerca de allí, en un pueblo de la costa estaban muchos cristianos de aquellos, y era así la verdad, que los soldados que se amotinaron en San Mateo cuando iban a La Habana, saltaron allí como 20 de ellos. Entró mucho viento al navío, hízose a la vela, dejólos en aquella tierra, y los indios los trataban muy bien, dándoles de lo que tenían, por amor de la india Doña Antonia.

---

[324] Principal de la tribu de los Tequesta que habitaron la región de Miami y la bahía de Key Biscayne.

También se le habían ido a Esteban de las Alas como hasta 20 soldados la tierra adentro; tenía en el fuerte como hasta 25 cuando Juan Pardo llegó, y ninguna comida más que aquella que los indios le enviaban.

Había el capitán Juan Pardo ahorcado 2 soldados, después que allí llegó, por amotinadores, tenía presos otros 3, habiánsele ido 6. Estaba la gente medio alterada, pareciéndoles que había división entre él y Esteban de las Alas, el cual no había, sino mucha conformidad y no menos de lo que está dicho.

Entró en consejo el Adelantado, acordó de la manera que se había de proceder; estuvo allí 8 días, en los cuales le vinieron a ver los caciques sus amigos, y le rogaron aguardase allí un mes, porque muchos caciques de la tierra adentro le querían volver a ver y tomarle por hermano mayor. No lo pudo hacer, por la necesidad que tenía de volverse con brevedad a San Agustín, para hacer los socorros en las condiciones que S.M. mandara. Soltó a los 3 soldados que Juan Pardo tenía presos, dándoles una reprensión y hablóles a todos, animándoles y rogándoles estuviesen fuertes en el servicio de S.M.

Nombró a Esteban de las Alas por su lugar teniente en aquellas provincias, porque quería llevar consigo los socorros. Como llevó al Maestro de Campo por su lugar teniente y Almirante de la armada, y dio orden a Juan Pardo se fuese, con 150 soldados la tierra adentro, a visitar los caciques que querían venir a ver al Adelantado, y con toda la amistad posible, en la parte más cómoda que le pareciese para la conservación de ellos, y que la vuelta de Nueva España.

Y así se partió el Adelantado de Santa Elena a fines de agosto, dejando confirmada la paz con los caciques y encargando a Esteban de las Alas las conservase.

Capítulo XXIII

Llegó a Guale en 2 días, halló a los indios muy tristes por la muerte de Alonso Menéndez Marqués, sobrino del Adelantado, a quien ellos querían mucho, y que era cabeza de los cristianos que allí estaban.

Adoraban la cruz con gran devoción, todos los niños y niñas iban a la doctrina cristiana y la sabían de cabeza.[325]

Muchos caciques de aquel distrito venían allí, con deseo de ver al Adelantado; detúvose allí 8 días, en los cuales vinieron 14 o 15, pidiéronle cruces y cristianos para que les enseñasen a ser cristianos. Acordó el Adelantado dejar allí un capitán con 30 soldados, los más de ellos gente principal, que pidieron los dejasen allí, porque les parecía podían mejor servir a Dios y al Rey.

Fuese el Adelantado, llegó a San Mateo en otros 2 días, donde halló toda la gente buena; llevó consigo a Gonzalo de Villarroel a San Agustín, donde halló que muchos soldados se querían amotinar e irse de la tierra.

Había ahorcado el Maestro de Campo 3 de ellos; tenía presos a otros y al capitán Pero de Rodrabrán, que era uno de los capitanes de S.M. había enviado con aquel socorro, porque se había desacatado contra el Maestro de Campo, y le daban culpa ser el principal que daba orden y ocasión para que se amotinasen, y aunque el Adelantado halló por donde poderles hacer justicia, habló con el Maestro de Campo y díjole que, pues no conocían aquellos, capitanes ni soldados, y que muchos de ellos venían desobedientes, que era menester pasar por cosas, y hacer lo que pudiesen, y no lo que quisiesen; que convenía para sosiego dar una represión el Adelantado a este capitán y soltarle, dejando el proceso de su culpa en el estado en que estaba. Al Maestro de Campo le pareció bien, así se hizo.

Fue muy alegremente recibido el Adelantado de todos los capitanes, gente de mar y guerra que allí había; envío las naos a España, salió con la armada a buscar los cosarios y hacer los socorros a las islas Puerto Rico, Española y Cuba, como estaba acordado. Hizo vela el 20 de octubre, aunque estuvo presto para salir a fines de Septiembre, con vientos contrarios, no pudo. Llegó noviembre, con la mitad de la armada, a la Mona,[326] y el Maestro de Campo, con la otra mitad, a San Germán, por ser aquellos lugares donde los cosarios ladrones suelen andar para tomarlos de repente, y no hallaron ninguno.

---

[325] cabeza 'memoria' (Covarrubias).

[326] Situada a 47 millas al suroeste de Mayagüez y 37 millas al sudeste de Puerto Espada, República Dominicana.

Capítulo XXIV

Eran capitanes de las 6 naos de armada, el Adelantado, General de su nao, el Maestro de Campo, Capitán y Almirante de la suya, Juan Vélez de Medrano, de otra, el alférez Cristóbal de Herrera, que fue el primero que metió bandera[327] en el fuerte de San Mateo cuando se ganó a los franceses, siendo alférez del capitán Diego de Maya, de otra, el capitán Pero de Rodrabrán, de otra, Baltasar de Barreda, de otra; de la fragata, García Martínez de Cos, y del bergantín Rodrigo Montes, primo hermano del maestro de Campo, que también fue de los primeros que entraron en el fuerte.

Luego que surgió en San Germán[328] el Maestro de Campo con sus navíos, tuvo aviso de los de la tierra, como estaba en Guadinilla,[329] 15 leguas de allí un patache de aviso que iba para Santo Domingo, y que de la gente de la que a 25 de septiembre de aquel año de 66 habían partido 27 naos de armada de Francia, y que se habían hecho 3 partes, que la una parte de éstas tomara a 6 de octubre la isla de la Madera, y que las otras 2 partes de armada no sabían donde fueran. Y que toda la armada traía 6000 hombres de mar y guerra; envió luego el Maestro de Campo a Hernando de Miranda, factor por S.M. en la Florida, a enterarse y saber más particularmente esto, el cual fue y habló en Guadinilla con el maestro y piloto del patache, que eran sus amigos, y le dijeron lo mismo, y dieron un traslado de lo que en esto pasaba, firmado de un Regidor de la Palma, que se hallaba en la isla de la Madera cuando los franceses la tomaron, que estuvieron en ella 17 días. Y venían en los navíos algunos portugueses, conocidos de este Regidor, que le contaron todo lo que pasaba; al tercer día volvió Hernando de Miranda a San Germán y dio relación de todo al Maestro de Campo, el cual, pareciéndole lo debía de saber el Adelantado, para que su armada se juntase y tomase determinación

---

[327] meter bandera 'levantar bandera' (Autoridades).

[328] San Germán fue la segunda ciudad fundada por los españoles en Puerto Rico en 1511.

[329] Guadinilla por Guayanilla en Puerto Rico. El cacique taino Agueybana, de donde deriva este nombre, gobernó esta región hasta la llegada de los españoles en 1493.

de lo que debía de hacer, le envió aviso a la isla de la Mona, donde estaba con 3 naos, que era 20 leguas de allí. Recibido el Adelantado el despacho, envió la armada a San Germán, y ordenó al Maestro de Campo para que luego diese lado[330] y sebo[331] a las naos y las pusiese muy a punto, y él se fue a la ciudad de Santo Domingo, que era de allí a 50 leguas. Fue muy bien recibido de la Audiencia de aquella ciudad, porque tenían ya las nuevas de la armada francesa, había 2 días, y temían mucho no viniese allí. Fuese el Adelantado a la Audiencia, estando juntos Presidente y Oidores, mostróles la cédula que de S.M. tenía para hacer aquellos socorros, y les dijo que traía mil hombres de mar y guerra, todo muy buena gente y buenos pilotos y marineros, porque había sacado para este efecto la gente de mar que tenía en la Florida, que era muy buena, y que venía con determinación de acosar y seguir todos los cosarios que en aquellas partes hubiese, para castigarlos, porque en tiempo de paces no anduviesen haciendo tantas extorsiones, robos y daños a los vasallos de S.M.; y por las nuevas que tenía de que la armada francesa iba a aquellas partes, les iba a pedir consejo y parecer de lo que debía de hacer, que les pedía por merced le diesen su parecer en ello. Y dando y tomando sobre el negocio, la Audiencia se resumió con él, diciéndole que el parecer que le daban era que fortificase aquella ciudad y fortaleza y la de Puerto Rico y la de La Habana y puertos comarcanos, como S.M. se lo mandaba, y se volviese con brevedad a la Florida.

Mucho le pesó al Adelantado con este parecer, porque deseaba encontrarse con alguna parte de estas tres de la armada francesa y con otros cosarios que en aquellas partes andaban divididos y muy ricos de los robos que habían hecho. Mas parecióle que S.M. le mandaba por su cédula hiciese lo que la Audiencia le dio por parecer, y así lo determinó de hacer. Pidióle se desocupasen aquella tarde y otro día para ver la mejor orden que se había de tener para la fortificación de aquella ciudad y fortaleza, y ver y entender las partes por donde los enemigos podrían desembarcar, para poner las centinelas y para que se hiciesen las

---

[330] lado 'de lado a lado; de banda a banda' (Moliner).

[331] sebo 'dar sebo a la nao. Embetunar con la grasa así llamada los fondos de dicha embarcación, después de bien limpias. Esta operación se llama también despalmar. El objeto es darle una mayor duración a la nao' (Covarrubias).

cajas y ruedas de la artillería, porque las que había estaban podridas, para encabalgarla y ponerla lista en las partes más necesarias, lo cual se hizo todo con gran diligencia y cuidado.

Dejó el Adelantado en aquella ciudad al capitán Rodrigo Troche, con 150 soldados, las dos partes arcabuceros y la una piqueros; dejó al capitán Antonio Gómez por capitán de la Artillería, porque era de esto muy diestro y gran polvorista; y dentro de 6 días se volvió el Adelantado a San Germán. Llegó en 3 días, envió al capitán Cristóbal de Herrera, con su arca, con bastimentos y municiones y veinte quintales de pólvora de cañón y arcabuz, para defensa de la fortaleza y ciudad.

Estaban en aquella ciudad 10 naos cargando cueros y azúcar para España; nombró la Audiencia a esta urca por capitán y al Cristóbal de Herrera por General. Por ser buen soldado de mar y tierra; y partióse el Adelantado de aquella ciudad dentro de 6 días, y llegó con todas ellas a Sevilla en salvamento.

Luego que el Adelantado llegó a San Germán, halló las naos muy a punto de guerra; entró en consejo con el Maestro de Campo y capitanes. Díjoles la determinación que había tomado, con parecer del Presidente y Oidores de la Real Audiencia de Santo Domingo, y que aquella había de guardar y cumplir. Despachó luego al capitán Juan de Zurita, con su nao de armada, con 100 soldados arcabuceros y 4 piezas de artillería, con recado de pólvora, y el Adelantado se fue por tierra de San Germán a Puerto Rico, donde fue muy bien recibido por el Gobernador y vecinos, porque estaban con gran temor si la armada francesa llegase. Díjoles lo que S. M. le mandaba; mostró la cédula al Gobernador y Regimiento, y que 100 soldados y 4 piezas de artillería y municiones serían luego allí en una nao de armada, porque ya los había dejado en San Germán despachados; visitó la fortaleza y la entrada del puerto, donde se dio orden fortificar un torreón que allí estaba, por otro mejor traza que tenía, y visitó otros lugares peligrosos para poder desembarcar enemigos. Con acuerdo y parecer de Gobernador y del Alcalde de la fortaleza, Juan Ponce de León, y más regidores, se determinó de la manera que se habían de fortificar y guardar, en caso de que la armada francesa, o parte de ella, allí fuese; estaban los más de los vecinos huidos en el monte, con sus mujeres, hijos y hacienda, de temor que la armada francesa allí viniese. No podía el Gobernador traerlos al pueblo;

con la llegada del Adelantado, todos vinieron, hicieron alegrías y procesiones, suplicando a Nuestro Señor les diese victoria contra sus enemigos, porque todos los vecinos estaban determinados, si los enemigos allí venían, morir antes que rendirse.

Al cuarto día se partió el Adelantado para San Germán, y al tercero que allí llegó se hizo a la vela para Puerto de Plata, donde con parecer, acuerdo y favor de la justicia y regimiento de Puerto de Plata y vecinos de ella, trazó un torreón[332] {y pasó a Monte Cristo, la Yaguana y Puerto Real a ofrecer soldados; pero no los quisieron recibir, con diferentes pretextos; cuya incertidumbre experimentaron en los estragos que la armada francesa hizo en ellos.}[333] En todos estos 3 pueblos había ido el Adelantado, y no quisieron recibir soldados. Otros 2 navíos vinieron en aquellos días sobre Santiago de Cuba; el Adelantado había dejado allí 50 soldados arcabuceros, y por capitán de ellos (...) de Godoy, buen soldado, y 4 piezas de artillería de bronce, con su pólvora y municiones, que le impidieron la entrada. Fuéronse estos navíos a cabo de Cruz y a Manzanilla, puerto de Bayán; tomaron 5 navíos muy ricos, con mucho dinero y cueros. Socorrió el Adelantado a La Habana con 200 soldados y 6 piezas de artillería, y por capitán de ellos, como de antes lo tenía acordado y proveído, a Baltasar de Barreda.

Llevó este socorro a La Habana a (...) de enero, cosa que parece encantamiento,[334] que en tan pocos días hubiese el Adelantado hecho tantos socorros, en navegaciones tan dificultosas, porque a 20 de octubre partió de la Florida y estuvo en San Germán, isla Mona, Santo Domingo y Puerto Rico. Corrió con la armada que le quedaba a Puerto de Plata; hecho aquel socorro, envió al Maestre de Campo, con las 3 naos, por el canal Vieja, a socorrer a La Habana, el cual tuvo una gran tormenta de Norte en el camino, que estuvo muchas veces a punto de perderse el Adelantado, con la otra nao, fue a Monte Cristo, Puerto Real y a la Yaguana, y les ofreció soldados para defenderse de los cosarios, y no los quisieron, a Santiago de Cuba, cabo de Cruz y Macaca,

---

[332] Ruidíaz suple lo que sigue con el *Ensayo cronológico* de Cárdenas hasta el cierre del corchete por faltar parte del manuscrito.

[333] Continúa el manuscrito.

[334] encantamiento ‘brujería’ (Moliner).

pueblo del Bayán. Allí dejó la nao cargando de bastimento para La Habana, y de allí a la Florida, y él se metió en una zabra, y por entre los cayos, llegó a un puerto que está al sur de La Habana, que se llama (...) y por tierra fue a La Habana y llegó a tantos de (...) hizo este camino del Bayamo a La Habana, por mar y por tierra, en 8 días, que fue cosa que admiraron las gentes, siendo, por lo menos, camino de un mes.

Fue grande el regocijo que el Maestre de Campo y capitanes, gente de mar y guerra, recibieron con el Adelantado; luego dio orden en fortificar aquella plaza y puerto, como S.M. se lo mandaba. En una de las naos de las 3 que allí estaban, recogió todas las municiones; las otras dos despidió y envió a España, y dejando allí al capitán Baltasar de Barreda, con los 200 soldados, para defensa de la fortaleza y puerto. Como S.M. se lo mandaba por su Real cédula, que socorriese aquella plaza con la gente que le pareciese, envió al Maestro de Campo a la Florida con las municiones que habían sobrado y el bastimento que había traído la nao que dejara el Adelantado en Macaca, cargando de bastimento del Bayán, y despidió también esta nao del sueldo de S.M., como las demás. También hizo luego despedir la de Puerto Rico y la urca que llegó a Santo Domingo, por no hacer costa a S.M. y si S.M. hubiera de hacer el costo de la armada, sin bastimentos y gente, sólo de fortificaciones y otras cosas necesarias que las naos de armada han menester, por cuenta de S.M., gastará más de veinte mil ducados, y en las Indias gastará más de 40 mil, y el Adelantado no gastó un ducado, porque con los oficiales que tenía en la Florida, que había llevado consigo a su costa, y otros materiales, lo hizo todo con parte de los navíos, bastimentos y gente que habían ido para socorro de la Florida y de las islas, y con otros 150 marineros, pilotos y gente que tenía, y la fragata y bergantín eran del Adelantado, y la gente que en él andaba, sin que a S.M. se hiciese costa ninguna.

Y dio orden al Maestro de Campo, cuando se fue a la Florida, que fue a (...) que llegado a San Agustín, visitado aquello y lo de San Mateo, con 3 bergantines que el Adelantado tenía en la Florida, suyos, para descubrimientos, subiese por el río de San Mateo arriba con 150 hombres, hasta llegar al cacique Macoya, donde el Adelantado había llegado cuando se volvió; y el Adelantado partió aquel mismo día de La Habana, cuando el

Maestro de Campo, para tierra de Carlos, con 6 pataches y bergantines, y dijo al Maestro de Campo que procuraría el saber si en Carlos había río para llegar a Macoya, y descubriría aquella costa.

Capítulo XXV

Antes que el Adelantado partiese de la Florida a hacer los socorros, acordó de enviar a Francisco de Reinoso, hombre de armas de S.M., muy buen soldado, con 30 soldados, al cacique Carlos, y enviarle a su primo, que era heredero suyo, que pusieron nombre Don Pedro cuando se bautizó, y a otro indio su criado, porque le pareció ser este indio heredero de Carlos, de muy buen entendimiento y gran amigo suyo, y no quería el Adelantado que se le muriese, y mostraba tener muestra de buen cristiano y pretendía casarle con Doña Antonia, la india, pues habían de ser herederos del estado de Carlos y procurarían que los indios fuesen cristianos. Y nombró por capitán de aquellos 30 soldados al Francisco de Reinoso, y diole instrucción hiciese una casa fuerte en el pueblo de Carlos, y procurasen todos, con gran devoción, en las mañanas y a las tardes, adorar la cruz, diciendo la doctrina cristiana, para que los indios hiciesen lo mismo, y trabajasen de doctrinarlos lo mejor que pudiesen, y que con la amistad de los indios procurasen de saber si un río que estaba 2 leguas de allí iba a dar a la laguna de Miami y cuantas leguas había, porque ya el Adelantado sabía las que había de esta laguna a Macoya, y que había pasaje. Porque iría dentro de 3 o 4 meses a Carlos, con bajeles suficientes, para ver si podría pasar por aquel río a San Mateo y a San Agustín, que era lo que el Adelantado mucho deseaba, por el gran servicio que entendía hacia a S.M. y a los tratantes y las Indias y al buen general de los que andaban en la población y conquista de la Florida; y diole un presente para Carlos, otro para su mujer y otro para Doña Antonia, la india.

Y llegado el Francisco de Reinoso, en el bergantín, a Carlos, con sus 30 soldados y con D. Pedro, el indio heredero de Carlos, y con el otro indio echaron en tierra los dos indios, para que hablasen a Carlos y a Doña Antonia, de que fue grande el contentamiento que todos los indios recibieron con ellos, y luego vino Carlos al patache, ofreciendo su amistad al capitán Francisco de Reinoso y soldados, que pues el Adelantado era su hermanos mayor y le enviaba a mandar que los recibiese hiciese buen tratamiento, que él lo había de hacer, y que él ni ningún indio de los suyos le habían de hacer mal. Así se desembarcaron con gran regocijo y contento, y los llevó a su pueblo, y le dio el Francisco de Reinoso el presente que llevaba y dio una carta, la cual él aclaró con la lengua lo que en ella decía, que era encargándole mucho fuesen bien tratados los cristianos dél y de sus indios, y así lo prometió Carlos al capitán Reinoso, y le hizo hacer una casa, en que se recogieron; los cuales, arbolando cerca de ella una cruz, la iban a adorar a la mañana y tardes, diciendo su doctrina cristiana, y a ella acudían los indios e indias con gran devoción.

Partióse el bergantín para La Habana, con 5 o 6 marineros, como lo había ordenado el Adelantado; llevó consigo a la india Doña Antonia, con 5 o 6 indios principales, porque así lo había ordenado el Adelantado, por la seguridad del capitán Francisco de Reinoso y 30 soldados que con él quedaban, porque era muy poca la confianza que el Adelantado tenía hacia Carlos, porque cuando le trató, le vio tener muchas muestras de traidor.

Llega la india en el bergantín a La Habana, dentro de 6 días que partió de Carlos, fue luego a la marina Alonso de Rojas, Regidor de aquella villa, y llevó a Doña Antonia y a sus indios a su casa, como de antes los tenía, y su mujer, que era madrina de Doña Antonia, la recibió muy bien, haciéndole mucho regalo y buen tratamiento; y luego el bergantín y otro patache cargaron ganados vivos y algún bastimento, y fueron con ellos a Carlos.

Escribió el capitán Francisco de Reinoso el trabajo y peligro con que vivían, y que por 2 o 3 veces, a traición, los había querido matar Carlos, y que enviaba a pedir a su hermana Doña Antonia y a los demás indios, que tenía muy gran deseo de verlos, que luego se volverían, a fin que teniéndolos consigo, poder matar al Francisco de Reinoso y los soldados que con él estaban. Porque estaba muy encarnizado este cacique y su padre, de matar cristianos, que en 20 años que había que aquellos hombres y mujeres que el Adelantado allí halló cautivos decían que habían muerto padre e hijo más de 200 cristianos, sacrificándolos al demonio, y haciendo sus fiestas y bailes con ellos, y que eran todas gentes de naos perdidas de la carrera de las Indias, porque aunque se perdiesen 100 leguas de allí, se lo llevaban a él, como era cacique de mucha costa de mar en los Mártires y el canal de las

Bahamas, que es donde las naos que van de Indias y España corren el mayor peligro; y por esto hacía grandes diligencias el Adelantado de poblar aquella costa y querer atraer los caciques de indios a su amistad.

Y así en los 6 bergantines que sacó de La Habana con 150 hombres, el día que el Maestro de Campo partió para San Agustín con la nao cargada de bastimento y municiones que habían sobrado de la armada, que fue a (...) y le había dado orden subiese por la ribera de San Mateo hasta Macoya, que él iba a saber si por la parte de Carlos podía ir a Macoya, para de allí ir a San Agustín y San Mateo; y llevaba consigo a Doña Antonia, indios y indias que consigo tenía; y fue con próspero viento en 2 días naturales.

Llevaba consigo al Padre Rogel, de la Compañía de Jesús, muy docto y gran religioso, y al Padre Francisco de Villarroel, de la misma compañía; llevaba indios principales de Tequesta, que era donde dejó el navío que venía de San Mateo, con la gente amotinada, los 20 soldados, que aceptando a pasar un bergantín que el Adelantado enviaba de la Florida a La Habana a buscar bastimento, y llegando sobre aquel puerto, diole el viento contrario, y entróse en él y halló los cristianos que allí habían quedado de estos amotinados, todos muy buenos, que les dijeron el buen tratamiento que el cacique y sus indios les habían hecho, por tener por mujer el Adelantado a Doña Antonia, y que 5 o 6 de ellos andaban en la tierra adentro, y la gente del bergantín tomó hasta 15 soldados, de éstos, y el cacique envió un hermano suyo con 3 indios y 3 indias en este bergantín, a decir al Adelantado que él y sus indios querían ser cristianos, que le fuese a ver, porque le quería tomar por su hermano mayor, para hacer lo que les mandase. Y este cacique y Carlos tenían gran guerra, y sabido porque era que el cacique Tequesta solía ser sujeto a Carlos, y como Carlos supo que tenía aquellos cristianos, envió por ellos, y no se los quiso dar, y después envió para que los matasen a traición. Súpolo el Tequesta, defendiólos y mató dos indios suyos que andaban tratando de matar los cristianos.

Y el Adelantado llevaba consigo esta tercera vez estos mensajeros de Tequesta, con la Doña Antonia, todos juntos, para tratar paces y amistades entre él, Carlos y Tequesta; y como entró el Adelantado en el puerto de Carlos, 2 días desde que partió de La Habana, como esta dicho, fue descubierto por el Capitán

Francisco de Reinoso y sus soldados, y por el cacique Carlos y su gente; luego acudieron con las canoas a los bergantines. Saltó el Adelantado en tierra; fue muy bien recibido de los cristianos e indios, hizo hacer junto de la casa de los cristianos, una casa a la Doña Antonia, y una capilla, donde el Padre Rogel decía misa. Predicó otro día siguiente a los soldados, que tenían harta necesidad de ser doctrinados y por los buenos ejemplos que les dio, pidieron al Adelantado que los dejase con ellos, porque de otra manera, presto serían salvajes, como los mismos indios. Y esto era que las indias los querían mucho, de tal manera, que si el Adelantado entonces allí no llegara, el Carlos y sus indios, aunque perdieran a Doña Antonia, su hermana y a los seis indios y indias que consigo tenía, estaban determinados de matar al Francisco de Reinoso y a todos los cristianos que con él estaban, aunque con el aviso de que las indias daban a los cristianos, que Carlos y sus indios los querían matar, vivían con gran recatamiento.

Informó el Francisco de Reinoso capitularmente al Adelantado de las costumbres y condiciones de Carlos y de sus indios, y de las muchas veces que los habían querido matar, y que era grande la devoción que iban tomando a la cruz, aunque el Carlos estaba muy aperreado[335] y se reía de nuestras ceremonias. El Adelantado regocijó mucho al Carlos y a toda su gente; llevóle a comer consigo dos veces, y a su mujer, indios e indias principales.

Supo el Adelantado que el pasaje que él buscaba no le había por allí, y que 50 leguas adelante, en un pueblo que llamaban Tocobaga, hallaría pasajes.

El cacique de aquella tierra era gran enemigo de Carlos y le hacía mucha guerra.

Había pedido el Carlos al Adelantado y al Francisco fuesen con él y su gente a hacer guerra a Tocobaga.

El Francisco de Reinoso dijo al Carlos que sin orden del Adelantado no la había de hacer, por que si lo hacía, le mandaría cortar la cabeza.

Y el Adelantado respondió al Carlos que el Rey de España, su Señor, no le enviaba a aquella tierra a hacer la guerra con los caciques indios, y que si estaban reñidos, procurar de hacerlos amigos, y decirles si querían ser cristianos, y los que lo quisieren

[335] aperreado 'agobiado de trabajo' (Covarrubias).

ser, enseñarles la doctrina de la manera que lo han de ser, para que cuando se muriesen en la tierra, fuesen con Dios, Señor de todo el mundo, al cielo; que así él quería ser amigo de Tocobaga; que él iría a tratar las paces con él.

Pesóle mucho a Carlos que el Adelantado no fuese a hacer la guerra a Tocobaga, y díjole que él quería ir con él en sus bergantines a Tocobaga, con hasta 20 indios principales de los suyos, y que allá trataría el Adelantado de las paces.

El Adelantado holgó de ello, y trató luego con el Carlos las paces y amistades entre él y él cacique Tequesta, con su hermano, que allí tenía, y otros 2 indios y 3 indias, efectuáronse muy bien, dejó el Adelantado confirmada mucha amistad entre los indios y soldados. Dejó allí hasta que volviese de Tocobaga los indios de Tequesta con los cristianos, y a los dos padres de la compañía.

El Padre Rogel dábase prisa a defender con vocabulario la lengua de Carlos y Tocobaga, para empezar a predicar a los indios.

El Padre Francisco defendía la lengua de Tequesta, porque pretendió el Adelantado, vuelto de Tocobaga, dejar allí al Padre Rogel, y llevar a Tequesta el Padre Francisco.

Dentro de 3 días que estuvo en Carlos, se partió con todos los 6 bergantines la vuelta de Tocobaga; llevó consigo al Carlos y a otros 20 principales suyos, llegó el segundo día a la noche por el puerto, y vivía el cacique 20 leguas por la tierra adentro, y se iba hasta el borde de su casa por un brazo de agua salada. Un indio de los que iban con Carlos, aunque era de noche y no hacía luna, por el Norte, guío de tal manera, que llevando viento próspero, una hora antes del día, llegó el Adelantado junto de la casa de Tocobaga, sin ser descubierto, y mandó con gran secreto surgir los bergantines.

El Carlos rogó al Adelantado que saltasen en tierra, y quemasen el pueblo, y matasen los indios.

El Adelantado no lo quiso hacer, diciendo que el Rey de España, su señor, le mandaría a cortar la cabeza, porque Tocobaga, ni sus indios, nunca le habían hecho mal, y que si se lo hubieran hecho, que él hiciera lo que Carlos decía. Quedó de esto muy triste Carlos, y dijo al Adelantado que le echasen en tierra, a él, y su gente, y que él iría a dar fuego a la casa del cacique y se volvería a nado a los bergantines.

El Adelantado le dijo que no lo hiciese, ni se lo había de consentir, pues iba con él para tratar las paces y amistades; enojóse mucho de ello el Carlos, y lloraba de pesar.

El Adelantado lo consoló lo mejor que pudo y le dijo que él procuraría hiciese paces muy honrosas con Tocabaga, y que le diese 10 o 12 indios y indias que le tenía cautivos. Con esto se alegró mucho Carlos, porque había entre ellos una hermana suya y de Doña Antonia, y dijo al Adelantado que con aquello estaba contento, mandó el Adelantado que junto a la casa del cacique se llegase una chalupeta con 8 bogadores y un cristiano de aquellos que habían estado cautivos en Carlos, que sabían la lengua de Tocobaga, y mandó que junto de la casa del cacique, le dijese con altas voces, en su lengua, que no hubiese miedo, que los navíos que allí estaban, toda la gente que traían eran cristianos de verdad, sus amigos; y habiéndolo hecho así, los indios despertaron, y vieron los navíos junto de las casas, y echaron a huir con sus mujeres e hijos.

El cacique se estuvo quedo con 5 o 6 indios y una mujer, y en siendo de día, envió un cristiano que tenía al Adelantado a decirle que le agradecía mucho en que no le hubiese muerto a él ni su gente, ni quemado su pueblo, y que aquel cristiano tenía y no más, que lo enviaba, que su gente había huido, y que él se había quedado con su casa de su oración sus dioses, que primero quería morir que desampararlos; que si quería que fuese a sus navíos, iría, y si el Adelantado quería ir a tierra, a darle la vida o la muerte, que lo podía hacer, porque él lo estaba aguardando.

El Adelantado se holgó mucho con el recaudo y con el cristiano que le llevaba, el cual era portugués, de Tavila, que es en el Algarbe; dijo que había 6 naos que estaban allí cautivas, que iban en una barca con maíz, gallinas, mantas y miel, desde Campeche a Nueva España, y que la tormenta los había echado allí al través, y que los indios los mataron a todos dentro de una hora; que éste se escondiera al monte, que no le pudieron hallar, y anduviera por él un mes escondido, comiendo palmitos, bellotas y algún marisco, y que acaso unos indios pescadores le vieron y le prendieron y llevaron a este cacique; que les servía de traer agua y leña y hacerles de comer, y que del día que se perdieron hasta entonces, cada día suplicaba a Nuestro Señor lo sacase de cautivo, y ocho días había que estaba aguardando a cristianos, que soñaba cada noche de estos 8 días que cristianos iban allí a vivir, de que estaba muy contento. Contó al Adelantado las cosas de aquella tierra, aunque sabía muy poco, que nunca había salido 20 leguas fuera del aquel pueblo; y no quiso el Adelantado decir a este cristiano que Carlos venía allí, ni viniese Tocobaga al navío, por amor de Carlos. Envióle a decir que iría en tierra a hablarle y que no tuviese miedo, y encargó al cristiano que le esforzase, que ningún mal le haría, y que le enviase a decir a sus indios e indias que se volviesen al pueblo; y así se fue el cristiano con esta respuesta, y a las 8 de la mañana fue el Adelantado a tierra; habló al cacique, el cual recibió al Adelantado muy bien, y lo sentó cabe si, en un lugar más alto y preeminente. Tenía consigo 6 indios y una india; dijo al Adelantado con la lengua que no pensaba que los cristianos eran tan buenos; que bien conocía que le pudieran matar a él y a su gente y quemar sus ídolos y el pueblo; que había muchos días que sabía que cristianos andaban en aquella tierra y habían enviado a decir a caciques, sus amigos, que les diesen maíz, si no, que los matarían, y porque no se lo daban, mataban muchos, y que él le tenía mucho miedo, y que después vinieron otros cristianos y mataran a éstos, y que decían que a estos postreros[336] que los caciques y indios los querían mucho; qué de cuáles eran ellos.

El Adelantado le respondió que él y su gente eran de los cristianos postreros que vinieran a matar aquellos cristianos primeros que venían a hacer los caciques e indios esclavos, y que eran cristianos de mentira, y que por esto los matara. Que él y su gente eran cristianos de verdad, y que no los venían a matar ni hacer esclavos, ni a tomarles su maíz; que sólo iban a decirles si querían ser cristianos y enseñarles cómo lo habían de ser y tenerlos por amigos y hermanos, y que no iba a hacer la guerra, ni matar a ningún cacique ni indio, excepto a los que le quisieran hacer mal y matar algún cristiano; y que si él y su gente querían ser cristianos, que holgaría de ello.

El cacique se holgó mucho de lo que el Adelantado le dijo, y levantóse; él y sus 6 indios, hicieron al Adelantado grande humildad y obediencia, y le besaron las manos, y luego se volvieron a sentar. Entonces dijo el Adelantado al cacique que él

---

[336] postrero 'último' (Covarrubias).

era amigo de Carlos y tenía cristianos en su tierra, y que no por eso había de ser enemigo del Tocobaga; que tenía consigo a Carlos en los bergantines, que le llevaba para tratar paz y amistad con él y le volviese las 12 personas que tenía cautivas, y que si él y sus indios quisiesen ser cristianos, que holgaría mucho de ello y que le dejaría allí cristianos, como en Carlos, para que los defendiesen de sus enemigos y los enseñasen a ser cristianos.

Contestó que él tenía su gente y los principales y caciques, sus sujetos y amigos, lejos de allí, y que sin que viniesen y les hablase, no podría responderle; que aguardase el Adelantado 3 o 4 días, y los enviaría a llamar.

El Adelantado dijo que era contento, y así envió el cacique a llamar sus indios principales y caciques, y rogó al Adelantado mandase a sus soldados no llegasen a la casa de sus dioses, a quien este cacique tenía gran veneración.

Fuese aquella noche el Adelantado con su gente a dormir a los bergantines; y otro día por la mañana, el cacique Tocobaga le fue a ver. Habláronse él y Carlos y tuvieron algunos dares y tomares; quisiera el Carlos desembarcar con Tocobaga y con sus indios, y por tener el Adelantado a Carlos por muy traidor, no se atrevió, pensando le diría mal dél y de sus cristianos, y se conformarían los dos caciques para que el Carlos matase a los cristianos que allí tenía, y el Tocobaga los que allí dejase. Por otra parte, no se atrevía el Adelantado enojar al Carlos, y por esto le dijo saltar en tierra, con 2 lenguas que siempre anduviesen por cabo él, porque no hablase al cacique y a los indios mal de los cristianos.

Acudieron en aquellos 3 días más de 1500 indios, toda gente de muy buena disposición, con sus arcos y flechas.

El Adelantado, como vio tanta gente, dijo al cacique que sus soldados no estaban alegres, porque pensaban que sus indios querían ser bellacos, y pelear con ellos; que dejase los principales consigo, para tratar de las paces, y envíase los otros. El cacique los hizo así.

Al cuarto día, estando juntos 29 caciques y como otros 100 indios principales que consigo dejaron, envió el cacique llamar al Adelantado, que fuese a tratar las paces; y así fue, llevando consigo al Carlos, y estando juntos, el Adelantado, sentado en el lugar más preeminente, el cacique Tocobaga le dijo que él había dicho a aquellos caciques e indios que allí estaban, todo lo que el Adelantado había dicho, y que si él decía aquellas cosas de verdad, que todos holgaban de tomarle por hermano mayor y volverse cristianos, y hacer las paces con Carlos, y darle su gente; conque si Carlos volviese a hacer la guerra con él, que el Adelantado le ayudase, y que si él la rompiese con Carlos, ayudase el Adelantado a Carlos; porque él quería hacer las paces con los cristianos de verdad, y no de mentira, y que le dejase otro capitán con 30 cristianos, para que enseñasen a él y a sus caciques a ser cristianos. Todo se hizo de esta manera, quedando las paces hechas con Carlos, y vuéltole su gente; que el Adelantado dejó allí 30 soldados, y con cargo de ellos y por Capitán a García Martínez de Cos, el cual quedó harto contra su voluntad, y el Adelantado lo dejó porque estaba contra él desabrido,[337] por cierta desobediencia que había tenido; más porque era de buen entendimiento y buen cristiano, le dejó, y porque Tocobaga dijo al Adelantado que no podía ir a Macoya con tan poca gente, porque eran muchos y bellacos.

Luego se partió de allí con sus bergantines, dentro de 4 días que llegó, y dentro de 8 volvió a Carlos a su pueblo, y en el camino fue grandísima la soberbia y enojo que conoció tenía Carlos, por la amistad tan buena que el Adelantado dejaba hecha en Tocobaga, y procuraba mucho el Adelantado alegrarle, no podía.

Pasando un marinero por delante de Carlos, acertó a caerle un cabo de cuerda delgada sobre la cabeza de Carlos, y pensando que el marinero lo hiciera adrede, dale un gran bofetón en la cara y cerró en él a brazo para quererle echar a la mar; acude el Adelantado, y quítalo; era el marinero de los más principales que allí iba, sintióse mucho de esto, y mucho más lo sintió el Adelantado, y como le llevaba en su bergantín, y lo había sacado de su tierra, parecióle que era obligado a volverle a ella, que de otra manera, túvose entendido que lo mandaría ahorcar por el bofetón y también porque había entendido de la lengua que amenazaba al Adelantado y a sus cristianos, que daría orden que ninguno se le escapase.

Dejóle el Adelantado en su pueblo; hizo fortificarse los cristianos mejor de lo que estaban, dejóles a complemento de 50

---

[337] desabrido 'poco amable, mal humorado' (Covarrubias).

soldados sobre los que allí estaban, y ciertos versos[338], y al Padre Rogel, de la compañía de Jesús, para que doctrinase los indios. Partióse con el Padre Francisco, su compañero, y con los indios de Tequesta, para llevarlos a su cacique y decirles las paces que entre él y Carlos quedaban hechas. Dejó el Adelantado allí a Doña Antonia, con los cristianos; no traía de ella buen concepto, y estaba mucho de la parte de su hermano Carlos, y muy triste por las paces que había hecho en Tocobaga. Dijo palabras muy sentidas al Adelantado, porque no habían quemado y muerto a Tocobaga y sus indios y quemándoles al pueblo y casa de sus ídolos y que tenía dos corazones, uno para sí, otro para Tocobaga, y que para ella, ni su hermano, no tenía ninguno.

El Adelantado la satisfació lo mejor que pudo, y la dejó, y se fue a embarcar para ir a Tequesta, y estando en los navíos para hacer vela e irse a Tequesta, a llevar los indios que allí tenía, a confirmar las paces, y de allí a los fuertes de San Agustín y San Mateo, vio entrar por el puerto un navío, de que se espantó, no sabiendo qué podía ser, y llegando a surgir, conoció ser un patache suyo, que había dejado en el puerto de San Agustín, cuando salió de la armada contra los cosarios, el cual habían despachado los capitanes de los fuertes de San Agustín, San Mateo y San Felipe, a La Habana, dando aviso al Adelantado socorriese de bastimento, y llegado este bergantín a La Habana, el tesorero Juan de Hinostroza, teniente del Adelantado en aquella villa e isla, para las cosas de la Florida, le enviaba con aviso al Adelantado y también llevaba cartas de todos los regidores de La Habana. Y era en caso que al tiempo que el Adelantado partió de La Habana este postrero viaje, un capitán que se llama Pedro de Rodabán, de los que S.M. había enviado al Adelantado con socorro, al tiempo que el Adelantado quiso partir, se alzó al monte con la bandera, con designio de pasarse a la Nueva España, la cual estaba en este tiempo alterada.

Temió el Adelantado de su ida, detúvose algunos días, pensando poderle recoger, e hizo cabeza de proceso contra él,

---

[338] verso 'pieza de artillería antigua de tamaño y calibre como la mitad de los de la culebrina' (Autoridades).

llamándole por los pregones,[339] sentenciándole en rebeldía, notificando la sentencia al Gobernador García Osorio, para que, si este capitán se pudiese prender, le enviasen a España, a S.M., con su proceso. Y le escribieron en aquel bergantín que otro día que el Adelantado partiera de aquella villa de La Habana, el capitán Rodabán se paseaba por aquella villa públicamente, y acompañaba al Gobernador, y comía con él, acompañado de muchos soldados de los amotinados, que se habían venido huidos de la Florida, y que dentro de 6 días que el Adelantado partiera, el Gobernador había enviado a decir al capitán Baltasar de Barreda, a quien el Adelantado había dejado con 200 soldados en aquella villa para la defensa de la fortaleza y puerto de ella, según S.M. se lo mandaba. El cual fue, y halló al Gobernador acompañado de los oficiales de S. M. de aquella isla y de los regidores de la villa, e hizo sentar cabe sí en una silla al capitán, y a su alférez y otros gentiles hombres que con ellos iban, les mando salir, y dijo al capitán que quería ver la instrucción que tenía de S.M. para defender aquella fortaleza y puerto.

El capitán le dijo que con un Escribano se lo había enviado el Adelantado originalmente, como S.M. se lo mandaba, y que el traslado de ello, autorizado, con la orden que el Adelantado le había dejado, tenía allí; y echó mano a la faltriquera[340] y sacóle, y le daba al Gobernador, el cual le dijo que si no era el original, que él no lo quería ver.

El capitán le respondió que el escribano de quien estaba asignado, era uno que estaba allí presente.

El Gobernador no lo quiso tomar, y mandó a un escribano que allí estaba que mandase al tambor de la villa echar bando[341] que, su pena de la vida, todos los soldados de la compañía del capitán Baltasar de Barreda se recogiesen a su alojamiento y ninguno saliese de ellos sin licencia y mandado.

El capitán Barreda se admiró de esto y estúvose sosegado, sin responder nada, y pasado un poco, se quitó la gorra, diciendo

---

[339] pregón 'la promulgación o publicación, que en voz alta se hace en los lugares o sitios públicos, de alguna cosa que conviene que todos la sepan' (Autoridades).

[340] faltriquera 'bolsa que se lleva atada con unas cintas a la cintura' (Moliner).

[341] bando 'edicto, pregón' (Moliner).

contra el Gobernador y los más que allí estaban, que les besaba las manos, y se levantó y se iba.

El Gobernador se levantó y se abrazó con él, diciendo: "Preso por el Rey". Luego salieron dos alguaciles con 7 u 8 porquerones,[342] engarrafaron[343] al capitán, y no pudiendo quitarle la espada de la mano, andaban a las vueltas, Su alférez, que se llamaba (...), caballero de Trujillo, buen soldado, que estaba fuera, entendió el ruido. Entró para dentro, y visto cual maltratado tenían a su capitán, echó manó a la espada, y como un león arremete a los que le tenían, desampאráronle y retiráronse a un aposento, y el Gobernador con ellos, cerraron la puerta por dentro.

Salióse el capitán y el alférez fuera de casa, hallaron venir muchos soldados alterados, mandóles el capitán que, su pena de vida, se recogiesen al cuerpo de guardia; y el capitán Rodabán tenía amotinados muchos soldados de los del capitán Baltasar de Barreda, y tenía recogidos otros muchos de los amotinados, y decían estaban dentro de casa del Gobernador, para en prendiendo al capitán Baltasar de Barreda, entregarle la bandera y compañía al capitán Rodabán. Y de todo esto fue testimonio autorizado al Adelantado en aquel bergantín y carta que todos los regidores escribían, suplicándole se viniese luego a La Habana a remediar aquellas cosas, porque de otra manera podría suceder gran mal.

El Adelantado, como vio estos despachos, envió los indios a Tequesta, y él se vino a La Habana, y llegó dentro de 3 días; luego se ausentó al monte el capitán Rodabán.

Averiguó lo que pasaba, y fuele forzado detenerse allí un mes, para ver si podía prender a este capitán Rodabán, que andaba en el monte con 15 o 20 soldados arcabuceros; y halló espías y maña[344] que lo prendió, oyéndole en justicia. Sentencióle a cortar la cabeza, queríalo ejecutar, acudieron muchos sobre el Adelantado, pidiéndole le otorgase la apelación y aconsejándole que para más justificar la causa con S.M., lo debía de hacer, el cual se la otorgó, y dejando en el mejor recaudo que pudo lo de allí, con algún bastimento que se cogió y otros navíos que envió a Campeche a

---

[342] porquerones 'corchete que prendía a los delincuentes y los llevaba a la cárcel' (Moliner).

[343] engarrafar 'agarrar fuertemente una cosa o persona' (Moliner).

[344] maña 'manera' (Moliner).

cargar maíz, se fue a la Florida, al Tequesta, donde fue muy bien recibido de aquel cacique e indios. Hizo con ellos grandes paces; tomáronle por hermano mayor, dejó allí 30 soldados, y por capitán de ellos (...), y dejóles una sierra y carpinteros que hiciesen una casa fuerte, arboló una cruz con gran devoción. Los indios la adoraron, dejó allí al Padre Francisco, de la Compañía de Jesús, estuvo 4 días en aquel pueblo. Fue grande su contento de ver que a las mañanas y a las tardes, todos los indios e indias, grandes y pequeños, acudían a adorar la cruz y besarla con gran devoción. Dio el cacique al Adelantado un hermano suyo y dos indios principales, que el uno era capitán de un pueblo de Carlos, para que los trajese a España, y partióse con ellos el Adelantado, con buen tiempo, y al tercer día llegó a San Mateo, donde halló a Gonzalo de Villarroel y a su gente, todos muy buenos, y que Saturiba hacía gran número de gente, y que le habían muerto algunos caciques e indios, sus sujetos, todo el ganado. Tenía preso, encadenado, al cacique Emoloa[345] y un su hijo, y a otros dos, herederos de dos caciques, y otros dos indios principales de Saturiba, que en todos eran 16 indios, los cuales tenía todos en prisión de cadenas; y supo el Adelantado como el Maestro de Campo había subido 50 leguas por aquella ribera de San Mateo arriba, con 3 bergantines, hasta Macoya, y que por hallar número de indios, y el río estrecho y cerrado de bosque a orilla, de una parte y de otra, se había vuelto, por no tener nueva del Adelantado, que le había dicho había de entrar por la parte de Carlos, y aunque en Tocobaga habían dicho al Adelantado, cuando allí estuvo con los bergantines y dejó los cristianos, que había por allí un río que pasaba a Macoya, a que llevaba poca gente para ir por allí, porque había muchos indios y muy guerreros todos, que eran enemigo del Tocobaga; que cuando el Adelantado volviese allí otra vez, con sus indios de guerra, iría con él.

Con acuerdo de Gonzalo de Villarroel, acordó el Adelantado, al segundo día que a San Mateo llegó, soltar un indio de aquellos que Villarroel tenía presos en cadenas, y envióle a Saturiba que le dijese que otro día por la mañana estuviese a la punta de la barra, que es dos leguas de allí porque el Adelantado se

---

[345] El cacique Emoloa era aliado del cacique Saturiba, habitó cerca del río Saint Johns.

quería ir a San Agustín y deseaba verse con él y hablarle, porque nunca el Adelantado había visto este cacique y deseaba mucho hablar con él, y decían que el cacique quería mucho al Adelantado, mas teníale gran temor.

Recibió el recado Saturiba, que estaba 2 leguas del fuerte de San Mateo; respondió al Adelantado que él iría a la barra como se lo enviaba a mandar, y le rogaba llevase consigo los indios, porque los quería ver.

Otro día por la mañana, partióse el Adelantado del fuerte, dejando animados los soldados lo más que pudo, rogándoles y animándoles estuviesen fuertes en el servicio de S.M., porque él se había de partir luego a España, como todos se lo rogaban, para que S.M. los socorriese de bastimento y pagas, para vestirse, porque ya andaban poco menos que indios, desnudos. Llevó consigo a Gonzalo de Villarroel, hallaron a la barra a Saturiba, muy desviado de la marina, y con muchos indios; llevaba el Adelantado allí a Emoloa y a otros 6 indios principales, soltó el Adelantado el uno y envió a decir a Saturiba, que se llegase allí a la marina, debajo de su palabra.

El Saturiba respondió que pusiese el Adelantado en tierra a Emoloa y a los indios que consigo traía, porque quería primero hablar con ellos,

El Adelantado lo hizo así, con sus grillos que tenían a los pies, púsolos frontero de un bergantín, teniendo diestros 20 arcabuceros y dos versos con perdigones, para que, si algunos indios se los quisiesen llevar a cuestas, poderlos matar.

Saturiba no quiso venir a hablar a Emoloa; envió dos principales suyos, que hablaron con él. Estos iban y venían al Saturiba y Emoloa, por espacio de más de dos horas. Hallóse al cabo que sus tratos eran para soltar los indios y querer que el Adelantado saltase en tierra, para flecharle a él y a los soldados que consigo llevaba, porque eran muchos los indios que Saturiba tenía emboscados. Entendió la trama el Adelantado por un soldado, gran amigo de Emoloa, que tenía cuidado de darle de comer a él y a sus indios, y entendía la lengua de los indios, aunque ellos no lo sabían. Recogió el Adelantado en sus bergantines a Emoloa y a los más indios prisioneros que tenía en tierra, metiólos en los bergantines, envió a decir a Saturiba que siempre había deseado ser su amigo, y entonces lo deseaba también y que le pesaba mucho porque él no lo quería ser, y que, desde entonces, le tuviese por su enemigo, y que por los cristianos que a traición le había muerto, y que él le mandaría a cortar la cabeza, o echarlo de su tierra,

El cacique le envió a hacer muchos fieros,[346] diciendo que aunque muchas veces había dicho a los capitanes del Adelantado que era su amigo, no lo decía de buen corazón, porque a todos los cristianos tenía por enemigos, y que el Adelantado y sus soldados eran gallinas, cobardes, que saltasen en tierra a pelear con él y con sus indios.

Capítulo XXVI

El Adelantado le dejó, sin quererle responder; salió por la barra y se fue a San Agustín, donde halló al Maestro de Campo y más capitanes, todos buenos, aunque estaba muy descontenta la gente de aquel fuerte, por el mal tratamiento que les hacía el capitán Miguel Enríquez, uno de los capitanes que S.M. había enviado con el socorro, y de la gran desobediencia y poco respeto que por ausencia del Adelantado había tenido a su Gobernador y Alcalde del fuerte, a quien respetaban y pedían el nombre, porque, entre otras cosas que se le desacató, fue mudar las centinelas que el Adelantado había mandado tener, contra la voluntad del Gobernador. Manda traer armas contra la voluntad del Gobernador, a soldados que estaban privados de ellas, por delitos que habían cometido, y nombrándoles para las centinelas; queriendo estropear el Gobernador un soldado, porque se le había desacatado, salió con mano armada el capitán a quitárselo, y dentro de 8 días, no pudiendo el capitán, estando allí el Gobernador, como estaba, castigar ningún soldado de los suyos, criminalmente, estropeó dos sin hacer cabeza de proceso; dio de palos a un alguacil; hizo otras disoluciones,[347] feas y graves todas, y desacato de su Gobernador, a quien había obedecido por tal.

Hizo el Adelantado cabeza de proceso contra él; fulminóle, haciéndole cargo y recibiendo su descargo; dejó de justiciarle, porque el Gobernador era el capitán Bartolomé Menéndez, hermano del Adelantado.

---

[346] fiero 'bravata, amenaza o presunción' (Moliner).

[347] disolución 'acción de disolver' (Moliner).

Dejó el Adelantado la compañía de este capitán a Francisco Muñoz, y su sargento y oficiales; remitió la persona del capitán a S.M. y a señores del Real Consejo de Indias, con su proceso.

Nombró el Adelantado por su lugarteniente de aquellas provincias, como antes estaba nombrado, y Esteban de las Alas, que allí estaba; trató en consejos, y acordó, de la manera que la guerra se había de hacer a Saturiba; dejó instrucción de ello, y antes de su partida se dio por 4 partes, y fue él en persona a la que se tenía entendido esperaba Saturiba, con 70 soldados, y por no ser sentido, marchó aquella noche hasta el alba, diez leguas, ni él ni los demás pudieron hallar a Saturiba. Morirían como 30 indios; mataron un marinero los indios, y soldados hirieron otros dos, aunque de los que el Adelantado llevaba, no le mataron ni hirieron ninguno.

Recogiéronse al fuerte de San Agustín; habló a los capitanes y soldados que allí quedaban, animándoles y rogándoles estuviesen muy fuertes al servicio de S.M. Embarcóse para Santa Elena, donde está el fuerte de San Felipe, en un bergantín, y el Maestro de Campo en una fragata; traía consigo presos el Adelantado a los dos capitanes Miguel Enríques y Pedro Rodabán, para llevarlos a España, y 3 indios principales, el uno de ellos hijo de Emoloa, y soltó al Emoloa y todos los demás indios, diciéndoles que él trataría bien los 3 indios que llevaba a campaña, con los otros 3 de Tequesta, los volvería a traer, y que si Saturiba hacía la guerra a los cristianos y Emoloa y sus indios le ayudaban, y los otros principales que el Adelantado soltaba, que cortaría las cabezas a aquellos 3 indios que llevaba.

Y con viento próspero, llegó el tercer día a Santa Elena y fuerte de San Felipe, donde halló al capitán Juan Pardo muy bueno y a todos los soldados muy contentos de la buena tierra que habían visto, cuando fueron por la tierra adentro, hasta 150 leguas, y habían dejado hecho el fuerte al pie de la sierra, la tierra del cacique Joada; y por tener aviso el Adelantado de S.M. le había salido de Francia una gruesa armada de cosarios luteranos, que decían a aquellas partes, que estuviese muy a punto de guerra, porque había enviado a mandar el Adelantado al capitán Juan Pardo, dejándole en aquel fuerte de la tierra dentro algunos soldados, para la conservación de los indios y caciques amigos, y para que los doctrinasen, y se viniese luego a la marina y se metiesen en el fuerte de San Felipe, para que si la armada francesa allí fuese, se lo pudiesen defender.

Capítulo XXVII

Contó el capitán Juan Pardo al Adelantado la mucha amistad que los caciques y indios de la tierra adentro le habían hecho, y el deseo que tenían de ser cristianos como él y tomarle por hermano mayor, para hacer lo que le mandase, y que ni más ni menos estaban muy amigos los caciques de la marina y sus indios de aquel distrito, y que todos deseaban mucho de verle y volverse cristianos.

Bien quisiera el Adelantado detenerse allí un mes, para la confirmación y amistad de estos caciques e indios; mas era muy poco bastimento que dejaba en los fuertes, y muy corta la ración que los soldados comían, y había 10 meses que había escrito a S.M. que sería en España, y tenía aviso que Flandes se rebelaba contra el servicio de S.M. y que S.M. pasaba allá. Y así, para el remedio de los soldados que estaban en la Florida a su cargo, como los que estaban en las islas de Puerto Rico, Española y Cuba, que fuesen bastecidos a pagados, por que padecían grandes necesidades de comida y vestidos, y poder dar cuenta particular a S.M. del estado de las cosas de la Florida y de todas la islas y Indias, y los robos que cosarios hacían, porque si no lo remediaba, cuanto se perdería, y como la podía remediar a sustentar los fuertes de la Florida, a mucho menos costa de su real hacienda.

Y para poderle servir en la jornada de Flandes, se embarcó en la fragata, que era hechiza, muy ligera de remo y vela, de porte de hasta 20 toneles,[348] porque el bergantín, que había sacado de San Agustín, junto con esta fragata, no era de buen sostén, y cargó en él 50 quintales de bizcocho y envióles a San Agustín y San Mateo, porque como algunos soldados de aquel fuerte habían ido la tierra adentro, habíanse ahorrado este bizcocho.

Capítulo XXVIII

Se metió consigo en la fragata al Maestro de Campo, a Francisco de Castañeda, capitán de la guarda del Adelantado y al

---

[348] tonel 'unidad de medida de capacidad usada para los barcos, equivalente a unos cinco sextos de la tonelada' (Moliner).

capitán Juan Velasco de Medrano, a quien el Adelantado había dado licencia, por su poca salud, se viniese a España, y a Francisco de Copero y Diego de Miranda, Alonso de Valdés y Juan de Valdés, y a (...) de Ayala, alférez del capitán Medrano, y (...) de Salcedo, y Juan de Aquinoga, y Antonio de y licenciado (…), que era clérigo, y al capitán Blas de Meiro y otros hidalgos, en número 25, todos con sus arcabuces y buenas armas, personas que solían acompañar al Adelantado y comer los más de ellos a su tabla, y otros 5 marineros, porque los demás de estos soldados lo eran y sabían bien bogar, y los 6 indios y los 2 capitanes que el Adelantado traía presos, Pero de Rodabán y Miguel Enríquez, que en todos eran 38 hombres. Y tuvo tan próspero viento, y la fragata era tan ligera, que en 17 días vio las islas de las Azores, que un día por otro caminó 72 leguas, como se verá en la carta de marear; de que el Adelantado recibió gran contento, cuando vio las islas en tan pocos días, por reconocer la gran ligereza de su fragata. Entró en la isla de la Tercera, tuvo aviso de S. M. se venía a embarcar a la Coruña, para ir a Flandes, y pareciéndole que, tomando aquella derrota,[349] le pudiera alcanzar, antes de su partida de la Coruña, y que los cosarios de alto borde que por allí encontrase, les podría huir a remo y vela, que yendo la vuelta del cabo de San Vicente de Sevilla, topando fustas[350] de moros, le podrán alcanzar al remo. Tuvo algunos vientos contrarios desde la tierra hasta la Coruña, y llegó a entrar en aquel puerto, día de San Pedro; encontró cerca del puerto, como 3 leguas, dos naos francesas y una inglesa, que le dieron caza, echó a huir y al segundo entró a Vivera, 20 leguas de la Coruña, donde supo que S. M. estaba en la Corte que no era partido aún para la Coruña. Envió de allí los dos capitanes presos, Rodabán y Miguel Enríquez y entrególa al alférez Ayala, para que presos y a buen recaudo, los entregase en la cárcel de corte y diese el proceso en el Real Consejo de Indias.

Escribió a S.M. su llegada a aquel puerto y que con brevedad le iría a besar las manos; y otro día siguiente que el Adelantado allí llegó, se partió a medio día para Avilés, donde tenía su mujer y casa, que era 28 leguas de Vivero. Tuvo el viento

---

[349] derrota 'camino que ha de seguir un barco' (Covarrubias).

[350] fusta "cierto barco de remos ligeros, con uno o dos palos, que se empleaba como explorador' (Moliner).

tan próspero, que en aquel mismo día anduvo las 25 y entróse en una bahía que llaman Artedo, donde estaban surtos 10 navíos, los cuales, como vieron aquella fragata[351] de nueva invención, tan equipada de remos, porque parecía de turcos en la mar de Levante, temiéronla, desampararon sus navíos y echaron a huir a tierra, con lo bateles, y uno de ellos, que estaba cargado de hierro, encalló en la arena, desfondó el navío por abajo, para que si el Adelantado fuera cosario, no lo pudiese levar.[352]

Surgió el Adelantado, con su fragata, entre estos navíos; no había hombre ninguno en ellos, ni batel, tenía muy gran pena de ello, que el uno daba a través. Hizo grandes diligencias, mandando a un marinero de la fragata dar voces que algún batel viniese a ella; traía 3 piezas de artillería de bronce, pequeñas, y dos marineros de los 5 eran muy buenos clarines. No quiso el Adelantado que los tocasen, ni tirasen piezas de artillería, por no alborotar, reposó la gente de la fragata, siendo ya las 10 de la noche, y no había venido batel a reconocer la fragata. A la media noche vino un batel muy equipado de remos, y de lo largo llamó a la gente de la fragata, preguntando que navío era y donde venía, de la fragata respondieron que era el Adelantado Pedro Menéndez, que venía de la Florida, y que llegasen a bordo; temieron los del batel, pensando que los engañaban, que mucho de los marineros allí iban, bien conocían al Adelantado, y dijeron que tenían miedo que los engañaban, que si el Adelantado les hablaba, que bien le conocerían.

El Adelantado, que los estaba oyendo, les dijo: "Hermanos míos, hacedme placer que vais a aquel navío que está en tierra perdiéndose, a decir cómo soy yo el Adelantado Pedro Menéndez, que vengo de la Florida, para que procure el remedio de su navío, y decir lo mismo a la gente de estos otros, que me parece que son huidos al monte, y que sus bateles los habrían dejado por ahí perdidos, y que hecho esto, os volváis aquí, porque os querría hablar; y que lo mismo dijesen a los maestros de los otros navíos, que fuesen al borde de la fragata, con sus bateles".

Respondieron del batel que su señoría fuese bienvenido, y que ellos iban a hacer lo que les mandaba; y así lo hicieron luego.

---

[351] galibraza ver nota 41.
[352] levar 'levantar las anclas' (Moliner).

Detúvose esta gente con el batel hasta el alba, a dar aviso a la gente y que había huido de los bateles, y ayudar a salvar a este navío de hierro, y veníanse con sus bateles a bordo de la fragata, al amanecer, donde el Adelantado hizo desplegar un guión[353] de damasco carmesí, como estandarte, y una bandera de campo, y tocar los clarines y tirar las 3 piezas se artillería. Alteráronse la gente de los bateles, pensando que era cosario, y dieron la vuelta, huyendo; sólo llegó a bordo el batel que había hablado la gente dél con el Adelantado, y le habían conocido.

Eran 5 carabelas de portugueses, cargadas de sal, y otros 3 navíos de pescadores, y los otros dos, uno de hierro y otro de madera.

Volvió luego este batel a asegurar a los demás y vinieron a bordo de la fragata a hablar con el Adelantado; todos se holgaban mucho de verle y se admiraban (...) navegar tanta mar en tan pequeño batel; y cierto en una de las cosas (...) que hasta hoy en la mar se han visto.

Capítulo XXIX

Hizo vela, y dentro de 2 horas entró en su pueblo, que ya sabían que iba, porque un hombre del batel que fue a tierra, a avisar quién él era, fue por tierra aquella noche, a pedir las albricias[354] a su mujer y deudos.

Fue tanta la alegría que aquel pueblo hubo con su llegada, de su mujer, deudo y vecinos, que no se puede encarecer, porque allende que el Adelantado y sus deudos son de los principales de aquella tierra, en tan bien que esto a amado de todos, que se hincaban muchos de rodillas, pues las manos al cielo, alabando a Nuestro Señor, que le había traído a salvamento, y miraban la fragata, que los tenía admirados y ver en tan pequeño batel tanta bandera y gallardete, y piezas de artillería de bronce, que tiraron, y arcabucería, y tocar los clarines, y los soldados bizarros[355] y bien traídos, que todos estaban como encantados, mirándose los unos a los otros.

---

[353] guión 'estandarte o pendón' (Covarrubias).
[354] albricias 'regalo que se da con motivo de un suceso feliz' (Moliner).
[355] bizarro 'valiente' (Moliner).

Fuese el Adelantado derecho a la Iglesia, a dar gracias a Nuestro Señor y su preciosa Madre, por la merced que le había hecho en traerle a salvamento; fue acompañado los del pueblo hasta su casa, entonces fue recibido de su mujer e hijas, hermanas y sobrinas que con ellas estaban acompañándoles, aguardando al Adelantado, como se podrá usar.

Había 18 años que el Adelantado andaba en el servicio de S.M., con los cargos del Capitán General de armadas en las costas de Asturias y Vizcaya, Flandes y carrera de las Indias, en el cual tiempo nunca había estado en su casa, si no 4 veces, y en ellas (…) estuvo de esta venida (…) que S.M. no estaba (...) se fue el ma (...) villa de (...) echo (...) fuese a la Florida, se iría en él. Pesóle al Adelantado de su determinación, y contra su voluntad y secretamente, se embarcó para la jornada, como es dicho.

Vino el Adelantado a Madrid a besar a S.M. las manos el 20 de julio, trayendo consigo los 6 indios, desnudos, y con sus arcos y flechas, según y como andan en la Florida.[356] Fue recibido de S.M. muy favorablemente, teniéndole en gran servicio la jornada, que le haría mercedes; y habiéndole dado cuenta del estado de las cosas de la Florida y la necesidad con quedaban de bastimento el gran daño que los cosarios hacían (…) el peligro que las flotas que (...) lo uno y lo otro era (...) luego proveyó fuesen (...) el memorial (...) para castigar (...) a robar (...) sus vasallos (...) y que (...).

Refirió el Adelantado por extenso el destrozo de Ribao y los demás herejes, que es el término de 300 leguas de costa, descubrió 4 puertos, el que menos de 4 brazas de agua en la pleamar, y otros 20 de dos brazas y media de fondo, los cuales habían andado y entrado en todos, a reconocerlos por su persona con 4 o 5 bergantines, descubriéndolos, sondeándolos y marcando las entradas, que ajustó paz y amistad con los caciques de estas 300 leguas, excepto con Saturiba, que no la quiso, y pobló en 7 partes, 3 fuertes y 4 pueblos, dando cuenta de las fortificaciones de San Agustín, San Mateo, San Felipe y de otras casas fuertes que dejaba en Ays, Tequesta, Carlos, Tocobaga y la que en la tierra adentro edificó Juan Pardo, con gente y municiones.

---

[356] Ruidíaz suple con 'Vida" de Barrientos por lagunas en el manuscrito, hasta el cierre del corchete.

El Rey se alegró mucho de ver los indios, y quedó tan satisfecho y los del Consejo, que pidieron al Adelantado diese por escrito lo que se le ofrecía en las cosas de las Indias}[357] particularmente en las de la Florida, el cual lo hizo; pidiéronle memorial de muchas cosas para proveerlas, así lo hizo.

Entre las cosas que dijo, fue una que muchos capitanes y soldados de los amotinados en la Florida, habiendo hecho informaciones ante el Gobernador de La Habana y ante otras justicias donde llegaban, jurando unos en favor de los otros que habían servido muy bien y más señaladamente que los que allá quedaban en servicio de S.M., los cuales se habían señalado en su real servicio, así en la tomada de los fuertes a los luteranos, como en asistir a los trabajos, hombres y peligros que en aquella tierra hubo, y guerra con los indios. Y con estas informaciones que los amotinados hicieron tan favorables para sí, hallábanse tan lozanos, que como se extendieron todos ellos, así capitanes como soldados, a todas las Indias y a España, para justificar sus flaquezas de tiempo que se amotinaron, y haber preso al Maestro de Campo y a la justicia y regimiento, y enclavado la artillería, y tomarles en bastimento dejándoles sin ninguno, y siendo los indios amigos, mataron tres de ellos, principales, para que los caciques y indios de aquella tierra se juntasen, como lo hicieron, y matasen al Maestro de Campo y soldados que quedaban en los fuertes sin ningún bastimento, porque de esta manera perecerían todos los que quedaban en la Florida, y S.M. les haría a ellos mucha merced, por virtud de sus informaciones.

Donde quiera que estos amotinados se hallaban, decían mal del Adelantado y de cuantos con él quedaban, esto lo fundaban en muchas mentiras y falsedades, por las mejores razones que ellos podían, parecer creídos.

Algunos pidieron S.M. que les hiciese merced por sus buenos servicios, a los cuales S.M. remitió a la venida del Adelantado; y como informó de algunas cosas de éstas, se ausentaron.

Vio el Adelantado que algunos señores del Real Consejo de Indias tenían concebido en su perjuicio que era verdad lo que estos amotinadores les decían. Algunos otros ministros de S.M., que

---

[357] Sigue la última hoja del manuscrito.

estaban cerca de su real persona, tenían creído que el Adelantado excedía, en algunas cosas, de lo que era razón, y les parecía que el Adelantado había tomado aquella jornada y empresa más por su interés particular que por el servicio de Dios, Nuestro Señor, y de S.M.; lo cual fue muy al contrario, según se vio y entendió, y lo mismo había sido todo el tiempo que había servido a S.M., según es notorio por experiencia en 18 años que fue Capitán General en cargos y armadas tan preeminentes, de tanta confianza, honra y aprovechamiento, que si él lo quisiera tener, fuera muy rico. Más sin ser distraído[358], ni hacer gastos excesivos, antes de ser General de la armada de S.M., tenía dos muy buenos galeones y treinta mil ducados en dinero, y después acá ha hecho próspero suceso y viajes con muchos galeones, naos y navíos suyos, zabras y patajes, con que ha ganado gran suma de nombre en los viajes prósperos y breves que ha hecho, y ha tenido sus granjerías, muy en servicio de S.M. y sin perjuicio de su oficio, en que ha ganado más de doscientos mil ducados. Todos los ha gastado, como buen capitán, en servicio de S.M., en cosas necesarias, para que tuviesen buenos sucesos las cosas de su cargo, por no querer S.M. ni sus ministros proveerlas, y en traer muy buenos capitanes y soldados, gente principal y de confianza, así de mar como de guerra, en todas las armadas de su cargo, a quien hacía muchas ventajas, por S.M. ni sus ministros no querer hacerlas, y nunca tirar gajes[359] de S.M., ni sueldo, más de cuando servía, y éste era menos del que se daba a otros Generales, y hecho el viaje le despedía S.M., y hasta que le ofrecía otro, quedaba a cargo de capitanes, oficiales y gente noble que le seguían y servían a S.M. en su compañía, a los cuales entretenía como (…).

Capítulo XXX[360]

{Mientras el Adelantado estaba en la Corte, dando cuenta de sus viajes y gestionando un memorial que presenta al Consejo de Indias, pidiendo que se le hiciese merced correspondiente a sus

---

358 distraído 'juerguista' (Moliner).

359 gajes 'retribución, paga' (Covarrubias).

360 Ruidíaz suple los últimos capítulos (XXX, XXXI, XXXII y XXXXIII) del "Memorial" con una síntesis del *Ensayo cronológico* de Cárdenas hasta el final por faltar parte del manuscrito.

servicios y se le diese una ayuda de costa para pagar sus deudas, satisfaciéndole lo que había gastado de más sobre la obligación de su asiento, y el flete de galeón *San Pelayo*, hasta que se perdió, sobre lo cual se le hizo seguir pleito, que no terminó hasta Abril del año siguiente 1568; deseosos los luteranos de vengarse de la muerte de Juan Ribao y sus compañeros y viendo desatendidas sus quejas en la Corte de Francia, consiguieron que Domingo Gurgio o Gourgues,[361] de Monte Marsano, hereje terrible, hermano de otro que era presidente de la generalidad de Guiena, que los españoles habían echado a galeras en la guerra de la Florencia, se determinase a ir a la Florida, echando voz de que volvía a Brasil, donde había navegado otras veces.

Armó 3 navíos con 200 soldados y 80 marineros, y por agosto de 1567 se hizo a la vela, y habiendo persuadido a su gente en el camino, cuando, por la ruta que seguía, advirtieron el engaño, llegó al río Mayo o de San Mateo, sin que los españoles, que los vieron, sospecharan que fuesen enemigos, y trabajando amistad con Saturiba y otros caciques, ayudado por su compatriota Pedro Bren, que desde el año de 1565 estaba con Saturiba, infundiéndole odio contra los españoles, industriándole[362] y a los demás caciques, por si llegaba en algún tiempo esta ocasión, concertó la manera de llevar adelante su venganza.

En tanto que esta traición se tramaba en la Florida, intentóse en la Corte hacer novedad en los oficiales reales que había nombrado el Adelantado y probado el Rey, proveyendo estos empleos en los que no habían servido en aquella jornada, lo cual le hizo acudir a S.M. representándole los motivos que aconsejaban no se hiciese novedad en esto, y en efecto, nada se hizo.

En el mes de abril de 1568 empezaron los franceses, mandados por Gurgio y ayudados por Saturiba, otros caciques y sus indios de guerra, a poner en práctica su venganza contra los españoles, tomó a estos, a pesar de su desesperada resistencia, por

---

[361] Dominique de Gourgues, gentilhombre gascón, conocía bien a los españoles por haberse enfrentado a ellos en numerosos campos de batalla de Alemania, Italia y Flandes, y sobre todo por haber tenido ocasión de experimentar las galeras españolas en calidad de prisionero de guerra. Gonzalo Solís de Merás, *Memorial*. Introduction by Lyle N. McAlister. Gainesville: University of Florida Press, 1965, xiii-xiv; Cf. Parkman, 5.

[362] industriar 'adiestrar a alguien' (Moliner).

sorpresa, un fuerte que tenían en la ribera derecha y en la boca del río Sarrabahía, y después el de San Mateo, donde los franceses habían tenido antes el fuerte de Charlesfort, que les tomó el Adelantado, matando a muchos defensores, de los que sólo pudieron salvarse unos pocos, y entre ellos el Gobernador de San Mateo, Gonzalo de Villarroel.

Gurgio saqueó este último fuerte con el mayor rigor, e hizo ahorcar de los árboles cercanos a todos los españoles prisioneros, poniendo un letrero que decía: "No por españoles, sino por traidores y homicidas".

Porque finge que Pedro Menéndez, cuando hizo justicia a los hugonotes, puso otro que decía: "No por franceses, sino por luteranos"; y después de estas hazañas y de robar toda la artillería que pudo, temiendo Gurgio que los españoles volviesen sobre él, se embarcó a 3 de mayo del mismo año 1568, y el 6 de junio llegó a la Rochela, sin que pudiesen alcanzarle unos navíos españoles que en el camino le siguieron.

Desde allí pasó a Burdeos la artillería robada, habiendo perdido, además de los que perecieron en los asaltos, 8 hombres y un navío; pero lejos de hallar en la Corte el aplauso y el premio que esperaba, fue perseguido para entregarle al Embajador de España y debió su salvación a la protección que los herejes le dispensaban.

El Adelantado continuaba en España, haciendo grandes diligencias para que fuesen a la Florida predicadores apostólicos, y siguiendo su pleito con el Fiscal del Consejo de Indias, que dejó conclusos a 13 de marzo de 1568, después de cuya fecha partió a San Lucar, habiéndole nombrado S. M. por Gobernador de Cuba y socorrido con doscientos mil ducados de ayuda de costas, como dice Illescas, a prevenir su viaje a la Florida, llevando todo lo que necesitaba y 10 misioneros nombrados por el Santo Duque Don Francisco de Borja.[363]

---

[363] Francisco de Borja (Gandía, 1510-Roma, 1572) Religioso español. Marqués de Lombay y duque de Gandía, fue nombrado virrey de Cataluña (1539). Al trasladar de Toledo a Granada el cadáver de la emperatriz, quedó tan conmovido que decidió dejar con el tiempo la corte. Como virrey, fortaleció a Cataluña contra la piratería, el bandolerismo y Francia. Al morir su esposa (1546), entró en la Compañía de Jesús, a pesar de sus antiguas tendencias monásticas. Sacerdote en 1551, se dedicó a la predicación y obedeció a Ignacio de Loyola.

Con buen tiempo llegaron a la Florida, donde hallaron los estragos hechos por Gurgio, la infantería española hambrienta y desnuda y la pacificación de los indios en peor estado que nunca; y habiendo prevenido en aquella costa lo que le pareció para el mejor efecto de la misión, se volvió el Adelantado a La Habana, a esperar mejor ocasión de conducirlos a la Florida.

Fundó en La Habana un Seminario, en que fuesen enseñados e instruidos los muchachos indios que se enviasen de la Florida, y dejó por superior de él al Padre Rogel,[364] y en su compañía al hermano Villarreal,[365] muy querido de los isleños.

El 25 de abril de 1569 envió el Adelantado a Esteban de las Alas a la Florida, con 273 personas, de las cuales puso 193 en la ciudad de San Felipe, en el cabo de Santa Elena, y las demás en San Agustín, disponiendo a la vez el orden de las misiones, en las cuales trabajaron el Padre Rogel y otros religiosos, con más celo que buena fortuna, pues cuando más cierto consideraban el fruto de sus predicaciones entre los indios, los abandonaban éstos para atender a la recolección de la bellota y otros frutos de la tierra, sin que bastara para atraerlos y contenerlos que los misioneros les facilitasen maíz y les ayudasen a hacer plantaciones y poblaciones en sitios determinados, pues a breve tiempo, todos los moradores de las casas que se construyeron, excepto los que habían sembrado huyeron sin otro motivo que su natural flaqueza y veleidad.

Capítulo XXXI

Estando el Padre Rogel en Santa Elena, con gran estimación de los españoles, tuvo orden el Padre Segura, vice

---

Sucedió a Laínez (1565) como tercer general de la Compañía y reorganizó sus métodos de enseñanza y propagó sus misiones. Fue canonizado en 1571.

[364] Juan Rogel, nacido en Pamplona en 1529. Estudió en la Universidad de Alcalá artes y medicina, asignatura esta última cuyo estudio completó en Valencia; a esta formación universitaria dedicó seis años y medio. En 1554 ingresa en la Compañía; en 1559 aparece en el colegio de Cuenca, con el oficio de prefecto de iglesia; al año siguiente se encontraba en Toledo, su última residencia en la Península. Zubillaga, 232.

[365] Francisco Villarreal, nacido en Madrilejos (Toledo), en 1530. Desempeñó el cargo de secretario de la audiencia de Granada, aunque no se sabe por cuanto tiempo. A mediados de 1559 entró en la Compañía, y dos años después hizo votos de religión. Zubillaga, 234.

provincial, de pasar a La Habana, recogiendo en el camino los muchachos indios que habían ofrecido enviar de las provincias de Saturiba y Tacatacuru,[366] para educarlos en el Seminario, cosas que no pudo hacerse por estar los fuertes en mal disposición y los indios con señales de guerra; por lo que pasó sin ella a La Habana, llevando consigo al Padre Sedeño y hallando allí al Adelantado, que por tercera vez había llegado de España, con socorros para la Florida, y traía cartas del Santo Duque Don Francisco de Borja, para que el Padre Sedeño[367] prosiguiese en su misión, aunque hiciese poco frío en ella.

Volvióse a embarcar con el Adelantado, que llevaba socorro a los presidios, ejecutando lo que se le mandaba; y antes de llegar a Santa Elena, tuvo bien que ejercitar su caridad en la mar, asistiendo los soldados enfermos, entre los que se declaró, a poco de llegar a La Habana, una especie de contagio que infeccionó, aunque con muerte de pocos a gran parte de los que estaban en la ciudad, sin librarse de este riesgo el Padre Sedeño y el hermano Villarreal.

Había llevado de España el Adelantado al indio Don Luis de Velasco porque había ofrecido con muchas veras[368] ayudar a la conversión de la provincia de Axacán[369] y del cacique su hermano, y con varios religiosos y algunos soldados, se embarcó a La

---

[366] Tacatacuru (Cumberland Island): el significado es desconocido, aunque tiene cierta relación con 'fuego' (taca). El jefe de esta tribu tuvo buenas relaciones con Jean Ribault. Se cree que participó con De Gourgues en su ataque a los españoles en 1567, aunque luego hizo la paz con ellos. Las buenas relaciones con los españoles continuaran a pesar de la rebelión de los Timucua décadas más tarde.

[367] Antonio Sedeño formaba parte del segundo envío de jesuitas a la Florida, que tuvo lugar por instancias de Menéndez, cuyo proyecto era establecer un colegio en la Habana. Sin embargo, a pesar de los esfuerzos de la Compañía, los resultados son escasos tal como Sedeño informa a sus superiores, después de un año, centrando el problema fundamental en la falta de comunicación con los nativos debido a la dificultad de su lengua. Gregory J. Keegan y Leandro T. Sanz, *Experiencia misionera en la Florida*, Madrid: Consejo Superior de Investigaciones Científicas, 1957, 205.

[368] veras 'verdades' (Covarrubias).

[369] Axacán o Ajacán, colonia establecida por los españoles en 1570, en el actual estado de Virginia, fue destruida por los nativos en 1571 y posteriormente abandonada.

Habana y llegó a Santa Elena por noviembre de 1570, caminando juntos con grandes trabajos hasta entrar en la provincia de Axacán, y disimulando el indio Don Luis la traición que llevaba imaginada, hasta el punto de borrar con su astucia todo motivo que pudiese hacer dudar de su fidelidad.

Sabiendo la llegada del Padre Segura[370] a Axacán, volvió el Adelantado a España, bien ajeno del triste fin que a aquel religioso y demás compañeros de misión les esperaba por las traiciones y malas artes del indio Don Luis, pues todos ellos sufrieron glorioso martirio en el mes de febrero de 1571, librándose sólo uno de los mancebos, llamado Alonso,[371] pues aunque Don Luis quería matarle también, un hermano suyo le escondió, le pasó a tierra de otro cacique.

Capítulo XXXII

En el siguiente año de 1572 se hizo a la vela en Sevilla el Adelantado con la flota de Tierra Firme. En el golfo de las Yeguas se abrasó el galeón *San Felipe*, sin que pudiese salvarse ninguno de los que en él iban.

Llegó el Adelantado a La Habana; pasó a la Florida y halló en la ciudad de San Agustín 8 vecinos cansados, y en Santa Elena 48. Socorrió ambos presidios abundantemente, quedando con buenas esperanzas de que se adelantaría su población; e informado después del rumor de que los indios de Axacán habían muerto al Padre Segura y sus compañeros, pasó a castigarlos y consiguió prender algunos indios que le confesaron la muerte de los misioneros, echando la culpa al indio Don Luis, pero sin que

---

[370] Juan Bautista de Segura había nacido en Toledo en 1529. Estudió latín, griego y hebreo en la Universidad de Alcalá; recibió el grado de maestro de artes, cursó teología durante cuatro años y se dedicó, durante dos años, al estudio de la sagrada Escritura antes de entrar en la Compañía. Fue superior de Villímar, pueblo vecino a Burgos, de Monterrey, vicerrector de Salamanca y finalmente rector de Valladolid hasta su traslado a Sevilla, en 1566. El destino de Segura fluctuó entre Honduras y la Florida, hasta que Menéndez de Avilés incluyó su nombre en cédula real para las provincias septentrionales de ultramar. Zubillaga, *La Florida,* 323.

[371] Pasado el tiempo, fue muerto por los indígenas en la primera rebelión de Guale.

pudieran dar con éste en ninguna parte, a pesar de cuantas diligencias se hicieron para ello, hasta por los mismos indios.

El que había salvado la vida al mozo Alonso, vino a traérselo al Adelantado, que lo recibió muy bien, y habiendo referido aquél el caso tal como sucedió y los cómplices de la crueldad, mandó el Adelantado ahorcar en las antenas del navío 8 indios de los más culpados, los cuales, convertidos por el Padre Rogel, pidieron el bautismo y fueron en efecto bautizados antes de ejecutarse la sentencia.

Embarcóse luego el Adelantado y se volvió a Santa Elena, desde donde envió a La Habana al padre Rogel y sus compañeros, que llevaron también a Alonso, y poco después los sigue el Adelantado, dejando el gobierno de la Florida a cargo de su sobrino Pedro Menéndez Marqués, el cual redujo muchos indios a la obediencia y fue tomando posesión particularmente de las provincias en nombre del Rey, ante Rodrigo de Carrión, Escribano de la gobernación de Santa Elena, y después pasó a reconocer la costa de orden del Adelantado, empezando desde el cabo de los Mártires y península de Tequesta, donde principia la costa Norte Sur, para desembarcar en el canal de las Bahamas, a lo largo de la costa, y llegó más adelante del puerto y bahía de Santa María, que tiene 3 leguas de ancho, en que se entra al Noroeste.

Faltóle a Pedro Menéndez Marqués cosmógrafo, por lo que no pudo hacer mapa o carta de marear, y hubo de limitarse a ir escribiendo cuanto podía conducir al mejor conocimiento de la costa oriental de la Florida hacia el Norte, para enviarlo al Consejo.

Al mismo tiempo que iba haciendo este reconocimiento de la costa con 4 navíos y en ellos 150 hombres de mar y guerra, consiguió rescatar de los caciques de las costas algunos cristianos que tenían en su poder, con los cuales se volvió a Santa Elena a repararse y encontró nuevos religiosos que había enviado a la Florida el Adelantado Pedro Menéndez, a quien había dado orden el Rey en San Lorenzo del Escorial, a 3 de septiembre de 1573, para que luego se partiese con la armada a perseguir los corsarios franceses, ingleses y negros cimarrones[372] que infestaban las costas de Tierra Firme.

---

[372] cimarrón 'esclavo que huía y vivía en libertad por el campo' (Moliner).

Y cumpliendo el Adelantado otra nueva orden, volvió a España en los años siguientes de 1574, mandándolo el Rey quedar en ella para las cosas de su servicio. Dio cuenta del estado en que dejaba la Florida y la carrera de las Indias; pretendió se le pagasen grandes sumas que se le debían libradas y no libradas, el 16 de febrero se le mandaron satisfacer 1.591.200 maravedíes con que se había socorrido a 312 soldados. S.M. envió a la Florida en los años de 1565 y 66, y posteriormente consiguió también el abonado de seis mil ducados.

Capítulo XXXIII

Encargó el Rey al Adelantado el navío de la armada que se decía destinarse a Flandes y Inglaterra, con entera confianza en su celo y ofreciendo premiar sus grandes servicios, como otras veces. Nombró por sucesor en el generalato de la armada de la carrera de Indias a Diego Flores de Valdés, deudo del Adelantado.

Dio comisión a Domingo Gamarra, contador de la armada, para que tomase cuenta al Adelantado de lo que había tenido a su cargo, en el tiempo que había sido General de ella. No pudieron acabarse las cuentas antes que la armada partiese, y se mandó a Diego Flores de Valdés que del situado de ella le pagase 6.000 ducados, gastados de su hacienda en abastecer el galeón *San Tadeo* y 4 fragatas, y aunque Diego Flores quiso ejecutarlo, no tuvo entonces efecto pero logró el Adelantado todo el favor del Rey, que por tener delante siempre varón tan valiente y amante de la gloria real, mandó retratarle como a uno de los más insignes hombres de su tiempo y poner su retrato en la galería de Palacio[373], y le despachó título de General de la armada gruesa que se hacía en Santander.

Con este honor abandonó más sus intereses, dedicándose con empeño al nuevo y difícil encargo y solicitando por cuantos medios pudo, aunque sin despilfarro, el mayor lucimiento de la Majestad.

Tuvo correspondencia reservada con el Rey y sus Consejeros de Guerra, Estado e Indias, que tenían tan alto concepto de su experiencia, prudencia y religiosa verdad, que pocas cosas de importancia resolvían sin consultar su parecer. A este grado le

[373] El Escorial

condujo su bondad y su valor y la singularidad de ser el más entendido hombre de la mar que conocía, pues facilitó la navegación del Océano, que antes era tan arriesgado y difícil con más de 50 viajes que hizo a las Indias.

Estando la Corte en Vizcaya, propuso al Consejo de Guerra se negase la licencia de ir a la pesquería de Terranova, a los navíos que habían ido por sal a Portugal, porque la multitud de los piratas hacía evidente su riesgo. Y sobre el navío de la armada de que se le había nombrado General, expuso la dificultad en juntar gente, marineros y dinero para contentarlos, y expedidas las órdenes convenientes para vencer aquella dificultad y tomar las prevenciones necesarias, pusieron éstas en tanto cuidado a los ingleses, que con gran presteza empezaron a formar otra armada, para saber el designio de la que juntaba Pedro Menéndez; pero nunca lo pudieron averiguar, porque sólo conocían el secreto del Rey, el Adelantado y algunos consejeros de gran confianza.

Diole el Rey cuantas facultades y poderes pidió, y el día 8 de septiembre le entregaron, como a Capitán General, los ministros reales la armada, que se componía de 300 velas y 20.000 hombres, celebrándose con gran alegría, salvas y ceremonias; pero aquel mismo día le acometió un tabardillo[374] tan violento, que le

---

[374] Con respecto a las causas de su muerte, Fernández Duro cita en sus *Disquisiciones náuticas*, el diálogo entre un Montañés y un Vizcaíno; el Vizcaíno comenta acerca de la carencia de hospitales en los lugares donde se aprestan y recogen Armadas; a su vez el Montañés hace el siguiente comentario: "No es la cosa menos importante la de los hospitales, que V.M. ha tocado, para la salud y aumento de la gente de mar y guerra que sirve a S.M. en las armadas, sino la más necesaria; pues es más que cierto que, por falta de hospitales y regalo, muere la mayor parte della en los puertos donde se juntan y aprestan. El daño tan grande que por esta causa resulta, bien conocido está de cuantos han servido y sirven en las armadas, y de los Consejeros de S.M. que lo tienen entendido, y nadie lo remedia; y lo peor es que toda la gente que enferma y muere es natural nuestra, nacida y criada en nuestra España, y no extranjera, como lo usan las naciones del Norte, que componen sus armadas de naciones, siendo la mayor parte de los naturales dellas, y así les hace poca mella en su tierra cualquiera mortandad que haya, y yo me acuerdo de algunas considerables que habiendo en los puertos de Santander cuando el Adelantado Pedro Menéndez de Avilés juntó en aquel puerto, por mandado de S.M. Phelipe II, que está en el cielo, una gruesa armada, y en ella más de diez mil hombres; y aunque el puerto es bueno, el lugar es muy corto y apretado para tanta máquina. De esta

desahuciaron. Recibió todos los Sacramentos, hizo testamento, y el día 17 murió, convirtiendo en llanto la alegría de todos; y el asombro general fue tan grande, que la armada no pudo conservarse, ni el Rey tuvo de quien confiarla.

Falleció tan pobre, que no hubo para cumplir su testamento, dejando a su fama más motivos de engrandecerle su pobreza, y para mayor honor suyo, no sólo apuró su hacienda, que pudiera ser la más opulenta de aquel siglo, sino la de sus amigos y parientes, exponiendo las vidas de todos por la tutela del reino y perdiendo sus empresas y conquistas, un hijo, dos hermanos y muchos deudos y amigos.

Cumpliendo lo que dispuso en su testamento cerrado, otorgado en Santander a 15 de septiembre de 1574, fue trasladado su cadáver a la parroquia de San Nicolás de la villa de Avilés, en una arca barreteada de hierro, con sus aldabas y cerraduras, la cual pusieron sobre el mismo sepulcro que está en la referida Iglesia, al lado del Evangelio, empotrado en la pared y elevado 6 pies de pavimento; encima del nicho que ocupa el arca y el sepulcro, están las armas que el Santo Rey Don Fernando dio a esta familia, que un navío con una sierra en la proa, que va a embestir una cadena asida de dos castillos en la una parte del escudo, que está partido; en la otra, 5 flores de lis. Debajo del área está escrito el epitafio siguiente:

---

apretura, o de otros accidentes, se congeló una enfermedad, que se tuvo por peste; pero lo cierto es que fue tabardillo coruto, conque murieron más de tres mil hombres, la mayor parte por falta de hospital capaz de recibir en él cantidad de enfermos, por no haberle de S.M. en esta villa, ni de ella más que uno con diez camas para los pordioseros que pasan por ella...Llegó a tal extremo, que habiendo muerto la gente que digo, entre ellos el buen Adelantado Pedro Menéndez de Avilés, pérdida la más considerable que entonces se pudo ofrecer, por ser la persona más capaz y de más servicio que tenía nuestra España, se deshizo la armada, yéndose cada uno por donde quería, unos con licencia y otros sin ella." Cesáreo Fernández Duro, *Disquisiciones náuticas-Arca de Noé.* Edición facsimilar. Madrid: Instituto de Historia y Cultura Naval, 1996, VI, 213. Mientras que Ureña y Hevia afirma que "hoy sabemos que se trataba (la mortal epidemia) del tifus exantemático, transmitido a consecuencia del contagio del que eran portadores los piojos corporales que aquellas tripulaciones, sin excluir sus jefes, compartían en abundancia", prólogo de *Vida y hechos de Pedro Menéndez de Avilés*, 51.

"Aquí iaze sepultado el muy ilustre caballero Pedro Menéndez de Avilés, natural de esta villa, Adelantado de las provincias de la Florida, comendador de Santa Cruz de la Carca de la Orden de Santiago y como general del mar océano y de la armada católica que el señor Felipe II juntó en Santander contra Inglaterra en el año de 1574, donde falleció el 17 de septiembre del dicho año, siendo de edad de 55 años".}

Vida y hechos de Pedro Menéndez de Avilés, Caballero de la Orden de Santiago, Adelantado de la Florida, donde largamente se tratan las conquistas y poblaciones de la provincia de la Florida y como fueron liberadas de los luteranos que de ellas se habían apoderado.

Compuesta por el maestro Barrientos, Catedrático de Salamanca

Año de mil y quinientos y sesenta y ocho

Dedicatoria

Débese, muy poderosa y católica majestad, después de Dios a los emperadores, Reyes y príncipes, los buenos sucesos que sus capitanes, haciendo lo que les mandan, han habido. En los hechos que acometieren, porque el nombre de su Rey, la autoridad, la fama, la alteza y grandeza, no pone poco ánimo a los tales varones para gobernar bien y hacer lo que deben, y a los soldados para poner por obra aquello que sus generales les mandan en acrecentamiento, honra y conservación de los Reinos y Real corona de sus Reyes.

Y así se debe a ellos la dedicación y ofrecimiento de la tales historias, pues aconteciendo debajo del estandarte tal de los católicos reyes nuestro señor Don Felipe y vuestra majestad una cosa tan heroica e insigne como descubrir otro nuevo mundo huyen de los que están sujetos a vuestras majestades, y haber hecho verdad lo que los filósofos antiguos negaban, que no había muchos mundos, es cosa muy justa que la tal historia y hechos no se ofrezcan en otro templo sino en la Real presencia de los monarcas.

Por eso, entendiendo yo que daría a vuestra majestad contento de ver y leer un castigo tan señalado como se hizo en los luteranos enemigos de la cristianísima en Francia, reino criador de vuestra majestad, que tanto lo han inquietado y alterado, y entiende como se ha ensanchado y extendido tanto la santa fe católica y que tanta y tan diversas gentes bárbaras recibiesen el santo evangelio.

Hice recopilar y adjuntar todas las navegaciones, encuentros, batallas, hambres, muertes y trabajos que así con los luteranos como con los indios, el Adelantado Pedro Menéndez y sus soldados han pasado debajo de la bandera, buena andanza y felicidad de vuestras majestades hasta poner a la Florida en buen punto y principio en que ahora está, de poblarse y publicarse en ella el santo evangelio y bautizarse tanta infinidad de gesto que estaba perdida.

El maestro Barrientos al lector

No tener cuidado, sino dejar encomendados al olvido los hechos de ilustres y excelentes varones que convencidos con el valor y grandeza de su ánimo y atraídos con las hazañas de sus antepasados hicieron cosas dignas de que el envidioso tiempo no las hundiese y perdiese, paréceme que es en detrimento y agravio de las repúblicas y gente venidera en el mundo y de los sucesores que vienen en las casas que los tales varones con los brazos de su virtud y esfuerzo levantaron y edificaron. Porque se pierde el ejemplo y dechado[375] que en las cosas que han de aprovechar en otros semejantes negocios, han de poner delante de sí los que los acometen, y les falta aquello con que se han de incitar a hacer lo mismo que insignes varones hicieron, y asestar a aquel blanco de sus predecesores que no admitió ninguna tinta ni borrón, ahora fuesen de su nación o sus parientes o naturales y ciudadanos. Y así creó que no fue otra la causa porque los antiguos a los semejantes varones les daban estatuas e imágenes con que perpetuasen las semejantes hazañas, sino para que los venideros, tomando ejemplo en aquellos, hiciesen cosas para aprovechar a su ley y a su Rey y a su República, y para procurar a la medida de aquellos ser tan virtuosos como ellos, y huyendo de toda ociosidad, dándose al trabajo, aprovechar con los talentos del ingenio o habilidad o ánimo valiente de que Dios nuestro señor les dio.

Esta es la causa que, oyendo yo y todas casi las naciones del mundo las muestras y retratos de virtudes grandes y famosas hechas con un trabajo, industria, diligencia y entendimiento, extraño que el muy ilustre señor Adelantado Pedro Menéndez de Avilés, caballero de la orden de Santiago, en el discurso de su vida ha hecho, sirviendo a la católica y cesárea majestad del Rey Don Felipe, nuestro señor, conque ha dado un esmalte y lustre tan esclarecido, conque ha aumentado los blasones y armas de sus antepasados. Antes amando, siguiendo y abrazando la virtud hambrienta, flaca, menesterosa, necesitada, pobre y desarrapada que la harturatez,[376] atavío, abundancia y riqueza del deleite y pasatiempo. Parecióme no ser trabajo perdido, sino antes bien empleado, tomar en las horas sucesivas esta ocupación de

---

[375] dechado 'modelo' (Moliner).

[376] hartura 'abundancia' (Moliner).

escribirlos para sacarlos de la cárcel del olvido en donde por ventura se acabarán y morirán; y para más comunicación de nuestros españoles, quíselos escribir en nuestro vulgar (idioma), y para los extranjeros los escribiré en latín, porque entiendan que en esta extremada gente hay hércules que antes escojan y amen la trabajosa virtud que el holgado deleite; habiendo copia de memoriales de los acontecimientos del muy ilustre señor Adelantado, y de las cartas, provisiones, cédulas, e instrucciones, de su majestad, y relaciones verdaderas de personas y soldados que en esta empresa y conquista se hallaron. Recopilé esta obra para que se saque de ella el provecho que dice Tito Livio[377] en el proemio de la suya: "incitación de virtud para que los hombres aprovechen así y a sus repúblicas, y vean lo que han de huir y seguir".

---

[377] Tito Livio (Patavium, hoy Padua, actual Italia, h. 64 a.C.-id., 17 d.C.). Historiador latino. Instalado en Roma probablemente a partir del año 30 a.C., se interesó por la retórica y escribió diálogos morales, que después dejó de lado para consagrarse a la redacción de una gran historia de Roma, *Ab urbe condita libri* (más conocida como las Décadas), que le valió el favor del emperador Augusto. Sólo se conservan 35 libros de los 142 que componían la obra, que cubre desde la fundación de la ciudad hasta el año 9 a.C. Pieza cumbre de la prosa latina del final del período clásico, intercala pequeñas reflexiones en medio de la narración, marcada por un tono épico y dramático. Livio concebía la historia desde un punto de vista moral, y, más que una obra científicamente construida, la suya es la aportación de un poeta que canta con entusiasmo el esplendor del pueblo romano.

Capítulo I: De la tierra, lugar y nación y linaje del Adelantado Pedro Menéndez de Avilés.

Las Asturias de Oviedo haber sido única defensa y segura acogida de la gente española al tiempo que el Rey Don Rodrigo fue de los moros vencido, cosa que es muy averiguada y de todos entendida; y la gente de ella puede haber sido tan valerosa que pareció nuestro señor haberla guardado para recobrar los cristianos lo perdido y echar los moros de España, no hay quien no lo conceda. Cría aquel cielo y región hombres sencillos, no doblados, verdaderos, no palabreros, fidelísimos a su Rey, liberales, amigables, alegres y placenteros, sueltos y belicosos; aquí es la Villa Avilés, dicha antes el puerto, que fue hecha merced del Rey Don Pelayo a los antepasados del ilustrísimo señor Pedro Menéndez de Avilés, que de aquí se podrá entender la antigüedad de su casta y linaje.

Y como de muy antiguo tiempo ha habido en esta casa gente muy ilustre, porque viniendo de Ávila tres hermanos caballeros en conserva y guarda del Rey Don Pelayo,[378] ya

[378] Pelayo (?-737) Caudillo astur. La personalidad de Pelayo ha sido mitificada a lo largo de los tiempos hasta rodear al personaje de un aura heroica casi sobrehumana. Las fuentes más fiables indican que formó parte de una de las familias de la aristocracia del norte de la Península, quizá de origen visigótico, asentada en la cuenca del Sella. A raíz de la derrota y muerte del rey Rodrigo, ante los invasores árabes, en la batalla del Guadalete (711), se produjo el súbito colapso del reino visigótico y la caída de la península Ibérica en poder de los musulmanes. Según las crónicas musulmanas, Pelayo estuvo en Córdoba como rehén. Alrededor del 718, organizó en el norte una revuelta contra el pago de los impuestos exigidos por los nuevos gobernantes, que desembocó en una guerra abierta. Aprovechando su conocimiento del terreno, los sublevados acosaron a las tropas árabes, poco habituadas a combatir en regiones tan abruptas y con un clima tan frío. En el 722, Anbasa, gobernador árabe de la península Ibérica, envió un ejército para aplastar, de una vez por todas, la revuelta. Pelayo y sus seguidores atrajeron a la fuerza expedicionaria, compuesta seguramente por unos pocos miles de efectivos, que ya habían logrado diversas victorias, hasta los valles de Covadonga, donde cántabros y astures se habían hecho fuertes. Su formidable posición defensiva no pudo ser conquistada ni por las tropas beréberes, acostumbradas a combatir en terreno montañoso, que formaban parte del contingente musulmán. Por último, los atacantes se vieron forzados a emprender una retirada que se tornó desastrosa cuando Pelayo se lanzó en su persecución hostigándolos sin tregua. Al fin, posiblemente, tras haber reforzado

llegando a las Asturias, los asturianos, por haber venido desde Ávila con el Rey, les llamaron los Avileses. Después, por haber siempre andado armados con celadas[379] en las cabezas en defensa del Rey, le dijeron los cascos, que así llamamos la armadura de nuestra cabeza en nuestro español. El Rey, por parecer y consejo de estos caballeros, administraba y gobernaba el reino, porque tenía experimentado en los casos adversos su fidelidad, y en la gobernación su prudencia e industria; en pago de sus servicios, residiendo en Oviedo, les dio como a deudos suyos la villa de Avilés, puerto de mar y de excelente asiento, abundante de todo lo necesario a la vida humana; adórnala de tantas inmunidades, privilegios y excepciones, cuantas no tiene cabida en España. Esta es la causa porque el ilustrísimo señor Pedro Menéndez tiene por sobrenombre Avilés, como legítimo descendiente de este lugar y costa, que vino después a ser realengos[380] por los sucesores haber venido en necesidades, y en aquellos tiempos no haber mayorazgos ni vínculos.

Y así sacó por pleito y sentencia del sumo pontífice la cabeza y primer asiento en la iglesia de la villa de Avilés; habiéndoselo usurpado otros caballeros, por haberse ido chico de aquella tierra. El Menéndez le vino, porque antes que llegasen estos caballeros a Asturias se llamaban Menéndez; después, correspondiendo al vocablo de los asturianos, les dijeron Menéndez, sobrenombre de la casta Real de los godos[381] por el parentesco que tocaban con el Rey Don Pelayo. Desciende también de los Solares y casas antiguas de Begil, Busto y Arango; tiene parte de la ilustre y antigua casta y linaje de los Valdeses, por el casamiento que hizo de una hija Suero Menéndez Lascos, hombre valeroso y rico, con Duarte de Valdés. Unos de los caballeros que vinieron de Inglaterra por bandos que tenían en su tierra; y morando en esta villa de Avilés, del hijo mayorazgo de éste fue

---

sus efectivos, entabló combate franco y derrotó a los musulmanes en Olalíes (actual Proaza), tras lo cual estableció su capital en Cangas de Onís.

379 celada 'sitio adecuado hacia el cual se atrae con engaño al enemigo y en el que es fácil sorprenderle y derrotarle' (Moliner).

380 realengo 'patrimonio real' (Moliner).

381 godo 'se aplica a los españoles de familias ricas y poderosas de origen ibero que, confundidos con los godos, constituyeron la nobleza española en los tiempos que siguieron a la invasión de éstos' (Moliner).

hija Doña Palla, poderosísima mujer y muy temida en toda esta provincia, que es la más antigua de Asturias, cuya casa tiene ahora el Adelantado, que fue antiguamente habitada y frecuentada de los reyes. Y así se llama Monte de Rey el sitio donde ella está edificada; dos leguas hay hasta la Villa de Avilés, donde al presente con toda su familia y casa reside.

Casóse doña Palla con Alonso Álvarez de Noreña, cuya era la casa y condado de Noreña, que ahora es de la dignidad episcopal de Oviedo; porque el postrer conde, no teniendo heredero de su casa, sino un hermano, y éste al haberse casado contra su voluntad, dejó por heredero de su estado a la santa iglesia de Oviedo. El otro caballero Valdés, viudo en Villa Viciosa, de donde descienden los Valdeses, caballeros y principales personas en esta provincia, y de aquí se han extendido por toda España. Cuya cabeza es hoy el ilustrísimo señor Don Hernando de Valdés, arzobispo de Sevilla, inquisidor general de estos reinos, a quien nuestro señor le ha conservado y alargado la vida en estos tiempos tan peligrosos para defensa y reparo de la santa fe católica, por cuya vigilancia y diligencia cristiana estando ausente el poderosísimo y muy alto Rey Don Felipe, está España limpia de la secta luterana, por haberle acortado los pasos y malas intenciones y designios que llevaban, con un caballero de esta casta, dicho Don Pedro Menéndez de Valdés, cuyos excelentes hechos se tocan en esta obra, porque fue mucho tiempo Maestro de Campo en la Florida y teniente del Adelantado Pedro Menéndez, donde fiel y lealmente sirvió a su majestad, no solamente peleando con los indios, sino con la hambre, sed y cansancio.

Capítulo II: Del nacimiento y cosas que hizo saliendo de Asturias.

Nació en la villa de Avilés, jueves 15 de febrero de 1519; desde pequeño los otros niños que trataban con él, pronosticaban la ventaja que cuando mayor había de tener entre los hombres, pues que en todas sus revueltas, barajas[382] y contiendas le elegían por su capitán y defensor. Siendo ya de días para tomar armas, no cabiendo la grandeza de su ánimo en las angosturas de Asturias, embarcóse, siendo bien de poca edad, en un patache que no llevaba

---

[382] baraja 'riña entre personas' (Covarrubias).

sino diez y ocho o veinte hombres; y topando con un cosario francés en una nao bien de guerra y aderezada;[383] y queriéndose rendir la gente que llevaba, púsoles tanto ánimo y dioles tanto esfuerzo, que teniendo casi despedazado y destrozado el patache de la artillería, se defendió poniendo en arma e industriando[384] a los que podían tomar armas. En tal manera, que viendo el cosario el buen capitán que en el patache estaba, no osó con su gente embestir con él y le dejó ir; y llegó en salvo a Galicia.

En este hecho dio muestra y fue como relámpago de trueno y rayo que después dio en los franceses luteranos que habían ocupado en la Florida. Habiendo tenido 20 hermanos y hermanas y la hacienda dividida entre tantos, siendo su ánimo no capaz ni sufridor de aquella pobreza, siguió el estado militar, aunque fue casado de edad de ocho años con una señora muy principal parienta dentro del cuarto grado, que tenía diez años, llamada Dona María de Solís, de la casta casa y solar antiquísimo de los Solises, que está edificado tres leguas de la ciudad de Oviedo, de un caballero de esta casa venció en batalla sangrienta y muy reñida, que por mandado del Rey Don Pelayo, por ser este godo, gran capitán y caudillo, dio a los moros. Y habiéndole mandado el Rey que la diese de mañana antes que amaneciese, era ya salido el sol cuando fue a dar la batalla contra los moros que estaban una legua del real de los cristianos. Y enojado el Rey de su tardanza, le dijo, *con sol is*, venciendo a los moros, el rey le dio aquel sobrenombre de Solís, y un sol con rayos derechos en campo dorado; e hízole merced que en aquel lugar donde había vencido a los moros hiciese su casa, de donde salen los Solises, caballeros e hidalgos muy señalados en los reinos de España.

Y porque también desciende de la antigua casta de los Cascos, se llama Doña María de Solís Cascos. Como en aquel tiempo que el Adelantado comenzó a ejercitar y seguir el arte militar, anduviesen guerras con Francia, peleaba por la mar contra cosarios franceses. En aquel ejercicio anduvo dos años, y no sufriendo superior, volvió a su tierra. Y vendiendo parte de la hacienda y patrimonio suyo, compró un patache con que en la

---

[383] aderezada 'preparar cualquier cosa para cierto servicio o cierta operación' (Moliner).

[384] industriar 'instruir o adiestrar a alguien' (Moliner).

costa de Galicia acometió a una nao francesa y a tres zabras por quitarles sesenta personas que habían tomado en tres barcos, llevando en ellos a una novia a otro lugar; y les tomó por fuerza de armas, peleando con cincuenta hombres que llevaban dos zabras; y la otra huyó. Anduvo haciendo por la mar otros hechos excelentes contra cosarios hasta que en el año de 49, sobre paces con Francia, Juan Alonso Francés tomó al cabo de Finisterra diez o doce navíos con cargazón de mucho valor, pesándole de ello a Maximiliano que entonces gobernaba en España por estar la sacra cesárea majestad del emperador en Flandes, mandó a Pedro Menéndez, sin darle gente ni munición ni otro acostamiento para ello, que tomase y prendiese aquel cosario. Haciendo lo que le era mandado, hallándolo en la costa de Bretaña, junto a la Rochela, que había hecho cinco presas, y el cosario murió de una herida que recibió defendiéndose; tenía este un hijo llamado Alfonso, muy belicoso y valiente, que por vengar la prisión y muerte del padre, sabiendo que Pedro Menéndez había de ir a las Indias, le fue a aguardar con tres navíos de armada a las islas de Canaria, a donde peleando Pedro Menéndez le tomó los dos, y el Antonio Alfonso se le escapó en el otro huyendo. El Emperador Carlos de gloriosa memoria, entendiendo el valor y conjeturando lo que había de ser, diole comisión y autoridad para que en tiempo de paz pudiese perseguir a todo cosario, cuanto tómase fuese para sí y sus descendientes; y haciendo cosas señaladas en este cargo, el muy poderoso y alto señor Rey nuestro Don Felipe le hizo merced de capitán general de la armada de las Indias. Y entendiendo cuan bien alcanzaba las cosas de la mar, mandó que le sirviese desde la Coruña a Inglaterra cuando pasó a casarse; de ahí envió con despacho al príncipe y princesa dándoles parte de su casamiento; mandóle que de ahí se partiese con el encargo que le había dado de capitán general a las Indias. Viniendo en dos zabras para efectuar lo que su majestad le había mandado, cuatro leguas de Laredo dieron dos cosarios con él y defendióse tan valerosamente con seis arcabuceros que había en su zabra, que les alargó la pelea hasta la noche, con cuyo beneficio se fue a Laredo. Viniendo a Valladolid, dio los recaudos al príncipe y princesa; yéndose a Sevilla, aparejó las cosas que eran menester para hacer su viaje de capitán general en la carrera de las Indias.

Capítulo III: Cómo fue a la India por mandado de su majestad el emperador Carlos Quinto.

Teniendo el emperador Carlos guerra con Francia, y estando necesitado, mandó Pero Menéndez que fuese a las Indias y trajese el dinero que pudiese, dándole instrucción que invernase allá mas entendiendo la necesidad en que su majestad quedaba, fue tan diligente y tuvo tanta solicitud, que volvió con siete millones el año de 1555, por septiembre, esperándole por abril de 1556.

Estando en España haciendo armada y habiendo el emperador mandado a llegar gente para esperarle en las islas de las Azores, porque los cosarios no le robasen, habíale mandado el emperador que volviese otra vez a las Indias. Más porque el número de los cosarios que andaban por la mar robando era tanto que no se podía navegar la mar, le nombró a 12 de mayo de 1557, por perseguidor de corsarios e hízole capitán general de una armada de mil doscientas toneladas y ochocientos hombres de mar y guerra. Este viaje no hizo, porque el Emperador le mandó a once de junio de 57 llevar a Flandes veinte y tantas naos de lanas y un millón doscientos mil ducados con mil quinientos soldados de conserva y él por capitán general de la armada. Allegado al puerto no esperó toda la armada, porque había enviado Don Diego de Mendoza cuatro navíos a Galicia desde Laredo, donde estaba por proveedor, para hacer traer bastimento. Por no perder la ocasión del buen tiempo que le hacía, no esperando la vuelta de los navíos, con los cuatro que él tenía en quince días se puso en Dobla con las naos de lana de Inglaterra, porque entendió y tuvo noticia que nuestro Rey Don Felipe tenía gran necesidad de dinero. Y llegando descargó con buena orden los dineros y soldados, y fue a Zelandia con las naos de lana, habiendo peleado en el camino con ocho navíos de cosarios y echándoles un galeón a fondo y haciendo huir a Pie de Palo,[385] cosario francés famoso. Y si guardara la instrucción que le habían dado, no partiera en aquellos dos meses, porque Don Diego de Carvajal, que había ido con los cuatro navíos a Galicia por bastimento, no volvió en este tiempo. Esta presteza y solicitud de Pero Menéndez fue parte para que la majestad del rey nuestro Don Felipe no dejase de conseguir la jornada de San Quintín, en donde así por la mar como por la tierra él trabajó

---

[385] Ver nota 120.

mucho andando con su armada asegurando el paso a la armada de Inglaterra de Dobla a Cales, en compañía del Almirante de Inglaterra. En tal manera, que por su miedo los cosarios no usaban salir de sus puertos; usando en el pasar de grandes liberalidades[386] con muchos señores ingleses que iban al cerco que su majestad tenía sobre San Quintín. Por donde no poco contenta y bien servida se tuvo la católica Reina María, mujer que fue de su majestad; de este arte aseguró de todos los cosarios la armada que de Laredo pasó a Flandes, que llevaba muchos soldados y otras cosas necesarias para su majestad. Era capitán general de esta armada que iba para socorro, Don Diego de Mendoza, embajador que fue en Roma; iba en ella el excelentísimo señor Ruy Gómez de Silva, príncipe de Eboli. El Almirante era Álvaro Sánchez de Avilés, hermano de Pero Menéndez; era coronel de seis mil infantes Don Diego de Acevedo. Este seguro no pudiera dar a esta armada si hiciera lo que la flota inglesa y Don Luis de Carvajal con la suya, que viniendo una tormenta entre Urgente y Sorlinga, que era el paso adonde los contrarios habían de esperar esta armada que venía de España para lo de San Quintín, no atreviéndose a resistirla, se fueron. Viendo Pedro Menéndez que con aquel viento habían de llegar presto las velas de España, se puso con su buena industria y arte a contrastar y pelear con la tempestad que pasó, e hizo el servicio que era obligado a su majestad, en esperar la armada toda y asegurarla, que pudiera ser correr peligro si sola viniera a manos con los contrarios, y se perdiera la ocasión de llevar el socorro a su majestad. Por su experiencia y sabiduría en las cosas de la mar, y ayudándole nuestro señor como buen cristiano que es, saliendo la armada de Don Diego de Mendoza y la suya de Artamua, donde había llegado con el excelentísimo señor Ruy Gómez de Silva, príncipe de Eboli, para besar las manos a la Reina María que estaba en Londres, se escapó de una tormenta, que no quedara aquel día navío que no se perdiera si no hiciera que volviera la flota al puerto donde había salido. Y aún todo esto no bastara si no diera maña como la cadena de puerto de Artamua se quebrantará, porque el alcalde inglés, habiéndole hecho, no la quiso quitar; Pedro Menéndez entendiendo el peligro y daño en que estaba la

[386] liberalidad 'dadivosidad, desinterés, despego, desprendimiento, hidalguía, guapeza' (Moliner).

armada si quedaba fuera del puerto, toma cincuenta soldados, y con una viga quiebra la puerta de la torre, adonde estaba la cadena atada; y la quebró de manera que yendo después los navíos a embestir en ella, fácilmente la derrocaron, y entraron en el puerto. Con todo esto dentro, siendo el puerto muy bueno, fue la tempestad de tal condición y tan bravosa que se perdieron ocho navíos, seis ingleses y dos españoles, y se perdieran más si no fuera, después de la voluntad de nuestro señor, por el trabajo que la noche en peso trajo Pedro Menéndez amarrando unos navíos y socorriendo a otros, y avisando a los pilotos y marineros de lo que habían de hacer para resistir a la tempestad que les fatigaba. Y entendiendo a la mañana Don Diego de Mendoza y Don Luis de Carvajal, donde Diego de Acevedo y todos los otros caballeros y gente de la armada, lo que en toda la noche había trabajado y el provecho que de ahí habían recibido, no acababan de darle gracias por el gran cuidado que sin respecto de su salud y vida había tenido de ellos. Aquella noche hacia el alba se perdieron dos naos que se quedaron media legua del puerto; teniendo por imposible la armada entrar dentro, perdióse mucha hacienda, ahogáronse más de cuatrocientas personas y no escapara ninguna si Pedro Menéndez, con sus bateles, no acudiera y salvara más de trescientas.

Arribada la armada a salvamento, por mandado de su majestad volvió a Laredo, donde estando en el mes de enero de 1558, siendo Cales tomado de franceses, puerto que era antes de ingleses, muy aparejado para el socorro y para llevar todo lo necesario a su majestad, que estaba sobre San Quintín, y siendo avisado que en San Juan de Luz se hacía gruesa armada, mandóle que a su flota acrecentase cuatro galeones gruesos y mil hombres de guerra por mar. Viendo Pedro Menéndez que la instrucción para hacer esto que su majestad daba, no tenía orden de socorrer con dinero y otras cosas importantes al ejército de San Quintín, si no era con gran dilación y mucha costa, va a Valladolid, al consejo de guerra, y da noticia de la necesidad que tenía su majestad de dinero, y que por la vía que se le mandaba llevarlos, era imposible. Que él daría una traza[387] con que, sin costa y con gran presteza, sería su majestad socorrido; cometieron los señores del consejo de

---

[387] traza 'huella, señal, rastro' (Moliner).

guerra que hiciese aquello que más cumplía al servicio de su majestad; viene a Castro y toma todas las zabras que traían unos pescadores, y con ellas se embarca en mitad de invierno, cosa nueva jamás hasta allí vista ni oída, que con aquel género de navíos se navegase aquel mar. Dentro de quince días que salió de Valladolid estaba en Amberes; con esta diligencia conservó la autoridad de su majestad, porque dio a entender a los enemigos que perder la plaza de Cales, puerto tan importante, y estar por ellos, no era cosa bastante para dejar de ser socorrido de sus reinos de España.

De ahí en adelante con estas zabras volvió a Laredo a tornar a traer dinero y caballeros que pasaban al puerto; tenía en el puerto dos zabras que el consejo de guerra mandó añadir a las cuatro que él traía; y estas dos habían ido a San Sebastián a hacer escolta, guarda y defensa a cuatro navíos que habían ido por bastimento. Los corsarios que estaban en el puerto, los corsarios que estaban en San Juan de Luz, entendiendo que no se iría sin ellas Pedro Menéndez, estaban aguardando que saliesen del puerto. Pero Menéndez, viendo buen tiempo y entendiendo que si aguardaban a las dos zabras, que allende de ser por ellas espiado, los cosarios le saldrían al camino, dejan las dos zabras, y navega con las cuatro suyas. Y en nueve días estuvo en Amberes, y aguardando la instrucción que tenía, ni diera el socorro en tiempo, y pudiera ser que la armada francesa, dando con él, le tomará el socorro. De esta manera los cosarios y armada que estaban en el puerto de San Juan de Luz, se hallaron burlados, porque cuando pensaron de cogerle, supieron que ya había pasado; y así en estos viajes hizo muchos grandes servicios a su majestad, guardando naos y otros pasajeros, que no fuesen tomado ni robados de la armada contraria, donde traía muchos caballeros españoles y veinte y seis naos mercantes, habiendo hecho huir al almirante de Normandía que traía doce galeones y un patache, que le estaba esperando entre Urgente y Sorlinga.

Dentro de ocho días que llegó a Toledo la serenísima princesa de Portugal, que entonces era gobernadora, le mandó venir por la posta a Valladolid para que allende de su armada, aparejase diez navíos grandes y dos mil hombres de mar y guerra para con seguridad llevar a Flandes a la Reina María, porque su majestad la quería dejar por gobernadora de aquellos estados; y por muerte de la reina no se hizo este viaje. En este tiempo, haciéndose paces con Francia, mandóle la serenísima princesa ir con dos zabras a Flandes con despachos a su majestad, y en ellas llévase al doctor Velasco, del consejo y cámara de su majestad.

Capítulo IV: Cómo fue elegido por capitán general de la Armada de su Majestad para Indias.

No habiendo capitán general en la carrera de Indias, porque Pedro Menéndez estaba ausente, su majestad eligió a Alvar Sánchez de Avilés, que era almirante de su armada. Y a Pedro Menéndez, le había mandado venir de España, le dio el cargo de capitán general de su armada; manda que aderece lo necesario para el pasaje de su real persona de Flandes a España, porque la empresa de San Quintín era acabada. Recibió todos los despachos que tenía necesidad para traer de España navíos y gente para la seguridad del paso de su majestad. Sale de Bruselas en fines de abril de 1555; considerando que si venía por mar tardaba, si iba por tierra pasaba por entre enemigos, por hacer con presteza lo que debía a lo que era mandado, toma la posta por Francia, acompañado de Don Juan Menéndez, su hijo y de un caballero llamado Sebastián de Estrada; y en siete días llegó a Fuenterravía, dando noticia a la serenísima princesa del despachó que traía, corrió toda la costa cogiendo soldados marineros; a diez de julio estaba de vuelta en Flandes, en el puerto de Ramua con cincuenta navíos. Envía a decir a su majestad, que estaba en Gante, como había vuelto, conque causó a todos no poca admiración de su agilidad y presteza en aquel negocio; porque desesperando que había de llegar ni venir con tiempo, su majestad había hecho proveer como se embarcasen todas las urcas que arribasen a Flandes. Mandóle su majestad como capitán general que era de su armada, que la tuviese para el 15 de agosto aparejada; y así se embarcó el 26 del mismo mes a la media noche en una galeaza muy fuerte y nueva que halló haciéndose en Bilbao. La mandó acabar para aquel negocio, contra la voluntad de los flamencos, que por haber viento contrario, habían aconsejado a su majestad que no entrase en la mar; comenzó a navegar el 27 de agosto, habiendo dado bastantes razones por donde en aquellos diez días no habría tempestad; comenzó a dar vela la armada con ochenta navíos, donde había ocho zabras de remo y vela por si aconteciese alguna cosa adversa, pudiese su majestad con todos los de su real casa tomar presto puerto.

Acabados los diez días, estando su majestad desembarcado entre Urgente y Sorlinga, entendiendo del ceño[388] del cielo y color del sol la tempestad futura, dice a su majestad que ahora era menester hacer lo que al principio no había consentido, que se adelantase su majestad, porque ya estaba fuera de las costas de Francia e Inglaterra, y esperaba tempestad. Su majestad le mandó que hiciese lo que más cumpliese al salvamento de su armada y de su real persona; comenzóse a adelantar de las urcas que venían detrás, que no podían alcanzar las zabras ni galeaza. Entre los pilotos hubo consulta donde desencargaría[389] su majestad, unos decían que en la Coruña, otros que en Bilbao, otros que en Laredo, otros que en San Sebastián, la voluntad de su majestad quisiera en Santander; manda llamar a Pedro Menéndez, y dice que lo que convenía para cualquier viento que corriese, desembarcar en Asturias derecho a una punta que llamaban las Peñas del Gozón, donde estaba un buen surgidero[390] que decían las torres; porque de allí, si corría nordeste, se podía ir a la Coruña, que estaba cuarenta leguas de allí, Sibendavala, Santander o Laredo. Si hubiese bonanza, a vista de tierra desembarcaría en Avilés o en Gijón; y que por tierra se iría a ver a Oviedo y a León, que nunca los había visto; pareciendo a su majestad bien el consejo, y a todos los pilotos, enderezar su navegación como Pedro Menéndez lo había dispuesto. El fin de ella dio a entender cuan bueno fue tomar el parecer de Pedro Menéndez, que se vio y manifestó por las urcas, que enderezando su navegación a donde querían que su majestad desembarcase, viniéndoles tiempo contrario, tornaron a las costas de Francia, y dentro de cuarenta días no pudieron tomar puerto en España. Lo mismo acontecería a su majestad si acordara seguir el consejo de los otros pilotos y marineros; estando su majestad tres leguas de Laredo, reconoció Pedro Menéndez que súbitamente había de cargar tempestad; suplicó a su majestad que con él se

---

388 ceño 'aspecto de algo como el cielo, el tiempo o un asunto, cuando es amenazador o malo: no me gusta hoy el ceño del mar' (Moliner).

389 desencargar 'descargar' (Moliner).

390 surgidero 'sitio donde fondean las embarcaciones' (Moliner).

entrase en un batel de la galeaza y al abrigo del monte San Toña se fuese a tierra.

Y día de nuestra señora de septiembre, a las nueve de la mañana, fue recibido de los del lugar; Pedro Menéndez, entendiendo la tormenta que había de venir y que aquel punto de Laredo era malo para naos tan grandes, trabajó tanto en toda aquella noche; hizo con los marineros que diese en tierra con ciento y cincuenta cofres que traía su majestad, con toda la demás recamara. A la mañana, enviándole su majestad a llamar, y no yendo tan presto por no dejar cosa por acabar, que tocase a la recámara de su majestad, hallóle disgustado por la tardanza; y diciéndole que por dar orden a su recámara se había detenido, pregúntole que tanto tiempo tardaría en sacarla; sabiendo que estaba ya en tierra, recibió de ellos gran contento; de ahí a poco comenzó una tan bravosa tormenta que fueron a fondo muchos navíos. Su majestad se holgó mucho en ver la tormenta que dos días antes Pedro Menéndez se la había pronosticado; partióse a cortes para Toledo, mandándole que quedase a despedir las naos y recoger la artillería y esperar las urcas, y dar orden como se fuesen a Santander, y que acabado esto se fuese a Toledo, que allí le haría mercedes.

Capítulo V: De lo que después de venido a Toledo le aconteció.

Habiendo acabado todo lo que su majestad le había mandado, fue a Toledo, aun no bien convalecido de unas cuartanas[391] que le habían dado; luego otro día que su majestad se partió de Laredo, que le duraron veinte meses, de los grandes trabajos que había recibido en haber ido y venido tantas veces de España a Flandes. Mándale su majestad que hiciese una gran flota y armada para las Indias, Nueva España y Tierra Firme, donde iba el conde de Nieva,[392] por virrey del Perú, y el licenciado Muñatones y otros comisarios; iba por general de la armada Pedro Sánchez de Meneses, por muerte de Álvaro Sánchez de Avilés,

---

[391] cuartanas 'se aplica a unas fiebres, variedad de paludismo, que dan cada cuatro días' (Moliner).

[392] Don Diego López de Zúñiga y de Velasco, Conde de Nieva, Virrey, Gobernador, Presidente de la Audiencia y Capitán General del Perú. Encinas, I; II; III; IV.

hermano de Pedro Menéndez, y le había dado su majestad este cargo por ausencia y enfermedad de Pedro Menéndez.

Más lo señores de las Indias, viendo que había venido, dijeron a su majestad cumplir a su servicio que Pedro Menéndez fuese por general de aquella flota; mandándoselo su majestad se descargó diciendo que estaba enfermo y que había muchos años que no hacía vida con su mujer, que yendo allá y convaleciendo serviría a su majestad en lo que le mandase. Díjole su majestad que las cuartanas no era mal peligroso, que en viniendo de aquel viaje le remuneraría sus servicios, que los había hecho muy señalados sin jamás haberle dado para ayuda de costa. Aceptando la jornada, mandó su majestad que en llegando a las Indias tornase toda la armada que llevase; y allende de esto trajese todos lo navíos que allá hallase, no estando en la Nueva España ni parando en ella más de cincuenta días, y que en este tiempo cogiese todo el dinero que pudiese. Allegado a las Indias, había un mes que todo el dinero se había traído; yendo contra la instrucción que llevaba, aguardó diez meses en el puerto, porque si se viniera sin dinero y trajera las naos, era hacer gran costa; y de esta manera recogió gran cantidad de dinero y naos, y vino con ellas a salvamento a la ciudad de Sevilla el seis de julio de (...) habiendo dicho antes a Pedro Sánchez de Meneses, almirante de esta armada que había ido al nombre de Dios mientras Pedro Menéndez a Nueva España, que se viniese y no le esperase en La Habana, según el orden que su majestad había dado. Y así llegó el almirante ocho meses antes que él con mucho dinero de su majestad y particulares; los jueces y oficiales de la Casa de Contratación, prios y cónsules de la universidad de los mercaderes tenían por costumbre de nombrar capitanes generales de las armadas y flotas que van y vienen a las Indias con mercaderías y dinero.

Desabrido[393] su majestad de muchas naos que se perdían por culpa de los generales que elegían, nombraba por su real persona los tales capitanes y generales; y así nombró a Pedro Menéndez por capitán general de la armada de la carrera de las Indias, y por almirante a Bartolomé Menéndez, su hermano, como parece por una provisión fechada en el año de 1561 a dieciocho del mes de octubre. Este fue el primer nombramiento que su

---

[393] desabrido 'mal humorado' (Moliner).

majestad hizo, sacándolo de los jueces y oficiales de la Contratación, prior y cónsul de la universidad de los mercaderes.

Aunque Pedro Menéndez y sus hermanos y criados hacían el deber y lo que eran obligados para enfadarlos y desabrirlos y que de amohinados[394] dejasen los cargos, le pusieron en acusaciones y culpas que no guardaban las instrucciones que les daban. Con todo opuesto, habiendo su majestad mandado hacer una gruesa armada para las Indias y que volviese por general, respondió que su majestad le mandase servir en aquel cargo, pues que los jueces de la Contratación de Sevilla trataban tan mal a él y a sus cosas.

Entonces su majestad le mandó ir con comisión que los jueces no conociesen de sus negocios; y allende de su cédula que para ello le dio, envió a Eraso, su secretario, a hablar de su parte a los señores del consejo de Indias, y que
les dijese que ésta era su voluntad. Partióse de Cádiz en el año 63 con una flota de sesenta velas; hizo prósperamente su viaje y vuelta. Allegado a Sevilla, los jueces y oficiales, sentidos de las preeminencias que su majestad le había dado, hacen informaciones contra él, y ya que no pudieron en este viaje, en el primero que había hecho, por haber excedido en las instrucciones que llevaban, habiendo sido de ello muy servida su majestad. Sabiendo que le querían prender, toma la posta[395] y vino a Madrid, donde el presente estaba. Escribió a los jueces reprehendiéndoles porque le querían prender. Respondieron que habían excedido en muchas cosas y traído muchas monedas por registrar y encubierto otras muchas que la traían, y que había quebrantado por muchas vías las ordenanzas de la Casa de la Contratación, y que lo mismo había hecho su hermano Bartolomé Menéndez, su lugar teniente, porque venía por general de la flota y armada del nombre de Dios; porque Alvar Sánchez Avilés, hermano de Pedro Menéndez, era muerto; sonaron como era justo de tal arte estas cosas en la oreja de su majestad, que le remitió a los jueces para que conociesen de aquellas cosas que le cargaban y ponían. Teniéndole muchos días

[394] amohinar ‘causar mohína: fastidiar, disgustar o molestar’ (Moliner).
[395] posta ‘soldados de centinela’ (Moliner).

en las Atarazanas[396] y Torre de Oro,[397] habiendo sobre esto dado bastantes fianzas; andado el pleito y habiendo respondido al proceso, alargándole los jueces los términos por no sentenciar, entendiendo que no se le había podido probar lo que le acusaban. Sentido esto por su majestad envió primera y segunda cédula para que se sentenciase; los jueces remitieron sus personas y procesos a su majestad, haciéndoles dar seis mil ducados de fianza para que vinieran a presentarse a la corte. Fueron condenados Pedro Menéndez en mil ducados por la culpa que resultaba contra él del proceso, y en doscientos a su hermano, sin saberse en que cargo, habiendo gastado el fiscal en buscar culpas y cargos en el reino y fuera de él más de dos mil ducados. Sabiendo su majestad la poca culpa que había habido contra él, envióle a llamar; hizo merced de la mitad de esta pena a un criado suyo, porque era para su cámara; mandó que le sirviese en aquella carrera de las Indias con sus hermanos y deudos como antes, y que se tenía de esto por bien servido y le haría mercedes por los servicios pasados. Que él y todos los de sus reinos bien tenían entendido que le habían acusado injustamente, Pedro Menéndez le besó muy humildemente las manos por la merced que le hacía de estar satisfecho de sus servicios y de haber entendido su acusación ser de aquella manera; por habérsele perdido un hijo que era gentil hombre de la casa de su majestad en la flota y armada de la Nueva España, yendo por general de ella, yendo a la isla de la Bermuda, cerca de la Florida, que razón natural lo requería, que el amor paterno lo demandaba, ir a buscarlo para dar vida no solamente a él sino a deudos y a amigos y a soldados que en su compañía habían mucho tiempo servido de su majestad. Que quería con dos pataches correr aquella costa a ver si los hallaría, y si volvería con ellos a su casa y mujer que hacía dieciocho años que muy pocas veces los había

---

[396] atarazana 'oficina junto al mar, donde se fabrican navíos, galeras, y otras embarcaciones, y se labran y tienen todos los pertrechos que son necesarios para la navegación, que por otro nombre se llama arsenal' (Autoridades).

[397] La Torre de Oro de Sevilla fue construida a principios del siglo XIII por los Almohades. Fue edificada con propósitos militares y estaba situada a las afueras de la muralla de la ciudad. Era utilizada para controlar las entradas al puerto de Sevilla. Una enorme cadena de hierro pendía de ella atravesando el río de orilla a orilla. Probablemente una cubierta de azulejos dorados le dio el nombre de la Torre de Oro.

visto por estar ocupado en el servicio de su majestad; aquello hubiera hecho antes si no estuviera preso, el Rey le dijo que para aquel negocio él le ayudaría.

Conque habiéndolo acabado, corriese la costa de la Florida y descubriese las ensenadas, puertos y bajíos que en ella hallase, y les pusiese precisamente en las cartas de su marear, que por no haberse hecho esto se habían perdido muchos navíos en aquella conquista. Pedro Menéndez respondió que era aquella cosa muy importante, y que se había de ocupar aquella tierra muy fértil y de tan buen cielo, y principalmente en aquel tiempo que luteranos se la ocuparían, de donde vendría gran daño a todo el trato y navegación de las Indias; su majestad le prometió que le daría la conquista, cargo y población de aquella tierra. Aceptando Pedro Menéndez se partió para Asturias para ordenar la armada para la conquista de la Florida.

Capítulo VI: De la descripción y fertilidad de la tierra de la Florida.

Antes que se cuente lo que hizo Pedro Menéndez después de ser nombrado de su majestad por Adelantado de la Florida, es necesario que se diga la disposición del sitio de esta gran tierra llamada así, o porque la primera vez que fue descubierta de los cristianos fue día de pascua florida, o por la mucha verdura y frescura de árboles que hay en ella.

Tiene la Florida un promontorio[398] a un cabo metido en la mar cien leguas que llaman la cabeza de los mártires, que cae en 25 grados de altura; yendo derecho al sur tiene enfrente a 25 leguas la isla de Cuba y Puerto de La Habana; al oriente están los bacallaos y tierra nova; al occidente la nueva España; al norte la China y Tartaria; lo que está poblado ahora y puesto fuertes por la costa por el Adelantado, es desde la tierra del cacique Carlos, que está hacia la nueva España, de la cabeza de los Mártires hasta San Felipe que es adelante de Santa Elena hacía el norte. Desde la cabeza de los Mártires hasta el cabo de Cotochi en la provincia de Yucatán, que está al occidente de Cuba, hay novecientas leguas. Con estos dos tan señalados promontorios se hace el golfo que se llama Florido o

---

[398] promontorio 'punta rocosa que avanza en el mar' (Moliner).

Mexicano. En este golfo entra perpetuamente con gran flujo y corriente, sin haber reflujo, por entre Cuba y Yucatán y sale por entre Cuba y la Florida. Esta es una de las causas porque las vueltas de las naos que van a las Indias no pueden volver por donde van, por esta corriente continua y falta de vientos, que no los hay por la misma parte por donde vienen, que así se meten en el norte a buscarlos. Por eso es cosa muy importante al trato, negocio y conservación del estado indiano que la Florida es de España y esté muy guardada, que en ella no se apodere otra gente que española, y aún ésta ha de ser de tal arte, que los gobernadores sean muy servidores de la corona real y amigos de guardar fidelidad en las fortalezas, castillos, fuertes y pueblos que para guarda de ella tuvieren y se les entregaren. Baja la Florida costa a costa y se cuenta por tierra suya desde Panuco, puerta de la nueva España, hasta tierra nueva, que serán 1300 leguas. Es tierra firme por estar continuada con la nueva España, aunque al tiempo que escribo esto no está explorado ni calculado si hacia el norte está ayuntada[399] con la Tartaria, Moscovia y China.

A lo largo de la marina y costa hay muchas islas grandes y cayos, que son islas pequeñas; y hay muchos puertos y muy excelentes, por donde el Adelantado Pedro Menéndez con su continua y perseverante diligencia y vigilante cuidado, que ha puesto siempre en las cosas que tocan al servicio de su majestad, ha descubierto en distancia de trescientas leguas cuatro puertos, que cada uno de ellos tiene cuatro brazas de plana mar, y algunos más; allende de esto ha descubierto diez de a dos y media y a tres brazas, y todos los vio y tentó y anduvo dentro por su persona con cinco o seis bergantines sondando[400] y marcando las entradas tres veces con otros pilotos.

Esto es mucho despantar, porque cuando fue Pánfilo de Narváez a la Florida, una de las causas porque se perdió él y toda la gente y armada fue porque no hallaron puerto donde surgir las naos, porque toda la mar que hallaron era bajía.[401]

Hay en estas trescientas leguas de costa muchos caciques e indios, con quien se dio tal maña y usó con ellos de tanta

---

[399] ayuntar 'juntar' (Moliner).
[400] sondar 'medir la profundidad del agua' (Moliner).
[401] bajía 'bajo en el mar; particularmente, banco de arena' (Moliner).

humanidad y buena conversación, que se holgaron de ser vasallos de su majestad y amigos del Adelantado y cristianos. En esta distancia de tierra tiene plantados tres fuertes y cuatro poblaciones, todas en los puertos, que será parte para que aquel descubrimiento de tierra sea perpetuo y firme; porque el descubridor que llegando a tierra nueva no busca puerto y puebla en él, no saldrá con su empresa y conquista. Lo más de esta costa y marina es tierra liviana y ruinas a causa de muchos ríos que dan en la mar, y sube la marea quince y veinticuatro leguas, como por el río de San Mateo; y como la tierra es llana y en los flujos y reflujos lava y deja la arenisca, y por esta causa se navega dentro de tierra con canoas y bateles, haciendo la misma costa islas por donde hay muchas ciénagas, que con caballos aún no se pueden pasar, porque se sumen en ellas; las islas de las marinas están llenas de árboles y caza. Alrededor de ellas hay mucho marisco, pescado, lenguados, ostras; algunas están pobladas de indios.

Esta tierra es llana, si no es en lo muy dentro, que hay sierras; por toda ella hay grandes montes, selvas y árboles, a maravilla altos, y entre ellos nogales, laureles, liquidámbares,[402] sauinas,[403] acebuches,[404] encinas,[405] pinos, robles, parros silvestres,[406] seruales,[407] ciruelos, palmitos como los de Andalucía. Hay muchos morales para hacer seda. Hay grandes lagunas y muchas de ellas muy hondas. Muchos maizales; cría mucha caza como venados, conejos, liebres, osos, leones y otras salvajinas[408] que vieron Álvaro Núñez Cabeza de Vaca y otros soldados que fueron con Pánfilo de Narváez. Entre ellos vieron un animal que trae los hijos en una bolsa que tiene en la barriga, y todo el tiempo

---

[402] liquidámbar (de "líquido" y "ámbar") 'bálsamo procedente del ocozol, de propiedades emolientes y detersivas' (Moliner).
[403] sabinilla (de sabina) 'arbusto rosáceo de fruto pequeño, lustroso, carnoso y comestible' (Moliner).
[404] acebuche 'olivo silvestre' (Moliner).
[405] encina 'árbol fagáceo de hojas pequeñas coriáceas con los bordes con puntas que pinchan, que da como fruto bellotas, que se emplean como pasto para el ganado de cerda, y son dulces y comestibles para las personas en algunas variedades; la madera es dura y compacta' (Moliner).
[406] parro 'pato' (Moliner).
[407] serval 'felino de pelaje ocre moteado' (Moliner).
[408] salvajina 'conjunto de animales salvajes' (Moliner).

que son pequeños los trae allí, y cuando salen a buscar de comer, si acude gente, la madre no huye hasta que los ha cogido en su bolsa.

Es tierra mucha parte de ella es muy fría, dispuesta para ganado, porque hay grandes pastos; hay ánsares[409] en gran cantidad, ánades,[410] patos reales, dórales,[411] garzotas,[412] garzas, perdices, halcones, neblis,[413] gavilanes, esmerejones[414] y otras diversas aves.

La gente de la Florida es grande de cuerpo y muy flechera, enjuta[415] y de grandes fuerzas y ligereza; traen arcos de once o doce palmos[416] en largo; flechan a doscientos pasos con tan gran tiento[417] y tan certeros, que a ninguna cosa hiera,[418] como se vio por los que el Adelantado trajo a España el año de 1567. Hay gran cantidad de pastel y perlas; había mucha brea y alquitrán, porque hay muchos pinares. Había grandes aparejos para edificar casas, hacer navíos y naos, que son cosas que vienen de Alemania, porque los árboles son tan grandes que bastaran para todo esto, y aun son mejores que los alemanes, y se pueden llevar a España con gran facilidad y poco costo.

Capítulo VII: De las demás cosas que hay en la Florida.

Por la parte que en la Florida entró Francisco Vázquez Coronado,[419] que fue por la Nueva España, dice que hay muchas

---

409 ánsar 'ganso, oca' (Moliner).

410 ánade 'nombre aplicado al pato y a las otras aves del mismo grupo' (Moliner).

411 doral 'pájaro' (Moliner).

412 garzota 'ave zancuda propia de los climas templados, cuyo macho tiene tres largas plumas en la nuca' (Moliner).

413 neblí 'ave de rapiña' (Moliner).

414 esmerejón 'ave rapaz' (Moliner).

415 enjuto 'delgado' (Moliner).

416 palmo 'medida de longitud equivalente a 21 cm, que es aproximadamente la distancia entre el extremo del pulgar y el del meñique, con la mano abierta' (Moliner).

417 tiento 'habilidad' (Covarrubias).

418 herir 'tocar, golpear alguna cosa o cargar sobre ella en un sitio preciso, en sentido material o inmaterial: la flecha hiere el blanco' (Moliner).

419 Francisco Vázquez de Coronado (Salamanca, España, h. 1510-?, 1554) Explorador español. Nacido en el seno de una familia de hidalgos, en 1535

provincias y muy fértiles, porque en abundancia de la tierra los mantenimientos que ella produce, como es maíz, frijoles, calabazas, hay en ella, que es más despantar, muchas frutas de las de España, como nueces, castañas, avellanas y ciruelas, y muchas uvas. Hallaron grandes señales de plata y granos de oro sobre la tierra. Mucho cobre labrado a la manera de hoja de Milán; en la provincia de Cophitachiqui[420] salió a recibir a Soto, que entró a descubrir por el río del Espíritu Santo, una cacica de aquella tierra en unas andas en hombros de indios, y llegando quitóse un collar de perlas que traía al cuello y echólo al de Soto; y proveyó a su gente de comida, vestidos, mantas, mantas excelentísimas, cueros de vacas y venados con muy gentiles adornos, y para los caballos les dio mantas de pluma.

Esto se ha escrito aquí para que cada uno vea lo que la tierra cría. En un templo de esta cacica, donde estaban sus antepasados embalsamados, había muy gran cantidad de perlas y aljófar,[421] y muchas estaban agujeradas, porque los indios las agujereaban para hacer sartales de ellas. La provincia de Coca, allende de su fertilidad, templanza y sitio, es tan poblada que ribera de un río hay casas de una parte y otra por espacio de cuatro leguas; y allende de otras muchas frutas hay uvas moscateles tan buenas como las españolas, y grandes encinares con mucha bellota. En esta provincia y en otras hay lugares cercados; en toda la

---

emprendió un viaje a Nueva España, con el virrey Mendoza. Tres años después de su llegada fue nombrado gobernador de Nueva Galicia. Sofocó una revuelta indígena en Culiacán y evitó con ello la retirada de los españoles, contribuyendo además al esplendor de ciudades como Guadalajara. Cuando llegaron a México noticias sobre las fabulosas «siete ciudades de Cibola y Quivira», situadas al norte de Nuevo México, que, según la leyenda, acumulaban inmensas riquezas, Vázquez partió hacia allí al mando de una expedición ordenada por el virrey Mendoza. Tras dos meses y medio de viaje, llegó a Cibola y comprobó la falsedad de los prometedores relatos: las siete ciudades no eran sino un desierto habitado por gentes que vivían sumidas en la pobreza. Sabedor de que había otras tierras habitadas en la zona, delegó su exploración en Pedro de Tovar, quien descubrió otras siete ciudades, más populosas que Cibola. Poco después, otros miembros de la expedición descubrían el Gran Cañon y la boca del Colorado, el golfo de California y la región de Tiguex, a orillas del Río Grande del Norte.

[420] La provincia de Cofitachiqui, en la actual South Carolina.

[421] aljófar 'perla de forma irregular, generalmente pequeña' (Moliner).

Florida hay morales, más en la de Cofitachiqui hay tan grandes montes de ellos que es menester cortarlos para sembrar, y de las moras hacen pasas que tienen buen comer. En la provincia de Cibola hay casas de azoteas como las de Andalucía, que tienen paredes de barro y piedra; y cerca de las sierras hay casas con estufas como en Flandes, que tienen muchos sobrados;[422] hay llanos de muchas leguas llenos de vacas y toros, aunque no son tan crecidos como los de España, y las vacas no tienen pelo sino lana. Hay lino en abundancia grande, que nace de su naturaleza en la tierra donde andan las vacas; muchas cosas de éstas vio Francisco Vázquez Coronado que entró a descubrir por mandado del virrey de la nueva España, Don Luis Velasco.[423]

Anse hallado en la Florida cuentas de corales, que dicen los indios haberlas traído del mar del sur, que está a las espaldas de la Florida. Hay turquesas y esmeraldas, y las esmeraldas hacía la sierra se hallan en abundancia; hay muchos ríos muy caudalosos y de muy excelentes aguas y de muchos pescados, como lizas,[424] reos,[425] mohiles,[426] sollos,[427] lenguados, pavos grandes, truchas y otras diversas maneras de ellos, gordos y muy sabrosos. Muchas ostras y mariscos, ostiones donde sacan perlas. Hacen pan de piñones, porque hay muchos piñares, aunque las piñas no son mayores que huevos. Más los piñones son grandes, cuando están verdes los muelen y hacen perlas, y guárdanlas para comer como nosotros acá pan.

En la costa de la Florida se matan ballenas y las comen los indios, y por esta causa se halla en ella mucho ámbar muy bueno.

---

[422] sobrado 'cada piso alto de un edificio' (Moliner).

[423] Luis de Velasco (Carrión de los Condes, 1511-México, 1564) Administrador español. Fue virrey de Navarra (1547-1548) y de Nueva España (1550-1564). Aplicó las disposiciónes de las Leyes Nuevas y atenuó el rigor de los evangelizadores sobre los indios. Inauguró la Universidad de México (1553). Lo más relevante de su administración fue la explotación de las minas de plata de Zacatecas. En 1563, Velasco organizó la fundación de Nombre de Dios y de Durango y, poco antes de su muerte, ordenó la expedición de Legazpi y Urdaneta a Filipinas (1564).

[424] liza 'mújol (pez teleósteo)' (Moliner).

[425] reo 'trucha de mar' (Moliner).

[426] mojil 'mojí' (Moliner).

[427] solo 'esturión (pez acipenseriforme)' (Moliner).

Los indios comúnmente en toda la Florida traen cabello largo no lo trasquilan[428] si no se muere su cacique o alguna persona principal. En la tierra del cacique Don Luis, adelante de Santa Elena, son los indios de muy buen entendimiento y no tan rústicos y salvajes como los demás, y así tienen costumbres; conforme a su justicia, castigan al que miente, aunque todos los indios son grandes mentirosos, y abominan de los ladrones.

Cultivando la Florida al modo de España, se dará en ella trigo, vino, azúcar y todo género de agricultura; toda la tierra es de muy buen temple y cielo saludable; han visto en esta tierra unicornios; se ha hallado en la costa ámbar gris, que es cosa que los indios estiman en mucho, porque son amigos de colores. Hay también acebuches por muchas partes de la tierra y en gran cantidad, con el fruto muy crecido y granado; de donde hay esperanza que cultivándose la tierra habrá grande abundancia de aceite.

Capítulo VIII*:* De las causas que dio el Adelantado a su majestad por donde no convenía que la Florida viniese en poder de luteranos ni de otras gentes.

El Emperador Carlos quinto, de gloriosa memoria, entendiendo la tierra de la Florida ser grande y haber en ella grandes poblaciones de indios que vivían esparcidos por todas ellas, sin lumbre y sin noticia del Santísimo Evangelio y de nuestra Santa Fe católica, había 40 años antes del de 1565 que comenzó a enviar capitanes y armadas para conquistar aquella tierra y traer la gente de ella a verdadero conocimiento de nuestra Santa Fe. Lo mismo hizo la majestad del Rey Don Felipe; y con aquesta santa intención, a costa de sus patrimonios reales, con mucha pérdida de vasallos, caballos, navíos y otras cosas semejantes, comprendieron esta empresa sin poder efectuar aquel religiosísimo y santísimo celo, por aquel mar no ser navegado ni poder entender la nueva navegación ni el arte de gobernarse para tomar aquellas costas, por ser aquella mar brava y tempestuosa y no haber hallado puertos en ella; ya que arribaban a salvamentos, no edificar pueblos; ni los indios por ser muy guerreros no consentirlos ni querer trabar amistad con los cristianos, o porque nuestro señor no permitía por

---

[428] trasquilar 'cortar el pelo a alguien' (Moliner).

sus sacratísimos consejos que tan presto se divulgase allí su Santísimo Evangelio, como era la intención de sus majestades.

Pero Menéndez, como persona muy vigilante en lo que tocaba al hacer servicios a su Rey, y celoso de todo aumento de la corona real y de la Santa Fe católica, entendiendo lo que importaba a todo el estado y gobernación de las Indias, la Florida ser de España, por marzo de 1565 advirtió a su majestad como en otros casos lo había hecho, que muchos luteranos e ingleses andaban por la mar haciendo robos y otras demasías y desafíos, habiendo paces; y que según era su desvergüenza, tenía para sí, según era sitio conveniente a su oficio de robar, que ocuparía la Florida; y que si se señoreaban de ella, con grandísima facilidad eran señores de las Islas Indias y Tierra Firme del Mar Océano sin que su ley era viciosa y muy cercana a la de los indios, que no tienen ningún género de esperanza, sino irse tras sus sensualidades y deleites bestiales, no conociendo ni temiendo a dios ni sabiendo, cuando mueren donde han de ir a parar.

Por esto los luteranos fácilmente, con su mala seta, tiranizarían todas aquellas provincias, por ser los naturales de ellas salvajes y sin lumbre de fe; y por eso con facilidad les imprimirían en sus corazones lo que les enseñasen; allende de esto, decía que en las Islas Indias y Tierra Firme del Mar Océano, que hay pobladas en aquellas partes, son infinitos los negros, negras, mestizos y mulatos. Que hay gente de mala inclinación y deseosas de libertad, demasiados de alterados, soberbios en sus condiciones y gente indomable; decía que éstos cada día se habían de multiplicar en mayor número que los españoles, porque el clima y cielo es más sano para ellos que para nosotros; y así las negras son fecundísimas y parideras en gran manera, y los negros más vitales, y todo lo contrario en los españoles; por donde en aquellas partes hay treinta y cuarenta negros mulatos y mestizos para un español; y éstos en Francia no pueden ser esclavos. Y con su mala seta luterana serán fáciles de traerles y persuadirles a que se alzasen con la tierra; además de esto, dijo como estaban en el paso de todos los navíos que venían de Indias a España, y aunque quisiesen venir en conserva y juntos hasta salir del canal de las Bahamas, sino de una en una; y cada una va por donde puede, no respetando ni aguardando a las otras, hasta salir de las corrientes y estrechos.

Su majestad entendiendo cuan provechoso era el parecer de Pedro Menéndez, deseando que aquella gente perdida se salvase y fuese cristiana, determina que la Florida se conquistase y poblase; viendo esta determinación de su majestad, se ofreció en todo en el mes de mayo de 1565 tener aparejada a la vela una armada a su costa, que llevaría aquellos hombres labradores, marineros, frailes, gente de mar y guerra y los oficiales necesarios, armas, municiones y otras cosas, según capítulo con su majestad, como parece por sus provisiones reales y asiento.

Capítulo IX: De las mercedes que hizo su majestad a Pedro Menéndez y de lo que capituló con él para lo tocante a la conquista de la Florida.

Estando su majestad en lo que Pedro Menéndez de Avilés, caballero de la orden de Santiago, avisó y ofreció, capituló con él de darle título de gobernador y capitán general de la costa y toda la tierra de la Florida y de los demás pueblos que en ella poblase. Y que tuviese entre ambas a dos justicias, civil y criminal, con los oficiales de justicia que en toda la tierra hubiere; conque se ofreció que en todo el mes de mayo de 1565 tenía prestadas y aparejadas a la vela en San Lucas de Barrameda, o en el puerto de Santa María, o en el de Cádiz, seis chalupas de cada cincuenta toneles poco más o menos, y cuatro zabras ligeras con todos sus aparejos, a punto de guerra; y que llevaría en ellas quinientos hombres, los cien labradores y los cien marineros, y los demás oficiales y gente de guerra y mar, y canteros, carpinteros, serradores, herreros, barberos, cirujanos, todos con sus arcabuces y armas y morriones, rodelas y todo lo demás que fuese necesario que fuese para defensa y ofensa; doce frailes con algunos clérigos, y ganado, que llevaría un galeón suyo que llamaba *San Pelayo*.

Y que poblaría tres pueblos, con otras cosas que están en el asiento que hizo con su majestad y en la provisión real de donde esto se ha sumado; por este servicio y ofrecimiento su majestad le hizo merced de hacerle Adelantado perpetuamente a él y a sus descendientes, de la costa y tierra de la Florida y de los pueblos que en ella poblare, de la misma manera y con aquellas honras y gracias que los Adelantados de Castilla, según más largamente su majestad lo manda en una provisión suya fechada a 31 de marzo de 1565. Y más le hizo merced por una provisión dos pesquerías cuales él escogiere en aquella tierra, una de perlas y otra de pescados, perpetuamente para él y para sus descendientes y sucesores; ni más ni menos como parece en otra provisión que su majestad le hizo merced.

Del quinzavo[429] de todas las rentas, frutos, minas, oro, plata, piedras, perlas, que su majestad tuviere en las tierras y provincias de la Florida, perpetuamente para él y para sus herederos y sucesores, quitas las costas; hizo también su majestad merced a él y a los vecinos y pobladores de la Florida, y a los que adelante fueren a ella, los diez años primeros, de lo que llevasen para proveimiento de sus personas, mujeres, hijos y casas, no pagasen derecho de almojarifazgo[430]. Allende de esto, como parece en otra provisión, hizo merced su majestad a todas las personas que fuesen a poblar la Florida por vecinos y moradores y pobladores de ella, que de todo el oro, plata, perlas y piedras, no pagasen sino el décimo; hizo también su majestad merced, como parece por otra provisión, pudiese dar repartimiento tierra y heredades para sus plantas, labranzas y crianzas conforme a la calidad de cada uno y lo que a él le pareciese, sin perjuicio de los indios, a todos los que fuesen a poblar con él.

En otra provisión le hizo merced su majestad del alguacilazgo mayor de la audiencia de la Florida, para siempre jamás a él y a sus herederos y sucesores, con todos los casos y cosas a él anexas; y en otra provisión le hizo merced que ausentándose de la Florida pueda dejar un lugar teniente para que en todo tuviese el mismo poder que el Adelantado, cada y cuando quisiese venir a estos reinos e ir a las Indias, conque el teniente tenga las calidades necesarias para el tal cargo; hízole también merced de darle título de capitán general de toda la armada, navíos y gente que en ella llevase, dando licencia al Adelantado para traer dos galeones y dos pataches, y seis chalupas y cuatro zabras en la carrera de las Indias para la población y provisión de la tierra y costa de la Florida, de armada o mercante o en flota o fuera de ella, o como el Adelantado más quisiese o mejor les tuviese, por espacio

[429] quinzavo 'quinceavo' (Moliner).

[430] almojarifazgo 'derechos que se pagaban antiguamente por las mercancías que entraban y salían del país o se llevaban de un puerto a otro dentro de él' (Moliner).

de diez años que corriesen desde el mes de junio de 1566 en adelante; y que en los seis años pudiese usar el oficio de capitán general; hízole más merced su majestad, que en lo que descubriese en las Indias tome veinte y cinco leguas en cuadra para él y sus sucesores, sacando la jurisdicción y minas que esto se reservó para la corona real; diole también título de marqués de aquel espacio de tierra.

Capítulo X: Cómo el Adelantado ordenó lo que era menester para su partida a la conquista de la Florida.

Habiendo recibido los despachos y tenidas en su poder las provisiones de los cargos y oficios que su majestad le había dado para que fuese a la conquista de la Florida, partióse de la corte para poner por obra todo lo que su majestad le había mandado. Entre este tiempo los luteranos de Francia, que ya tenían hecho fuerte y poblado en las Indias, habían enviado por socorro, municiones y bastimentos, a los luteranos que estaban en Francia; y a esta causa hacían navíos y allegaban gente.

De todo eso no había nueva en España de ello hasta este tiempo; y así yéndose de su camino el Adelantado para aparejar lo necesario en su armada, entreoyó que la Florida estaba ocupada, poseída y habitada de muchos luteranos tres años había; y allende de esto le decían que comunicaban y enseñaban a los caciques indios y indias su mala secta y herejía luterana. Caminando con esa congoja y fatiga de esta mala nueva que oía, porque entendía cuan dañoso era aquello para la determinación y designio de lo que él quería hacer, en este tiempo fue avisado por su majestad que por la vía de Mazariegos, el gobernador de Cuba, sabía que los luteranos estaban desde hace días en la Florida.

Alcánzale en el camino una posta con una carta de su majestad certificando de lo que él incierta y dudosamente sabía, no creyendo que los luteranos habían tenido tanto ánimo de pasar a aquellas partes, andando acá en Francia en revueltas y guerras; decíale su majestad en su carta, que de Francia había tenido aviso que en aquel reino se aprestaban, aderezaban y armaban a gran prisa ya días había algunos navíos de armada; y que se tenía claramente y por evidentes razones entendido que era para socorrer a los otros luteranos que estaban en la Florida; y que acerca de aquesto y confirmando lo que de Francia le habían escrito Don

Josepe de Guevara, virrey que entonces era de Navarra, le había también avisado lo mismo. Y que era menester para ir a la mano y para embarazar e impedir los disparates, descomedimientos y atrevimientos de aquellos luteranos, enemigos de nuestra Santa Fe católica; gente mala y perdida que sin ley y sin Rey quería ocupar y tiranizar las provincias y tierras que claramente sabían que no eran suyas, dale más soldados y acreciéntale la armada, conque mejor y más seguramente pudiese pelear, combatir y acometer aquellos luteranos y enemigos de nuestra fe católica. Le mandaba añadir y acrecentar la gente y soldados que llevaba, quinientos infantes; y también iba avisado que todos los que en este socorro se habían allegado y ayuntado, eran herejes luteranos; y esto se sabía, porque antes que se embarcasen, el capitán general de aquella armada había mandado echar un bando que so pena de la vida ninguno fuese osado a embarcarse que no fuese de su perversa y pestilencia[431] seta y herejía luterana y diabólica; y que so la misma pena ninguno llevase aquella tierra libros que no fuesen de aquella abominable seta.[432]

Capítulo XI: De la partida del Adelantado a la Florida.

Como el Adelantado fuese hombre que con la gran providencia que tenía, extendía el hilo de su entendimiento más largo que se podría pensar e imaginar, teniendo en su juicio que siempre daña el alargar las cosas que están a punto, imitando la presteza y prisa en él hacer los negocios que estaban a su cargo, que aquel excelente capitán Julio Cesar, veía que su partida se dilataba, consideraba cuan grande daño había de traerle detenerse un momento.

Veía que cada día de tardanza era dar la vida a los herejes y luteranos, porque se fortificarían y tenían lugar de comunicar con los indios y ganarles las voluntades; que si se hacían a una, que con grandísima dificultad, gastos y pérdidas, los desarraigarían de la tierra. Conjeturando esto con aquella presteza acostumbraba, llegó lo necesario, y día de San Pedro de 1565, a veintinueve de junio, sale de Cádiz con mil quinientos hombres, diez navíos donde iban personas calificadas de estos reinos: Don Pero Menéndez de

---

[431] pestilencia 'peste, mal olor' (Moliner).

[432] Seta por secta.

Valdés, yerno del Adelantado, caballero de la orden de Santiago; el capitán Bartolomé Menéndez, hermano del
Adelantado; Diego Flores de Valdés, Almirante de la armada; Don Francisco de Córdoba, hijo del conde de Alcaudete; Don Hernando de Gamboa, vizcaíno; el capitán Francisco Sánchez; Don Luis Enríquez, su alférez; el capitán Juan de San Vicente, de Medina del Campo; Diego de Maya, piloto de mayor; Diego Vélez de Medrano, natural de Peña Cerrada, lugar en la montaña de Vizcaya; Pedro de Larando, vizcaíno; el capitán Andrés López Patiño; Don Hernando de Ávila; Alonso de Cabrera, entre ambos naturales de Jerez; Gonzalo de Solís de Merás, natural de Tineo; Xoval[433] de Herrera, vecino del puerto de Santa María; Diego Flores de Robles, vecino de León; Gabriel de Ayala, natural de Salinas de Añana; Hernando de Miranda; Alvaro de Valdés; Juan de Valdés, asturianos; Don Manuel de Lujan, de Sevilla; Gonzalo Fuertes, natural de Cangas de Tineo, en Asturias; Gonzalo de Villarroel, natural de Valladolid; iban doce clérigos y muchos casados con sus mujeres e hijos; había mandado a Esteban de las Alas que saliese de Asturias con los seiscientos hombres que dejó allí hechos, mandando que le aguardasen en Canaria.

Continuando su navegación, llegó en seis días a las islas de Canaria, a donde ahorcó un arráez[434] de una galeota de cuarenta hombres, porque tuvo información de Don Luis Enríquez Álvarez, del capitán Francisco Sánchez, que quería irse a Berbería[435] y vender los cristianos y hacerse cosario. No hallando la armada asturiana, dejó orden como en llegando se fuesen a Puerto Rico, que allí le hallarían, o instrucción de lo que habían de hacer. Esta armada asturiana salió de Gijón, puerto en Asturias, día de Santiago, yendo por capitán general Esteban de las Alas, y por almirante Pedro Menéndez Márquez, su hermano; por capitán de un navío Bartolomé Valdés, Diego García de Sierra, mayorazgo de la casa de Sierra Gutiérrez, Bernardo de Quiros, mayorazgo de la casa de Castellón, Juan de Valdez de Gijón, el capitán Pedro de Lejalde, vizcaíno, vasco cabal, alférez general vizcaíno, Andrés de Valdés, capellán mayor de la Florida. Allegó tarde

---

[433] Xoval por Cristóbal.

[434] arráez 'capitán o patrón de un barco' (Moliner).

[435] Berbería 'región del norte de Africa' (Moliner).

esta armada a Canaria, porque el Adelantado había pasado adelante; fuese a Puerto Rico, y allí halló mandado que se viniese a La Habana, donde la halló después de haber vencido los luteranos. Habiendo de ir el Adelantado a la Florida por las islas Española, Cuba y Puerto Rico, donde había de coger ciertas naos de armada y quinientos caballos, deja aquel viaje y derrota, porque rodeaba y se detenía mucho y el invierno se venía acercando, y no sabía ni tenía reconocido ningún puerto en la Florida, ni entendía donde los luteranos tenían poblado.

Por estas causas corría gran peligro de perderse; considerando que si aguardaba para hacer su expedición el verano venidero, que ni las naos ni los caballos, ni los demás bastimentos ni municiones que tomase de las islas no bastarían para echar los luteranos de la tierra; mirando como buen cristiano que siendo esta causa y empresa de nuestro señor, yendo en obediencia de lo que su rey le mandaba, le había de ayudar.

Sin comunicar con ningún capitán, ni oficial, ni con otras personas alguna de los que consigo llevaba, porque no le alterasen ni inquietasen la determinación de su designio, guía su rumbo y derrota hacía la Florida. Aunque también imaginaba y revolvía consigo que aquella navegación que quería acometer, nunca era andada ni sabida. Confiando primeramente en nuestro Señor, a quien siempre tenía por capitán y guía en sus hechos y acometimientos, y después en la suma felicidad del muy católico y poderosísimo rey Don Felipe, por cuyo mandado tomaba tan alta empresa, y finalmente en su gran experiencia y ciencia en el arte del marear, con esta consideración se confió en lo que había determinado.

Capítulo XII: De lo que hizo después de haber llegado a Puerto Rico.

Había ya treinta días que partió de Cádiz, estaba casi cien leguas de Puerto Rico, cuando corrieron unos huracanes tan impetuosos, que vino a término el peligro de perderse. Aquí se puede conjeturar que furia trajesen, pues que no quedó árbol ni velas ni jarcias del galeón en que iba el Adelantado; cesando la tormenta, se halló con solo tres navíos, y con el bastante recaudo que llevaba de olonas (sic) y jarcias de remedio, y entró en Puerto Rico a cinco de agosto, donde con su presteza, diligencia e industria acostumbrada, dentro de ocho días volvió a rehacerse y aparejarse de lo necesario, y repararse de lo que había perdido.

Salió del puerto día de nuestra señora de agosto, habiendo recogido otro navío de los que con la tormenta se le habían perdido y apartado, y de Puerto Rico sacó otro, que fueron cinco navíos; dentro de ellos llevaban mil personas de mar y guerra. Y hecho cuando que iba a La Habana, y antes que saliese de Puerto Rico envió a Hernando de Miranda para que fuese a Santo Domingo y allí recogiese la gente que su majestad había mandado hacer en aquella isla, con los caballos y socorro que allí le habían de dar, y se fuese a La Habana. Dejó mandado y daba orden que la gente vizcaína y asturiana con toda la armada que traía se fuese a La Habana; viéndose en la mar, en la parte que le convino y le estuvo bien, yendo navegando, hizo que los navíos diesen en parte de donde no era posible ir a La Habana sino rodeando mucho, porque por allí había muchos bajíos; hizo llamar y ayuntar a su galeón, los capitanes y más principales de la armada.

Entrando con ellos en consejo, les dijo en gran secreto el menos peligro que se corría en irse a la Florida, pues que tenía bonanza y buen tiempo antes que entrase el invierno que con su parecer de ellos determinaba, pues estaba en parte que no podía hacer otra cosa de ir derecho en la Florida, al puerto y fuerte que los luteranos tenían; porque si no les había venido socorro, le parecía que llevaba recaudo bastante para ganarles el puerto.

Rogóles que este consejo lo tuviesen por bien y que cada uno animase sus soldados y marineros, diciéndoles y persuadiéndoles que aquella era muy buena determinación, y que por ser empresa de Dios Nuestro Señor y de nuestro católico Rey, que tuvieren por esperanza la divina majestad haberles de dar esfuerzo y victoria para salir con aquel acontecimiento, en que se ponían defendiendo la santa fe católica y echando los tiranos y malos hombres de las posesiones y tierras que legítimamente eran de la majestad del Rey nuestro Señor, encomendándoles que rogasen a los soldados que como excelentes españoles y según costumbres y naturaleza de gente tan estimada, tuviesen gran ánimo y paciencia para seguir y pasar los trabajos que semejantes trances traían consigo.

Los capitanes respondieron que les parecía la determinación suya muy bien, y mostraron gran contento, ofreciendo de ponerse en toda buena voluntad y esfuerzo a todo lo que les viniese, y lo mismo aconsejarían a sus soldados y los tenían en toda buena disciplina para que sirviesen con toda obediencia debida.

El Adelantado saliéndose del aposento les dijo, hermanos míos, quedaos todos con Dios encerrados en este aposento por dos horas, porque no se entienda nuestro secreto. Rogóles que tratasen y platicasen sobre aquel intento suyo para que si algunas dificultades hubiese, le avisasen de ellas, diciendo que el que más pusiese sería su amigo, que vistas sus razones y dando las suyas se venía y determinar lo más acertado para que haciéndose esto, la gente entendiese que cometían las cosas con consejo y acuerdo. Dejando encerrados, salió a la cubierta de la nao e hizo que toda la gente de su armada suplicasen a nuestro Señor, alumbrase al Adelantado y a los capitanes en una determinación que querían cometer para que se proveyese y determinase lo que más provechoso y honroso fuese y más conviniese al acrecentamiento de nuestra Santa Fe y servicio del católico Rey nuestro Señor. Lo mismo hizo el Adelantado retirándose a la cámara de popa del galeón; pasadas las dos horas que había dado de término a sus capitanes, pidió que cada uno dijese lo que sintiesen. Respondieron que todos estaban de su parecer; salidos de allí mandóse publicar el viaje a la Florida y buscar adonde tenían los luteranos el puerto.

Estando cerca de Abreojos con la acordada determinación, puso en orden su gente; nombró y eligió diez capitanes para que en tierra rigiesen la infantería; el Maestro de Campo fue don Pedro Menéndez de Valdés, caballero de la orden de Santiago, yerno del Adelantado Bartolomé Menéndez, su hermano; por capitán García Menéndez, de los vizcaínos; por su alférez Gonzalo de Villarroel, natural de Valladolid; por capitán y sargento mayor Pedro Garabato; por su alférez Martín Ochoa, vizcaíno; por capitán Diego Flores de Robles, su alférez, natural de León; Diego de Maya, capitán natural de Sevilla; Xoval de Herrera, su alférez, natural del puerto de Santa María; el capitán Franco de Recalde, natural de Valladolid; Rodrigo Troche, su alférez, natural de Toro; el capitán Alvarado Montañés, su alférez; Don Martín de Córdoba, de Jerez.

Capítulo XIII: De cómo llegó la armada a la Florida.

Viendo el Adelantado que todos conformes habían venido a su parecer, como si hubiera alcanzado victoria de los luteranos manda hacer grandes alegrías y regocijos por toda la armada, haciendo tañer[436] pífanos y tambores, desplegando banderas, estandartes, gallardetes de la campaña por todos los navíos, enarbola el estandarte real, haciéndole una principal salva, disparando toda el arcabucería y artillería, dando la ración doblada aquel día a toda la gente.

Todo esto dio gran contento a todos, porque mostraron gran regocijo, mostrando la determinación suya y loando la del Adelantado; aquel día en la tarde prohibió que los capitanes entregasen las armas a los alféreces para que las repartiesen entre los soldados para que las limpiasen y aderezasen; proveyó cómo hasta llegar a la Florida tirase cada soldado tres tiros cada día para que perdiesen el miedo a los arcabuces y se ejercitasen; porque la más gente era bisoña, y por eso les hacía jugar al terrero[437] dentro de su galeón, haciendo que lo mismo hiciesen en los otros navíos, teniendo gran cuenta que en su armada hiciesen todo lo que convenía a buenos cristianos.

A 28 de agosto, día San Agustín, descubrieron la tierra de la Florida alabaron a nuestro señor por la merced recibida de llegar a salvamento a vista de tierra, suplicándole que en lo restante les diese victoria; no desembarcaron luego, antes anduvieron cuatro días a lo largo de la costa, buscando donde estaban fortificados los luteranos, muy afligidos por no saber si estaban al norte o al sur.

El Adelantado navegaba de día, surgía de noche; viendo un día indios en la costa, hace desembarcar veinte arcabuceros con el Maestro de Campo, no
consintiendo desembarcar más gente, porque los indios no huyesen, y con todo esto, mientras más los soldados se llegaban a ellos, tanto más con sus arcos y flechas se iban acogiendo al monte, temiendo alguna emboscada pararon. Y por no irse sin lengua, viendo que estaban en gran peligro de perderse en corriendo tormenta, porque no sabían la costa ni los bajíos de ella, envió un soldado sin armas y con algunos rescates, los indios le

[436] tañer 'tocar una cosa con los dedos' (Moliner).

[437] terrero 'objeto que se pone como blanco de tiro' (Moliner).

aguardaron y le recibieron bien y se asosegaron;[438] llegó el Maestro de Campo, y hablando por señas les preguntó por los luteranos, por señas respondieron que estaban veinte leguas de allí a la parte del norte; preguntaron por el general, diciéndoles que estaba en la armada, hicieron de señas que le querían ver; llaman al Adelantado, y salta en tierra con cincuenta arcabuceros, viéndolo en tierra, dejan arcos y flechas, y cantando vinieron a donde estaba, alzando las manos al cielo. El Adelantado les dio muchos rescates y cosas dulces de comer, afirmáronse en los que habían dicho al Maestro de Campo fuéronse muy contentos; los cristianos se embarcaron, yendo navegando a lo largo de la tierra, ocho leguas de allí halló un buen puerto con una buena ribera, a que puso por nombre San Agustín.

Aquella fue la primera tierra de la Florida que de los nuestros fue descubierta el día de San Agustín, y por eso le puso el Adelantado aquel nombre. Este puerto está al norte de cabo o punta que llaman de la Cabeza de los Mártires, que hace la Florida en el canal de las Bahamas; el fuerte de San Mateo doce leguas, y el de Santa Elena, sesenta y dos; y adelante está la baya[439] de Santa María. Tiene San Agustín de altura veintinueve grados; otro día siguiente, yendo navegando a lo largo de la costa, a las tres después de medio día descubrió cuatro galeones grandes que estaban surtos juntos al puerto de San Mateo. Pareciendo aquel día el puerto de los luteranos, que el socorro les había venido y que aquellos galeones eran de su armada, entró en consejo con sus capitanes; díjoles que tenía por cierto que la armada luterana había venido, y que el puerto ni el fuerte no se
les podía ganar, que le dijesen lo que les parecía. Vinieron en que se fuese domingo y que allí recogeríanlos más navíos de su armada que en la tormenta se le apartaron y otros diez navíos de la armada de Vizcaya y Asturias, que por la orden que les había dado en Canaria estarían en Puerto Rico; y que recogería dos navíos con la caballería, infantería y bastimentos que su majestad le mandó dar en aquellas islas; y que con todo este ejército se iría a La Habana, y el mes de marzo venidero se partiría poderoso a la Florida con certidumbre de la victoria.

---

[438] asosegar 'sosegar' (Moliner).

[439] Baya por bahía.

Este parecer tenía apariencia de bueno y seguro, sino que el Adelantado, adelantándose más adelante con su buen entendimiento y juicio, vio que si hacía aquello corría peligro de perderse, porque ya él era descubierto de la armada luterana y el viento era calmo y el sol demostraba grandes bonanzas, y de la tormenta que habían tenido, cuatro navíos habían quedado sin mástiles de gavia[440] y tenían otros árboles menos que se habían roto; y que la armada luterana fácilmente les alcanzaría, en especial que tenían aviso que traían navíos de remo. Respondió que conforme a razón los luteranos no le podían aguardar en aquella costa, porque tenían la infantería en tierra, que estarían descargando los bastimentos; y por ser aquellos cuatro navíos grandes no podrían entrar en el puerto cargados; que le parecía que fuesen a combatir con ellos, porque tomándolos no tenían los luteranos armada bastante para salir a buscar a la mar, y hecho esto se podrían salir al puerto de San Agustín que estaba a doce leguas de allí y se fortificasen en él y enviaría a las islas por la armada; conque por mar y por tierra les daría la guerra, ganándoles el puerto, porque el fuerte lo tenían dos leguas una ribera adentro. Y de esta manera no les podría venir socorro de los luteranos que estaban en Francia; y con la caballería señorearían la tierra de tal arte que no comunicasen ni tratasen con los indios; y con esta industria se daría in presto a la guerra sin peligro de la armada ni de gente; y tomándoles la tierra y la
mar se darían, porque su fuerte estaba tan fortificado que ni combatiría, ni con armas se podía tomar.

Aprobaron todos este parecer y determinación, y el Adelantado comenzó a aderezar todo lo que era menester para acometer la armada de los luteranos.

Capítulo XIV: De cómo los luteranos vinieron a dar a la Florida e hicieron un fuerte.

[440] gavia 'vela que va en el mastelero mayor de una nave. Por extensión, cada una de las velas de los otros dos masteleros' (Moliner).

De los cosarios que andaban por la mar y de los pescadores que venían a tierra nueva y de pilotos y maestros que habían andado aquella costa, que ahora llaman la Florida, los luteranos de Francia tenían noticia de aquella tierra era buena por estar casi en su tierra y clima y no ser tierra de destemplado calor. Codiciosos de hacer estados, saliendo de la estrechez de su tierra e ir a las anchuras de otro mundo, determinaron los que andaban levantados contra su rey y contra su ley de ocupar aquella región y sembrar en ella su mala secta y levantarse con la tierra que no era suya.

Eligieron entre sí un capitán general que se llamaba Juan Ribao. Este vino y edificó un fuerte en la punta de Santa Elena, y teniendo necesidad de bastimentos y más gente de socorro para conservarse y llevar su intención a cabo, vuelve a Francia, dejando en este fuerte 25 soldados. Hubo entre ellos motín, los que quedaron de ellos se volvieron a Francia y aportaron a Inglaterra, hincando en el lugar donde habían estado, un padrón con las armas de Francia y poniendo un soldado con un cacique amigo de ellos para que aprendiese la lengua, que después, Diego de Mazariegos, gobernador de la isla de Cuba, enviando allí gente por mandado de su majestad, le trajeron a la isla, que no fue poco provecho para los nuestros.

Fue el capitán Ribao por gente y socorro para los que había dejado; y después no vino el sino Jaques Lodonier, pariente del almirante de Francia; no hallándoles ni agradándole el sitio, navegó adelante y escogió este lugar a donde ahora iba el Adelantado, que él le llamó el puerto de San Mateo; porque los luteranos por haber llegado el mes de mayo le llamaban el puerto de Mayo. Salieron estos luteranos de un puerto de Francia, llamado Abra de Gracia, en Normandía, por abril de 1564 años, con tres navíos donde venían trescientos hombres que fue el segundo socorro que enviaron los luteranos a la Florida, quedando el Ribao que fue por él, en Francia, que después volvió con el tercero. Trajeron esta derrota, vinieron a las islas de Canaria, y de ahí a la Dominica, y por entre ella y Guadalupe, dejando a mano izquierda Puerto Rico, Abreojos, los Lucayos y el canal de las Bahamas; llegaron a la Florida por principio de julio, y la descubrieron en tierra de 29 grados; y en entrando en el río de San Mateo hicieron una fortaleza donde quedó el general Jaques

Lodonier con ciento y cincuenta soldados y hasta cincuenta marineros y un navío y dos chalupas pequeñas de seis pipas.

Entrase en el puerto al sudoeste, y a la mano izquierda hay un pueblo de 25 casas grandes donde en cada una viven ocho o nueve indios con sus mujeres e hijos, porque viven junto un linaje;[441] llámase el pueblo Saturiba, de este nombre llamaban los luteranos al cacique señor del lugar. A la mano derecha, entrando la barra, hay una islita donde está un pueblo tan grande como Saturiba, que llaman Alicamani, y el cacique de él tiene el mismo nombre; cuatro leguas adelante hay otro pueblo que se llama Emoloan, y así se dice el cacique; pues cuando el Adelantado vino contra este fuerte, estaban en él los franceses que dejó el capitán Ribao, con el general Jaques Lodonier; porque los demás embarcó para ir a buscar al Adelantado a San Agustín en los cuatro galeones que habían huido de cuando llegó de camino sobre San Mateo.

Había traído el capitán Ribao en este tercer socorro en catorce navíos mil hombres, según se supo de los luteranos que tomaron en el fuerte; catorce soldados luteranos de éstos que estaban en este fuerte, huyeron en un batel; vinieron a la isla de Cuba para ver si podrían coger algún navío con que se volviesen a Francia, prendiólos el gobernador Mazariegos y envióles a su majestad a España, de donde se supo que los luteranos estaban en Florida.

Capítulo XV: Cómo el Adelantado se vio con la armada luterana.

Determinado el Adelantado de combatir con la armada luterana, mandaba ir a los capitanes y a sus navíos, y da la instrucción de lo que habían de hacer; avisó el almirante de la armada, Diego Flores de Valdez, con dos navíos que le señaló, con otro en que iba, que eran tres, donde había de acudir y la orden que había de tener; y mandó que el pataje no se quitase de a bordo de su nao capitana; navegando con bonanza,[442] estaban como tres leguas de la armada, vino el viento a calmar.

---

[441] linaje 'la descendencia de cualquier familia' (Autoridades).

[442] bonanza 'la serenidad del tiempo cuando se sosiega y amansa en el mar la tempestad y está quieta' (Covarrubias).

Comienza a tronar y relampaguear, y vienen grandes aguaceros que no cesaron hasta las nueve de la noche, que no convenía aferrar con las naos por el peligro de los artificios de fuego que los enemigos suelen traer y de noche se pueden aprovechar más de ellos que de día. Considerando que cuando se viniesen a quemar los unos navíos y los otros, que los enemigos quedarían victoriosos y perdidos, porque escaparían en los bateles y esquifeses que traían por popa y darían consigo en tierra, pues que estaba por ellos, acordó de seguir por las proas de ellos. De manera que dando fondo con las áncoras y alargando los cables quedasen las popas de los navíos nuestros sobre las proas de ellos, para que al alba, alargando el cable, abordase con ellos.

Habiendo entendido antes que no podían ser favorecidos de sus navíos que estaban dentro en el puerto a causa que por ser la barra larga y mala, de noche no podrían salir, y al amanecer estaba bajo mar y habían de aguardar que fuese llena, y esta plena mar no venía hasta medio día, hace a los capitanes que vengan a bordo de su nao capitana. Llegó a las once y media de la noche cerca de la armada luterana, que sintiendo a nuestra gente comenzaron a disparar piezas de artillería; pasaban las balas por entre los mástiles de los navíos del Adelantado sin que en cosa ninguna le hiciese daño; más de nuestra armada no consintió que se tirase ninguna pieza, antes mandó en todos los navíos que echasen a los soldados abajo, porque no les alcanzase la artillería contraria; pues que habían de surgir y no habiendo abordar, no era bien que estuviesen arriba de la cubierta, sin hacer caso de la artillería; pasa a lo largo de la capitana de los contrarios sin hacer caso de ellos.

Teniendo tendida todas sus banderas surge el Adelantado con sus cinco navíos, la proa a tierra de ellos; hizo alargar los cables, y la popa de su capitana quedó en el medio de la proa de la nao capitana y alarmante de los enemigos. Entonces hizo tocar sus trompetas salvando a los contrarios, lo mismo hicieron los luteranos; acabadas estas salvas, el Adelantado les habló muy cortésmente, diciendo a los de la nao capitana: Señores, de dónde es esta armada, respondiéronle que de Francia; preguntóles qué hacía allí, dijeron que tenían infantería, artillería y bastimentos para un fuerte que el rey de Francia tenía en aquella tierra, y otros que había de hacer; preguntados si eran católicos o luteranos, dijeron que luteranos y que su general Juan Ribao; ellos preguntaron otro tanto a los nuestros; el mismo Adelantado les respondió que él era el general, y que se llamaba Pero Menéndez, y que la armada era del Rey de España, que le enviaba a degollar y ahorcar todos los luteranos que estuviesen en aquella tierra y mar, y así traía las instrucción y mando de su rey, siendo de día la cumpliría, sacando aquellos que fuesen católicos, que a ésos harían buen tratamiento. Riéronse muchos diciendo palabras deshonestas, no pudiéndolo sufrir, manda tocar al arma y envestir con ellos; vuelven las espaldas y acógense la mar adelante; va en su seguimiento, y como estaba en movimiento de ellos, siguió la vuelta del norte con su nao y el patache a los dos galeones, siguió los otros dos con los tres navíos la vuelta del sur. El Adelantado con el patache envió avisar a su almirante que al alba revolviese sobre el puerto, que él haría lo mismo, para ver si le podrían ganar; y si no que se irían a desembarcar al puerto de San Agustín; siguieron las naos hasta el alba, a las diez volvieron sobre el puerto, y entrando en él vieron dos banderas de infantería a la punta de la barra, y tiraban piezas de artillería; dentro estaban cinco navíos surtos, pareciéndole al Adelantado que ponerse a ganar el puerto era ofrecerse a peligro de perderse, porque entre tanto que él estaba peleando con los navíos, volverían los galeones y darían sobre ellos, volvióse a San Agustín.

Capítulo XVI: De lo que hizo allegado a San Agustín.

Allegó el Adelantado a su puerto aquel mismo día víspera de Nuestra Señora de septiembre; desembarcando envió trescientos soldados a reconocer la tierra y viesen donde se haría una trinchera hasta que se determinasen donde asentarían un fuerte; el otro día siguiente, cerca de medio día, desembarcó, estándole aguardando muchos indios que de ellos tenían noticia por los otros que primero le huyeron y hablaron.

Oyendo misa solemne de Nuestra Señora, tomó la posesión por su majestad, juramentó a los oficiales de la Real hacienda y al Maestro de Campo y capitanes que todos sirvieran al católico Rey nuestro con toda fidelidad y lealtad que se debía a tal señor. Vio el sitio que se tomó para la trinchera; en tres días hace sacar todo lo que estaba en las naos, y en las dos de ellas había de enviar a la Española, que eran las más grandes, porque por su grandeza no podían entrar en el puerto, y quedando fuera, la armada luterana las tomaría.

Conjeturando lo que después aconteció, hizo con más diligencia posible descargar las naos; fue tanta, que estando surtas legua y media del desembarcadero en dos días y medio las desembarcó de artillería, gente, municiones y gran parte del bastimento; a la misma noche hace que den a la vela las dos naos la vuelta de la Española, donde el capitán Juan del Busto y el maestro Sancho de la Bimera llevaban en ellas 25 luteranos que por aviso de los inquisidores del santo oficio de Sevilla sabía que iban en su armada. Y haciendo información los había preso y enviado a Santo Domingo o a Puerto Rico para que de allí los enviasen a Sevilla. Ellos se dieron tal maña que mataron al capitán y al maestro con todos los demás católicos yendo la vuelta de su tierra, dieron al través, habiendo pasado a vista de España, Francia y Flandes en la costa de Dinamarca con una gran tormenta; y allí dejaron la galeaza del Adelantado, que era el uno de los dos navíos que enviaba a la Española de porte de mil toneles.

Volviendo el Adelantado de despedir estas naos, habiendo metido de la galeaza y navío que enviaba a la Española en una chalupa de cien toneladas ciento cincuenta soldados, y acabándose de meter en un batel grande y despedirse de los que iban a la Española, vino a surgir sobre la barra de San Agustín; y al amanecer, lo que él ya había sospechado, un cuarto de legua vio la armada contraria donde iría Juan Ribao con doscientos soldados que había metido en los cuatro galeones que habían huido del Adelantado sobre lo de San Mateo; los nuestros, para no perderse, habían de entrar en su puerto. Esto no podían hacer por ser baja la mar y por andar desazogada,[443] por donde era cosa peligrosa entrar la barra; veían junto los enemigos, no podían dejar de pelear con ellos, y ya que viniesen a las manos, el Adelantado no era poderoso para dañarlos con sus navíos y gente, por los que habían enviado a la Española y dejado en el puerto; los que traían sus dos bateles eran pocos. Estaba en dos peligros, de no poder pasar a su fuerte, peleando, claramente ser vencido y desbaratado; ya los luteranos venían dándoles caza. Encomendándose a Dios, manda a largar la barra con que estaban surtos el batel en que él estaba y la chalupa

[443] desazogar 'quitar (se) el azogue de una cosa' (Moliner).

donde venían los ciento cincuenta soldados, y embiste por encima de los bajíos de la barra, con tal peligro cual era ir sobre tan poco agua. Con la ayuda de Nuestro Señor dio dentro en salvo, donde los enemigos por la grandeza de sus navíos no podían entrar; los luteranos quedáronse fuera aguardando que fuese plena mar y hubiese flujo para con ella dar dentro y abordar con los nuestros. En este tiempo los navíos que el Adelantado había enviado a la Española, estarían cinco o seis leguas de allí, de esta manera se salvaron sin ser descubiertos; de ahí a dos horas que los luteranos estaban aguardando para dar dentro de la barra, estando el tiempo muy sereno y claro, súbitamente se alteró la mar, en tal manera, que con un norte muy recio y contrario se ausentó de allí la armada luterana y dio con ella sesenta leguas de allí, en cabo Cañaveral, donde después de doce días los navíos se hicieron pedazos y se salvó la gente.

Capítulo XVII: Cómo el Adelantado determina de ir por tierra a buscar el fuerte de los luteranos.

Estaban los cristianos en misa del Espíritu Santo cuando comenzó aquella brava tempestad con que la armada contraria se había desbaratado; y conociendo el Adelantado que con aquel género de tempestad y borrasca los enemigos o se habían de perder o no volver en muchos días a su fuerte, acabada la misa entra en consejo con sus capitanes.

Este fue el primer acuerdo que hubo en la tierra de la Florida; estando todos juntos háblales de esta manera: Señores y hermanos míos, ya veis la carga tan grande, trabajosa y peligrosa que a cuestas traemos, que es la obligación que tenemos en esta empresa que tomamos por nuestro Dios y nuestro Rey, las cuales dos personas, trayéndolas nosotros delante, no puede haber cansancio ni cobardía en nuestros corazones, porque tenemos la paga y premio de nuestros trabajos no solamente en la tierra sino en el cielo. El hombre cristiano que esto considerare no es posible falten fuerzas, coraje y bravosidad para cometer cualquier peligro y sufrir toda aspereza, que los casos adversos de esta empresa Florida que hemos comprendido nos ofrecieren; a los cobardes en los semejantes trances la hambre, sed, cansancio y el morir se les pone delante, y teniendo en poco la honra, el miedo y acuerdo de estas cosas les hace deslustrar[444] a sí y a sus descendientes; imagine este tal que si no muere como valiente debajo de la bandera de su Rey y en defensa de su Fe, saliendo con gran triunfo de esta vida, de ahí a poco a de morir sin honra, sin loa y sin fama; todo es pocos años más a menos de vida; no se os ponga delante el poco bastimento que tenemos y que nos hemos de quedar aislados en esta tierra; lo que la fuerza y necesidad nos ha de constreñir a pasar tristemente, templémoslo y moderémoslo con ánimo, esfuerzo y buen corazón, que es el que quebranta cualquier mala ventura; conociendo esto diré lo que siento y entiendo que a de ser nuestro remedio.

Todos con gran ánimo y esfuerzo dijeron que dijese y mandase lo que quisiese, que estaban aparejados de acometer cualquier hecho por áspero y dificultoso que le pareciese. El Adelantado les dijo que bien entendía que de donde había persona tan de lustre y hombres tan valientes y valerosos no podía salir sino semejante repuesta; declárales que se le representaba una empresa llena de gloria y nombrada fama. El efecto y cometimiento de ella se dejaba y lo ponía en su parecer y determinación; que les diría su intención y las razones que a ello le guiaban. Entendiendo ser aquella una conjetura y ocasión valerosa y de gran precio y merecimiento para con Dios, con su rey, lo que yo considero y he revuelto en mi entendimiento, es que pues a cuatro días que la armada luterana les huyó ahora nos viene a buscar, esto no puede porvenir con la gente que huyó de nosotros, sino que se ha fortificado de gente. Esta no puede ser sino la que tenía Ribao en guarnición y defensa del fuerte, y la razón lo requiere que a de ser de la mejor y más valiente que en él había, y que se tomaron para esta empresa los más excelentes capitanes que estaban en el fuerte; y así no hay duda sino que la gente queda en guarniciones es la más vil y más cobarde y de menos tomó y para menos.

En este tiempo y sazón podríamos marchar a su fuerte, y fácilmente ser señores de él y por el conseguimiento del puerto, de esta manera alcanzamos la intención con que venimos, y efectuamos el deseo y mandado de nuestro Rey, que es echar de esta tierra a estos luteranos. A lo que se me podrá poner delante que volverán a las naos en socorro de los suyos; a esto impide el

[444] deslustrar 'desprestigiar a alguien' (Moliner).

viento, lo quieren contrario para volver a su puerto y fuerte. El semblante y ceño[445] del cielo está de manera que este viento durará muchos días; y de este arte no es fácil la vuelta, puesto caso que no se pierdan con esta tempestad, lo cual tengo por más cierto; pues que estos son luteranos enemigos de nuestra Santa Fe católica que quieren tiranizar y usurpar las tierras que de derecho son del católico Rey nuestro, hagámosles la guerra a fuego y sangre. Tenemos quinientos soldados, las dos parte de arcabuceros y la una de piqueros, y cada uno lleva en sus mochilas ración para ocho días; no llevemos mozos, cada uno se lleva sus armas, y que los diez capitanes con cada cincuenta soldados y sus banderas y oficiales vamos a reconocer la tierra, camino y fuerte donde están los luteranos; puesto caso que se nos ponga delante que no sabemos el camino ni tenemos guía, yo por una aguja, dos leguas más a menos a una mano o a otra, sabré guiar el ejército; los bosques que toparemos, con hachas los abriremos para poder caminar y volver por ellos. Allende de esto yo traigo conmigo un francés que ha estado en aquel fuerte más de un año, que por espacio de dos leguas conoce toda la tierra a la redonda y dará con nosotros en el fuerte; si fuéremos descubiertos junto al bosque, que está a un cuarto de legua, enarbolaremos a orilla de él las diez banderas por sus cuarteles, conque parecerá que somos dos mil hombres; enviarémosles un trompeta que les diga que nos dejen el fuerte y puerto y se vayan de aquella tierra dándoles navíos y bastimentos con que aporten a Francia. Cuando en este concierto no vengan, habremos ganado haber reconocido el fuerte, camino y tierra, y temernos han de manera que este invierno nos dejarán sosegar hasta marzo, que tendremos socorro y todo recaudo para irlos a buscar por mar y por tierra.

A esta plática hubo muchos pareceres, los más vinieron en que era buena determinación y consejo; y así el Adelantado mandó que de ahí a tres días, en amaneciendo, todos estuviesen a punto para poner en efecto lo que se había determinado.

Capítulo XVIII: Cómo el Adelantado caminó para el fuerte de los enemigos.

---

[445] ceño 'aspecto de algo como el cielo, el tiempo o un asunto, cuando es amenazador o malo: no me gusta hoy el ceño del mar' (Moliner).

De ahí a tres días, cumplido el mandato del Adelantado, habiendo oído misa, manda al Maestro de Campo y al capitán y sargento mayor, Gonzalo de Villarroel, que luego entendiesen en repartir la gente que había de ir con él, proveyéndole bastantemente de bastimento, pólvora, mecha y plomo. Y deja a Bartolomé Menéndez, su hermano, por guarda en el fuerte de San Agustín con la artillería, armas, municiones y bastimentos para si la armada luterana volviese sobre ellos hubiese capitán que defendiese el fuerte. Dejó a Diego Flores de Valdés por capitán de la artillería y de los otros tres navíos que quedaron allí de armada, encargándoles que ejercitasen a los soldados para que estuviesen diestros, y diesen prisa en fortificar el fuerte que dejaba comenzado. Otro día siguiente de mañana supo el Adelantado que se murmuraba de aquella jornada y determinación suya; tan públicamente trataban de ello, que justificaban su consejo con razones que les parecían a ellos bastantes; y viose claramente el daño que hizo este murmurar, porque los soldados que el día siguiente se andaban aderezando la partida con gran contento, andaban desganados y descaídos,[446] y así acudieron a decirle que mudase el consejo.

Entendido esto por el Adelantado, manda después de comer a ayuntar los capitanes, alférez y otros caballeros y soldados que habían de ir en la jornada; y acabando de comer, hízoles este razonamiento: hermanos y señores míos, siempre fue estilo y costumbre muy guardada entre buenos capitanes, las determinaciones, consejos y designios que en los negocios militares toman y tienen guardan muy gran secreto, y condenan por dino[447] de reprensión y gran castigo al que tal consejo descubre. En esta pena haber incurrido muchos de los que se están aquí. En aquesto[448] se podrá ver, pues que no hay hombre ni mujer que no sabe ya nuestra partida; y aún lo que es peor, que han venido en disputa si es buena nuestra provisión o no; los que esto han causado, serían dignos de gran culpa, véanlo y ellos mismos se condenen y sean los jueces; no quiero más de pedir por merced que en lo venidero se enmiende este aviso con el gran secreto que se

[446] Por decaídos.
[447] Dino por digno.
[448] Aquesto por esto.

tenga en lo que de aquí adelante comenzaremos, porque impedimento mayor no puede haber para cualquier buen suceso, que nuestro consejo sea descubierto, tengo por tanto de momento el callar las cosas de la guerra, que el mal consejo, siendo secreto, alcanza felicísimo acontecimiento, y en buenos, siendo descubierto y sabido, tiene malos sucesos; si pareciere que es mejor mudar el consejo, dándome razones concluyentes, yo lo haré de buena gana.

Respondieron que prosiguiese en lo comenzado, amenazó al capitán que salido de allí, más sobre la jornada hablase, prometiendo que le castigaría por livianamente que sobre aquello hablase, y quitándole la compañía y privándole de estar en consejo de guerra; y así mandó que cada uno se fuese a proveer lo necesario para marchar; salen en buena ordenanza.

Escoge el Adelantado veinte soldados vizcaínos y asturianos con sus hachas y un capitán vizcaíno con ellos, que decían Martín de Ochoa; y con dos indios que allí se hallaron, que decían haber seis días que habían estado en el puerto de los luteranos, con estos iba adelante cortando árboles y haciendo en ellos caminos para que supiesen los soldados por donde habían de ir y volver; dejó mandado al maestro de campo y sargento mayor que marchasen con buena orden, porque tenían a los indios de aquella tierra, que siendo amigos de los luteranos, no se desembocasen, y recibiesen algún daño.

Daba gran pena a los soldados, allende del cansancio del camino y trabajo de llevar armas y bastimentos a cuestas, las perpetuas y continuas lluvias y tempestuosos aguaceros que cayendo sobre ellos les echaba a perder el mantenimiento, la cuerda y pólvora mojándosela y echándoles la ropa y el cuerpo en agua; no solamente llevaban esta molestia con el agua del cielo, sino por los charcos y cieno[449] por la tierra. Y allende de esto, como no llevaban barcos, pasaron nadando de ahí al fuerte de San Agustín se les ofreció un río que no atreviéndolo a pasar, el Adelantado, para convidar y enseñar como buen capitán a los soldados demás como habían de hacer, con una pica en la mano, el primero que ninguno lo pasó nadando; luego le siguieron los demás, porque tuvieron como buenos soldados por caso de menos

---

[449] cieno 'mezcla de tierra y agua, a veces con restos orgánicos, que se forma en el terreno' (Moliner).

valer de hacer aquello que su capitán, vestido y armado, hizo. Iba mirando y oteando[450] donde los alojaría de noche, porque era tanta el agua, que la más de la tierra por donde iban estaba hecha una mar. Más en las partes que podían hacían lumbres, y alrededor de ellas pasaban su trabajo. Esto hicieron las dos noches, porque en la postrera, por estar cerca del fuerte, no osaron encender ni hacer hogueras por no ser descubiertos.

Capítulo XIX: De la toma de San Mateo, fuerte de los luteranos.

Al cuarto día, a puesta del sol, por unos pinares a cuarto de legua del fuerte donde alojó aquella noche, volviendo a recoger los que venían en la retaguardia, que como la noche era tempestuosa y la tierra por donde marchaban cenagosa, eran más de las diez cuando acabaron de llegar. Como en estos días hubo muchas aguas y se pasaron muchas ciénagas y pantanos y ríos, y traían las armas y las mochilas con la comida a cuestas, llegó la gente muy cansada y quebrantada; y con la gran agua que aquella noche cayó, no se salvó pólvora ni cuerda ni bizcocho; todo cuanto tenían en su cuerpo estaba bañado en agua. Comenzaron a murmurar en tal manera los soldados, quc algunos se descomidieron[451] con palabras desmandadas,[452] que el Adelantado como buen capitán las disimulaba. Dos horas antes que amaneciese mandó a cuatro soldados criados suyos que le llamasen al Maestro de Campo y capitanes; preguntados que se había de hacer conforme al tiempo en que estaban, sin munición ni comida, y la gente cansada, perdida y desmayada, algunos hubo que dijeron y saliendo el día se retirasen y volviesen a San Agustín, comiendo palmitos; que tomar otro consejo era temeridad. Habiéndoles rogado el Adelantado que le escuchasen, preguntóles si entendían que estaban cerca del fuerte de los contrarios, dijéronle que sí; díceles pues: soy de parecer que proveemos nuestra ventura como está acordado, no tenemos que temer, porque cuando el fuerte no ganemos, no hemos

[450] otear 'registrar desde los lugares altos y elevados sobre las tierras lo que está debajo' (Autoridades).
[451] descomedirse 'faltar al respeto, ofender o insultar a alguien; insolentarse' (Moliner).
[452] desmandar 'propasarse' (Moliner).

de pensar que teniendo a orillas del bosque tendidas diez banderas, y hecho alto por nuestros cuarteles, que han de venir a buscarnos ni osar salir de su fuerte. Y para aquesto poca falta nos hace la pólvora y cuerda que están mojadas, y si siendo descubiertos nos retiraremos, ya que los enemigos no vengan sobre nosotros, cobrarán ánimo y nos tendrán por cobardes, y en poco éste les será a ello el principio de su victoria; resolviéronse todos en aquel parecer y determinación que traían; hacen muchas escalas de la madera que estaba harta en el bosque, y pónense en orden, teniendo cada capitán señalada la parte por donde habían de acometer al fuerte. Iba el Adelantado delante llevando el francés por guía, atadas las manos atrás; era una hora antes del día, la oscuridad, viento y tempestad era tanta, que erraron el camino por ser una senda muy angosta, y pensando iban adelante volvían atrás; y pareciéndole que la retaguardia podría marchar diferentemente que la vanguardia, mandó hacer alto y que ninguna se menease de donde estaban, porque unos de otros no se perdiesen. Muchos quedaron en unas ciénagas que les daba el agua a las rodillas, uno de ellos fue el Adelantado.

Amaneciendo, el francés reconoció por donde había de ir; el Adelantado, no aguardando hombre, marcha a paso tendido, mandando, so pena de la vida, que todos le siguiesen, porque le pareció que ya no era tiempo de tomar consejo, porque unos capitanes estaban muy apartados de otros; el francés, llegando a un repecho, le dijo que allí detrás en lo bajo estaba el fuerte, tan cerca del río que el agua batía en él, y que estaría como a tres tiros de arcabuz. El Adelantado sube en lo alto de aquel altozano[453] de tierra, y descubrió el río; viendo las casas y no el fuerte, que estaba junto a ellas, dice al maestro de campo y al capitán Ochoa, volviéndose a su ejército, que con seis soldados quería bajar a ver si podría tomar la centinela del fuerte para tener lengua, que gente tenía y que tal era la fortaleza, porque sin pólvora, siendo el día claro, no podían arremeter al fuerte. El Maestro de Campo, diciendo que aquel oficio era suyo, que se quedase, toma consigo al capitán Ochoa sin otra compañía por no ser descubiertos; llegan cerca de las casas, descubren el fuerte y vuélvense con la nueva

---

[453] altozano 'elevación de poca extensión y altura sobre el terreno llano; monte' (Moliner).

por otra senda; estando diciendo el Maestro de Campo al capitán Martín Ochoa que iban errados, de la centinela con ellos, pensando que eran de los suyos, allegóse a reconocerlos, y viendo que no eran, díceles qué, el capitán Ochoa respondió, francamente yo soy; entendiendo la centinela que eran de su parte, allegóse a ellos y lo mismo hizo el capitán. Allegado a ellos la centinela y desconociéndolos, repara,[454] cierra[455] con el capitán y con vaina y todo le da una cuchillada por la cara. Acude el Maestro de Campo y dale una estacada, da gritos, y atraviésale el capitán con otra estocada, y vuelven donde estaba la gente, que venía con gran ímpetu a más andar y sin orden a dar en el fuerte, porque el Adelantado, oyendo los gritos de la centinela, creyó que mataban al Maestro de Campo, y a grandes voces dice, Santiago y a ellos, que el fuerte es tomado por el Maestro de Campo y el capitán Ochoa. Arremetieron todos tomando el Maestro de Campo la delantera, diciendo, hermanos haced como yo que Dios es con nosotros. Encuentran dos luteranos, mata al uno, y el capitán Andrés Patiño, el otro; llegando junto al fuerte, a las voces que la gente del arrabal[456] dio cuando vieron matar a sus soldados, abrieron el postigo de la puerta principal, y el Maestro de Campo cierra con el que la abría, y mátalo, métese dentro con los que le siguieron, y hallaron muchos luteranos que salían de las casas en camisa y otros vestidos a reconocer lo que era. Muertos éstos por los nuestros, otros retirándose, otros echándose por la muralla, entraron dos banderas, la una del sargento mayor, que arboló en un caballero, su alférez Rodrigo Troche, en otro caballero enarboló otra bandera Xoval de Herrera, vecino del puerto de Santa María, alférez del capitán Diego de Maya, fueron puestas tan a la par que no se pudo averiguar cual fue la primera. Las trompetas que entraron juntamente con estas dos banderas, se pusieron cabo ellas tocando victoria, desmayaron los luteranos. Acudió todo el golpe del campo que venía marchando. Entró por la puerta que le abrieron; da en los cuarteles de los luteranos sin dejar ninguno con vida. Andaba dando voces el Adelantado que so pena de la vida ninguno matase mujer ni muchacho de quince años abajo; y ansí se

[454] repara 'detenerse' (Moliner).

[455] cerrar 'atacar' (Moliner).

[456] arrabal 'es el barrio que está fuera de los muros de la ciudad' (Covarrubias).

escaparon sesenta personas; todo los demás murieron; cincuenta o sesenta se salvaron, que echados de la muralla se metieron al bosque de donde el Adelantado había salido; y entre éstos fue el general Jaques de Lodonier; murieron de los luteranos cuatrocientas personas, murieron ninguno de los nuestros.

Capítulo XX: De lo que hizo el Adelantado ganado el fuerte.

Alcanzada esta victoria tan deseada, el Adelantado sale del fuerte; iba a unas casas que estaban junto a la muralla, donde llegaba el capitán con el francés que por guía había traído. Este señaló una casa grande que llamaron, según él decía, la granja. Estaba llena de rescates, paños, lienzos y otras municiones; dejando allí seis hombres de guarda para que después se repartiese todo entre los soldados, como después se hizo, se fue después a la marina donde estaban tres naos amarradas y muy bien proveídas de artillería; llama un trompeta, hace que toque de paz poniendo un paño blanco por bandera, envíales a decir que vengan a tierra con el batel; y no queriendo venir acude al puerto y mandado poner en orden cuatro piezas de artillería de bronce, y envía el francés a decirles que tomen una nao de aquellas y el bastimento que hubiere menester para ir a Francia, y que lleve consigo las sesenta personas que había salvado con tal que no llevasen artillería ni municiones; y que les daría pasaporte y salvo conducto para que no recibiesen mal tratamiento donde llegasen.

El francés vuelve diciendo que el mandador principal de aquella nao era Jaques Ribao, hijo mayor de Juan Ribao, que decía ser virrey y capitán de aquella tierra por el rey de Francia; esto decía él por estimarse más y autorizarse diciendo que venía con autoridad del rey de Francia, de su padre a traer bastimento y artillería en aquellas naos, y que si el Adelantado pensaba darle guerra, que él se la daría; hácele asestar una pieza de artillería, dale fuego el capitán Diego de Maya, y acertándole en la lumbre del agua, da con ella a fondo. Escapándose en un batel los de adentro, viniéronse a las otras naos, que apartándose de donde la artillería le hiciese daño, surgieron; en todo este tiempo no cesó agua y gran tempestad; manda alojar a los soldados y darles camisas y vestidos de los que estaban en la casa de la granja, y que les diesen buenas raciones de pan, vino, manteca y tocino. Mandó a los capitanes que a las cuatro de la tarde viniesen a su aposento; halló dentro del fuerte seis cofres buenos llenos de libros muy bien encuadernados y dorados, todos de su mala secta; no decían misa. Cada día predicaban su herejía luterana; ni tenían imagen ni cruz, ni se halló en todo el fuerte. Manda quemar los libros y poner dos cruces en el fuerte, señala el lugar para una iglesia nombrada de San Mateo donde se dijese misa; venida la tarde y allegados los capitanes, les dicen cuanta razón tienen de dar gracia a nuestro señor por la victoria habida, y que es necesario proveer aquella plaza de artillería armas y municiones, porque volviendo la armada luterana halle en ella defensa; y se proveyese el fuerte de San Agustín como los enemigos no le pudiesen dañar.

Hace reseña de la gente que tenía, y no halló sino cuatrocientos, porque los demás quedaron cansados y otros se habían vuelto a San Agustín; determina luego el día siguiente de volverse, temiendo que la armada luterana diese en su fuerte, elige por alcalde de aquel puerto y gobernador de aquel distrito al capitán Gonzalo de Villarroel, que era sargento mayor, muy buen soldado, de gobierno y de toda confianza. Entrególe el fuerte y tómale el juramento acostumbrado, y púsole nombre el fuerte de San Mateo, por ser el día que se ganó, de San Mateo; déjale en guarnición trescientos soldados. Nombró a Rodrigo Montes por tenedor de bastimentos, dándole instrucción como había de partir las raciones; manda quitar los escudos que habían puesto los luteranos, y poner uno con las armas de su majestad; queriéndose volver, no había hombre que le quisiese acompañar, porque no era posible caminar, porque con la mucha agua había grandes ciénagas, pantanos, ríos y arroyos crecidos. Y allende de esto, estaban maltratados y fatigados ansí del cansancio de la jornada pasada como del mal tratamiento que les hizo el tiempo en ella con agua y viento continuo y malas noches que pasaron sin dormir ni tener en que acostarse, sino sobre agua y cieno y barro; después, sobre esto, recrecérsele[457] el pelear con los contrarios.

El Adelantado, considerando que tenían razón y el gran peligro que corría por horas el tardarse, temiendo que los luteranos habían de dar en San Agustín, recorre las estancias y alojamientos de los soldados, busca los menos cansados y más conocidos, y halló hasta treinta y cinco que quisiesen ir con él; y pártese otro día

---

[457] recrecer 'acrecentar' (Moliner).

por la mañana, mandando primero al Maestro de Campo que con cincuenta soldados vaya a buscar los sesenta luteranos que se descolgaron de la muralla; dellos se habían ido a la costa para meterse en las dos naos que estaban surtas una legua de allí esperándoles; dellos se metieron al monte. Estos eran 20 y murieron todos a arcabuzazos; treinta se habían embarcado, y entre ellos el general Lodonier; otros diez se habían acogido a los caciques; a éstos rescató después el Adelantado y los envió a Francia. El Maestro de Campo y el capitán Martín Ochoa y Diego de Maya se volvieron aquel día, hacia la noche con la gente que habían llevado, no hallando más luteranos.

Capítulo XXI: De la partida del Adelantado después de haber tomado el fuerte de San Mateo.

En oyendo misa y habiendo dicho como se fortificasen, partióse con Francisco de Castañeda, capitán de su guardia, con los 35 soldados, dejando al Maestro de Campo en aquel fuerte y mandando a tres capitanes, Alvarado y Medrano y Patiño, con el cumplimiento de los cien soldados se partiesen a San Agustín luego que estuviesen buenos y dispuestos para caminar, sin que alargasen ni perdiesen más tiempo. Y así lo hicieron dentro de ocho días; métese el Adelantado en el camino donde era el trabajo muy a la vista y el peligro muy manifiesto por estar la tierra tan empapada en agua y el cielo tan encapotado con nubes y gran lluvia, y no saber bien el camino ni entender si los luteranos hubiesen desembarcado; y ya que el día llevasen trabajoso sufriendo frío, agua, cansancio, llevando las armas y mantenimiento a cuestas, las noches no las habían de tener en hostalerías, tambos,[458] ni mesones, sino que ni aun había alguna poca de la tierra seca donde descansasen los cuerpos.

El día que salió de San Mateo, habiendo marchado dos leguas, casi a las dos del mismo día, entró en un monte por donde había venido, y a media legua dél halló tanta agua que todo él estaba hecho una mar, y pensando que se acabaría y quedarían en tierra más alta y enjuta, diose prisa a andar. Una legua adelante aconteció al revés, porque mientras más se metía por el monte más

---

[458] tambo 'posada' (Corominas). Hay que señalar que este quichuismo aparece ya en Oviedo (1550) y en Gómara (1552).

era el agua y más se entendía y más en hondo se entraban. No pudiendo pasar adelante, determina volver atrás, halló que los arroyos iban creciendo y el agua del monte aumentándose. Con esto hierra[459] el camino; no entendiendo si iba atrás o adelante, quiso volver a algún lugar donde hiciese alto y fuego para descansar aquella noche, no se pudo hallar un remo. Sólo quedaba que era subirse en los árboles, mas eran tan altos y derechos que no era posible hombre subir a ellos, viendo él y sus soldados perdidos que era necesario aquella noche dormir el pie en el agua y perecer de ello, revolviendo en su entendimiento y buscando remo para cosa tan desesperada, manda buscar un soldado, el más suelto que entre los suyos llevaba, y hace que le ayuden a subir en un árbol, el más alto que halló, y díjole que mirase de allí si parecía descubrir algún raso[460] o parte de tierra enjuta. Subido arriba dijo que cuanto había era agua y que ningún género de tierra enjuta, habiéndole dicho que considerase por donde iba el sol, responde que era tan grande el nublado y ceño que tenía el cielo, que encubría el cuerpo del sol; mándale que se esté quedo, imaginando que algún rato aclararía y podría ver el sol, porque parte caya,[461] por sacar de allí el punto del ponerse y entender donde había de guiar su camino.

Y hacia la tarde fue nuestro señor servido que aclaró un poco, y el soldado señaló la parte donde el sol se iba a poner. Entonces el Adelantado reconoció por donde había de salir del monte. Cortando pinos en las partes hondas vino a salir a un río estrecho, más muy hondo que había pasado a la venida de San Agustín, aunque no por aquel lugar; viéndose sin barco ni cosa con que pasar, con cinco hachas que había hecho traer en la compañía, hace cortar por el pie de los árboles que estaban más a la orilla y ribera del río; hízolos cortar con tal industria que venían a caer atravesados como puentes de la otra parte del río, después de pasados, todavía se continuaba el agua, que no parecía sino que la mar había entrado por toda aquella tierra. Manda al mismo soldado que torne a subir en otro árbol y mire si ve alguna parte seca o sin agua, señaló a una parte que estaba descubierta, y dieron en la

---

[459] hierra por errar.

[460] raso 'se aplica, particularmente en femenino, a un terreno llano y despejado; particularmente, alto o situado en un monte' (Moliner).

[461] Caya por caía.

senda que habían traído cuando iban a San Mateo; fueron a alojar a una parte de tierra enjuta, donde haciendo grandes fuegos, enjugaron[462] lo que llevaban vestido, que iba todo empapado y bañado en agua. Porque no les faltase más trabajo y fatiga comienza a llover muy desatinadamente toda aquella noche, siendo claro tornan a marchar, y con aquel mismo tenor de tempestad camina los otros días hasta llegar a San Agustín.

Capítulo XXII: Cómo el Adelantado llegó al fuerte de San Agustín y se vio con los luteranos.

Un capitán de los que habían quedado en el fuerte de San Agustín, había echado entre los soldados bando[463] que ninguno de los que iban con el Adelantado había de volver, porque tenía entendido que a todos los habían de degollar. Esta fama confirmaron los cien soldados que de cansados y poco a ánimo se habían vuelto; dijeron la poca comida que llevaban, y que mojados iban, y que no tenían pólvora ni cuerda, que el agua lo había estragado todo. Con esto estaban todos los del fuerte desconfiados de pensar que el Adelantado había de volver; y así andaban tristes y muy desconsolados. El soldado que había subido en los árboles, suplicó al Adelantado una legua antes que llegasen al fuerte que le diese licencia que se adelantase para dar en el fuerte nuevas tan gozosas y regocijadas; no había hombre que le creyese, porque los tenían por perdidos, y refiriendo el buen suceso y buena andanza de lo que habían hecho, no le daban crédito ni podían creer que el Adelantado volvía, por el mal tiempo que hacía. Viendo venir salen todos los clérigos con sus cruces y con todas las personas de mar y guerra mujeres y niños, cantando el *tedeum laudamus*. Con aqueste triunfo le metieron en la trinchera, lugar de San Agustín, donde particularmente contó la merced que nuestro señor le había hecho; provee luego que se armen dos navíos, porque fuesen a tomar los de los luteranos que quedaban a San Mateo; vínole nueva que ya habían salido de la barra, entonces envió uno con artillería, pólvora y munición para que la plantasen en el fuerte y que estuviesen con toda buena defensa.

---

[462] enjugar 'quitar a una cosa la humedad o el agua que tiene por encima' (Moliner).

[463] bando 'edicto solemne, orden' (Corominas).

Ocupábase todo el tiempo en fortificar San Agustín, porque aguardaba la armada luterana que viniese a sitiarle; otro día siguiente llegaron los indios, que por señas dijeron que cuatro leguas de allí estaban muchos cristianos que no podían pasar un brazo de mar, aunque estrecho, porque era un río que está dentro de una barra, y habiendo de pasar a San Agustín, forzosamente habían de atravesarla.

El Adelantado mandó al capitán Diego Flores que tome 40 soldados para ir a descubrir y ver qué gente era aquella, avisándole que se fuese por un bosque y monte cerrado de matas; guiándole unos indios, marchó hasta las dos horas de noche; e hizo alto una legua antes de alojamiento de los luteranos, y envía solo al alférez Pedro de Cornas a reconocer a los enemigos.

Había quedado el Adelantado a aderezar y poner en orden el fuerte; dejando en este cargo a su hermano Bartolomé Menéndez, se partió con 20 soldados hacia donde estaban los suyos, adonde llegó a la media noche; había ya venido el alférez, dijo que vio fuegos y bultos de gente, y que le parecía que estaban una legua de la otra parte del río; manda el Adelantado marchar, y allegó al brazo de mar después de media noche, donde hizo alto. A la mañana, dejando a sus soldados emboscados, subió en un árbol y desde allí descubrió la mucha gente que andaba de la otra parte del río; vio dos banderas y allegóse más cerca, tanto que no los podía contar; hizo aquesto, porque pensasen que teniendo tal ánimo y no dándoseles nada por ellos, que la gente que traía era mucha. En siendo descubierto de los enemigos, un luterano pasó a nado a los nuestros. Estaba el Adelantado en hábito francés, con una esclavina[464] y una jineta[465] en la mano, sólo con un francés, apartado de su gente hacía la ribera del río. Conoció el francés del Adelantado al luterano que venía nadando; vuelto a él le dice: éste que viene aquí me habéis de hacer merced porque es hermano de mi mujer y es católico. Pasado, desconociendo al Adelantado, se esquivó y extrañó de su cuñado hasta que le dijo que no tuviese miedo, que no moriría él. Entonces se echó a los pies y dice al Adelantado que la gente que allí estaba eran todos franceses, que

---

[464] esclavina 'prenda de vestir de forma de capa pequeña' (Moliner).

[465] jineta 'lanza corta con el hierro dorado y una borla, antiguamente insignia de los capitanes de infantería' (Moliner).

se habían perdido con tormenta y dando con proas en tierra, se habían escapado; y que eran seiscientos y capitanes había veinte de Juan Ribao, virrey y capitán de aquella tierra por el Rey de Francia. Ansí respondían éstos para autorizar su mala determinación, siendo esto falso, porque el Rey de Francia en estos tiempos era amigo y pariente del poderosísimo Rey nuestro Don Felipe que estaba casado con la esclarecida y católica Doña Isabel, Reina nuestra. Dijo que todos eran luteranos de la nueva religión, que así llamaban a su diabólica y perversa secta y herejía. Preguntado a que le habían enviado, respondió que parar ver la gente que era; preguntado si quería volver, dijo que no, si no quedarse con él; éste hablaba muy claro, porque era gascón de San Juan de Luz; díjole que se volviese y que dijese este recaudo al capitán Juan Ribao, que él era Adelantado y capitán general de aquella tierra, y que se llamaba Pedro Menéndez, y estaba allí con algunos soldados a reconocer que gente era; e ido vuelve luego diciendo que diesen seguro a su capitán y a otros cuatro gentiles hombres para que pasasen, que querían verse con él y que les prestase un batel que estaba de esta parte del río, que había llegado entonces por el río con bastimentos. Dado seguro, el Adelantado los recibió muy bien con diez personas; los demás mandó que estuviesen un poco apartados entre unas matas para que se pudiesen descubrir de manera que pareciesen muchos. El uno de éstos dijo que era capitán de aquella gente, y que con tormentas se habían perdido cuatro galeones y otras chalupas en torno de 20 leguas, una de otra; que ellos eran la gente de una nao, que les favoreciese para pasar aquel brazo de mar, porque se querían ir a un fuerte que tenían veinte leguas de allí. Contóles el Adelantado como su fuerte estaba ganado y la gente degollada, si no fueron las mujeres y muchachos de quince años abajo; y para que lo creyesen hace a soldados que traigan allí muchas cosas de los despojos que habían tomado en el fuerte de San Mateo, y los franceses que no los mataron porque habían dicho que eran católicos.

Entonces el capitán le rogó que le hiciese merced de darle navíos y matalotaje con que se pudiesen volver a Francia. Respondióles que de buena gana lo hiciera si fueran católicos y si tuvieran navíos, porque los suyos había enviado, unos a San Mateo con artillería, otros que llevasen las mujeres y muchachos a Santo Domingo a buscar bastimentos, otro había de ir a su majestad con aviso de lo sucedido. Pide el capitán que les otorgue la vida y que estarían con él hasta que hubiese navíos para irse a Francia, pues que el rey de Francia y de España no tenían guerra y eran hermanos y amigos.

El Adelantado respondió que era verdad, que los católicos y amigos ellos favorecerían, entendiendo que en ello hacía servicio a entre ambos a dos reyes; más que por ser ellos luteranos los tenía por enemigos y les había de hacer guerra a fuego y a sangre, como el mismo Rey de Francia lo hacía, echándoles de su tierra, que con su mala secta le habían alterado. Y que esta guerra la haría con toda crueldad a los que hallase en aquella mar y tierra donde era virrey y capitán general, por el católico Rey Don Felipe que le había enviado a aquella región a plantar el Santo Evangelio, para que fuesen alumbrados los indios y viviesen en conocimiento de la santa fe católica de Jesús, por nuestro Señor, como lo dice y canta la Iglesia Romana. Que si ellos quisieran entregarle las banderas y armas, y ponerse a misericordia, lo podían hacer para que él haga lo que Dios le diere gracia, o determinen lo que quieren; que otras treguas ni amistades no habían de hacer con él; ansí no se pudo acabar con el Adelantado otra cosa. Partióse con esto para su gente a decirles lo que pasaba, y acordar lo que habían de hacer, que dentro de dos horas volvería con la respuesta.

Capítulo XXIII: Cómo los luteranos se entregaron al Adelantado, y cortó a todos las cabezas.

De ahí a dos horas volvió este capitán diciendo que entre ellos estaba mucha gente noble, que otorgando a todos la vida le darían cincuenta mil ducados de talla. Respondió que para un pobre soldado como él bastaba aquello, si en la fuerza de su pecho cupiera aquella franqueza y muestra de codicia; que cuando hubiese de ser franco y misericordioso, no había de hacerlo por ningún género de interés; y aunque fue muy importunado, no se pudo acabar con él otra cosa. Volvió con este recado el capitán a su gente, diciendo que volvería con lo que se determinase dentro de media hora; pasa en el batel las banderas hasta sesenta arcabuces y veinte pistoletes y cantidad de espadas y rodelas, con algunas celadas y petos, y dijo que aquellos compañeros se rendían a su misericordia, y entrégales las banderas y armas. Manda a veinte soldados entrar en el batel que pasasen a los luteranos de diez en diez; manda que los soldados no le hiciesen ningún tratamiento, dejando que fuesen por los otros luteranos que quedasen con el capitán; y con ocho soldados que se habían pasado con él, apartándose de la marina cuanto dos tiros de arcabuz, y poniéndose detrás de un montón de arena de donde la gente que venía en el batel no lo podía ver, les dijo: Señores, yo tengo poca gente, vosotros sois muchos, y andando sueltos será fácil cosa quererros acometer y satisfaceros de nosotros en recompensa de la gente que os degollamos en el fuerte. Por esta causa es menester que atadas las manos atrás, marchéis de aquí a cuatro leguas, donde yo tengo mi real; los luteranos no rehusando aquella determinación y consejo del Adelantado, consintieron que con las cuerdas de los arcabuces les atasen las manos; los que venían en el batel no veían a éstos hasta que daban sobre ellos; fue necesario usar de esta industria, porque los luteranos que no habían pasado, entendiéndolo que se hacía, no se escandalizasen y rehusasen venir. Ataron 208, preguntados si había entre ellos algunos católicos que quisiesen confesarse, halláronse ocho que metidos en un batel los hizo llevar a San Agustín, a los demás que dijeron ser luteranos, marcha con ellos después de haberles dado de comer y beber; manda a un capitán suyo que en llegando a un tiro de ballesta de allí hallaría una raya que había hecho en un arenal, por donde había de pasar, que los degollase todos; y mandó al que iba en la retaguardia que hiciese lo mismo; hecho así volvióse en amaneciendo al puerto.

Capítulo XXIV: De cómo hizo matar otros luteranos y al capitán Ribao con ellos.

Otro día siguiente vinieron los mismos indios que antes, y dijeron haber muchos más cristianos de la otra parte del río, donde se habían los otros alojado. El Adelantado entendió que aquél era Juan Ribao, el general de los luteranos; tomando sesenta soldados en dos bateles se fue donde estaban los enemigos, y por hacer más cuerpo de gente, hizo desembarcarla para que fuesen puestos en orden y esparcidos, la marina arriba, para que campeasen[466] mucho. Él y los marineros se fueron en los bateles hasta que los que iban por la tierra se vinieron a juntar con ellos; salta en tierra con los

[466] campear 'reconocer el campo en la guerra' (Moliner).

marineros, júntase con los soldados enfrente de los enemigos, los luteranos, viendo soldados de esta parte, despliegan un estandarte real y dos banderas de campaña tocando pífanos y tambores. Con buena orden representan la batalla al Adelantado que había mandado a su gente que se asentase y almorzase, no haciendo ninguna muestra de alteración; y paseábase con su almirante y dos capitanes, no dándose nada de la armada que habían dado. Cesan de tocar, y en la ordenanza como estaban, hicieron alto, y con un clarín que tomaron enarbolaron un pañizuelo blanco. El Adelantado hizo otro tanto, un francés, pasando en una canoa de indios, que vino por ella a nado, no quiso el Adelantado enviársela, porque le cogieron al que la llevaba; dándole rato de cuerda u otro género de tormento dijera la poca gente que tenía allí en el fuerte, y sabiendo esto, se rindieran como lo hicieron. Volvió el marinero con un gentil hombre, que dijo ser sargento mayor del capitán Ribao, diciendo que se había perdido él y su armada con tormenta; que con trescientos cincuenta soldados que tenía se iba a un fuerte veinte leguas de allí. Que le diese bateles para pasar el río, dijo el Adelantado quién era, y que no tenía fuerte, y que él se le había ganado y degollado todos los que halló y hartos, de los que habían venido de su armada perdidos, y mostróle los muertos. El sargento, con un excelente semblante, sin dar a entender que se había atemorizado por ver los muertos, preguntó al Adelantado si le haría merced de enviar a su capitán un gentil hombre para que le dijese lo que pasaba, y tratase del seguro, porque su capitán venía cansado, y que él pasase a verle en un batel. Dícele el Adelantado que se fuese con Dios, y que si su general quisiese pasar a verle y hablarle, que lo podía hacer seguramente con hasta cinco o seis gentiles hombres que viniesen con él, que fuesen del consejo para que tomase lo que mejor le estuviese.

Vino el general Juan Ribao con ocho gentiles hombres muy bien tratados, de muy buenas personas y autoridad, a quien recibió el Adelantado con todo como (...) y crianza;[467] mandóles dar colación[468] de un barril de conserva, y a beber, y que si querían comer que se lo darían. El general Ribao se lo agradeció mucho, y dijo que para alegrar los espíritus que estaban tristes con la nueva

---

[467] crianza 'buena o mala educación' (Moliner).

[468] colación 'comida ligera' (Moliner).

que le habían dado de sus compañeros, querían desayunarse con la conserva y con beber, que por entonces no querían otra comida. El capitán Ribao dijo que aquellos compañeros suyos que estaban allí muertos, y mostrólos, porque los había de donde estaba, podían haber sido engañados en haber creído que su fuerte estaba tomado; que él no lo quería ser. Llama el Adelantado a soldados que tenía allí muchas cosas del saco[469] del fuerte, y fueron tantas, que lo creyó; y antes estaba incrédulo, porque un barbero luterano de los que primero degollaron, y se había escapado, porque de la primera cuchillada que le dieron, se cayó en tierra y se hizo muerto, después, nadando, se había pasado a los que venían con el capitán Ribao, y le había dicho que el Adelantado los habían engañado diciendo que el fuerte era tomado, no siendo así. El Adelantado le dijo que para que mejor se satisficiese, que hablase aparte con dos franceses que tenía allí consigo y se habían hallado en el combate y toma del fuerte. Informado de la verdad, el general Ribao dijo al Adelantado que lo que de él acontecía pudiera acontecer por él; que pues sus reyes eran hermanos y tan grandes amigos, lo hiciese el Adelantado con él como amigo, dándole navíos y bastimentos con que se fuese a Francia. El Adelantado le respondió lo que a los otros, y con él no pudo acabar otra cosa. El capitán dijo que quería ir a dar cuenta a su gente, que había mucho noble; que lo hiciese dentro de tres horas dijo el Adelantado.

Dentro de ellas volvió el capitán diciendo que estaban diferentes en pareceres, unos queriéndose poner en su misericordia, y otros no. El Adelantado les dijo que hiciesen lo que mejor les pareciese, pues que tenían libertad para ello. El capitán dice como la mitad se querían encomendar y entregar en su misericordia, y pagarían de talla cien mil ducados, y la otra mitad podrían pagar más, porque había entre ellos personas muy nobles y calificadas, ricas y de mucha renta, que pretendían hacer estados en aquella tierra. Ni esta gran suma de dinero fue bastante a decir otra cosa que había respondido, por ser tarde dijo el capitán que iba a su gente, y que a la mañana volvería por la resolución; y así volvió con seis capitanes, y entregó y rindió su persona y almas al Adelantado, y un estandarte real y un sello con que sellaban las provisiones y títulos que daba. Y los seis capitanes por su orden le

---

[469] saco 'costal o talega para poner o transportar alguna cosa' (Autoridades).

rindieron las seis banderas de campaña y sus personas y armas; dijo el capitán al Adelantado que hasta 250 personas de las trescientas cincuenta se querían venir a su misericordia, que las demás se habían retirado aquella noche y le habían querido matar a él, que fuese el batel para traer los que se querían venir. El Adelantado proveyó al almirante Diego Flores de Valdés que los hiciese traer como a los demás, de diez en diez, y llevando al capitán Ribao entre las matas, detrás del montón de arena donde llevó a los otros, mándales maniatar por la orden que a los pasados, excepto al Ribao, diciéndole a él y a los demás que habían de ir de allí cuatro leguas por tierra, y de noche no se sufría ir sueltos; ya que los vio atados, preguntó si eran católicos o luteranos, y si había algunos que quisiesen confesarse.

El capitán Ribao respondió que todos eran de la nueva religión luterana, y que de tierra eran y que en tierra se habían de volverse; que 20 años más o menos todo era una (...), que hiciese el Adelantado lo que quisiese de ellos. Mandó el Adelantado que marchasen con la misma orden, y en la misma raya mandó que hiciesen de éstos lo que de los otros. Sólo sacó a los pífanos, tambores y trompetas y otros cuatro que dijeron que eran católicos. Eran por todas diez y seis personas; los demás fueron degollados.

Había mandado al capitán Juan de San Vicente y Gonzalo de Solís de Merás que llevasen al capitán Ribao, habiendo dicho antes que lo matasen; llevaba un fieltro el Ribao, y díjole el capitán que se lo diese, quítaselo y después dice que ya sabe como los capitanes están sujetos a obedecer y hacer lo que sus generales mandan, y que le había de atar las manos. Habiéndoselas atado y marchando un poco adelante, el capitán San Vicente le dio una puñalada en la olla[470], y Gonzalo de Solís le atravesó por los pechos con una pica que llevaba, y cortáronle la cabeza.

Entre éstos murió el capitán Esparza de Artiaga, caballero principal de Navarra, que el duque del Albuquerque, siendo virrey allí, le envió preso a la corte, y suelto se pasó a Francia, y ahora venía con Juan Ribao. Murió también el capitán Corceto, soldado famoso por mar y tierra, enemigo capital de españoles, entre otros muchos nobles de Francia murió un sobrino de monsiur de Jabení,

---

[470] olla 'por semejanza se llama el estómago, porque en él se cuece el alimento' (Autoridades).

llamado ansí, y el capitán Langrage y el capitán S. María, con otros valerosos capitanes y caballeros. Hecha esta justicia digna de semejantes hombres, envió con la gente que tenía dos capitanes tras los otros luteranos que no se habían querido rendir; pasaron el río y el arenal, no sabiendo por donde iban, fueron avisados de unos indios, que se habían acogido a un monte que estaba cerca; pegáronle fuego, buscáronlos todo lo que pudieron, no hallaron ninguno, porque ellos habían marchado muy adelante; viendo los nuestros que era tarde y no tenían bastimentos, se volvieron al alojamiento.

Capítulo XXV: Cómo el Adelantado fue al fuerte de San Agustín.

Acabada de hacer esta justicia en aquellos luteranos y tiranos que querían ocupar lo que no era suyo y levantar reino donde no tenían derecho ni razón; y así nuestro señor, que es supremo juez, les envió un alcalde tan recto y justiciero y tan apartado de ser cohechado,[471] porque pagasen los dos tan nefastos pecados que cometían, el uno de herejía que guardaban y tenían, el otro de tiranía.

Ya siendo tarde cuando se ejecutó aquel tan merecido castigo, aunque de noche, entendiendo cuan peligros cosa sea la ausencia del capitán de sus soldados y real, marcha; ya buen rato más de la media noche llega a su fuerte, adonde como es la condición humana amiga de juzgar los hechos ajenos más que no de hacerlos, unos desquilataban[472] y deslustraban[473] el heroico hecho del Adelantado en hacer degollar a los luteranos, notándole de cruel; otros afirmaban haberlo hecho como buen capitán. No considerando que tenían poco bastimento para sí solos, cuanto más para tantos hombres, que les fuera después necesidad de morir de hambre, y aunque fueran católicos; por esta causa estaba bien ejecutada la justicia; tampoco no consideraban que eran aquellos

---

[471] cohechar 'corromper, sobornar' (Moliner).

[472] desquilatar 'se toma por hacer perder y disminuir su intrínseco valor a alguna cosa' (Autoridades).

[473] deslustrar 'quitar y privar de lustre a alguna cosa' (Autoridades); 'desprestigiar' (Moliner).

seiscientos soldados y muy bien aderezados, y que ellos eran pocos.

Y que estando lastimados de las muertes que habían dado a los suyos en el fuerte de San Mateo, y haberles tomado su fortaleza, les habían cada día de dar alarma en su corazón para que les urdiesen alguna traición, para que el que había popado[474] a sus enemigos, muriese a sus manos. Olvidándose de aquel proverbio militar, de los enemigos los menos, y que perro muerto no ladra; ni imaginaban que aquellos eran contrarios de nuestra Santa Fe católica y que habían inquietado y revuelto y echado a perder el florido, pujante y cristiano reino de Francia, levantándose contra su ley y su Rey. Y que si el Adelantado no hubiera ejecutado en éstos lo que merecían, había gran razón porque el cristianísimo Rey de Francia se quejase a nuestro poderoso y alto Rey Don Felipe, del Adelantado, de haber tenido aquella ocasión de castigar aquella gente perdida y de mala secta, la cual le buscaba en su reino la muerte y pretendía privarle de él. Y más razón tuviera si se los enviara a Francia, aumentando los enemigos que allá tenía, porque todos éstos eran luteranos; y si vivieran en Francia a salvamento, siempre habían de procurar volver y a llegar más gente y con mayor armada quererse vengar; y ansí continuo estuviera aquella tierra con sobresalto y temor; y si no los degollara a todos, dijeran que los había dejado por misericordia sino por cobrar el concierto de la talla que le prometían; y si le diera la vida y por mantener a ellos viniera a perder los suyos de hambre, y verse en tanta necesidad que por esta falta dejara la tierra, nuestro católico Rey tuviera mucha razón de reprenderle y castigarle de no haber conjeturado aquello; y hacer esta falta de bastimentos estaba muy claro, y porque el fuerte de San Mateo se había quemado con toda la hacienda y bastimentos que tenía, y les había de proveer de lo que tenía en San Agustín; y aunque quisiera enviarlos a su tierra, no tenía navíos ni matalotajes que darles.

Allende de esto, que es causa bastantísima, pasaba la instrucción que su majestad le había dado, y no hacía lo que le mandaba, en no matarlos, porque esa era la razón que movió a su majestad a enviarle, para que les echase de su tierra y los matase como hombres perdidos que querían, contra el derecho de Dios y

---

[474] popar 'es tener a un hombre en poco' (Covarrubias).

de los hombres, entrar y aposesionarse en lo que no era suyo. Había también sabido de los mozos y luteranos que cuando el capitán Juan Ribao se embarcó en la armada para venir contra el Adelantado, viéndose con los otros sus soldados la cabeza del Adelantado y vidas de los demás españoles, habían bebido dos pipas de vino, llamándolos de marranos y diciendo que los habían de colgar de las antenas de los navíos.

Y fue juicio de Dios que dentro de 20 días fueron ellos degollados y de aquellos a quien amenazaron; además de esto, hizo como excelente inquisidor, que viendo y preguntado si eran católicos o luteranos, no tuvieron temor de Dios ni vergüenza de las gentes, de decir públicamente que eran luteranos; y así dioles la muerte que su atrevimiento merecía. Y aún en aquello usó de mucha misericordia de darles muerte noble y caballerosa degollándolos, habiendo podido de derecho quemarlos vivos; continuaban también por este hecho al Adelantado, que era inhumanidad echar tan claramente tantas ánimas a los infiernos, y que esperándolos quizá se salvarán.[475]

---

[475] Esta acción se convirtió en el capítulo más controvertido de cuantas intervenciones tuvo Pedro Menéndez de Avilés; no ha habido interpretaciones imparciales, ni siquiera desapasionadas de esta actuación. Menéndez fue protagonista de la intransigencia religiosa del siglo XVI y ejecutor de las órdenes de un rey que, "legitimizado" por el derecho internacional y por la autoridad de la Iglesia, había manifestado reiteradamente que llegaría hasta las últimas consecuencias en su empeño de afirmar su autoridad en sus territorios. La crueldad de esta acción, hoy tan evidente, debe contemplarse en el propio marco histórico. Sin entrar en el plano de las falsas justificaciones, hay varios elementos a tener en cuenta: por ejemplo, la carencia de alimentos, que indudablemente hacía imposible alimentar a los españoles y a un considerable número de prisioneros franceses. Así mismo, está claro que Menéndez no intentó una muerte indigna de un hidalgo, y ello quizá diga algo en su favor dentro de los parámetros culturales de su época. Aún más importante, es la falta de consideración del elemento político estratégico del conflicto para una condena inapelable. Un acercamiento más objetivo tendría en cuenta los planes franceses de colonización de América del Norte. Luego de la toma de fuerte Carolina, se encontraron patentes y otra documentación que confirmaban esos planes; Menéndez y ciertamente Felipe II estaban convencidos de que los franceses vieron a "Nueva Francia" como una extensión de su política nacional. Así, había que evitar por todos los medios la implantación de otras potencias en la Florida, máxime si, como en este caso, se encontraban en lugares estratégicos

Consideró el Adelantado que aquellos eran el diablo, y que pues viendo la muerte al ojo, respondieron que eran luteranos, que en todo el discurso de su vida, no poniéndoseles ningún miedo ni temor delante, habían de perseverar en su mal propósito.

Y por ventura con su conversación y mala secta, sembrarán cizaña entre la limpieza y cristiandad de los suyos; matólos, más pienso yo y creo por inspiración divina que por consejo de entendimiento humano, porque no quiso que los suyos, tocando la paz, se les pegase algo de su negrura.

Y así su majestad aprobó este hecho con escribirle después, cuando lo supo, esas palabras formales, sacadas de la carta firmada de su real mano, que decían de esta manera: "Del buen suceso que habéis tenido en la jornada, hemos tenido gran contentamiento y tenemos memoria de la lealtad, amor y diligencia con que nos habéis servido y de los trabajos y peligros en que os metisteis, para haceros merced; y así lo llevaréis adelante como de vuestra persona y virtud confiamos. Y en cuanto a la justicia que habéis hecho de los luteranos cosarios que esa tierra habían querido ocupar y fortificarse en ella para sembrar su mala secta y de allí continuar los robos y daños que habían hecho y hacían contra todo servicio de Dios y nuestro, creemos que lo habéis hecho con toda justificación y prudencia, y nos tenemos de ello por bien servido".

Escribió luego a su majestad el Adelantado el buen suceso, dando relación de lo que pensaba, llevando las cartas el capitán Diego Flores. En ella se contenía que por haberse quemado el fuerte de San Mateo, no había guardado la armada que con la tempestad se había desbaratado, ni haber tomado la gente que su majestad le había mandado llevar de las islas, ni haber llegado la de Risa; ya estaba necesitado de bastimentos y soldados.

---

que comprometían seriamente el libre desarrollo del tráfico y del comercio españoles. Evidentemente, quien dominase el litoral suroeste de la Florida, podría prácticamente controlar la ruta de los galeones de Nueva España. Sin embargo, tanto en un caso como en el otro, debemos insistir, tal como lo señala Michel de Certeau, en el hecho de que todavía en el siglo XVI, la moral y la religión tienen la misma fuente: la referencia al Dios único organiza conjuntamente una revelación histórica y un orden del cosmos; la sociedad se perfecciona en los términos de una creencia integradora; es decir, la religión envuelve y justifica la conducta del hombre. Precisamente, Menéndez actúa dentro de estos parámetros.

Capítulo XXVI: Cómo el Adelantado tuvo nuevas de otros luteranos que no quisieron venir con el capitán Ribao a rendirse, y se partió a pelear con ellos.

Estando el Adelantado en el fuerte de San Agustín, indios amigos vinieron a decirle que ocho días de camino a la parte del sur, dentro del canal de las Bahamas, al cabo del Cañaveral que está antes de la Cabeza de los Mártires, muchos hombres hermanos de los que el Adelantado había hecho matar, hacían un fuerte y un navío.

El Adelantado sospechó que de la madera, artillería y municiones de la armada donde habían andado a través los luteranos, aquellos ciento cincuenta soldados que el capitán Ribao dijo haberse retirado, se fortificaban y hacían bajel para enviar a Francia a pedir socorro a los otros luteranos. Viendo que no se ha hecho nada cuando queda algo por hacer, y que aquella mala yerba no se había de arrancar, sino que era menester desarraigarla, envía a San Mateo diez soldados avisando a los de aquel fuerte de lo que pasaba, porque hasta entonces no sabían la victoria que tan sin sangre de los suyos nuestro señor había dado al Adelantado. Antes estaban con sobresalto, cuando habían de dar sobre ellos, o si habían en San Agustín hecho algún daño a los nuestros; porque ya sabían que habían ido con aquella intención. Mandó también que de la gente que tenían le enviasen con los treinta y cinco que él traía, cumplimiento de hasta ciento cincuenta soldados. El Maestro de Campo envió con el capitán Juan Vélez de Medrano y Andrés López Patiño la gente que pidió; llegaron a San Agustín a 23 de octubre; antes que se partiese, nombra justicia y regimiento en nombre de su majestad. Hizo cabildo con los capitanes, y sentóse con ellos en los libros de regimiento; avisóles como habían de repartir el bastimento que tenían y el que les había de venir; dejó trazado el fuerte y repartió el trabajo de hacerlo por escuadras, tanto a unos como a otros, y que los soldados cada día trabajasen en la fortificación tres horas a la mañana y otras tantas a la tarde.

Dejó por alcalde y gobernador al capitán Bartolomé Menéndez, su hermano, como siempre lo habían estado; dejó también proveído que todas las sentencias criminales fuesen sentenciadas por el cabildo, porque los mismos capitanes eran los regidores; otorgando todas las apelaciones para ante el Maestro de

Campo, a quien dejaba poderes bastantes que para que fuese su teniente general, porque tenía poder de su majestad.

La misma instrucción envió a San Mateo a Gonzalo de Villarroel; metió en tres bateles bastimento para cuarenta días, y eran trescientos soldados los que llevaba; conque la ración que les daba para un día les durase dos. Quedaron los del fuerte de San Agustín también muy necesitados de bastimentos; por eso les prometió que aunque hubiese riesgo y peligro de su vida y cualquier trabajo se le pusiese delante para traerles bastimentos y defenderles, si que viniesen enemigos, que lo haría de buena voluntad, porque esperaba en la suma bondad y misericordia de nuestro Señor y que había de guiar y favorecer en todo para salir con una tan buena y santa empresa. Despidiéndose de ellos el 26 de octubre por la mañana, habiendo oído misa, se partió con sus 300 soldados por tierra y tres bajeles por la mar con las armas y bastimentos, no navegando por la mar más que la gente (...). Marchaba por tierra, y a donde alojaban los soldados allí surgieran los bateles; y la costa lo sufrió, porque todo era arena limpia; día de Todos los Santos llegó, guiándole unos indios, cerca del alba, sobre el fuerte que los luteranos estaban haciendo.

En siendo vistos de ellos, desampararon el fuerte y acógense al monte; envióles unas trompetas asegurándoles las vidas si volviesen, y prometiéndoles de hacerles el mismo tratamiento que a sus soldados. Ciento cincuenta se rindieron; el capitán de ellos con 20 luteranos le envió a decir que antes quería ser comido de los indios que rendido a españoles. Recibió muy alegremente a los que se entregaron e hízoles toda buena acogida, al noble sentándole con él a la mesa y dándole de vestir, a la gente de mar que comiesen con sus pilotos y marineros, y a los soldados con sus capitanes y gente. Puso fuego al fuerte y arrasóle, porque era de madera, y quemó el navío que se estaba haciendo, y soterró[476] la artillería, porque no la podían llevar los bateles.

Aquel día marchó la vuelta del sur a lo largo de la mar; los bateles fueron a buscar un puerto o río que estaba a quince leguas de allí, donde había algunos pueblos de indios, para ver si podían dejar allí alojada su gente con algún cacique, y entender si podían

---

[476] soterrar 'enterrar, ocultar' (Moliner).

ir por el canal de las Bahamas, dentro, a la isla de Cuba, a buscar bastimento para aquella gente que dejaba en los fuertes.

Capítulo XXVII: Cómo llegó el Adelantado con toda su gente a la tierra de un cacique llamado Ays.

Marchando los unos por tierra, los otros navegando por la mar, de ahí a tres días que se partió del Cañaveral, donde hacían el fuerte los luteranos, que fueron el cuatro de noviembre de 1565, iban padeciendo gran hambre y cansancio; yendo siempre el Adelantado delante de todos a pie mirando a todos como podía durar tan gran trabajo, porque gran número de soldados se cansaban y quedaban atrás. En tanto que dos soldados, los más recios que iban allí, que fueron de los primeros que entraron en el fuerte de San Mateo, que eran de 25 a 30 años, marchaban con el Adelantado en la vanguardia, y por no dejar, porfiando[477] a durar con él, uno se quedó muerto y otro se desapareció una noche, nunca más le vieron.

Caminaba el Adelantado con su gente desde las dos, después de la media noche, hasta salido el sol, que hacían alto; y acudiendo soldados por las cabañas y prados adentro, a coger palmitos, icacos y tunas para comer y llevar, holgaban dos horas y tornaban a su jornada hasta las once a las doce del día; descansaban hasta las dos y volvían a caminar hasta que se ponía el sol. No había día que no caminasen ocho leguas, y más que era cosa que sobrepujaba todo crédito, porque el camino era todo perverso, de muchos arenales. Los soldados iban sin comida y bastimentos, si no que cierta mente la nación española es como caballos alazanes, que flacos y hambrientos tienen brío hasta caer; y así en esta jornada andando se caían muertos.

El Adelantado, yendo con la misma necesidad, siempre iba con la vanguardia y adelante de ella, con ocho gentiles hombres de los más recios que se hallaban para que aquel menester. A las diez del día, media legua de la marina, descubrió una laguna, donde esperó la retaguardia; los navíos que iban por mar, venían diez leguas de allí, y habían de parar en el río de Ays; y porque aquella noche no se pasasen adelante, envió al capitán Pedro Delaranda y a Gonzalo de Solís de Merás para que en el río de Ays hiciesen

---

[477] porfiar 'sostener alguien una cosa con obstinación' (Moliner).

fuego, porque no se pasasen los bateles con la oscuridad de la noche, sin ver el puerto. Y avisasen al cacique Ays cómo iba el Adelantado a hacer paces y amistades con él de parte del rey de España, y para darle muchos dones que le enviaba su rey; allegados al cacique, los recibió abrazándolos y besándolos en la boca, que es la mayor señal que dan de amistad. Dice que venga su capitán y sus principales a posar en su casa; recibió de esto el Adelantado gran contento, porque entendió que aquello sería parte para salir con su intento. Siendo grande el descontento que hasta allí había traído, porque en llegando a algún pueblo todos los indios desamparaban[478] sus casas y se iban al monte, y mandaba el Adelantado que en sus casas ni ropa ninguno les perjudicase, dejando donde él posaba algunos rescates como eran espejos y cuchillos, tijeras, cascabeles, cosas que ellos estimaban y tienen en mucho.

Sale el cacique Ays trayendo en la frente, que la tenía muy pintada y pelada de varios colores, una frontalina[479] de oro que pesaba más de cincuenta pesos, y todos sus indios principales las traían, aunque no eran tan grandes. Estuvo allí cuatro días, y en esto fue por un río a ver unos sitios para poblar; no contentándole se volvió, tenían los indios de aquella tierra y poca comida, porque si nada era pescado, icacos y palmitos, no había otras cosas que comer. Los 150 soldados a quien daba tanta ración como los suyos, que era media libra de bizcocho a 250 reales cada una, y como tantas uvas de palmas y otras frutas que sabían bien, comía, en anocheciendo estaba bueno y a media noche murió. Visto el peligro en que estaban él y los suyos de padecer de hambre, determinó por socorrerlos pasar el canal de las Bahamas. El tiempo era peligroso para navegar el canal, porque era a mediados de noviembre, y aquella mar era tormentosa y nunca se acostumbraba ni se podía navegar a la travesía; ni aunque quisiesen los marineros podían, porque la corriente les hace dar esa otra banda de la costa de la Florida que es al norte, habiendo de ir al sur. Y la corriente la había de tomar al contrario, de manera que la había de dar por la proa de los bateles; allende de esto, los navíos

[478] desamparar 'abandonar' (Moliner).

[479] frontalina por frontalera 'fajas y adornos, a manera de goteras, que guarnecen el frontal por lo alto y los lados (Autoridades).

eran pequeños para resistir a la fuerza de la corriente; poníasele delante que si él se iba, los soldados trabarían guerra con los indios; y de esto corrían peligro de ser muertos, porque no tenían que comer ni sabían la tierra y estaban muy flacos. Poniéndosele todas estas dificultades delante, hace aparejar dos bateles y meter en ellos, entre marineros y soldados, cincuenta personas y más 20 franceses de los del Cañaveral, y aderezar aquellas cosas que eran más necesarias para aquella navegación.

Capítulo XXVIII: De la dificultosa y peligrosa navegación que hizo el Adelantado de la costa de Florida a la isla de Cuba por el canal de las Bahamas.

Entendiendo el cacique Ays la determinación de la jornada tan peligrosa y dudosa que el Adelantado quería tomar y que se quería él por su persona poner a ella, sentíalo mucho, no solamente él, mas aún sus hijos, porque todo aquel tiempo que allí estuvo fue muy regalado del Adelantado. Y a la partida le dio muchos rescates, a sus hijos e indios y a los indios más principales; y temiendo el Adelantado que los soldados que dejaba, rompiesen guerra con los indios, y perdiese por esta causa el crédito con los otros caciques; y habiendo que aquellos indios eran guerreros y valientes, vase tres leguas de allí a un sitio que los indios le mostraron, que era muy bueno, y había en los cacos, que es fruta de indios, palmitos, tunas y pescado, estaba sobre una ribera.

Y llegó en dos días la gente al sitio que venía por la mar; deja por capitán de aquella gente a Juan Vélez de Medrano, cuyo Alférez era Gabriel de Ayala; puso gran ánimo y esfuerzo a todos los que quedaban, consolándolos mucho y rogándolos que cada día hiciesen oración y suplicasen a Dios y a su preciosa madre le diese buen viaje, pues que entendían en cuan gran peligro de la vida se ponía por dar remo (...) a la de ellos.

Queriéndose embarcar luego, híncanse todos de rodillas y cantan las letanías; y bien se dio a entender nuestro Señor haberles oído y querer favorecer al Adelantado, que saliendo de allí a La Habana cien leguas y de corrientes contrarias, las navegó en dos días naturales, cosa de admiración, que se atribuyó a milagro más que a industria de pilotos y marineros, ni a tiempo próspero, porque con galeras eschifadas[480] al remo, tenían opinión todos los pilotos que navegaban a las Indias, que era imposible romper esta corriente.

Hizo lo que César en atravesar el canal de Venecia, o mar Adriático de noche solamente con el piloto Amiclas; la manera y destreza que llevó en navegar fue ésta: navegó todo a largo de la costa y tierra de la Florida, cuando remo, cuando a vela, yendo siempre huyendo el cuerpo al gran ímpetu de las corrientes, y cuando topaba en bajíos, saltando la gente a la mar para aliviar y desencallar los bateles, siendo el Adelantado el primero que a todos estos trabajos y peligros se ofrecía; y al atravesar a la isla de Cuba tuvo gran tormenta de noche y cierzo[481] de mar, y arriba en popa, guardándose de una mar y otra toda la noche que esta tormenta hacía, siempre el Adelantado gobierna, no confiando el timón de ningún marinero de los suyos. Entre los 20 franceses había uno que era piloto mayor de Juan Ribao, y otro que le pareció al Adelantado escogido marinero, preguntándole si era buen timonero, respondió que sí; diole cerca de la mañana el timón, y viendo que gobernaba muy bien, todo el viaje gobernaron él y él francés.

El batel en que el Adelantado iba no llevaba aguja de marear,[482] porque estaba quebrada; dijo al capitán Diego de Maya, su piloto mayor, que el batel en que iba navegaba mejor que el suyo, que templase las velas y no se apartase de la tierra que tuviese gran (...) que no se apartase de él. Cesando la segunda noche esta tormenta, perdió de vista el Adelantado al otro batel, y pasó por el puerto de La Habana antes del día, pensando que no había llegado a él. A las diez del día conoció el puerto de Baya Honda, que es quince leguas más adelante de la Habana; había visto antes de este puerto una vela, síguela, y dale alcance dentro de este puerto, y halló que eran unos indios de La Habana que andaban a montear.[483] Dieron al Adelantado mucha carne y cazabe, que es pan de aquella tierra, y palmitos y otras frutas; y dijéronle

---

[480] esquifar 'proveer a una nave de lo necesario para un viaje o la guerra' (Autoridades)

[481] cierzo 'viento norte' (Moliner).

[482] marear 'navegar' (Moliner).

[483] montear 'perseguir u ojear la caza en el monte' (Moliner).

que en La Habana estaba su sobrino, el capitán Pedro Menéndez Marqués, con parte de la armada de Asturias y Vizcaya, que con tormenta se había apartado del general Esteban de las Alas, que todos estaban muy tristes por no saber que se había hecho el Adelantado. Y lo más cierto que pensaban haberle acontecido, el haberse perdido con tormenta, o que los enemigos le habían desbaratado.

Desembarcó el Adelantado con su gente en el puerto de Baya Honda, y habiendo todos de rodillas dado gracias a Dios nuestro señor por las mercedes recibidas en llevarlos en salvamento, llamó a los franceses y encargóles mirasen el poder y bondad de Dios, que si eran luteranos se arrepintiesen y se volviesen católicos; que él por cualquier ley que tuviesen no podría dejar de hacerles buen tratamiento, por haberse dado sobre su palabra; y que los primeros navíos que fuesen a España, les daría libertad para que de allí se fuesen a Francia, que aquello les decía por el deseo que tenía que se salvasen. Hubo algunos de ellos que llorando se daban golpes en los pechos, hablando a nuestro Señor, pidiéndole misericordia, y decían que ellos habían sido malos cristianos y luteranos, y que estaban arrepentidos, y de allí adelante dejarían su mala secta, confesándose y comulgándose, que querían guardar lo que tenían y creían la Santa Madre Iglesia de Roma.

El Adelantado les regaló y avisó diciendo que no tuviesen pena de sus trabajos, y que él tenía (...) con ellos como si fuesen sus hermanos; partió el Adelantado aquella noche del puerto de Baya Honda para volverse a La Habana; y por el viento contrario y recio que lo echaba en la mar, la vuelta de la Florida, no llegó a La Habana. Diego de Maya como había llegado dos días antes que el Adelantado, temió que se hubiese perdido, y todos creyendo que la tormenta había sido tan grande, y no tenía aguja, que el batel se había abierto y zozobrado con el mucho viento. Era grande la tristeza que si éstos que iban como los que estaban allá tenían; y así habían salido en su busca de muchos por mar y por tierra. Entró a remo en el puerto, que estaba el viento a la tierra, la centinela que estaba a la vela para guarda del puerto, preguntó quién era el que estaba; respondiéronle que el Adelantado Pedro Menéndez; la centinela le dio grandes gracias a nuestro señor, y bendiciéndole, porque Pedro Menéndez era vivo, dijo que aguardase, que él lo iría a decir a García Osorio, el gobernador de aquella isla, porque no le tirasen de la fortaleza.

El Adelantado dijo que fuese en buena hora, que él le aguardaría; y como era a media noche no se pudo traer el recaudo tan presto, y manda arrancar la gavia[484] y entrar para adentro, y al pasar de la fortaleza, como no había hecho salva, le tiraron cuatro piezas con sus balas, y no le acertó ninguna. Allegó al muelle donde estaba cierta parte de su armada de Asturias a cargo de Pedro Menéndez Marqués, su sobrino; tiraron muchos tiros de su artillería, tocaron las trompetas; ya el gobernador estaba en el muelle con hachas[485] encendidas, con una bandera de campaña y una caja de tambor y pífano, tocando con mucha gente. Y dejó a Juan de Hinostroza, tesorero de su majestad, y algunos regidores del pueblo para que le recibiese; llevóle el tesorero a su casa y hospedóle con toda su gente muy bien. Otro día el gobernador envió a visitar; el Adelantado salió a misa, y al salir de la iglesia se hablaron, aquel día, en acabando de comer, se fue a su casa del gobernador y le dijo la gran necesidad que tenía la gente de la Florida, y le notificó ciertas provisiones en que su majestad le mandaba dar una nao de armada con cincuenta soldados y veinte caballos, pagados y abastecidos por cuatro meses, y le diese todo el favor y ayuda que le pidiese y menester que hubiese para la conquista y población de la Florida. Y le mostró cómo por qa (...) de su majestad estaban quinientos hombres en la Florida que quedaban sin bastimentos, y perecerían de hambre si no fuesen socorridos; que la nao de armada, ni los caballos, ni los soldados, que no los quería, que costaba todo 20 mil ducados, y que con tres o cuatro mil ducados que le diesen enviara socorro a los soldados que por cuenta de su majestad estaban en la Florida hasta la primavera; o que se los prestase, que él se obligaría y le daría fiador por ellos; o que le diese diez o doce mil ducados que tenía de una carabela de portugueses, que el capitán Juan de la Parra había tomado la nao capitana de la flota de la Nueva España, que estaba a la obediencia y orden del Adelantado, y por esta causa eran suyos y de la gente de la nao que habían tomado la carabela,

---

[484] gavía 'vela que va en el mastelero mayor de una nave' (Moliner).
[485] hacha 'trozo de madera resinosa o mecha hecha con esparto y alquitrán, que se hace arder por un extremo para dar luz' (Moliner).

que contra ordenanzas y provisiones de su majestad y sin registro andaban contratando en las Indias, y que él tenía provisiones de su majestad para que lo que tomase y fuese suyo, y las personas a merced del Rey. Y si no se los diese todos, que le diese cuatro mil ducados de ellos sobre fianzas abonadas para volverlos cuando su majestad lo mandase.

A todas estas condiciones y demandas respondió el gobernador que no lo podía hacer, ni tampoco lo quiso dar a este capitán que preso tenía; y pidiendo que se lo diese con el proceso de su culpa, respondió que aunque fuese soldado, él le castigaría como gobernador de la tierra, y que lo mismo haría a los demás soldados suyos que en su distrito hiciesen cosas no debidas. El Adelantado, como hombre bien sufrido, se despidió diciendo que teniendo paciencia y no respondiéndole a aquello, hacía gran servicio a su majestad y ganaba más mérito para con Dios. Imitando en esto al excelente capitán Quinto Fabio[486] majestísimo, que con sufrir hizo gran provecho al pueblo romano, y quitándose la gorra se salió; manda echar bando que toda la gente de mar y tierra que allí estaba de Asturias y Vizcaya y otras partes, se recogiesen en todo aquel día a los navíos; que quería hacer lista y alarde de la que había para ocuparla en servicio de su majestad.

Y otro día, habiendo oído misa del alba, se fue a las naos y halló que había quinientos cincuenta hombres, llamó a los capitanes y pilotos a la nao capitana y les dijo que como sabía que muchos franceses e ingleses andaban robando a los vasallos de su majestad, y que habiendo paces, merecían ser castigados; y entre dos navíos franceses y tres ingleses traen más de medio millón que han tomado a las naos que van a España de la Indias, y de negras mercaderías que han vendido. Y que están invernando en la isla de Santo Domingo a la parte del norte, y que pues había allí cuatro muy excelentes navíos ligeros de vela y la nao capitalina de la flota de la nueva España, que su majestad había mandado estuviese allí

---

[486] Quinto Fabio Máximo Luliano (ss. IV-III a.J.C.) Cónsul y general romano. Fue magister equitum (325 a.J.C.), varias veces cónsul (entre 322 a.J.C. y 295 a.J.C.), dictador (315 a.J.C.) y censor (304 a.J.C.). Durante su dictadura combatió a los samnitas, que lo derrotaron en Lautulae. En 295 a.J.C. venció a una alianza de samnitas, galos y etruscos, imponiendo la supremacía romana en Italia.

con cien soldados para que fuese menester en la Florida, y que todos estaban bien artillados, con muchas y buenas municiones, y en ellos quinientos cincuenta hombres de mar y guerra, y que dentro de diez días podrían hacer agua, leña y carne, que el más bastimento en la naos de Asturias y Vizcaya estaba. Y que ensebarían y calafatearían las naos poniéndolas a punto para con el primer buen tiempo dar sobre los enemigos cosarios; y que en esto harían gran servicio a Dios y a su majestad, en castigarlos y dejar la navegación de todas las Indias libre; y nos aprovecharemos y llevaremos bastimentos a los compañeros que están en la Florida.

Aprobado este consejo por todos, manda a los capitanes y pilotos que de ahí a doce días estén a punto, y a los maestros y contra maestros[487] y a los demás oficiales de naos, que los tuviesen muy a punto; nombrando por almirante de esta armada allí, en presencia de todos, a Pedro Menéndez Marqués, sobrino suyo. Despachó antes de su partida a la audiencia de nueva España a Gonzalo de Solís de Merás con un navío, conque en desembarcando en Campeche, se le enviase cargado de maíz, gallinas, alpargatas y otras cosas de bastimento y socorro para la Florida, y luego de allí se fuese a la Nueva España, y dados los despachos y avisos para la real audiencia, procurar traer dinero que iba a buscar prestados de la real hacienda, o de otros amigos suyos, para socorrer la infantería que su majestad tenía en la Florida, y procurase traer algunos frailes franciscanos y dominicos para la conversión de los indios, y que procurase recoger ciertos soldados y un alférez, que de La Habana se le habían ido con la bandera y otros gajes[488] de su majestad.

Capítulo XXIX: Cómo salió de La Habana para la Florida, y descubrió la tierra del cacique Carlos.

A tres de diciembre sale el Adelantado con su armada de La Habana y topa luego con una vela; yéndole dando caza, la metió en Matanzas, puerto de la isla de Cuba. En allegando allí desembarcaron los que iban en ella y se acogieron al monte; surgió

[487] contra maestro 'oficial de mar que dirige la marinería, bajo las órdenes del oficial de guerra' (DRAE).

[488] gajes 'sueldo que pagaba un soberano a sus servidores o a los soldados' (Moliner).

en aquel puerto, oyeron voces en el monte, envía un batel a tierra a ver que gente era aquella. Acudieron unos portugueses, entendiendo que era armada española y que estaba en ella el Adelantado, holgadándose mucho, llamando a sus compañeros, se metieron en el batel; llevados delante el Adelantado, dijeron que venían de España con aquella carabela por mandado de su majestad con despachos para él. Diéronselos, y leyéndolos, vio como su majestad le daba aviso que en Francia hacían luteranos una gran armada para venir contra la Florida, y que para defenderse de ellos y socorrer las plazas e islas de Puerto Rico, Española y Cuba, le enviaba mil quinientos infantes, con mucho bastimento, y diez y siete navíos; que hiciese los socorros que le pareciese, así por mar como por tierra.

Diciendo a sus capitanes lo que las cartas de su majestad contenían, y que a nuevos sucesos nuevos consejos, que le pareció que no se había de venir por todo marzo, y que era menester volverse allá, y que enviaría uno o dos navíos de aquellos a Campeche, puerto de la provincia de Yucatán, a cargar de maíz para enviar a la Florida, y que otro enviaría al puerto de Plata, que cargase cazabe y carne, y otro cargaría en La Habana lo más presto que pudiese. Y puesto caso que no tenía dinero, que vendería y empeñaría alguna artillería, o de las municiones, aunque fuese a menos precio y lo mismo harían de las cadenas, joyas, oro, que hubiese entre ellos. Porque si fuese contra los cosarios, y la armada viniese por otra parte y los luteranos a la Florida fuesen, de cualquier mal suceso sería digno de castigo. Aprobado el consejo del Adelantado, los navíos su majestad de lo que pasaba y le había sucedido hasta entonces, a principio de enero de 1566 años, llegó Esteban de las Alas, que era general de la armada de Vizcaya y Asturias, y con tormenta se había apartado de Pedro Menéndez Marqués, almirante de ella, y había estado en la Yaguana. Trajo dos navíos y doscientos hombres; recibióse gran contento de su venida, y mandó que en todo aquel mes aparejasen aquellos dos navíos y los dos que el Adelantado trajo de la Florida, y un bergantín nuevo que trajo de la Florida Diego de Maya, yendo con bastimento allá; y un patache compró en La Habana, y una chalupa nueva hizo calafatear y ensebar. Estos siete navíos, y a diez de febrero, con quinientos hombres de mar y guerra se partió a la Florida, y fue a haber si había pasaje y buena navegación entre las

Tortugas y los Mártires, que para las flotas de la Nueva España, Tierra Firme y otros cualquier navíos, que por ella navegaban, era muy necesario saberla.

Y hallándola muy buena, pasó adelante a la costa de la Florida en demanda de unos hombres y mujeres que hacía 20 años que estaban cautivos en poder de un cacique que se llamaba Carlos, y cada año mataba de esta gente, haciendo sacrificio de ellos al demonio; y que todos andaban desnudos hechos salvajes como los mismos indios. Tenía propósito de allí irse a las provincias de Santa Elena, que está a cincuenta leguas al norte del puerto de San Mateo, porque los indios que estaban hacia este fuerte, decían a los soldados que en el puerto de Guale había luteranos nuevamente venidos. Tenía gran voluntad de dar con aquellos cristianos que andaban perdidos en la tierra de aquel cacique; y habiendo hecho decir muchas misas a San Antonio, que le fuese abogado con nuestro Señor para que encontrase con el puerto donde estaban aquellos cristianos, embarcóse, no en su nao capitana en que iba, dejándola a Esteban de las Alas a quien había hecho general de los navíos y su lugar teniente, métese en un bergantín con 30 hombres entre soldados y marineros, que no demandaba más que media braza de agua. Manda a Diego de Maya, que era almirante de aquella armada, que con otro bergantín en que iba con treinta personas, que demandaba muy poca agua, se fuese con él; y vanse entre ambos navegando lo largo de la tierra, y los demás navíos a lo largo, por ser la costa vacía; y al tercer día perdió sus navíos con una cerrazón o borrasca que hubo. Al cuarto día salió Diego de Maya en una canoa, media legua delante, y llegando al bergantín habló uno de los que venían en la canoa, diciendo: españoles, hermanos cristianos, seáis bienvenidos, que Dios y Santa María nos han dicho que venís, y los hombres y mujeres cristianos que aquí están vivos me han encomendado y viniese a aguardaros que con esta canoa para daros una carta que traigo, todos los del bergantín recibieron grandísimo gozo y contento de hacerlos cristianos. Diego de Maya recibe al hombre en su bergantín, que venía desnudo y pintado, hecho indio; nomás de cubiertas sus vergüenzas, abrazóle el capitán y pídele la carta, el hombre sacó de entre el cuero de venado, con que traía atrapadas sus vergüenzas, una cruz, diciéndole que aquella era la carta que los cristianos que allí estaban cautivos les enviaban; y que le pedían por la muerte que nuestro Señor había recibido por salvarnos, no pasase sin entrar en el puerto y procurar de sacarlos de su cacique y llevarlos a tierra de cristianos. Al llegar el Adelantado, entiende muy particularmente lo que había, y todos puestos de rodillas adoraron la cruz, dando gracias a nuestro Señor; informóse de la calidad de la tierra y condición de los indios.

Capítulo XXX: Cómo el Adelantado cobró los cristianos y descubrió la tierra del cacique Carlos.

Hecho esto, métese en el puerto y surgió a lo largo de la tierra, que saltaban de un bergantín en seco sin mojarse; estaría a media legua de allí el pueblo del cacique llamado Carlos. Habíase puesto este nombre, porque los cristianos le habían dicho que el señor de la mayor cristiandad, cuyos vasallos eran, se llamaba así.

Está la tierra de este cacique entre la tierra de los Mártires, digo la cabeza de los Mártires, y bahía de Juan Ponce. Al poniente de la cabeza de los Mártires, tenía este cacique nueve personas cristianas, cinco mujeres y cuatro hombres; y otros dos y una mujer estaban la tierra dentro; deduciendo cristianos que en tierra de este cacique se habían perdido dentro del canal de las Bahamas y en la cabeza de los Mártires, que es el camino para venir de las Indias y España, todos los había sacrificado este cacique y su padre a sus ídolos, y no habían quedado sino aquellos.

El Adelantado, imaginando como sacaría los cristianos, dijo a aquel hombre que fuese y dijese al cacique que traía muchas cosas para él y sus mujeres, y cierta embajada del católico y potentísimo rey de España, que quería ser su amigo; informando el cacique de la poca gente que el Adelantado traía, vino con 300 indios flecheros. El Adelantado hace llegar los bergantines a lo largo de la tierra, estando la proa del uno puesta en la proa del otro, puestos los versos y artillería de la banda de la tierra con muchos perdigones dentro, para lo que se ofreciese. Hizo poner una alfombra en el arenal, en que se sentó el cacique con los más principales alrededor; el Adelantado salió de los bergantines con treinta arcabuceros con sus cuerdas[489] encendidas, y sentóse cabo, hizo el cacique y sus indios principales gran referencia al

---

[489] cuerdas 'mecha de cuerda de cáñamo con que se prendía fuego a las armas antiguas. (Moliner)

Adelantado. Puesto el cacique de rodillas y las manos puestas las palmas hacía arriba, ponía el Adelantado sus manos sobre las del cacique, que ésta es la suma reverencia que ellos hacen a sus principales, como acá besamos las manos al Rey. Venían ése y todos sus indios desnudos, con sus arcos y flechas, tapadas las partes interiores con gamuzas de venados; vistió al cacique el Adelantado una camisa, una ropeta[490] y zaragüelles[491] de tafetán, y un sombrero de tafetán y otras cosas de rescates, así para él y para sus mujeres, que muchas tenían. Era de edad de 25 años, muy alto y dispuesto, que con el vestido parecía muy gentil hombre; y dio el Adelantado otros muchos vestidos y rescates a todos sus principales; háceles traer de comer bizcocho y miel y otras cosas, y vino, que muy bien les sabía, el cacique da al Adelantado una barra de plata que pesaba hasta doscientos ducados, y algunos tejuelos de oro y otras joyas, y pidió que le diese más de aquellas cosas de comer y vino. El Adelantado dice que no tenía de comer para tanta gente, que se metiese con él en el bergantín con sus principales, y les daría de comer otras cosas, cosas muy sabrosas y que llevasen para sus mujeres. El cacique, codicioso de recibir aquello, se metió en un bergantín con 20 indios, el Adelantado muy secreta y sabiamente y con mucha diligencia, mandó que junto a cada indio estuviese un soldado y se sentase cabe ellos, y si quisiesen echar a la mar no lo consintiesen; mandó largar los cables con que los bergantines estaban amarrados a tierra y túvose a lo largo.[492] Los indios alteráronse, dijéronles con la lengua que no tuviesen miedo, que se habían metido al agua porque no se entrasen más indios en los bergantines, que como eran pequeños, los trastornarían. Creyéronlo los indios, danles muchas cosas de comer y más rescates, cuentas[493] y cascabeles; el cacique, queriéndose ir, el Adelantado le dice que el católico Rey de España su señor envía con él a hacer paz y amistad, y le rogaba enviase los cristianos

---

[490] ropeta o ropilla 'vestido que se llevaba sobre el jubón, para la parte superior del cuerpo, con mangas con brahones de los que pendían unas segundas mangas sueltas o perdidas' (Moliner).

[491] Ver nota 257.

[492] a lo largo 'a lo lejos, a la distancia' (DRAE).

[493] cuentas 'se llaman las piezas de que se compone el rosario' (Autoridades); 'bolita o pieza perforada de cualquier forma con que se hacen rosarios o collares y otros adornos' (Moliner).

cautivos que tenía; y que si no los daba, le mandaría matar; que se los diese, que por ellos le daría muchas cosas y le tendría por amigo y hermano y le favorecería con sus invencibles españoles contra los caciques sus enemigos. El cacique habló con buen semblante que tiene en mucho la merced de tan soberano príncipe, y que guardara en todo lo posible lo que el Adelantado de su parte le ordenare; que es contento de dar los cristianos, y que quiere ir por ellos. Agradecióle el Adelantado la respuesta, y dice que si le dejase ir sin que los trajese, que su gente le mataría, porque eran hermanos de los otros, que enviase algunos indios por ellos; dentro de una hora fueron, y traen cinco mujeres y tres cristianos. Mándales el Adelantado dar de vestir, lloraban entre los indios; da al cacique muchas cosas de vestidos, hachas, cuchillos, y también a los que habían entrado con él; y prométele el cacique que dentro de dos meses les traería otros dos cristianos y una cristiana que estaban en la tierra adentro; rogóle que por la mañana, antes que se partiese, fuese a su pueblo para que sus mujeres le viesen, y el Adelantado dijo que así haría.

A la mañana envía muchas canoas por él, estando el Adelantado muy sospechoso de su ida, llegó en una canoa el cristiano que había salido con la cruz a la mar, que se había ido con el cacique a visitar sus mujeres y dales un presente de parte del Adelantado; avisóle que no fuese al pueblo, porque tenían concertado de matarle, y la orden era ésta: que saliesen sin arcos, ni flechas, sino con ramos de palmas, cantando y haciendo gran regocijo, y en allegando, cada indio, en lugar de honrarles tomase en los hombros un cristiano, y en un bosque, que estaba entre el pueblo y la marina, tenían emboscados muchos indios armados para que en llegando allí cada indio con su cristiano le asiese[494] bien de las manos como los llevaban asidos, y los otros los matasen. Vino el cacique Carlos con mucho número de indios, cantando y haciendo otros muchos regocijos, y dijo como aquellos indios traía para que el Adelantado y sus españoles fuesen en sus hombros, pues eran personas que lo merecían; y que él mismo quería llevar al Adelantado, y que sus indios principales llevarían a sus capitanes y otra gente; y los demás los irían regocijando como lo habían hecho a otros cristianos que allí habían llegado,

---

[494] asir 'agarrar, sujetar' (Moliner).

pues todos eran criados de Dios. El Adelantado respondió agradeciéndole esta cortesía, y que aquellos que habían consentido llevarse así, que eran cristianos de mentira; que ellos no querían admitir aquella honra que se fuesen; que él iría a su pueblo solamente con algunos españoles. Los indios, entendiendo lo que era, que aquel cristiano les descubría, huyeron con sus canoas.

El Adelantado, para dar a entender que no sabía nada, vase con sus bergantines junto al pueblo, y de allí, tocando dos clarines y campeando las banderas, hizo señal que viniesen las canoas por él, que los bergantines no podían pasar más adelante; no queriendo venir, estando muy corrido el Carlos de que se entendiese su traición, el Adelantado salió del puerto para buscar sus cinco navíos y juntarlos; y no pareciendo, le dijeron los cristianos cincuenta leguas de allí había otro puerto muy bueno donde estaban otros tres cristianos cautivos en poder de los indios. Sospechando que sus navíos habían ido allá, y teniendo deseo de rescatarlos, va en su demanda, ni halló unos ni otros; da la vuelta, y halló en el puerto del cacique Carlos, donde habían estado surtos los cinco navíos y supo como Esteban de las Alas había ido al pueblo con cien soldados; y los indios, viendo tantos navíos y gente, les hicieron buen recibimiento.

Capítulo XXXI: De lo que pasó el Adelantado con el cacique Carlos.

Habían los soldados de Esteban de la Alas rescatado con los indios, a trueque de bujerías[495] y quincallería,[496] más de dos mil ducados de oro y plata. El Adelantado no quiso irse sin ganar aquel indio por amigo para algún tiempo de necesidad, determinó de hablarle; envía al cristiano para que le diga como el Adelantado no sabía nada de la traición que armaba para matarle. Carlos lo creyó, y con codicia que tuvo de que le diese más cosas, le vino a ver con solamente cinco o seis indios; dícele que le quería tomar por su hermano mayor para hacer todo lo que él le mandase; ofrecióle una hermana suya mayor que era muy querida suya, para que se casase con ella y la llevase a tierra de cristianos tornándosela a enviar, y

---

[495] bujería 'objeto de estaño, hierro o vidrio de poco valor' (Moliner).
[496] quincallería or quincalla 'conjunto de objetos de metal, generalmente de escaso valor' (DRAE).

cuando se la volviese, que él iría también y se haría cristiano con todos sus indios, porque le parecía que era ser mejor cristiano que indio. Ruégale que fuese por ella y viese a sus mujeres y pueblo, el Adelantado dijo que otro día iría, regalóle mucho y envióle a su casa.

Los capitanes y soldados quisieran mucho que no le soltara, porque era fama que tenía mucho dinero y por el rescate se lo daría todo. El Adelantado dijo que había venido sobre su palabra y confianza, y que no les tomarían por buenos cristianos si les tomaban en mentira; de esto se espantaron todos, porque sabían lo mucho que había gastado en esta empresa, y la poca ayuda que de ninguna parte había tenido para ella quedando empeñado en España, y lo mismo estaban sus deudos y amigos por él; y en La Habana debía mucho y había enviado a la nueva España a tomar más prestado; entendían que cuando poco, sacara de aquel cacique cien mil ducados.

Y puesto caso que él no los tuviera, los indios y otros caciques amigos suyos se los dieran, en cuyo poder estaba algún oro y plata de las naos perdidas, que no lo conocían ni sabían que cosas eran. Con ellos se desempeñara y a los que estaban empeñados, y estuviera más proveyendo para tan santa empresa como la que había acometido; y los indios tenían tan en poco el oro y plata y estaban tan ignorantes de su valor, que por un as de oro de naipe dieron a un soldado un pedazo de oro de peso de sesenta ducados y por unas tijeras daban una barra de plata que valía cien ducados.

Rescataron los soldados de Esteban de las Alas y del Adelantado tres mil quinientos ducados sin tomarles el Adelantado un real, y nunca él rescató cosa, porque no entendiesen los indios que él iba aquello. El otro día siguiente sale el Adelantado con doscientos arcabuceros y una bandera y dos pífanos y a tambores, tres trompetas y un arpa, una vihuela de arco y un salterio[497] y un enano muy chiquito, buen danzador. Estaba la casa del cacique dos tiros de arcabuz de donde se embarcó; cabían en ella holgadamente dos mil hombres; no consintió que soldado entrase dentro, sino que fuera de ella estuviesen a punto con sus mechas encendidas. Metióse al aposento del cacique con sólo gentiles

[497] Ver nota 265.

hombres, 20 que iban con él, y la música, donde había unos bergantines grandes por donde su gente lo podía ver. Estaba el cacique en un buen aposento sentado solo, con grande autoridad, y una india cabo[498] si, apartada algún tanto de él en un alto medio estado del suelo; y hasta cincuenta indios principales, y otros cincuenta en lo bajo cerca de él, las indias estaban sentadas junto a la india.

Entrado el Adelantado, dale el cacique el asiento que él tenía, y se apartaba mucho de él; el Adelantado le llegó junto a sí, levántase luego el cacique y tómale de las manos, según costumbre de ellos, haciendo cierta ceremonia, conque no se puede hacer mayor cortesía entre ellos, y es aquella la que los indios vasallos suelen hacer a sus caciques. La india y los principales hicieron lo mismo; junto a las ventanas, de parte de fuera, se pusieron más de quinientos indios de diez años hasta quince a cantar; y otros a saltar y voltear. Cantaron las indias y los indios principales que estaban cabo el cacique, danzaron sus hermanos, tíos y tías; entre éstos había algunos de 90 a cien años, y danzaron todos.

Este es el mayor regocijo y respecto y obediencia que a ningún cacique de aquella tierra se puede hacer; mostraban todos tener gran contento y alegría, y las indias que estaban fuera de las ventanas, no dejaban de cantar, de ciento en ciento, cantando las cincuenta y una vuelta y las cincuenta otra.

Capítulo XXXII: Cómo el Adelantado comió con el cacique Carlos y se partió a la Cabeza de los Mártires.

Acabado este sarao,[499] pregunta el cacique al Adelantado si quiere que traigan la comida. Respondió que no tan presto, llevaba escritos muchos vocablos en lenguaje de los indios, que eran de mucho comedimiento y amor, para hablar a la mujer principal de Carlos y a su hermana, que era aquella que estaba allí sentada. Como supo que no estaba allí la mujer del cacique, hizo que la trajesen; entre tanto le dijo el cacique que aquella era su hermana,

---

[498] cabo 'cerca de' o 'junto a' (Moliner).

[499] sarao 'reunión' (Moliner).

la que le había dado por mujer. El Adelantado tómala por la mano y siéntala entre ambos, y por el papel le dijo muchas cosas, de que todos los indios se espantaban mucho pensando que el papel hablaba. Era aquella india de hasta 35 años, no hermosa, más era muy grave; vino la mujer del cacique, de edad de 20 años, tenía muy buenas facciones, manos y ojos, hermosa y bien dispuesta. Estaba desnuda, solamente cubiertas sus vergüenzas, traía las cejas bien hechas, y una gargantilla de cuentas de oro; el Adelantado la tomó por la mano y la sentó entre la india y el cacique, habló con ella en su lenguaje muchas palabras que llevaba escritas en el papel, de que ella se regocijó mucho, y el cacique no se holgaba nada, y por eso le mandó que se fuese.

El Adelantado por la lengua le dijo que no se fuese, porque tenía muchas cosas que darle; hizo traer el presente que llevaba, dio una camisa a ella y otra a la hermana del el cacique, y sendas ropas verdes, cuentas, tijeras, cuchillos, cascabeles, espejos, conque reían mucho los indios e indias cuando se miran en ellos. Dio al cacique otro vestido, allende del que le había dado y otras menudencias de rescates y dos hachas y dos machetes, que era cosa que tenían en mucho, otro tanto hizo a los indios e indias principales, sin que por ello recibiese interés ni lo pidiese. Manda traer la comida, donde hubo muchos géneros de pescados muy buenos, cocidos y asados, ostiones, sin lo que el Adelantado hizo desembarcar, que fue un quintal de bizcocho y una botija de vino y otra de miel, azúcar, y repartió por todos los indios; dioles alguna confitura y carne de membrillo. Cuando trajeron la comida, tocaron las trompetas que estaban de fuera, y en cuanto comió el Adelantado, tocaron los instrumentos, y danzaba el enano; después cantaron cinco o seis gentiles hombres que tenían muy buenas voces, porque como el Adelantado era amigo de música, siempre traía consigo buen recaudo; contentó nuestra música a los indios en tal manera, que el cacique dijo a las mozas que estaban de fuera cantando, que callasen, porque los cristianos sabían mucho. Alzadas la mesas, queriéndose ir el Adelantado, el cacique le dijo que había de llevar a su hermana por mujer, y que si no lo hacía, que sus indios se alterarían, porque entenderían que lo dejaba de hacer por tenerlos en poco. Respondióle por una legua que los cristianos no podían tener conversación con mujeres que no fuesen cristianas, el cacique respondió que él y sus indios y hermana lo eran, pues que lo habían recibido por hermano; púsose otros inconvenientes el Adelantado, que le refirió muchas cosas que era antes menester creer.

La india dijo que ya de los cristianos estaba informada de todo aquello, que si no quería tener su conversación, que la llevase consigo a la tierra de cristianos, y que llevaría consigo algunos indios e indias principales para que viesen la religión cristiana, y volviendo a la tierra harían que todos fuesen cristianos. El Adelantado dijo que era contento, manda aderezar lo que era menester para embarcarse, y entre este tiempo vinieron dos caciques a ver al Adelantado y a los cristianos, dales de comer y algunos rescates, y habiendo de embarcar a la tarde, trajo Carlos a su hermana acompañada con trescientos indios y los dos caciques, y deja a su hermana en los bateles con seis indios e indias, los más principales sabios, y entendió que había en la tierra, rogándole que de ahí a cuatro o cinco meses se volviesen, y que si ella y ellos dijesen que era bueno ser cristianos, él y toda su gente lo serían.

El Adelantado, queriéndose descargar de semejante embarazo, dijo al cacique que entonces iba contra los luteranos, y que después habría lugar para aquello; amotinóse en tanta manera él y los indios, diciendo que los otros caciques se reirían de él, por la burla que hacía de su hermana, y por no dejarlos escandalizados, recibe en el navío a la india y tres indios y 4 indias, que los demás no se atrevieron a ir con ella, y mostróles buen rostro, y procuró de darles contento; porque así convenía, porque eran muchos y grandes guerreros, y era menester halagarlos para traerlos después a ser cristianos. Bautizáronla y llámanla Doña Antonia y al puerto San Antonio, porque a este santo glorioso había tomado por abogado para que le encontrase con aquellos cristianos que iba a buscar.

Habiéndose de partir, dice al cacique que ponga una cruz grande junto a su casa, y que cada día los hombres, mujeres o niños la fuesen a adorar y besar y la tuviesen por su ídolo mayor; porque en su semejanza había padecido el criador del mundo, y que quitase los demás ídolos. Esto dijo que no podía hacer hasta que volviese su hermana y los que iban con ella, porque éstos le habían de decir lo que convenía hacer.

Da orden como Esteban de las Alas se fuese a La Habana con esta india y su gente, y la entregasen al tesorero Juan de

Hinostroza, su lugar teniente en aquella isla para las cosas de la Florida, escribiéndole que pusiese diligencia como aquellos indios fuesen doctrinados en nuestra Fe y les hiciesen todo buen tratamiento. Y cuando fuese tiempo, los castigasen y doctrinasen y cristianizasen, que dentro de tres o cuatro meses iría a volverlos a su tierra; manda a Esteban de las Alas que carguen cinco navíos de bastimento y ganados, y que le aguardarían en el puerto de San Agustín para ir sobre los luteranos, que decían estar en Guale y Santa Elena; vase con dos bergantines descubriendo toda aquella costa de los Mártires para sí hallaba algún puerto bueno en el canal de las Bahamas, procurara hacer amistades con los caciques y pueblo que topara.

Capítulo XXXIII: Cómo llegó al puerto de San Agustín y de los Mártires, y lo que hubo allí y en San Mateo.

A ocho días que partió del puerto de San Antonio, que así llamaron al puerto de la tierra del cacique Carlos, halla un puerto en el canal de las Bahamas; saliendo de él, encontró la carabela que había enviado desde La Habana a Campeche a cargar de maíz yendo en ella Gonzalo de Solís de Merás. Halló dentro más de ciento treinta personas, y toda ella cargada de maíz y gallinas y miel y otras aves y cosas que el obispo de Yucatán don Antonio de Toral y Don Luis Céspedes, gobernador de aquella tierra, por cartas del Adelantado y ruego suyo habían cargado.

Y yendo a la Florida, entró en La Habana, y Juan de Hinostroza lo despachó y mandó que fuese luego por la tierra de Ays y puerto de Santa Lucía, donde había quedado Vélez de Medrano con los 300 españoles y franceses, viniéndose el Adelantado con los demás bateles a La Habana a buscar bastimento, aunque ya le había socorrido con un patache de todo lo necesario, y con lo demás había pasado a San Agustín no sabiéndolo Hinostroza. Y por eso mandaba que aquella carabela fuese por allí a socorrerles con bastimento; y llegando a Santa Lucía, los soldados prendieron al maestro y se alzaron con la carabela, hirieron al capitán Juan Vélez de Medrano y su alférez Gabriel de Añana, natural de Salinas de Añana, porque defendían que no hiciesen aquello, y se embarcaron en ella; y se iban para La Habana.

Y habían navegado más de quince leguas cuando el Adelantado encontró con ellos, traía la carabela al alférez, bandera y soldados que habían huido de La Habana, que Gonzalo de Solís había dejado presos en Mérida, yendo a nueva España. Métese en la carabela con algunos gentiles hombres, y navega para el puerto de San Agustín; habiéndose ido estos soldados a Juan Vélez de Medrano, del puerto de Ays, donde los había dejado el Adelantado, muchos de los soldados que quedaron no pudiendo sufrir la hambre y trabajo que pasaban mientras el Adelantado, de La Habana les enviaba bastimento, sálense de Ays, donde el capitán y su alférez Ayala, saliendo a recogerlos, hallaban en el camino a unos muertos y a otros ahogados, por pasar los ríos; y 23 leguas más adelante hallaron un puerto que pusieron por nombre Santa Lucia, por haber sido descubierto aquel día, adonde el Adelantado envió el socorro de bastimento desde La Habana.

Hicieron un pueblo, y aunque los indios se les habían mostrado amigos, andaban por matarlos, porque los veían muy flacos y sin arcabuces, que de cansados los habían dejado en el camino y un día dieron 500 indios sobre nosotros y nos mataron quince soldados, e hicieron cara en tal manera a los soldados que no se les daba nada de los arcabuces, porque mientras uno tiraba un tiro soltaba el indio 20 flechas. Viendo el Alférez Gabriel de Ayala que aprovechaba poco aquello, sale con 30 soldados con espadas solas, y de esta manera los ahuyentó de allí, porque cada día venían al alojamiento a hacerles daño.

Hicieron dentro de ocho días un fuerte, donde estuvieron en defensa; y pesándoles de haberlos visto hacer fortaleza, dieron un día al alba mil indios sobre ellos, pelearon cuatro horas flechándoles sin cesar, y echaron dentro del fuerte seis mil flechas, con las cuales hirieron a muchos y al capitán y alférez, y mataron ocho soldados.

En este tiempo, teniendo casi cada día refriegas con los indios, era tanta la necesidad que pasaban, que entre diez soldados no daba más de una libra de maíz; y después de acabado, se vendía un palmito en un ducado, y una culebra de cuatro, y un ratón en ocho reales; y que eran precios excesivos por no haber dinero. Caíanse los soldados de hambre, en tal manera, que no había sino treinta hombres para tomar armas; tostaban al fuego huesos de animales y pescados, que había muchos años que estaban muertos, y los royan;[500] lo mismo hacían a los talabartes[501] y zapatos.

Viendo el Alférez Ayala esta lástima y mala ventura que los soldados pasaban, determina de ir a La Habana por algún socorro, y entran él y el vicario Mendoza en un batel sin llevar marinero ni hombre que supiese de navegación. Puestos en la mar, revuelve el tiempo y da con ellos donde habían salido; de ahí a seis días llegó la carabela cargada de bastimento, antes que llegase el Adelantado a San Agustín, supo los motines que allí y en el fuerte de San Mateo habían habido, siendo de tal condición, que los capitanes no lo habían podido remediar, aunque pasaban por muchas cosas mal poseídas y mal ordenadas.

Había el Adelantado desde La Habana enviado a Diego de Maya por fin de diciembre con un navío de ochenta toneles cargado de cazabe, dejado parte en el puerto de San Agustín, fue con lo restante a San Mateo, y a la entrada de la barra se perdió un navío y todo el bastimento, escapándose la gente; avisado de esto el Adelantado, por principio de enero le envió una fragata con sesenta toneladas, cargadas de maíz, vino y aceite, paños y lienzos y alguna jarcia y estopa, que llegaba todo a más de seis mil ducados; y los cuatro mil de estopa[502] y bastimentos se los fió un mercader por un año.

Y una noche antes que la descargasen, amotinóse la gente, prendieron al Maestro de Campo, justicia y regimiento y al tenedor de bastimentos, clavaron la artillería; nombraron electo y sargento mayor. Estuvieron de esta manera 6 días, y después se embarcaron 130 hombres en la fragata; y no cabiendo dentro todos los amotinadores, andaba el sargento mayor señalando los que se habían de embarcar, trayendo en su guarda doce arcabuceros y seis alabarderos;[503] y andando en aquesto, el Maestro de Campo soltó a sí y a otros ocho de regimiento y oficiales de su majestad, toman

500 Royan por roían.

501 talabarte 'la pretina de la cual cuelgan los tiros donde va asida la espada' (Covarrubias).

502 estopa 'jarcia deshilada que se emplea para calafatear' (Moliner).

503 alabardero 'soldado con alabarda (arma, especie de lanza, cuya punta está cruzada en su base por otra que remata en una media luna por detrás). Específicamente, soldado de cierto cuerpo que daba escolta a los reyes de España' (Moliner).

arcabuces y dan sobre ellos, y desampararon la barca en que se iban a meter con la fragata, y viniéndose perdidos se rindieron, y tomándoles la confesión, antes que amaneciese, hizo ahorcar el sargento mayor, hubo lástima. El Maestro de Campo del electo porque era siempre, y muy contra su voluntad, había aceptado aquel oficio; y soltó a él y a los demás que tenían presos, luego por la mañana, dándoles una reprensión. Los que estaban en la fragata hicieron vela y huyeron, porque el Maestro de Campo venía en un patache lombardeándoles,[504] y no pudieron darles alcance, vuélvese a su gente y pónela en gobierno en el fuerte y disciplina como antes.

Estando las cosas de esta manera, a 20 de marzo de 66 entra el Adelantado en el fuerte de San Agustín, donde halló al Maestro de Campo muy enfermo y con gran sentimiento por habérsele desacatado y amotinado aquellos soldados; no tenían tampoco bastimento. Halló también enfermo a su hermano Don Bartolomé Menéndez, gobernador y alcalde de aquel fuerte distrito, que no se halló en San Agustín cuando se amotinó la gente, porque había ido con unos soldados a los indios enemigos a buscar algún maíz, todos estaban tristes y afligidos, y con la venida del Adelantado se alegraron y recogieron, y los enfermos comenzaron a convalecer, porque traía mucho maíz, miel, gallinas y alpargatas.

Capítulo XXXIV: De lo que aconteció en el puerto de San Mateo.

Esteban de la Alas, que había ido a La Habana a dejar allá a Doña Antonia y los demás indios, entró aquel mismo día que el Adelantado en San Agustín, trayendo bastimentos, carne y ganado, conque recibieron todos con gran alegría y contento. Los del fuerte de San Mateo se amotinaron en el mismo tiempo que los de San Agustín, que pareció ser caso noble y pensando la causa porque se amotinaron, no fue tanto por causa de faltarles el bastimento, cuanto porque veían en aquella tierra no había oro ni plata como en la Nueva España y Perú, adonde llevaban intento de parar. Y así se daban prisa a aderezar un navío que estaba en el astillero con propósito de alzarse con el primer bastimento que viniese e irse.

---

[504] de lombardear 'disparar las lombardas contra algún objetivo' (DRAE).

El Maestro de Campo, que estaba en San Agustín, escribió a Gonzalo de Villarroel, que estaba en San Mateo, que impidiese que el navío no se acabase; que se gobernase con la gente de San Mateo lo mejor que pudiese, de manera que no le matasen, porque entendía que todos se querían amotinar; y así lo hicieron, porque en llegando a la fragata cargada de bastimento, se alzaron con ella y se metieron con el navío que estaba aderezado, ciento veinte soldados, entre ellos 35 nobles. Cuando el Adelantado llegó a San Agustín, aún no se había partido, y así les avisó luego como enviaba bastimentos y perdón general a todos los que se habían alterado, no poniéndoles culpa de lo que habían hecho, pues que les faltaba la comida; que si él estuviera allá, se hubiera salido de la tierra por no morir de hambre; más ahora que tenía lo necesario, harían gran traición a su majestad en desamparar el fuerte y que siendo los cristianos que quedaban pocos, que los indios enemigos con algunos luteranos que andaban entre ellos les harían guerra y les tomarían el fuerte.

Llegado este recaudo los 35 nobles muy contra voluntad de los demás se salieron del navío, y en un batel dieron en tierra y se vinieron al fuerte, donde tan solamente habían quedado el alcalde Gonzalo de Villarroel, y Don Fernando de Gamboa y Rodrigo Montes, primo hermano del Maestro Campo, y otros cuatro deudos y criados suyos, el capitán Martín Ochoa con su Alférez y sargento y el capitán Francisco de Recalde con un criado suyo, que todos eran veinte y cinco. Mataron los amotinadores tres indios, y los dos principales, lo cual fue causa que los demás indios rompen la gran amistad que allí habían tenido con los cristianos. Sabidas estas nuevas por los indios que venían hacia el fuerte, los flecharon y mataron. Gonzalo de Villarroel, que quedaba en el fuerte de San Mateo con los 25, no supo que los indios habían levantado guerra, y envío a Rodrigo Troche, su alférez, con aviso al maestro de campo, avisándole que quedaba con poca gente. El Rodrigo Troche topó en el camino con unos indios, los cuales prendieron a él y al compañero y le llevaron a Saturiba, su cacique, que los conocía muy bien; hízolos abrir y sacar el corazón y flechárselos.

Sabiendo el Adelantado que el navío se iba con aquellos amotinadores, acordó de ir a tomársele para castigarles. Estando para partir, llegó el capitán Juan de San Vicente y su alférez Francisco Pérez a pedir licencia para irse en una carabela que el

Adelantado enviaba a la Española a cargar de bastimento; y no bastó que el Adelantado le puso delante que era aquel el tiempo que le convenía, con cuatro navíos y 300 hombres, ir a Guale y a Santa Elena a echar los luteranos, que decían estar allí.

Allende de esto, que los indios andaban de guerra y que le convenía socorrer a Gonzalo de Villarroel que estaba en San Mateo con cien soldados, y dejar con él al Maestro de Campo en el fuerte otros tantos; y que si él hacía aquel movimiento, que los demás soldados pretenderían lo mismo y que le dejarían y con poca gente, estando esperando luteranos que venían de Francia sobre él, como su majestad había avisado. Con todo esto, y habiéndole hecho todos los requerimientos posibles, no pudo acabar con él y con más de cien soldados que no se embarcase en la carabela; mandó el Adelantado que los llevasen a Puerto Rico, y el navío cargasen de bastimentos, y se volviese a la Florida.

Y en saliendo a la mar, hace al piloto que los llevasen a La Habana, porque de allí podían ir más prestos al Perú y Nueva España, Honduras y Campeche. Y teniendo viento contrario, arribaron al puerto de Plata de la isla de Santo Domingo, flacos y enfermos, por el poco bastimento que llevaban y venir apretado al calor y haber tardado más de 30 días, siendo la navegación de diez o doce. Aquel mismo lugar hubiesen aportado los ciento veinte soldados que se habían alzado en San Agustín con la fragata cargada de bastimento, y de allí se fueron después a diferentes partes.

Y así viniendo a España, desinfamaron[505] la tierra de la Florida y aquella empresa y conquista, y así después el Adelantado no hallaba hombre que quisiese ir a conquistarla, ni poblarla ni vivir en ella; de donde no ponían poca culpa al Adelantado en porfiar en aquella conquista, no habiendo éstos andado la tierra adentro ni haber entrado una legua en ella, sino haber estado siempre por la costa y marina, que son arenales y ciénagas.

Capítulo XXXV: Cómo el Adelantado fue a Guale, y aprovechó el fuerte de San Mateo.

Viendo el Adelantado que aquellos soldados se habían ido, mudó la determinación que tenía, porque de los 300 hombres que

---

[505] desinfamar por infamar 'difamar' (Moliner).

había de llevar a Guale y a Santa Elena, dejó los 150 en los dos fuertes de San Agustín y San Mateo, y llevó los ciento cincuenta en dos bergantines y un navío de cien toneladas. Y deja en San Mateo la gente y bastimento, y visitó el fuerte, no queriendo castigar a los amotinadores; deja reparando el fuerte lo mejor que pudo conforme el tiempo y según el bastimento que tenía.

Y parte principio de abril de 66, y a tres días descubrió un puerto, pasase a los dos bergantines con cincuenta soldados, dejando a Esteban de las Alas con cien soldados en el otro navío, da en un puerto que reconoció, y desembarcó en él un cuarto de legua del pueblo. Vinieron muchos indios flecheros, y entre ellos un cristiano desnudo con ellos, con arcos y flechas, y preguntóle en lengua española que gente era y donde iban; oyendo el Adelantado hablar español, preguntándole quien era y que hacía allí, y sabiendo que era francés, nacido en Córdoba, que había quince años que se soltó del castillo de Triana, donde estaba preso, y se había ido huyendo a Francia, y casándose allí; por una desgracia, fuese a andar por la mar, donde había estado en el Brasil seis años aprendiendo la lengua de los indios, y que después, habiéndose ido de allí para Francia, vino a la Florida con el capitán Juan Ribao por lengua. Y dijo como aquella lengua se llamaba la Florida, y que el señor de ella y de aquel pueblo, que parecía cerca, se llamaba Guale; y que él le había enviado allí para que si no eran luteranos, sino españoles, no les dejase desembarcar.

El Adelantado le dijo, nosotros no hacemos mal a los indios, antes les hacemos todo el bien que podemos, y contra su voluntad no queremos ir a su tierra ni desembarcar en ella; ruégale que se llegue donde estaba, y dale una camisa nueva y unos carafuelles y de comer, y lo mismo hizo a los 40 indios que habían llegado allí. Comieron bizcocho e higos pasados, estando sentados en la arena; y dio a todos algunos rescates, y por señas le decían al Adelantado que se fuese a su pueblo. Y tomando 30 arcabuceros y cuatro ballesteros, salta en tierra dejando 16 soldados en guarda de los bergantines; por el camino, preguntado a la lengua como había quedado allí, dijo que había seis meses que Juan Ribao se había perdido con toda su armada andando en busca del general Pero Menéndez; y díjole que habían 15 luteranos llegado allí, y estando cinco meses en una casa que hicieron, y que habiendo hecho un batel, embarcándose en él, quince días había, se fueron a

Terranova para irse de allí a Francia con los navíos que venían a la pesquería.

Supo también de éste que el cacique de Guale y Santa Elena eran enemigos y se hacían cruel guerra, y el de Guale había llevado consigo estos 15 franceses contra él, aunque iban de mala gana, porque Orista, que así se llamaba el cacique de Santa Elena, era su conocido. Yendo en el batel de los mismos luteranos, toparon cuatro indios en una canoa, los dos parientes de Orista, a quienes aprehendieron; y volviéndose con esta empresa a Guale, los dos se echaron a nadar y se volvieron a Santa Elena, contando al cacique que los cristianos que habían estado en su tierra seis años había, los habían prendido con su barco, y como el cacique Orista había enviado a amenazar a los luteranos, que de ahí a dos días querían matar aquellos los indios principales. Fue muy bien recibido en el pueblo; aposentáronle en la casa donde solían pasar los luteranos, manda luego, como tenían de costumbre, a tres muchachos que traían consigo delante de una cruz.

Llevaba consigo el Adelantado un francés católico que se llamaba Guillermo, que había venido en una fragata que Diego de Mazariegos, gobernador de Cuba, había enviado a la costa de la Florida a ver si había allí luteranos, y lo trajeron consigo, porque lo habían dejado allí a defender la lengua; el gobernador, por una cédula de su majestad, entrégalo al Adelantado. Este entendió que la otra lengua que estaba en Guale era luterana, y avisado dél, el Adelantado, y hablando en la otra lengua, entendió ser así; y díjole que él y sus soldados habían venido a aquella tierra a hacer que los indios fuesen cristianos, que si se extendía ser luterano le matarían, que dijese a todos que era católico y avisase al cacique de los luteranos que habían estado allí eran cristianos de mentira, y que ellos eran cristianos de verdad, siervos de Dios, y que iban para matar aquellos luteranos que eran bellacos y malos cristianos; y que si el cacique y su gente querían ser cristianos, que el Adelantado le defendería de sus enemigos.

La lengua, del miedo que tuvo, dijo muy bien todo aquello al cacique y todos sus indios principales; estando presente

Guillermo, francés, que sabía muy bien la lengua de baale,[506] porque en Santa Elena, donde él la había deprendido,[507] no estaba de allí sino diez y ocho o veinte leguas; el cacique respondió que quería ser cristiano de verdad como los cristianos que allí estaban, y no de mentira como los otros que se habían ido. El Adelantado le dijo el poder de dios y su bondad, y le instruya en las cosas de la fe como a los demás caciques; por consejo del Adelantado iba él con toda su gente a oír la doctrina cristiana que los niños decían, y besaban la cruz. Rogó el Adelantado a la lengua que fuese católico, dijo que sí haría y que trabajaría que lo fuesen los indios; el Adelantado se lo agradeció y le dijo que tenía gran voluntad que aquellos dos caciques de Guale y Santa Elena tuviesen paces y fuesen amigos, y que quería que aquellos dos indios parientes de Orista no los matasen; la lengua dijo que se holgaría mucho, porque el cacique Orista había sido su amigo desde el tiempo que había estado con los luteranos en su tierra.

Otro día por la mañana llama el Adelantado al cacique y a diez o doce de sus principales, y dícele como sabía que tenían guerra con los indios de Santa Elena; que le rogaba que fuesen amigos y que le diesen los dos indios: que él trataría de las paces, y cuando no quisiese el Orista ser su amigo, se los volvería; Guale, habiendo hablado con sus indios, dijo que no quería ser amigo de Orista, y que había ocho meses que no llovía en aquella tierra, y que tenía sus maíces y labranzas secas, de que estaban todos tristes por la poca comida que tenían; y que querían sacrificar aquellos indios a sus dioses para que les diesen agua.

El Adelantado le dijo que no llovía, porque Dios estaba enojado con él, porque tenía guerra con Orista y con estos dos caciques, y porque mataba la gente que les tomaba; que le diese los dos indios y le dejaría otros dos cristianos en prendas, y cuando no volviese los dos indios, que matase aquellos cristianos por ellos. Habiendo hablado un rato con sus indios, dijo que era contento; todos los indios vasallos de Orista mostraron tener gran placer por estas paces que quería el Adelantado hacer a los indios de Santa

---

[506] Probablemente se refiera a 'guale', lengua de los indios Guale. El misionero Domingo Augustín escribió una gramática de la lengua guale. Ver notas 253 y 283. Cf. Indial Tribal Records.

[507] deprender 'aprender' (Autoridades).

Elena, porque eran más poderosos que ellos y les mataban muchos indios.

Otro día por la mañana va el Adelantado y sus soldados a dos leguas de allí a ver la isla y disposición de la tierra; vio que era muy buena y apacible para pan y vino; vino al pueblo, el cacique dijo que le diesen los dos cristianos que le habían de dejar en rehenes de los dos indios que llevaba; mostró dos soldados, no quiso aquellos sino los que él señalase. Contento de ello, el Adelantado señaló a un sobrino suyo, Alonso Menéndez Marqués, y a Vasco Zaval, alférez del estandarte real, porque la lengua había dicho que aquellos dos eran los más principales; deja con cada uno un cristiano para que le sirviese, y los niños para que enseñasen a los indios la doctrina cristiana.

El cacique, habiendo sido avisado que tratase bien a aquellas personas, que eran los más principales capitanes que tenía, los fue a abrazar y mostróles todo respeto y que les tenía todo acatamiento. Amonestándole el Adelantado que lo hiciese así, donde no que a él y a toda su gente les haría cortar las cabezas, y haciéndose amigo con los indios de Santa Elena, lo venía a efectuar; el cacique se atemorizó de estas palabras y los demás indios, porque ya sabían lo que había hecho a los luteranos y cuan victorioso había salido en todos los acometimientos que había hecho, que las nuevas de las cosas van de cacique en cacique muy presto por toda la tierra. El cacique le prometió que trataría muy bien a su gente, y que si Dios del cielo no la mataba que no la mataría; pártese para Santa Elena, encomendando a los seis cristianos que dejaba, doctrinasen a los indios y les informasen de las cosas de Dios.

Saliendo el mismo día, en la mar encuentra con un navío que venía Esteban de las Alas y su gente, que habían temido que el Adelantado se hubiese perdido, porque no lo había hallado. Como se metió en el pueblo, había ya cuatro días que se apartó dél a reconocer el puerto, que era negocio de dos o tres horas; del regocijo tocan las trompetas, sueltan la artillería, de que hubo mucho miedo los indios y otro principal que venía con ellos de parte del cacique Guale para hallarse presente a las paces y conciertos de amistad.

Rogaron al Adelantado que no mandase jugar más la artillería, que les hacía mal a la cabeza y al corazón, que tocasen las trompetas que era buena cosa; mándalo hacer así, y encoméndale a Guillermo, lengua, para que los regocijase y alegrase; y encargó a todos los soldados que los tratasen muy bien, holgándose Esteban de las Alas de lo que había hecho el Adelantado con aquellos indios.

Capítulo XXXVI: De lo que pasó con el cacique Orista.

Otro día en la tarde llegaron a Santa Elena; está este lugar y puerto a cincuenta leguas de San Mateo, en la costa de la Florida, al norte, y en este espacio de tres leguas hay tres puertos y tres ríos, el mayor tiene seis brazas de agua y el otro cuatro, y el que llaman Santa Elena, que es donde estaban los franceses, es el más ruin; todos tres se navegan por dentro, de arte que el que es señor de uno es señor de los otros.

En este lugar fue donde primero los luteranos sentaron su real, e hicieron fuerte año de 63, viniendo Juan Ribao por general; y volviéndose éste a Francia por más gente y socorro, dejando 25 soldados, hubo ente ellos disensión y motín. Quemaron el fuerte que era de fajina y madera, y dejaron allí una piedra con ciertas armas y escrito el año que aquello se hizo.

Mandó al francés Guillermo que quedase entre los indios para que aprendiese la lengua; éste es el que llevaron a Cuba los 30 soldados que envió a descubrir los luteranos el gobernador Mazariegos como se ha dicho en otro lugar.

El Adelantado, en el puerto por donde los indios le guiaban, que lo conocían y sabían bien, andando pescando cada día en sus canoas por allí, entrando una legua dentro dicen los indios que surgiese el navío grande, porque no podían pasar adelante, y que entrasen en los bergantines; llegó al pueblo de los indios, que estaba de allí dos leguas, llevando consigo a Esteban de las Alas y cien soldados; hallaron el pueblo quemado de cuanto habían venido los indios de Guale con los luteranos, y estaban haciendo casas. Viendo a los nuestros pónense de guerra, pensando que eran cristianos de mentira; los dos indios principales que traía el Adelantado los asosegaron[508] diciéndoles que eran aquellos cristianos de verdad, y enemigos de los otros que eran bellacos y malos cristianos; dentro de media hora desembarca con su gente

[508] asosegar 'sosegar' (Moliner).

dejando cada diez hombres en guarda de los bergantines; los indios vinieron con grande humildad y respecto a hacerles reverencia, no trayendo arcos ni flechas; por todos los caminos enviaron a los otros caciques a decirles que viniesen a ver el Adelantado; hacen grandes fuegos, traen mucho marisco.

Como se venían llegando los indios, le venían a hablar y respetar mostrando gran alegría y amor; entre ellos llegaron tres caciques sujetos al Orista, y porque el cacique con sus capitanes y otros caciques estaban en un pueblo, una legua de allí, se llegó allá el Adelantado.

Recibióle el Orista con otros dos caciques y holgóse mucho con él y con la lengua Guillermo que le conocía otra vez que había estado allí, habiéndole casado con una hija suya; hizo el Adelantado que ayuntase a sus caciques y capitanes; manda a la lengua que diga cómo quería que fuese amigo del cacique Guale, y cómo le traía aquellos dos indios parientes suyos, habiéndolos librado que no los
sacrificasen. Comunicólo el Orista, y sabiendo que los de Guale eran cristianos de verdad, dijo que holgaba de hacer lo que el Adelantado le decía, que quería con toda su gente ser cristiano de verdad; que los de Guale no habían de ser mejores que ellos; que los dos indios le habían dicho quién era Dios y cuan bueno era ser cristianos de verdad; y que los cristianos de mentira, que los tenía por enemigos como el Adelantado; y que se quisiese venir en aquella tierra le tenía por hermano mayor y haría lo que quisiese; y que le dejasen cristianos que doctrinasen a él y a su gente; díjole que sí dejaría, y si su gente se los mataba, que volvería y les cortaría las cabezas.

Respondieron que eran contentos; traen maíz, pescado, bellotas y ostras; hace traer el Adelantado bizcocho, vino, melaza de azúcar,[509] y repártelo entre los indios, que lo comieron y bebieron de buena gana; acabado de comer, hacen ciertas ceremonias con el Adelantado. Tomándole en nombre de su majestad por hermano mayor sentóle en el lugar más principal, y le fueron a dar la obediencia de todos los caciques con los principales que allí había, tomándole las manos, que es como acá besar las

[509] melaza 'líquido pardusco más o menos espeso que queda como residuo de la fabricación del azúcar' (Moliner).

manos a los reyes; los indios e indias parientes de los dos indios que habían cuidado los de Guale, que trajo consigo el Adelantado lloraban de alegría viendo delante de sí a los que tenían por sacrificado; hicieron grandes areitos[510] y bailes, cantando hasta media noche.

A la mañana dice al cacique que quería ir a ver a donde haría pueblo para los cristianos, porque no riñesen con los indios; el cacique le dijo que junto al puerto donde su nao estaba, hallaría un buen sitio, pudiendo ir por tierra y por agua; embarca en sus bergantines, y al Orista y a su mujer con doce indios con él. De esto se holgó mucho de ver la confianza que dél tenían, pues que tan descuidadamente se entraban con él hasta sus bergantines. Llevólos muy alegres y regocijados el río abajo, y allegaron al pueblo y casa del cacique, y durmieron allí aquella noche; y los recibieron con las mismas ceremonias como hermano mayor, dándoles el Adelantado algunos rescates como con todos acostumbraba; y le ofrecían algunos cueros de gamuzas asobadas y perlas quemadas, que hay muchas en aquella tierra, sino que como no pretenden sino comer, la arena tuéstanla mucho, y así las queman, que no valen nada.

Capítulo XXXVII: Cómo hace el fuerte en Santa Elena, tierra del Cacique Orista.

Otro día van a reconocer el sitio para el fuerte; halláronle muy bueno y muy apacible, en una isla de cuatro leguas, teniendo muy escogido puerto, estando de la barra a una legua, donde se podía muy bien fortificar; y entrando los navíos podían ver el fuerte. Da la traza para hacerlo con Esteban de la Alas y los demás capitanes que allí venían; da cargo de hacerlo con brevedad y presteza al capitán Antonio Gómez, que había sacado de La Habana invernando en aquel puerto y había venido con el Adelantado con cincuenta soldados y marineros para andar con él en la Florida hasta mayo. Repártese la gente por sus escuadras, que eran ciento cincuenta soldados y marineros para andar con él en la

[510] areito 'canto y danza popular de los indios antiguos de las Antillas y América Central' (Moliner). Indigenismo arauaco presente ya en Oviedo, Las Casas y Pedro Mártir. Cf. Alberto Salas, *El areito*. Buenos Aires: Gulap y Aldabahor, 1949.

Florida hasta mayo, y así anduvieron y sirvieron bien en esta jornada; unos acarreaban madera y otros fajina, otros se hincaban[511] estacas, otros abrían el verso.[512]

Dentro de 15 días, el Adelantado con su gente y algunos indios que le ayudaban, lo dejó en mediana defensa; planta seis piezas de bronce; nombra a Esteban de las Alas por alcalde del fuerte y gobernador de la tierra; déjale ciento seis hombres; envía el navío de cien toneladas a la Española a traer bastimento para los de aquel fuerte, porque les quedaba poco.

Envió un bergantín a San Agustín y a San Mateo, dándoles aviso de lo que pasaba, y como ya caminaba para allá, el cacique envía por toda la tierra a decir como en su pueblo había cristianos muy buenos, que no les hiciesen mal y que daban de lo que tenían, y que querían vivir en aquella tierra, y que le habían tomado por hermano mayor a su capitán, porque le defendiese de sus enemigos. Dio antes que se fuese, a pedimento[513] de los caciques, a cada uno un cristiano que llevase consigo para que los doctrinase; diole algunos rescates, y cada uno un hacha, conque fueron contentos para efectuar las paces con el cacique Guale.

Lleva dos indios principales; a principio de mayo navega, dejando a Esteban de las Alas y a los demás soldados fortificando el fuerte, muy contento por parecer los que llevaban buen principio para volver a los indios cristianos y echar a los luteranos de la tierra, que eran dos cosas que pretendían y deseaban. Aunque quedaban con temor de faltarles el bastimento y tener trabajo grande de acabar el fuerte, porque cada día esperaban luteranos, que sabían ya habían sido avisados venir con gran armada para vengarse del daño recibido del Adelantado; y así lo hicieron, sino avisados como el Adelantado se fortificaba también les tenía tomados y ocupados los puertos y cogidas las voluntades a los caciques, y les estaba esperando con buen ánimo, no atreviéndose a

---

[511] hincar 'meter, introducir, clavar una cosa en otra, que la penetre y haga agujero, quedando fija en ella' (Autoridades).

[512] verso 'especie de culebrina de muy poco calibre' (Autoridades); 'pieza de artillería antigua de tamaño y calibre como la mitad de los de la culebrina' (Moliner).

[513] pedimento 'petición' (Moliner).

buscarle, dan en la isla de la Madera, que es del Rey de Portugal, y saqueándola y robándola, se fueron a Francia.

A ocho de mayo llegó el Adelantado a Guale con 20 persona; envía a Guillermo decirle cómo las paces quedan hechas con Orista; desembarcado el Adelantado los dos indios de Orista, dice en su embajada de lo que holgó Guale con toda su gente, aunque le pesó que hubiese tomado amistades con Orista; y dijo que le quería tomar por hermano mayor como el otro cacique y hacer lo que le mandase, y ser cristiano de verdad y no de mentira, y que le dejase en su tierra gente como la había dejado a Orista.

El Adelantado dijo que ahora no le tenía, que él procuraría de hacerlo; había nueve meses que no llovía en aquella tierra, y tenían gran necesidad de agua para sus maíces; rogó al Adelantado que la pidiese a Dios. Respondióle que mejor se la daría a él si se volviese cristiano; el cacique, diciendo que él era cristiano, fuese derecho a una cruz que estaba cerca, hincóse de rodillas y bésala, y volviendo al Adelantado le dijo que mirase como era cristiano; esto era a las dos después del medio día; de ahí, media hora comenzó a tronar y relampaguear y llover tan recio, que en 24 horas no cesó y alcanzó por cien leguas a la redonda.

Venidos los indios a casa del Adelantado, echados a sus pies y rogándole dejase al cristiano, Alonso Menéndez y Vasco Zaval, que habían quedado allí en rehenes, dicen al Adelantado como la legua que estaba allí era luterana y alteraba a los indios, diciendo que todo aquello de los cristianos no valía nada, y que yendo los indios a adorar la cruz, él la escupía, y que tenía otros nefandos[514] pecados. Hace a Guillermo, francés, que era católico, que tratase con él y fuese con los indios de Guale a Santa Elena, que en una canoa iría en dos o tres días sin salir a la mar, y vería allá a Esteban de las Alas que era muy buen capitán y liberal y le daría muchas cosas, y que traía un pariente a su cacique desde Santa Elena. Contento de esto, escribe el Adelantado a Esteban de las Alas que le mate secretamente, y que echase bando entre los indios que, como era cristiano de mentira, se había ido a los montes para enviarlo algún navío de los suyos irse a su tierra; y

[514] nefando 'aplicado a personas, a palabras y, particularmente, a acciones, tan repugnante moralmente que no se puede o cuesta trabajo hablar de ello; abominable' (Moliner).

que mostrase haberle pesado mucho de haber desaparecido; y así el Esteban de las Alas le hizo dar secretamente garrote.

Capítulo XXXVIII: De la partida del Adelantado de Guale a San Mateo y a San Agustín.

Dejó en Guale el Adelantado a su sobrino Pedro Menéndez Marqués, y a cuatro cristianos que doctrinasen a los indios; y para darles contento de dejarles cristianos, pues que lo habían pedido con tanta instancia; pártese para San Mateo llevando consigo a Vasco Zaval. Navegaba en un bergantín el Adelantado por la parte de dentro sin salir a la mar; cuando iba a San Mateo y por donde quiera que iban salían muchas canoas y los indios a grandes voces decían: España amigos, hermanos cristianos, daca[515] la cruz; la causa de venir estos indios tan pacíficos era porque habían sabido lo que los caciques habían hecho por él en Santa Elena y Guale, y se habían espantado mucho del agua que había llovido. Daban voces desde tierra diciendo que querían ser cristianos; muy alegre y contento de esto el Adelantado, salta en tierra y dales algunos rescates, e hizo hacer algunas cruces pequeñas, dando para cada pueblo la suya besándola él y todos sus soldados primero; y despidiéndose de ellos, a 15 de mayo llegó a San Mateo, a donde halló la gente buena, aunque con mucha necesidad de bastimento.

Estaban todos los indios de guerra, y así acudían a los dos fuertes haciendo el daño que podían; en San Agustín habían flechado de noche dos veces las centinelas y muerto dos soldados; pusieron fuego a la casa de munición, lo cual fácilmente lo pudieron hacerle porque estaba cubierta con hojas de palmito, y de noche pusieron en las flechas fuego artificial y con arcos las tiraron a las casas aguardando a que hiciese aire, y pegase de tal manera que no fue posible poner remordimiento porque dio en la pólvora y abrasó paño, lienzo y las demás municiones, banderas, estandarte, así las del Adelantado como las que había ganado a los luteranos; de tal arte se encendió que no se pudo escapar nada.

Supo también en San Mateo que en el puerto de San Agustín estaba el Maestro de Campo en grandísimo aprieto y gran necesidad de comida y peligro de los indios; y la manera de pelear era de esta arte: andaban emboscados en cuadrilla, y en saliendo

---

[515] daca 'expresión antigua por «dame acá» o «dame»' (Moliner).

algún cristiano a buscar palmitos y marisco, lo flechaban, y lo hacían tan diestramente que traen y salen en los cristianos casi sin ningún daño suyo, porque estos indios de la Florida son más ligeros y sueltos que los españoles. Y como están tan ciertos que no los han de alcanzar, atrévense a llegar muy cerca de los cristianos y flecharles; y tiran tan recio una flecha que pasan la ropa y corta; y son muy prestos en el tirar, y si les encaran con los arcabuces, tienen tal maña y ligereza, que después de disparado el arcabuz, una vez antes que vuelva a cargar el soldado, se junta con él y le tira cuatro o cinco flechas, y en viendo que echa polvorín en el fogón para cebarlo, el indio se retira y se mete entre hierbas y bosque, porque la tierra es muy viciosa[516] y está llena de monte y maleza; y en viendo que el polvorín toma fuego, bájase y cuélase entre las hierbas y matas, y en disparando el soldado el arcabuz, sale el indio como a nadar en el agua a diferente parte de aquella a donde le hicieron la puntería; y son éstos tan mañosos y diestros e industriosos, que pone espanto. Pelean escaramuzando y saltando por encima de las matas como corzos;[517] y si los cristianos los siguen y se ven fatigados de ellos, caminan donde hay ríos o ciénagas, que hay muchas en la costa de la mar y como andan desnudos y nadan como peces, échanse al agua y pásanse a nado a la otra parte, llevando los arcos y flechas alzados con una mano, porque no se les mojasen; pasados de la otra parte gritan y se ríen de los cristianos; y cuando se retiran vuelven a pasar el río, y síguenlos, saliendo de entre las matas, y desde allí los flechan. Son tan diligentes en esto y ardiles,[518] que cuando ven la ocasión no la pierden, y por esto es mala la guerra que se les puede hacer.

El estilo y orden que se puede obtener con ellos para hacer que cumplan sus palabras, porque son muy grandes mentirosos y traidores para hacerles rendir, es ir a buscar sus pueblos, quemarles las casas, cortarles las sementeras y tomarles las canoas y derrocar las pesqueras; entonces les es forzado, o dejar la tierra, o hacer lo que los cristianos hicieren. Son indios de mal arte y traidores éstos de los puertos de San Mateo y San Agustín, porque se hacen

---

[516] viciosa ‘frondosa’ (Moliner).

[517] corzo ‘rumiante cérvido, de color rojizo, sin rabo y con cuernos cortos, verrugosos y con la punta ahorquillada; corcino’ (Moliner).

[518] ardil ‘mañoso, astuto, sagaz’ (DRAE).

amigos de los cristianos por los intereses que pretenden de ellos; van a los fuertes, y si no le dan de comer, vestidos, hachas de hierro y rescates, veíanse muy enojados, rompen la guerra, matan los cristianos que hallan; y así debajo de amistad han muerto más de cien soldados.

Pesóle mucho al Adelantado de la quema de la casa de la munición y de todo lo demás que allí se abrazó; y entendiendo la gran necesidad y peligro en que estaba el Maestro de Campo y Bartolomé Menéndez, su hermano, y toda la demás gente fue a San Agustín llevando alguna gente, munición y bastimento, de lo poco que en el fuerte de San Mateo había; llevó consigo a Gonzalo de Villarroel, que estaba muy enfermo de los trabajos pasados, y para enviarlo a La Habana donde se curase, dejó en su lugar a Vasco Zaval, Alférez del estandarte real.

Allegó a San Agustín el 18 de mayo; dio grande contento con su venida, porque ciertamente estaban muy afligidos de hambre y acosados de la guerra que les daban los indios; que en tales las mercedes que nuestro señor les había dado, y buenos sucesos que había tenido en Guale y en Santa Elena, que fue principio para que los indios fuesen cristianos. Entrando en consejo con los capitanes salió acordado que se mudase el fuerte de allí y se fundara a la entrada de la barra, porque allí los indios no les podían hacer tanto mal y desde allí podían defender que no entrasen navíos de enemigos. También se determinó que dentro de 15 días se partiese el Adelantando a traerle bastimento en tres bergantines que allí tenía, porque los navíos que había enviado con otras personas no habían venido. Publicada esta determinación, dio gran contento a todos, puesto caso que les pesaba de ausencia que había de hacer el Adelantado, porque entendieron que el Maestro de Campo se había de ir a San Mateo por la audiencia de Villarroel, porque así lo pidieron los soldados de aquel puerto y así el Adelantado se lo prometió.

Capítulo XXXIX: Cómo el fuerte de San Agustín se pasó junto a la barra, y el Adelantado fue a La Habana por bastimentos.

El otro día siguiente pásanse sobre la barra ahí dan la traza del fuerte y comiénzanlo a hacer con gran diligencia, trabajando cada día desde las tres de la mañana hasta las nueve y desde las dos de la tarde hasta las seis. Repartiendo la gente en cuatro partes y el trabajo en otras tantas, echando el dado[519] sobre la parte que cabía a cada una de éstas. Era grande la orden que se tenía y la prisa que se daban en hacer el fuerte; porque temían que los indios cargasen sobre ellos; trabajaban hasta 160 personas.

A los diez días estaba en razonable defensa y plantada la artillería; hasta entonces no había venido ningún navío con bastimento. Corrían todos gran peligro de ser acabados con hambre; fue acordado que el Adelantado se repartiese personas, que las más eran de la nao capitana de la flota de Nueva España. Estaba obligado el Adelantado de volverlos a La Habana en todo mayo. Este arte (...) no quedaban sino sesenta raciones, y de aquella manera se podían sustentar algunos días, entre tanto que venía algún navío.

Embarcóse el Adelantado a principios de Junio, y en aquel día encontró con un navío suyo de 60 toneles cargado de bastimento, que traía Francisco; en él venía el capitán Diego de Maya muy malo y fue muy gran desdicha de ellos topar en aquel punto con el Adelantado, porque pensaban que entraban por la barra y era plena mar, y estaban en dos brazas de agua, y a la baja mar no quedaba ninguna; cuando cargó el navío, el cable tocó, y el Adelantado entró dentro dél, y se dio tan buena maña, que los sacó a salvamento estando en parte donde todos perecerían y se ahogaran sin ninguna redención; y escribió al Maestro de Campo que repartiese aquel bastimento por los fuertes, y luego se fuese a San Mateo y no saliese de allí hasta que volviese, que sería con toda brevedad; y que cargasen de maíz un bergantín que les quedaba en el puerto y lo enviasen a Esteban de las Alas; y que estando aquel navío descargado, en el que llevaban aquel bastimento lo echase a fondo, porque se quedasen en el fuerte 20 hombres y más veinte hombres que traía, que era muy buena gente, y también porque no se amotinasen los soldados no teniendo navío para salirse de la tierra; lo cual todo lo aceptó así el Maestro de Campo.

Hizo luego vela el Adelantado, y dentro de 8 días llegó a La Habana con dos bergantines, porque el otro no pudo aprovechar por el viento y la mar ser mucha, y así arribó a la isla de Santo Domingo.

---

[519] Echar el dado por sortear.

El Adelantado halló en La Habana la flota de Nueva España, que hacía dos días que había llegado allí; y venía allí el licenciado Valderrama del Real Consejo de Indias, que había ido por visitado de la Nueva España por mandado de su majestad, y habiendo hecho su visita se volvió a España; aquí halló a Gonzalo de Solís que venía con el licenciado Valderrama de la Nueva España, y traía tres mil doscientos que la audiencia de México le había prestado y cuatro frailes dominicos y un capitán y ocho soldados que andaban derramados por la nueva España.

El Adelantado, viéndose sin dinero y sin remordimiento para cobrar bastimento, fuese a Juan de Hinostroza, tesorero de aquella isla y su lugar teniente, y dice la necesidad en que estaba; y le respondió como hombre de bien y amigo verdadero, diciéndole que hasta allí había hecho en su hacienda y persona todo lo que había podido, y que de allí adelante lo haría con lo de sus amigos.

El Adelantado habiendo de llevar de La Habana, al cacique Carlos, a su hermana Doña Antonia, apareja las cosas que eran necesarias para llevarla, que estaba muy triste porque se habían muerto los indios e indias que había traído consigo y no quedaban sino dos; había aprendido con gran facilidad todas las oraciones y doctrina cristiana, y se habían bautizado ella y una criada suya. El Adelantado embarcó otro día de mañana con Doña Antonia, la india y su criada y dos mujeres cristianas de las que habían sido cautivas en la tierra de Carlos; y fuese en un patache y una chalupa con hasta 30 soldados y marineros; y haciendo vela, con próspero viento llegó al puerto de Carlos en 3 días; surgió en la entrada del puerto, porque como llevaba poca gente no se atrevió a llegar al pueblo, aunque la india Doña Antonia se lo rogó diciéndole que en trayendo él cristianos allí que entonces se estaría allí algunos días, y le haría una casa en el pueblo de los cristianos donde viviese.

Rogóle que diese la vuelta lo más presto que pudiese y trajese cristianos para que viniesen allí y bautizasen su hermano y a los demás indios; dentro de dos horas vino el cacique Carlos con doce canoas, y llevó a su hermana, después de haber dado de comer a él y a sus principales, y algunos rescates para ellos y sus mujeres; preguntó a Carlos si quería ser cristiano y si quería ir a tierra de cristianos, que estaban la tierra más dentro; el cacique, después de haber entrado en acuerdo con sus principales indios, respondió que de ahí a nueve meses no podía ir a tierra de cristianos ni volverse cristiano, porque no le matasen sus indios; y que pasado aquel tiempo y viniendo el Adelantado, se volvería cristiano e iría con él a España a ver a su rey; que los cristianos otro día los enviaría.

Capítulo XL: De lo que pasó con Carlos, y del socorro que le vino de España, y del mal suceso que halló en los fuertes.

Llevó el cacique Carlos a su hermana, y otro día no eran venidos los cristianos, antes envió una canoa con seis indios principales a decir al Adelantado que se fuese a comer con él y que luego venían los cristianos; dio de comer el Adelantado a estos indios, a cada uno un presente; mandó que dijesen a su cacique que era mal hombre y mentiroso, y que él quería hacer alguna traición; que viniese luego al patache donde estaba y que le trajese los cristianos; si no que mandaría cortar la cabeza a él y a sus indios, y le quemarían los pueblos y sería amigo y hermano de sus enemigos. Fuéronse turbados los indios; vino Carlos, habiendo primero enviado a los cristianos, entró en el patache con doce indios que venían con él; dijo al Adelantado si le quería matar que bien lo podía hacer y llevar a su tierra contra su voluntad. Mostróle mucho favor y regalo, y diole un primo hermano suyo que heredaba el estado, mozo de 20 años para que lo llevase consigo.

Navega a La Habana, dentro de diez días que partió llegó allá; halló la flota de tierra firme e iba a España; habla al tesorero Hinostroza y dice el poco remordimiento que tenía de dinero y bastimento y soldados, que era imposible él ni sus amigos poderlo remediar. Hablando al licenciado Valderrama y al gobernador y generales del hombre de Dios y Nueva España, que estaban allí con más de 30 naos, y poniéndoles delante la necesidad en que estaba la gente de la Florida, y no pudiendo socorrer, busca prestados hasta quinientos ducados, con los que compró maíz, carne y cazabe. Habiendo hecho esto vino una carabela en busca del Adelantado de parte de su majestad, que había recibido ya las cartas que le había enviado de los sucesos de los luteranos. Escribióle que en sabiendo que en Francia los luteranos harían armada para vengar la afrenta recibida, le enviaba mil quinientos hombres.

El primero de junio de 66 parte de La Habana enviando a España en la flota a Gonzalo de Solís de Merás para dar cuenta a su majestad de lo que allá pasaba; de ahí a ocho días llegó a San Mateo, donde halló un navío surto fuera de la barra, que había venido de España con bastimento, y otros 14 que estaban en San Agustín y en el de Santa Elena, trayendo mucho bastimento, y los mil quinientos soldados que su majestad le había escrito que le enviaría para fortificar y socorrer aquellos fuertes y las islas, porque tenía gran noticia que luteranos hacían gran armada para aquellas partes.

Entró el Adelantado a la barra de San Mateo, y en el fuerte halló al capitán Aguirre que venía de España de traer soldados y por ausencia de Juan Oruña, que venía por coronel de aquella gente y se había quedado en San Lucas por mando de su majestad, y Sancho de Arciniega que iba por general de esta armada, le había hecho coronel de doscientos cincuenta soldados para que fuese a socorrer el puerto de San Mateo porque Maestro de Campo se había vuelto a San Agustín, dejando encomendado el fuerte a Vasco Zaval dentro. Halló alojado al Aguirre fuera del fuerte y al Vasco Zaval dentro.

Supo que en este fuerte los indios de Saturiba habían muerto a traición al capitán Martín Ochoa y a uno de la compañía de HRS porque el Saturiba había sido amigo de los luteranos y nunca quiso la amistad del Adelantado; por donde enojado con él, él por una parte y el Maestro de Campo por otra, le habían quemado los pueblos y echado a perder los maíces y metióle muchos indios. Viniéndose a San Agustín supo cómo los indios habían muerto al capitán Diego de Hevia, pariente suyo. Dio en la estrecheza que estaban porque allende de tener poco bastimento, se salían a buscar ostiones, cangrejos, palmitos; si no iba la más de la gente del fuerte, de otra manera no volvía, ninguno.

Pesóle mucho al Adelantado de la muerte de esos dos capitanes que habían sido servidores y leales de su majestad y hecho lo que debían como valientes hombres en aquella conquista; supo también cómo los indios habían flechado a traición a cinco soldados de los más valientes y más queridos del Adelantado, y los primeros que entraron en el fuerte de San Mateo, y que habían con grande ánimo sufrido y preservado en los trabajos y peligros de aquella guerra. Uno de ellos era Don Hernando de Gamboa, hijo natural de Don Prudencio de Bendaño, otro Juan Valdés, primo hermano del Maestro de Campo, y otro Juan Menéndez, hijo del primo del Adelantado.

Halló en los soldados que habían venido, nombrado otro Maestro de Campo y sargento mayor, porque decían los capitanes que no habían de obedecer al Maestro de Campo que estaba allí, ni entregar la gente hasta que el Adelantado viniese; por cuya causa el Maestro de Campo, viendo que convenía al servicio de su majestad disimular y pasar por aquellas cosas, y porque hubiese paz y quietud entre los soldados y no fuese él causa de motín, dejóles salir con su propósito. Sabido por el Adelantado, agradecióle mucho lo bien que se había gobernado, y le dijo que lo había hecho como buen capitán, cuerdo y valiente, a quien conviene en semejantes ocasiones perder algún punto y derecho de su mando y autoridad, en tiempos que otra cosa no se puede hacer.

Capítulo XLI: De lo que hizo el Adelantado llegado a San Agustín.

Desembarcando el Adelantado, llegó a San Agustín el general de la armada, Arciniega; entrégale la gente y armada que traía juntamente con el capitán Ubilla, almirante de la armada, con los despachos que traía de su majestad. Hace llegar a todos los capitanes que venían con él; pídeles por merced que le tengan por hermano y amigo y le aconsejasen las cosas que les pareciesen su majestad ser servido; prometiéndose que a quien bien sirviese, suplicaría a su majestad a su tiempo que le hiciese merced y al que hiciese, suplicaría, que le haría castigar; y manda a los capitanes que hagan venir allí a todos sus oficiales, recibiéndolos muy alegremente. Animó para que se esforzasen a pasar los trabajos y peligros que se ofreciesen, pues todos eran para servir a Dios nuestro señor y a su Rey. Rogóles que se esforzasen, y animasen a los soldados y les aconsejasen estuviesen fuertes y firmes en el servicio de su majestad; que aquél era el fin para los que así lo harían, y quedaron muy contentos del razonamiento del Adelantado; leyó a los capitanes el despacho de su majestad, que de mil y quinientos hombres que le enviaba tomase para la defensa de la Florida lo que pareciese ser necesidad, y con los demás los repartiese y fortificase los puertos y fuertes o islas de Puerto Rico y

Santo Domingo y Cuba, y le escribiese de la gente que para lo uno y lo otro tomaba.

Y proveyó a Sancho de Arciniega por general de la armada para que averiguase y conociese cualquier pleito que hubiese de gente de mar, y el capitán Ubilla que fuese almirante. Como antes, ordenaba de hacer una casa de municiones donde se descargasen los bastimentos y venían en la armada; manda a juntar los soldados, y hablóles a grande voces, diciéndoles su venida a aquella tierra, rogándoles que hiciesen lo que debiesen, y que tuviesen mano valiente para que con paciencia y sufrimiento pasasen los trabajos y peligros que se ofreciese, dándoles palabra que en él hallarían amparo y defensa en todo lo posible, haciéndoles el mejor tratamiento que pudiese, y al que sirviese bien y lo mereciese, le haría en nombre de su majestad la merced que en aquella tierra hubiese lugar, y que él les favorecería suplicando a su majestad que fuese servido de hacerles mercedes. Encargó que obedeciesen a sus capitanes y oficiales, que éste era el principal servicio que su majestad habían de hacer, haciendo en todo lo que él les mandase y ordenase.

Visitó catorce mujeres juntas en una casa que habían venido en aquella armada, dándoles la horabuena de su llegada; alegráronse mucho por la vista y favor que el Adelantado les había hecho; e hizo otro tanto a cinco clérigos que con aquella gente habían venido, encomendándoles que las cosas de su cargo las hiciesen con toda cristiandad, y dioles por vicario a quien obedeciese a Mendoza, de Jerez de la Frontera, muy buen religioso y soldado que había venido con el Adelantado de España, haciéndole vicario de aquel fuerte y el de San Mateo.

Repartió entre los capitanes y escuadras para hacer el fuerte; de ahí a tres días manda llamar a los capitanes a consejo, y mandóles que ya sabían que su majestad le habían enviado aquellos soldados, bastimentos y municiones para que socorriese y fortificase los fuertes de la Florida y Puerto Rico, Cuba y la Española, del arte que a él le pareciese y mejor fuese para resistir la armada luterana si viniese; que le dijesen sobre ello su parecer; acordaron que la mitad de los mil quinientos soldados se quedasen en los tres fuertes de San Agustín, San Mateo y San Felipe.

Este postrero estaba en Santa Elena, tierra del cacique Orista; con la demás gente, que con la de la mar, serían mil personas, las embarcasen en seis navíos, en una fragata y un patache, recorriese las islas Puerto Rico y Santo Domingo y Cuba, y si hubiese algunos corsarios los castigase; y que las demás naos las llevase a España Sancho de Arciniega y su almirante Juan de Villa. Y que después pasase a Guale, Santa Elena, a visitar el puerto de San Felipe y ponerle en toda buena defensa, porque habían ido allá la nao capitana y otras dos mayores con trescientos soldados, de quien tenía cargo el capitán Juan Pardo, y no sabía si habían llegado ni en qué estado estaban las cosas de aquellas partes.

Y con acuerdo, parecer y consentimiento de todos los capitanes, nombró para el socorro de Puerto Rico al capitán Juan de Zurita, y para socorro de Santo Domingo el capitán Rodrigo Troche; éstos eran los primeros que habían ido a la Florida con el Adelantado; y a La Habana envió al Alférez Baltasar de Barreda; y él se partió a San Mateo, adonde dejó a Gonzalo de Villarroel con la compañía del capitán Aguirre y los demás soldados viejos que allí estaban. Y porque nunca había subido el río arriba, por donde navegó más de cincuenta leguas para tomar amistad con los caciques; y habiendo andado 20 leguas desembarcó, y con aguja[520] caminó cinco leguas por tierra de muy buenas sabanas, prados de un cacique llamado Aotinan.

Estando una legua del pueblo, envióle un presente diciéndoles que el Adelantado le venía a visitar. Recibiendo bien a los soldados, dijo que tenía miedo al Adelantado, y que no viniese con más de 20 hombres, y que pidiese a Dios que lloviese para sus maizales, que los tenía secos, como lo había hecho con el cacique Guale. Llegada la respuesta, hace alto a un cuarto de legua del pueblo, y deja allí los ochenta soldados y sale con los 20 al pueblo, riéndose del agua que la había pedido; y llegando al pueblo, habiendo 6 meses que no llovía, comenzó a llover muy recio. Llegando a la casa del cacique no halló sino 6 indios en ella, porque el cacique se había matado; y enviándole un indio que lo viese, le respondió que él se había escondido en un monte por miedo que tenía de hombre que tanto podía con dios, que se fuese, que él era su amigo.

---

[520] aguja 'brújula' (Moliner).

Pesóle de esta respuesta al Adelantado, porque tenía mucha gana de verle, porque le habían dicho que era hombre de muy buen entendimiento y poderoso en aquella tierra; tornóle y envióle, pues que él no tenía más de 20 hombres y él tenía más de mil indios con arcos y flechas. Respondióle que harta gente tenía, si le ayudaba su cacique, llamando a nuestro señor el cacique del Adelantado; que le rogaba que se fuese, que desde allí le tomaría por su hermano mayor, estando el cacique en su tierra y el Adelantado en la suya; que él no quería pelear con el Adelantado ni con su gente, más que sus indios lo querían hacer, y que le hacía mucho pesar porque no se iba.

El Adelantado le envió a decir que se iba por hacerle placer, y porque subía por el río arriba; enviaba a decir a sus pueblos que estuviesen quedos y no tuviesen miedo, y que si huían de él les quemaría los pueblos, canoas y pesqueras; y volvióse él al anochecer a sus bergantines.

Capítulo XLII: Cómo yendo el río arriba se vio con muchos caciques.

A la mañana siguiente, viendo el Adelantado que tenía poco bastimento para tanta gente, envió a San Mateo el mayor bergantín con cincuenta hombres, y con los otros cincuenta va subiendo el río arriba, donde todos los indios le recibieron de buena gana, porque así se lo había enviado a mandar su cacique Orista. Aquí se vio que la mar llegaba a hinchar[521] y vaciar por el río arriba más de cuarenta leguas; vino hasta la tierra de un cacique que llamaban Mocoya, hasta allí había subido más de 50 leguas.

Este era muy poderoso en aquella región y costa, donde estaban los fuertes de San Mateo y San Agustín, y era amigo de Saturiba; desamparó el pueblo y no quedó indio en él; no consintió hacer ningún daño en ella, ni saquearlas, envió la lengua a ver si aparecía algún indio. Conocieron la lengua y salieron a hablarle, holgándose mucho con él; supieron como estaba allí el capitán general de los cristianos; diciéndoles que no tuviesen miedo, que se podían venir a sus casas, unos lo fueron a decir a su cacique, otros se vinieron al pueblo.

[521] hinchar 'aumentar el caudal de una corriente de agua' (Moliner).

Llevaron al Adelantado mucho pescado; envía a decir el cacique que tenía gran miedo, y que por eso no gozaba venir; que él y sus indios eran sus amigos, porque sabía que no hacía mal a ningún cacique; que se volviese sin pasar más el río arriba; que sus indios estaban enojados, porque había ido a su tierra sin licencia. Respondióle que había de pasar adelante hacer unos cristianos; tira el río arriba, donde vio muchos indios alterados, con arcos y flechas. Llegó a una estrechura donde halló el río cerrado con estacas. Rompe la entrada, y andando más arriba, iba el río estrechándose, aunque muy hondo; la corriente venía muy recia contra él; hasta entonces no había tenido ninguna sino sus hinchientes[522] y vaciantes.[523]

Bajaron unos indios a hablarle de parte del cacique Mocoya, que no pasase adelante, porque le harían la guerra cuando quisiesen, que él había de pasar adelante; y que por ser de noche quería quedar allí hasta la mañana, y así lo hizo. La guía y lengua que el Adelantado llevaba había sido esclavo de un cacique de Ays, que decían Peracho. Estaba a 20 leguas por el río arriba; y conocía a este Mocoya y dijo al Adelantado que se volviese, porque había muchos indios por aquella tierra, y que él sabía de los indios que el río iba muy estrecho por allí adentro más de 30 leguas hasta llegar a una gran laguna dicha Miami, que en circuito tiene más de 30 leguas. Esta recogía en sí muchos ríos de la tierra; desaguaba un brazo a la parte del cacique Carlos y otro brazo a los Mártires, tierra del cacique Tequesta.

Viendo el Adelantado que por la estrecheza del río le podían hacer mal los indios flechándole desde la ribera, y que sus soldados tenían la cuerda y pólvora húmeda, da la vuelta. A siete y ocho leguas saltó en un pueblo, donde le aguardaron algunos; dioles algunos rescates; hízoles llamar a su cacique Carabay. Este le dijo por la lengua que Mocoya le había enviado a decir que no pasase por aquel río. El Adelantado le respondió que le dijese que sus soldados se habían enojado mucho contra él, porque no le había querido venir a hablar con él, y querían saltar en tierra a quemar su pueblo y canoas y derrocar las pesquerías; y porque no le hiciesen daño se volvía.

---

[522] Ver nota 319.

[523] Ver nota 320.

El Carabay dijo que era su amigo y tómale por su hermano mayor y hace lo que le mandase; y le diese una cruz, que él y sus indios querían ser cristianos; que le dejase 6 de los suyos, y le mostraría el río hasta la laguna Miami. Viendo el Adelantado que desde allí por tierra hasta San Agustín no había más de doce leguas, se los dejó, diole la cruz y dijo que si le mataba alguno le cortaría a él y a todos sus indios las cabezas; diole un presente y otro para Mocoya, rogándole que se lo enviase con tres cristianos de los que dejaba allí. Mocoya los recibió y dijo que él era su amigo y lo tenía por su hermano mayor, que es toda la obediencia que todos los caciques de la Florida pueden dar.

Saturiba, como supo que Carabay tenía los cristianos, envió a dos hijos suyos y a otros indios para que los matasen o se los enviasen, y si no que le tuviese por su enemigo; el Carabay los envió a San Mateo y no osó tenerlos consigo por miedo del Saturiba.

Capítulo XLIII: Cómo volviéndose el río abajo, le salió Otinan a recibir, y llegó a San Mateo, y de allí partió a Santa Elena.

Volviéndose a San Mateo, hiciéronle gran recibimiento los indios de tres a cuatro pueblos del cacique Otinan; dioles algunos rescates. Vino allí Otinan con trescientos hombres de guerra a visitarle; y a un cuarto de legua de los bergantines hizo alto; al llegar allí el Adelantado con 20 arcabuceros diestros y bien en orden, porque el Otinan le había rogado que no fuese con más gente, viéndolo acercar, tuvo miedo y envióle a rogar que no llegase con más de dos personas. Al mismo tiro de arcabuz hizo alto con los 20 soldados, y allegóse con los dos y la lengua; e hízole Otinan toda la obediencia posible juntamente con los demás indios; vistióle una camisa, que estaba en carnes, sólo cubiertas sus vergüenzas, dale unos zaragüelles y una ropeta de tafetán verde.

Dijo al Adelantado que le recibiese por su hermano mayor y que le dejase una cruz como a Guale, y cristianos que le doctrinasen a él y a sus indios, y una trompeta; diole seis cristianos y la trompeta y ciertos rescates para su mujer, y dio otros para los indios principales que estaban con él.

Volvióse a San Mateo, dentro de 12 días partió a Santa Elena. Escribió a su majestad como había llegado el socorro y lo que pasaba en aquellas partes; envió un capitán con 30 soldados y dos frailes dominicos a la bahía de Santa María, que está en 37 grados, con un hermano del cacique de aquella tierra, indio que había seis años que el Adelantado lo traía consigo, era muy ladino, de buen entendimiento y buen cristiano, llamábase Don Luis de Velasco, para que procurasen hacer los indios cristianos.

Llegó a Santa Elena, donde halló a Esteban de las Alas metido en su fuerte con los soldados viejos, y a Juan Pardo[524] alojado fuera haciendo casas para su gente; trabajando todos para poner el fuerte en buena defensa. Supo cómo en un bajel que había enviado cargado se amotinaron los soldados, dejando preso a Esteban de las Alas y a sus oficiales. Se iban a La Habana con hasta 60 hombres, y en el canal de las Bahamas les dio tal tormenta que les hizo dar en un puerto del cacique Tequesta, pariente cercano del cacique Carlos y de la india Doña Antonia.

Esto se los dijeron dos cristianos que había muchos años que estaban allí cautivos; y que antes solían aquellos indios matar a todos los cristianos de las naos que se perdían, y ahora los querían mucho, porque sabían que el más principal de ellos tenía por mujer una parienta suya, hermana de Carlos. El cacique les envió a decir que no tuviese miedo si eran de aquellos cristianos; habíansele ido también a Esteban de las Alas, la tierra adentro, como hasta 20 soldados; por esta causa, cuando llegó el capitán Juan Pardo ahorcó a dos soldados por amotinadores; tenía presos tres, habíansele ido 6; estaba la gente algo alterada; apacígualo todo la venida del Adelantado.

Entró en consejo y acuerdo cómo se habían de fortificar; en ocho días que estuvo allí le visitaron los caciques, sus amigos, rogándole que aguardase un mes para que los caciques de la tierra adentro le viniesen a tomar por hermano mayor en lugar de su majestad; el Adelantado, teniendo necesidad de socorrer las fortalezas de las islas, como el católico Rey don Felipe lo mandaba, pudo esperar; sólo los tres soldados que Juan Pardo tenía

---

[524] Juan Pardo exploró la región que hoy ocupa el estado de Georgia y South Carolina. La falta de riquezas y la imposibilidad de encontrar una ruta a México, obligó a los españoles a suspender esta expedición. Hay una "Relación de la entrada y de la conquista que por mandado de Pedro Menéndez de Avilés hizo en 1565 en el interior de la Florida el capitán Juan Pardo, escrita por el mismo", Ruidíaz, II, 18-22.

presos, dándoles una reprensión; animó a los soldados rogándoles que estuviesen firmes en el servicio de su majestad. Nombra a Esteban de las Alas por su lugar teniente y general en aquellas provincias, porque quería llevar consigo a los socorros al Maestro de Campo y al almirante de la armada. Dio orden a Juan Pardo que con 150 soldados fuese la tierra adentro a visitar a los caciques que querían venir a verle, y que con toda la amistad posible, en la parte que le pareciese más cómoda para la conservación de ellos y para que los indios fuesen cristianos, se fortificasen, caminando la vuelta de la Nueva España.

Capítulo XLIV: Cómo fue a Guale y a San Mateo, y de allí a fortificar las islas.

Confirmada la paz con los caciques que le habían venido a visitar, pártese a fines de agosto de Santa Elena, encargando a Esteban de las Alas que le conservase; llegó a Guale en dos días; halló a los indios muy tristes por la muerte de Antonio Menéndez Marqués, sobrino del Adelantado. Estaban los indios de aquella tierra muy bien doctrinados, adoraban la cruz con gran devoción, iban a la doctrina y la sabían de coro.

En ocho días que se detuvo allí, vinieron 14 o 15 caciques pidiéndole la cruz y cristianos para que los doctrinasen y enseñasen las cosas de la fe; deja allí a un capitán con 30 soldados, los más de ellos gente principal, porque entendieron que allí podían servir a Dios y al rey. En dos días llegó a San Mateo; halló la gente buena; llevó consigo a Gonzalo de Villarroel a San Agustín, donde muchos soldados se querían amotinar e ir de la tierra. A cuya causa el Maestro de Campo había ahorcado 3 soldados y tenía presos a otros y a un capitán que había venido en la armada, porque se había desacatado contra el Maestro de Campo y era el principal de aquel motín.

El Adelantado, como capitán cuerdo y que sabía en aquellos trances llevar a los soldados, dijo al Maestro de Campo que aquellos venían bisoños, que era menester pasar y disimular cosas para que sosiego de la demás gente; y así reprendió al capitán, e hízole soltar; manda volver las naos a España como estaba acordado. Sale con la armada a buscar los cosarios, y hacer los socorros a las islas de Puerto Rico, Española y la de Cuba, dejando el puerto de San Agustín a Bartolomé Menéndez, su hermano, por alcalde y gobernador de la gente, y con él a los capitanes Miguel Enríquez y Pedro de Andrada con hasta 25 soldados y cincuenta hombres casados, con sus mujeres e hijos.

Hizo vela a 20 de octubre, y con vientos contrarios llegó a San Dene con la mitad de la armada a la isla de la Mona que está entre Puerto Rico y Santo Domingo; y el Maestro de Campo con otra mitad a San Germán, en Puerto Rico, por ser aquellos lugares donde los corsarios suelen hallar, no hallaron ninguno. Así como surgió el Maestro de Campo en San Germán, de la isla de Puerto Rico y avisáronle los de la tierra que en Bua de Puerto Rico, digo, en Guadianilla, a quince leguas de allí, estaba un patache de aviso que iba para Santo Domingo, y la gente de él decía que a 25 de septiembre del año de 66 se habían partido 27 navíos de armada de Francia, todos de luteranos, y que se habían dividido en tres partes; y que la una de éstas a 6 de octubre había saqueado a la isla de la Madera, y que las otras no sabían dónde habían ido a parar; y que en toda la armada venían seis mil hombres de mar y guerra. Envió el Maestro de Campo para informarse de esto más particular y ciertamente a Hernando de Miranda, factor de su majestad en la Florida. Habló en Guadianilla con el maestro y piloto del patache, y le certificaron lo mismo y dieron un traslado de lo que de esto pasaba, firmado de un regidor de la Palma, que se halló en la isla de la Madera cuando los luteranos la saquearon y estuvieron en ella 17 días. De ahí a tres días dio vuelta Hernando de Miranda a San Germán; el Maestro de Campo envió este aviso al Adelantado que estaba en la isla de la Mona, a 20 leguas de allí, con tres navíos. Envía la armada al Maestro de Campo para que la pusiese a punto, y fue a la ciudad de Santo Domingo, que estaba a 50 leguas de allí; presentó en audiencia la cédula que tenía del rey, nuestro señor, para hacer aquellos socorros por la nueva que tenían de la venida de la armada luterana, y que pedían su consejo y parecer. Dijeron que fortificase aquella ciudad y fortaleza y la de Puerto Rico y La Habana, como su majestad lo mandaba, y con brevedad se volviese a la Florida.

Al Adelantado le pesó de aqueste parecer, porque quisiera andar por la mar y topar con los cosarios muy ricos y con alguna de las tres partes de la armada luterana. Dada la orden de lo que se podía hacer en la ciudad y fortaleza, deja al capitán Rodrigo Troche 150 soldados, las dos partes arcabuceros, y la una piqueros, y al capitán Antonio Gómez por capitán de la artillería. Habiendo dentro de seis días ordenado esto, llegó en 3 días a San Germán, y envió al capitán Xoval de Herrera en su urca con bastimentos, municiones y 20 quintales de pólvora de cañón y arcabuz para defensa de la fortaleza y ciudad.

Estaban en Santo Domingo diez naos cargando de cuero y azúcar para España; nombra la audiencia a esta urca por capitana y al Xpoval de Herrera por capitán, porque era buen soldado de mar; dentro de 6 días estuvo allí, púsose a la vela, y llegó en salvamento con todas ellas a Sevilla.

Capítulo XLV: De lo que hizo el Adelantado en las demás islas.

En allegando el Adelantado a San Germán, halló las naos a punto de guerra, y despacha al capitán Juan de Zorita con su nao de armada y cien soldados arcabuceros en ella, y con piezas de artillería con pólvora y municiones para Puerto Rico. Dándole instrucción de lo que había de hacer para fortalecer aquel puerto; ordenando esto, fuese por tierra de San Germán a Puerto Rico. Mostró la cédula de su majestad al gobernador y regimiento, vio la fortaleza y la entrada de puerto y otros lugares peligrosos para desembarcar los enemigos.

Con acuerdo y parecer del gobernador y del alcalde de la fortaleza, Juan Ponce de León, y de los demás regidores, determinó cómo se habían de fortificar y guardar, porque era tanto el miedo que tenían de la armada luterana, que muchos de los vecinos estaban en el monte con sus mujeres e hijos y hacienda; y de ahí a cuatro días se partió para San Germán. Y de ahí a tres se hizo a la vela para el puerto de Plata; dejó cincuenta soldados y cuatro piezas de artillería de bronce muy buenas para que defendiesen la entrada de los corsarios que allí quisiesen entrar.

Habiendo trazado un torreón a la entrada del puerto con parecer, acuerdo y favor de la justicia y regimiento porque de esta arte quedaba seguro que ninguno entrase en el puerto sin consentimiento de los del pueblo. Estaba antes tan aparejado para hacer dél lo que quisiesen los cosarios, que dos veces habían entrado en él y quemándole, aunque hubo muchos en el pueblo que por sus tratos, ganancias y granjerías que tenían con franceses, portugueses, ingleses, porque rescataban con ellos oro, plata, perlas, azúcar y cueros, no les plació la fortificación que se hacía en el pueblo.

Cuánto provecho fuese haber hecho esto, viose claramente, porque de ahí a que vinieron cuatro naos muy fuertemente armadas, y por general de ellas un cosario que se llamaba Juan del Buen Tiempo.[525]

Había éste algunos años que andaba tratando y rescatando, y estaba ya muy rico; queriendo entrar en el puerto, le defendió la entrada el capitán Aguirre con los 50 soldados que había dejado para defensa, torreón y puerto; no acudieron para ayudarles sino cinco vecinos del pueblo, porque con la vuelta del cosario se les quitaba sus ganancias y granjerías. Por esta causa en otros tres pueblos no quisieron recibir la defensa y soldados que quería dejar allí el Adelantado; y así Juan de Buen Tiempo fue a Monte Xpi, Puerto Real y la Yaguana, y tomó doce navíos con mucha hacienda en ellos, y quemó a Puerto Real y se volvió a Francia.

En aquellos mismos días dieron sobre Santiago de Cuba dos navíos, y defendiéronle fuertemente la entrada 50 soldados arcabuceros que habían dejado allí el Adelantado y cuatro piezas de artillería de bronce; y no pudiendo entrar, se fueron a entrar a cabo de Cruz y a Manzanilla, puertos de la isla de Cuba, y tomaron cinco navíos con mucho dinero y cueros.

Socorrió el Adelantado a La Habana con 200 soldados y cuatro piezas de artillería y otras dos piezas, y por capitán de ellos a Baltasar de Barreda; la presteza y diligencia del Adelantado en estos socorros, fue muy grande, porque de Bayamón vino a La Habana por mar y por tierra en ocho días, siendo por lo menos

---

[525] Juan de Buentiempo o Jean Bontemps, pirata francés. En 1559 tomó Cartagena de Indias, exigió fuerte rescate, consiguió mercancías en tránsito que se hallaban depositadas en el puerto, obligó al obispo a entregarle sus tesoros a cambio de respetar la catedral, cuya obra estaba al terminarse. Este pirata realizó su última hazaña en Curaçao el año 1571. Desembarcó en la isla al frente de 70 hombres y quemó la iglesia. Los hermanos Antonio y Gonzalo Barbudo se enfrentaron a él al frente de un escuadrón de indígenas, y Bontemps murió de un flechazo en la garganta. Los españoles tomaron sus cabezas y las de los otros piratas, las guardaron en unos serones, y las llevaron a Santo Domingo para presentarlas en la Audiencia. Francisco Mota, *Piratas en el Caribe*, Habana: Casa de las Américas, 1984, 258. Cf. Lucena Salmoral, 78.

camino de un mes; socorrió a cabo de Cruz, Mazaca, pueblo del Bayamón, y dejó una nao cargada de bastimentos para la Florida.

Él se metió en una zabra, y por entre los cayos llegó a un puerto que está al sur de La Habana, y de allí se vino por tierra hasta La Habana, donde fue recibido con grande regocijo y contento del Maestro de Campo, capitanes, gente de mar y tierra. Fortifica aquella plaza y pueblo como su majestad le mandaba. Recogió en una nao todas las municiones de las tres que allí estaban, y las demás envió a España con las municiones que habían sobrado; y con el bastimento que habían traído, envió al Maestro de Campo a la Florida. Por no hacer costa a su majestad, despidió a todas las otras naos como la que había dejado en Mazaca cargada de bastimentos y la de Puerto Rico.

Diose tan buena maña a las fortificaciones y en las cosas que las naos de armada habían menester, que a cuenta de su majestad gastara más de 20 mil ducados, y en las Indias más de 40 mil, y no gastó un ducado, porque con los oficiales que tenía a su costa en la Florida, y todos los materiales, y con parte de los navíos y bastimento y gente que habían ido para socorro de la Florida y de las islas, y con otros 50 marineros, pilotos y gente que tenía, y la fragata y bergantín que era del Adelantado, y la gente que en él andaba lo hizo todo sin que a su majestad se le hiciese costa alguna.

Dio orden al Maestro de Campo que fuese a la Florida y subiese por el río de San Mateo con tres bergantines que tenía en la Florida, suyos, para descubrimiento, y metiese en ellos 150 hombres hasta que llegase al cacique Mocoyan, de donde el Adelantado se había vuelto; partióse el Maestro de Campo para tierra de Carlos con seis pataches y bergantines a procurar saber si en la tierra de Carlos había río para llegar al del cacique Mocoyan y que descubriese aquella costa.

Capítulo XLVI: Cómo el capitán Reynoso llegó con los 30 soldados a la tierra de Carlos, y lo que pasó el Adelantado con Toconaga, el cacique.

Antes que el Adelantado partiese de la Florida a hacer los socorros, acordó de enviar como se ha dicho a Francisco de Reynoso, hombre de armas de su majestad, muy buen soldado, con 30 hombres, al cacique Carlos, y envíale a su primo que era su heredero, que ya estaba bautizado y le habían puesto nombre Don Po, juntamente con un criado suyo. Parecióle que este indio heredero de Carlos era hombre de buen entendimiento y gran amigo suyo; y daba grandes muestras de buen cristiano, y no quería el Adelantado que se muriese en su poder, y pretendía casarle con Doña Antonia, la india. Pensaban ser herederos del estado, y siendo ellos cristianos procurarían que los indios hiciesen lo mismo.

Dio al capitán Reynoso esta instrucción, que hiciese una casa fuerte en el pueblo de Carlos, y procurase con gran devoción a las mañanas y tardes adorar la cruz, y diciendo la doctrina cristiana para que los indios hiciesen lo mismo; y que trabajasen lo mejor que pudiesen en los doctrinar, que con la amistad de los indios procurase saber si un río que estaba a dos leguas de allí, iba a dar a la laguna Miami, y cuantas leguas había, porque ya el Adelantado sabía las que había de esta laguna a Mocoyan; porque él iría dentro de tres o cuatro meses a Carlos con bateles suficientes para ver si podía pasar por aquel río a San Mateo y a San Agustín, que era lo que el Adelantado deseaba por el gran servicio que entendía hacer a su majestad y a los tratantes en las Indias, y el buen general de los que andaban en la población y conquista de la Florida.

Diole presentes para Carlos y su mujer y para Doña Antonia, la india; llegado el capitán Francisco de Reynoso con los 30 soldados en el bergantín y con Don Po, el indio heredero de Carlos, y con el otro indio su criado, echáronlos en tierra para que hablasen a Carlos, y a Doña Antonia. Vino luego Carlos ofreciendo su amistad al capitán y prometiéndole todo buen tratamiento, porque se lo había mandado su hermano mayor el Adelantado, y que ni él ni ningún indio de los suyos le harían mal; en desembarcándose llevólos a su pueblo con gran regocijo y contento; dioles los presentes que traía; hízoles el cacique hacer una casa en que se cogiesen.

Enarbolaron cerca de ella una cruz; a la mañana y a la tarde la adoraban y decían la doctrina cristiana, y a ella acudían los indios y indias con gran devoción; el bergantín en que había venido el capitán Reynoso, se partió para La Habana con cinco o seis marineros como el Adelantado lo había ordenado. Llevó consigo a Dona Antonia con cinco o seis indios principales para seguridad de los indios cristianos que quedaron en la tierra de

Carlos, porque era muy poca la confianza que el Adelantado hacía de él, porque tratando le vio tener muchas muestras de traidor.

Llegó el bergantín de ahí a seis días a La Habana; salió a la marina Alonso de Rojas, regidor de aquella Villa, y llevó a Doña Antonia y a sus indios a su casa como antes los tenía; su mujer, que era madrina de Doña Antonia, la recibió muy bien, haciéndole buen tratamiento y muchos regalos. El bergantín y el patache cargaron de ganado, vino y algún bastimento y lo llevaron a Carlos. Escribió el capitán Francisco de Reynoso el trabajo y peligro en que vivían, porque dos o tres veces le había querido Carlos matar y traicionar, y que enviaba a pedir con grande instancia a su hermana Doña Antonia y los demás indios, diciendo que tenían gran deseo de verlos, que luego se volverían, a fin y propósito de que después de tenerlos consigo mataría a los cristianos. Era ya inclinación y gusto que tomaba en matar los cristianos, que era gente de naos perdidas de la carrera de las Indias, porque aunque se perdiesen a cien leguas de allí, se los llevaban. Como era cacique de mucha costa de mar, y en los mares y canal de las Bahamas corre mayor peligro, que es por donde las naos de Indias van a España, ésta era la causa que el Adelantado hacía gran diligencia de poblar aquella costa y querer traer los caciques a su amistad.

El Adelantado, recibiendo estas nuevas en La Habana, embarca con seis bergantines con ciento cincuenta hombres; lleva consigo a Doña Antonia e indios e indias que con ella estaban, y el padre Rogel de la compañía de HIS y el padre Francisco de la misma compañía; y en dos días llegó a la tierra de Carlos. Sabido por el capitán y el cacique Carlos, en las canoas acudieron a los bergantines; saltó en tierra y mandó luego hacer una casa junto a la de los cristianos y una capilla donde el Padre Rogel daría misa; predicó el otro día siguiente a los soldados, que tenían harta necesidad de ser doctrinados, y por los buenos ejemplos que les dio, suplicaron al Adelantado que lo dejase con ellos, porque de otra manera presto se harían salvajes como los indios. Informó el capitán particularmente al Adelantado de las costumbres y condiciones de Carlos y de sus indios, y que muchas veces lo habían querido matar, y lo hubiera hecho si no fuera por el aviso que les daban las indias; y que era gran devoción que iban tomando con la cruz, aunque Carlos estaba muy empedernido.[526]

Regocijó el Adelantado mucho a Carlos y a su gente; llevóle dos veces a comer consigo y a su mujer e indias principales; supo que el pasaje que buscaba no lo había por allí; que cincuenta leguas adelante, en un pueblo que llamaban Tocobaga, hallarían pasaje. Si no que el cacique de aquella tierra era gran enemigo de Carlos y le hacía guerra, y así pedía al Adelantado y al capitán Reynoso que fuesen con él y su gente contra aquel cacique y el Adelantado respondió a Carlos que el Rey de España, su señor, no le enviaba a aquella tierra hacer guerra a los caciques e indios sino a poner paz entre ellos y hacer que fuesen cristianos. Y que de esta manera si él quería ser amigo del Tocobaga, que él lo procuraría; y aunque de esto pesó a Carlos, trató luego las paces con el cacique Tequestán, porque de éste eran también enemigos, y apareja para hacer lo mismo con el cacique Tocobaga.

Pártese con sus 6 bergantines llevando consigo a Carlos y otros principales suyos; el segundo día en la noche llegó al puerto del Tocobaga que vivía 20 leguas la tierra adentro, y se iba hasta el borde de su casa por un borde de agua salada.

Capítulo XLVII: De lo que pasó con el cacique Carlos.

Un indio de los que iban con Carlos, aunque era de noche y no hacía luna, por el norte guió de tal manera, que llevando bien próspero, una hora antes del día llegó junto a la casa del cacique Tocobaga. Mandó con grande secreto surgir los bergantines; el Carlos rogó al Adelantado que saltasen en tierra y quemasen el pueblo; díjole que no lo osaría hacer, porque el Rey Don Felipe su señor le haría cortar la cabeza; que él no había venido sino a hacer las paces y amistades entre ellos. Carlos estaba reventando de enojo.

El Adelantado le prometió hacer paces muy honrosas con Tocobaga, y hacer que le diese diez o doce indios e indias que le tenía cautivos; con esto se alegró mucho Carlos, porque había entre ellos una hermana suya y de Doña Antonia. Mandó a una lengua que se llegase junto a la casa del cacique y le dijese a voces altas

---

[526] empedernido 'incorregible' (Moliner).

que no hubiese miedo, que los navíos que allí estaban traían cristianos de verdad, amigos suyos; despertaron los indios, y viendo los navíos junto a las casas, echaron a huir con sus mujeres e hijos.

El cacique se estuvo con cinco o seis indios y una mujer, y en siendo de día envía un cristiano que venía a decir al Adelantado que le agradecía mucho porque no había muerto a él y a su gente y quemado su pueblo; que aquel cristiano tenía y no más, que se lo enviaba; que allí estaba para hacer lo que quisiese de él. Holgóse mucho con el recaudo y con el cristiano que lo llevaba, que era portugués de Ávila, que yendo en una barca con maíz, gallinas, mantas y mariscos; y unos indios pescadores le cautivaron y llevaron a este cacique, y le servía de traer agua y leña y guisas de comer.

No queriendo el Adelantado que Tocobaga viese a Carlos consigo, fue a hablarle; hízole buen recibimiento el cacique y dijo al Adelantado que no pensaba que era tan bueno; que bien conocía que bien le podían matar a él y a su gente y quemar sus ídolos y pueblo; que otros cristianos que habían andado por allí, y enviaban a pedir maíz, y si los caciques no se lo daban, los mataban; y que otros cristianos habían venido, que eran muy amigos de los caciques y habían muerto a éstos, y de cuales eran ellos el Adelantado y su gente. Respondió que de los cristianos postreros, que venían a matar aquellos primeros que mataban a los caciques y hacían a los indios esclavos, que eran cristianos de mentira y que por eso los mató; y que él no venía a matarles ni a hacerles esclavos ni a tomarles su maíz, sino a ver si querían ser cristianos y tomarlos por amigos y hermanos; y que no iba a hacerles guerra ni a matar a ningún cacique ni indio, sacando aquellos que quisiesen hacer mal o matar algún cristiano; y que si él y su gente querían ser cristianos, que él holgaría de ello.

Levantóse el cacique y sus seis indios, y hacen gran humildad y obediencia al Adelantado, y le besaron las manos; dijo el Adelantado que era amigo de Carlos y tenía cristianos en su tierra; que por eso no había de ser enemigo suyo, y que allí le traía para tratar las paces y amistad con él, volviéndoles las doce personas que tenía cautivos; y que si quisiese ser cristiano con sus indios, le dejaría allí cristianos que le defendiese de sus enemigos.

El Tocobaga respondió que él tenía a sus caciques y los principales indios y amigos que los enviaría a llamar dentro de cuatro días; siendo contento de ello, el Adelantado vínose a dormir aquella noche a sus bergantines. A la mañana vino el cacique a ver al Adelantado, y habláronse él y Carlos, teniendo siempre dos lenguas delante, porque no concertasen algún trato doble; dentro de 3 días vinieron más de mil quinientos indios de muy buena disposición, con sus arcos y flechas.

El Adelantado, como vio tanta gente, dijo al cacique que sus soldados estaban alegres pensando que sus indios querían pelear con ellos; que dejase los principales consigo, que tratasen las paces, y enviase los otros. El cacique lo hizo así, que quedaron 29 caciques y casi cien indios principales; delante de ellos dijo al Adelantado que si las cosas que habían dicho eran de verdad, que todos holgaban de tomarle por hermano mayor y se volvería cristiano, y hacer las paces con Carlos, y que el Adelantado fuese contra aquel que primero la quebrase; y que le dejase otro capitán con 30 soldados y por capitán a García Martínez de Coz; y dentro de ocho días volvía a Carlos a su pueblo, aunque mal contento de las paces que se habían hecho, y amenazando al Adelantado y a sus cristianos, según de las lenguas se había entendido.

Deja a los de aquel fuerte cincuenta soldados más y al Padre Rogel de la compañía de IHS; partióse con el Padre Francisco, compañero, y con los indios de Tequestán para llevarlos a su cacique, y de allí ir a los fuertes de San Agustín y San Mateo; y al salir del puerto encontró un patache que venía de parte de los puertos a pedirle que socorriese con bastimentos, y de La Habana con cartas de todos los regidores que le suplicaban viniese luego a La Habana a aplacar ciertas rencillas que había habido con su capitán Barreda que allí había dejado.

Porque el gobernador quería dar la capitanía al capitán Rodobán, que en este postrero viaje había venido con el socorro que su majestad había enviado al Adelantado, y se había alzado con la bandera al monte con designio de pasarse a la Nueva España, que estaba en este tiempo alterada, y en aquel tiempo estaba en La Habana favorecido del gobernador, acompañado de muchos soldados que andaban allí amotinados y huidos de la Florida.

Capítulo XLVIII: Cómo el Adelantado fue a La Habana.

Viendo el Adelantado estas revueltas y despachos que le enviaban de La Habana, envió los indios a Tequestán, y él se volvió a La Habana; y dentro de tres días llegó al puerto; el capitán Rodobán, sabiéndolo, se ausentó al monte; averiguó lo que pasaba, fuele forzado detenerse allí un mes para ver si podría prender a su capitán. Al cabo de este tiempo le prendió y le sentenció a cortar la cabeza; y a ruego de muchos le concedió la apelación; y con el bastimento que pudo coger, enviando navíos a Campeche a cargar de maíz, se volvió a la Florida para el cacique Tequestán, donde fue recibido de él por hermano mayor. Dejó allí 30 soldados y al Padre Francisco, de la compañía de IHS;[527] dio el cacique al Adelantado un hermano suyo e indios principales para que los trajese a España.

Partiéndose con ellos el Adelantado, de ahí a tres días llegó a San Mateo, donde halló a Gonzalo de Villarroel y a su gente buena; supo que el cacique Saturiba hacía gran número de gente, y que el Villarroel le había muerto algunos caciques e indios y todos sus ganados; que tenía preso en cadena al cacique Emoloa y a un hijo suyo y a dos herederos de dos caciques y a dos indios principales de Saturiba; y supo cómo el Maestro de Campo había subido 50 leguas por aquella ribera de San Mateo arriba, y por la estrecheza del río se había vuelto.

Acordó el Adelantado al segundo día que llegó a San Mateo, de soltar un indio de aquellos que tenía presos Villarroel, y enviarle a Saturiba diciéndole que otro día por la mañana estuviese a la puerta de la barra, que era a dos leguas de allí; recibido el recado dijo que él estaría en la barra, rogándole que llevase consigo los indios que tenía presos; lleva consigo a Villarroel, y halló a Saturiba muy desviado de la marina; enviόle un indio a decirle que se llegase donde estaba. El Saturiba respondió que pusiese en tierra al cacique Emoloa, porque quería primero hablar con ellos; el Adelantado lo hizo así, con sus grillos a los pies; y púsolos frente de un bergantín, teniendo veinte arcabuceros diestros y a dos versos con perdigones, para que si algunos indios los quisiesen llevar, los pudiesen matar. El Saturiba no quiso venir

[527] IHS 'sigla de la expresión latina "Iesus hominum salvador", con la que se designa a Jesucristo; por ejemplo en inscripciones' (Moliner).

a hablar a Emoloa, sino que envió a dos indios principales que hablaron con él, y éstos fueron y vinieron por espacio de más de dos horas; hallóse el cabo que todos sus tratos eran para soltar los indios y querer que el Adelantado saltase en tierra y flecharle a él y a sus soldados, porque tenía el Saturiba muchos indios emboscados.

Entendió la trama el Adelantado por un soldado grande amigo de Emoloa, que tenía cuidado de darle de comer a él y a sus indios; manda recoger al Emoloa y a los demás indios a sus navíos, y que le tuviese por su enemigo, que por los cristianos que había muerto a traición le mandaría cortar la cabeza. Saturiba le envió a decir que a todos los cristianos tenía por enemigo; vuélvese el Adelantado a San Agustín, y juzgando algunas cosas que entre el capitán y el gobernador habían pasado, determinó por cuatro partes dar la guerra a Saturiba.

Y él fue en persona con 60 soldados a la una, y el Maestro de Campo a la otra; y por ser sentido marchó aquella noche diez leguas hasta el alba; y no pudieron hallar a Saturiba. Quemáronle los pueblos y arrancáronle los maizales, y después de haberle hecho todo el mal y daño que pudieron, y más que merecía por haber siempre sido amigo de los luteranos, y por eso haber muerto a muchos cristianos y entre ellos a un padre de la compañía llamado Martínez,[528] recogiéronse al puerto de San Agustín y embarcáronse para Santa Elena, donde está el fuerte de San Felipe; y el Maestro de Campo en una fragata soltó a Emoloa y a todos los demás indios, diciendo que él trataría bien a tres indios que llevaba a España y los volvería a traer; y que si ayudaban a Saturiba, que les cortaría las cabezas aquellos tres indios que llevaba.

Llegó de ahí a tres días a Santa Elena y fuerte de San Felipe, donde halló al capitán Juan Pardo muy bueno y a todos los soldados muy contentos de la buena tierra que habían visto cuando fueron por la tierra adentro, donde entraron hasta 150 leguas que habían dejado hecho el fuerte al pie de la sierra en tierra del cacique Toana.

---

[528] Pedro Martínez y tres flamencos son ultimados por los nativos luego de ser arrastrados por una tormenta en la región de los actuales estados de Florida y Georgia. Zubillaga, 450.

Capítulo XLIX: De la instrucción que dejó el Adelantado a los capitanes de los fuertes de San Agustín, San Mateo y Santa Elena.

Había el Adelantado determinado de ir a España a ver a su majestad y darle cuenta de lo que había pasado en la conquista, y dar orden en lo que se había de hacer para el efecto y acabar la expedición a la Florida que había comenzado. Y antes que se fuese dejó dado cargo a cada capitán de lo que había de hacer mientras él viniese de España. Mandó al capitán Andrada que venido el bastimento que se había de traer de la Florida, con cien hombres de los soldados de su compañía, se fuese a Palicán, isla cerca del río de Matanzas, a cinco leguas de San Agustín al sur, hacia la Nueva España, e hiciese una casa fuerte. Y en el entre tanto les tuviese haciendo escolta y guarda al capitán Hernando Muñoz y a su alférez con cincuenta soldados, y que se hiciese una casa junto a esta otra, donde siempre estuviesen soldados descubriendo y atalayando[529] los navíos que viniesen por la mar. Edificándose en lugar alto, de donde pudiesen hacer este efecto, y de allí diesen aviso en San Agustín; dio instrucción como quedarse en la isla limpia y desembarazada de indios, porque son aquellos nuestros enemigos, de los del cacique Saturiba, y allende de esto, para que los ganados anduviesen seguros.

Y esto se había de hacer echando a los perros por la isla, y en descubriendo el indio matarle aperreándolo,[530] porque de esta arte dejarían la isla y no pasarían de noche a matar el ganado; y por esta causa dejó mandado que aquellos perros estuviesen atados de día, y de noche los soltasen, y los hiciesen bravos contra los indios; y que en Soloy, tierra del cacique Soloy, Francisco Muñoz hiciese otra cosa semejante a la de Policán, con otra tanta gente; y esto había de ir a hacer en fin de Julio del año de 1567; y tres leguas de San Mateo, en Saturiban, pueblo donde estuvo el Adelantado, hiciese Gonzalo de Villarroel otra casa fuerte, y dejase allí soldados, y otra hiciese en lo alto del lugar del cacique Alimacani, otra en San Agustín el viejo con sus soldados.

---

[529] atalayar 'observar lo que pasa, desde una posición adecuada para ello' (Moliner).

[530] aperrear 'echar los perros contra alguien para que sea despedazado por ellos' (Moliner).

Estas casas mandaba hacer en estas partes, porque eran de enemigos que nunca habían querido la amistad de los cristianos; de esta manera tenían los soldados seguro el camino de un fuerte a otro; y de necesidad el Saturiba se había de ir a poblar a otras partes y dejar libres a los nuestros.

Dio orden que persiguiesen y matasen al cacique Tacurun, porque habiéndoles el Adelantado hecho muchas y buenas obras, y no habiendo recibido ningún daño de sus soldados y capitanes, más antes sido amigos suyos, mató al Padre Martínez de la compañía de IHS, y a otras personas que iban con él. Y habiéndole recibido en la marina con nombre y voz de amigo, también mató al capitán Pedro de la Rando y a diez soldados suyos en su casa, recibiéndole muy amigablemente, y estando descuidados durmiendo; mató a un cacique de Guale, porque era amigo del Adelantado.

Mandó que se hiciese otra casa en Guale con 50 soldados de guarnición; estas casas habían de estar sujetas a los gobernadores de San Mateo y San Agustín; las de Guale y Alimacani, Tacatacurun y Saturiban al fuerte de San Mateo; y las casas y gente que estuviesen en Soloin, San Agustín el viejo, Palicán y Matanzas estuviesen sujetos y obedientes para todo lo que les mandase y ordenase el alcalde, gobernador del fuerte de San Agustín.

Y todos los españoles que ahí estuvieren y asistieren en la isla que está al norte de la isla de Ballenas, hasta Santa Elena, y al norte de Santa Elena, y los que en entrando por la tierra dentro a la sierra, han de hacer, guardar y cumplir lo que les mandare y ordenare el alcalde y gobernador del fuerte de San Felipe, que está en el fuerte de Santa Elena.

Avisó que en estas casas fuertes no dejasen entrar a ningún indio, ni india, porque no llevasen aviso, ni reconocimiento como los hubiesen de engañar; amonestó que ningún soldado hiciese mal a indio, sino que les acariciasen y regalasen y les hiciesen buen tratamiento. Había el Adelantado enviado la tierra adentro al capitán Juan Pardo desde el fuerte de Santa Elena, a principios de septiembre del 66 con ciento veinte soldados arcabuceros y ballesteros para entrar a los Zacatecas y minas de San Martín, que es en la Nueva España, a 80 leguas de México, para que hiciese amistad con los caciques e indios que topase; teniendo aviso que venía armada luterana envió por él.

Capítulo L: De cómo adereza la partida para España.

El Adelantado, por aviso y carta de su majestad había sabido que de Francia salió una gruesa armada de cosarios luteranos, que iban a aquellas partes; mandábale que estuviese muy a punto de guerra; por esta causa tuvo necesidad, aunque mucho contra su voluntad, de hacer tornar del descubrimiento al capitán Juan Pardo; y por eso le envió a decir que dejase un fuerte con soldados en la tierra adentro, para la conservación de los indios y caciques amigos, para que fuesen doctrinados e instruidos en las cosas de nuestra Santa Fe Católica.

Hizo que se viniese a la marina y se metiese en San Felipe para que si la armada luterana allí diese, hallase defensa; contó el capitán Juan Pardo la buena acogida y voluntad que había hallado en los indios de la tierra adentro, y cuánta amistad trabaron con él, y el deseo que tenían de ser cristianos como lo eran ellos y tener al Rey Don Felipe por hermano mayor y señor suyo, y Adelantado por su principal para hacer lo que les mandase. También dijo que todos los caciques de la marina tenían aquel mismo propósito y deseo, y que tenía gran voluntad de verle y conocerle y volverse cristianos, pues que el cacique mayor Don Felipe, Rey de España, era cristiano; quisiera el Adelantado entretenerse allí un mes por confirmar aquellos caciques en su amistad y dejarlos muy conocidos amigos y aficionados al servicio de su majestad; más viendo que el bastimento que dejaba en los puertos era poco y que la ración que los soldados tenían era muy corta; allende de esto, poníasele delante haber escrito a su majestad que dentro de diez meses sería en España.

Habíanle también avisado que su majestad quería pasar a Flandes para asegurar aquellos estados, que como estaban cercados de luteranos, los tenían desasogados[531]; ni más ni menos consideraban convenir para remordimiento de los soldados de los fuertes de la Florida y de las islas que fuesen abastecidos y pagados, porque padecían grandes necesidades de comidas y vestidos; había menester también dar cuenta a su majestad del estado de las cosas de la Florida y de todas las Indias e islas, y darle relación de los robos que cosarios hacían en las naos de la

[531] desasosegar 'impaciente, intranquilo' (Moliner).

carrera de las Indias y en las islas de Puerto Rico, Santo Domingo y Cuba; determinaba con toda la más presteza que pudiese aderezar lo necesario para el camino y partida a España; tenía también necesidad de informar a su majestad que si no remediaba y daba orden como los cosarios luteranos que andaban en aquella carrera de Indias, se castigasen y ahuyentasen de aquellas partes que todo se perdería, porque cada día, al gusto de las ganancias que ganaban, robando y rescatando por las islas, se acrecentaban cada día y se hacían tan poderosos, que si ahora al principio, antes que engrosasen más y se hiciesen ricos y se aumentasen, no se desarraigarían, después, con muy gruesa armada había grandes gastos, no se podía acabar; lo que ahora a los principios con muy poca costa se haría.

Llevaba también la manera con que a menos costa de la hacienda real se podía remediar; quería también servir a su majestad en aquel viaje de Flandes, si se determinase y fuese necesidad hacerlo; tenía una fragata hechiza muy ligera, de remo y vela, de parte de hasta 20 tonelajes; carga en ella cincuenta quintales de bizcocho, y llévalos a San Agustín y a San Mateo; que este bastimento había sobrado, porque algunos soldados de aquel fuerte habían ido la tierra adentro. Mete consigo en la fragata al Maestro de Campo y al capitán de su guarda Francisco de Castañeda y al capitán Juan Vélez de Medrano y a todas personas de este jaez[532] hasta número de 25, bien armados y a recaudo, gente que solía acompañar al Adelantado y comer los más de ellos a su plato; embarca a seis marineros y seis indios y dos capitanes que el Adelantado traía presos, Miguel Enríquez y Pedro Roboban.

Capítulo LI: De la navegación del Adelantado a España.

Comenzó a navegar y salir del puerto de Santa Elena el 18 de mayo de 1567; fue su navegación tan artificiosa[533] y de tanta industria, que a 15 de julio llegó a la Tercera, una de las islas de las Azores, no habiendo estado en el camino sino diez y ocho días. Venido en las islas de las Azores, holgóse el Adelantado de tan poco tiempo en haber llegado aquel lugar; entrando en la isla

---

532 jaez 'referido a personas, clase o calidad; se usa peyorativamente, como «ralea»' (Moliner).

533 artificiosa 'hecho con arte' (Moliner).

Tercera le dijeron que su majestad venía a embarcar a la Coruña. Toma la derrota para allá, y día de San Pedro iba a entrar en el puerto; y habiendo encontrado dos naos francesas y una inglesa que le dieron caza, se acogió delante, y al segundo día de enero en Vivero, a 20 leguas de la Coruña, donde supo que su majestad estaba en la corte, envió con el alférez Ayala, a la audiencia real de Indias, con el proceso, a los dos capitanes, y que los presentase en la cárcel de corte.

Escribe a su majestad como había llegado aquella tierra y que quería ir a besarle sus reales manos; fuese a Avilés donde tenía su mujer y casa, que estaba de Vivero a 28 leguas. Una de las cosas de grande admiración y hasta hoy nunca oída, que el Adelantado hizo en este viaje, fue en un navío tan pequeño, navegara tanta mar y tan peligrosa y venir en tan breve tiempo. Entra en su pueblo, y yendo a la iglesia, da gracias a nuestro señor de las mercedes recibidas; de ahí va a su casa acompañado de sus deudos y conocidos y vecinos, que porque allende de ser de los principales de aquella tierra, es bien visto y amado de los de su pueblo.

En 18 años no había venido el Adelantado a su casa cuando veces, y en ellas no para 20 días; de ésta estuvo 18. El Maestro de Campo era de cuatro leguas de allí, y fue a ver a sus padres. Vino a Madrid el Adelantado a besar las manos de su majestad, donde llegó a 20 de julio con seis indios desnudos, con sus arcos y flechas, de la misma manera que andaban en la Florida. Dio a su majestad cuenta del estado de la Florida y de la necesidad en que quedaban de bastimentos los soldados, y del daño que los cosarios hacían en la carrera de las Indias y en todas las islas, y el peligro que corren los soldados socorridos, y mandóle que diese memoriales de la mejor orden que se podría tener para castigar los cosarios que en tiempo de paz andaban robando en aquellas partes a sus vasallos, para ir a la mano a los daños que podrían hacer.

Mándale que esté desocupado para el viaje que había de hacer a Flandes, y que el socorro para los soldados de la Florida lo llevaría uno de los capitanes que consigo traía; después de haberle respondido el Adelantado que es lo uno y lo otro suplicaría a nuestro señor que le favoreciese para poder acertar a servir a su majestad, llegó a besarle sus reales manos. El Maestro de Campo, que aún no era sino de 24 años, porque había servido señaladamente en esta jornada y saberse gobernar bien y por haber sido antes soldado en Italia, su majestad se lo agradeció y le tuvo en servicio la jornada que había hecho; y lo mismo hizo con los demás capitanes y gentiles hombres que llevó consigo.

Manda su majestad al Real Consejo de Indias que oyesen al Adelantado dentro del consejo, particularmente las cosas de la Florida, y pidióle memoria de muchas cosas para las proveer; allí se desengañó y fue bien informado su majestad y su real consejo de las Indias de muchas falsedades que los soldados en aquellos fuertes se habían amotinado, con relaciones falsas, habiendo dicho del Adelantado haber tomado aquella empresa para sus particulares intereses y no para en ella servir a nuestro señor ni a su majestad, siendo muy al revés, porque cuando era general de las armadas de su majestad tenía dos muy buenos galeones suyos y treinta mil ducados, y después, con buenos y prósperos sucesos, tenía muchos navíos, galeones, zabras y pataches, en que había ganado más de 200 mil ducados.

Y todos los había gastado en servicio de su majestad, porque tuviesen buen suceso las cosas de su cargo, trayendo buenos capitanes y soldados, haciéndoles grandes ventajas a su propia costa; y así se halló ser verdad, porque para esta conquista, el día de San Pedro salió de Cádiz con un galeón suyo de mil toneladas, y mejor pieza que había en la mar, muy ligero y artillado, y con 10 velas.

Y de Asturias y Vizcaya con 5 y en ellos dos mil ciento cincuenta hombres de mar y guerra, todos su sueldo, paga y costa, si no eran 300 soldados y un navío que pagaba su majestad; y para tan gran costa, no bastando su dinero, se vio claramente que se empeñó entre sus amigos y deudos, y lo que quedaba empeñado, cuando el año de 1567 vino de esta jornada de España, como de la historia se ha colegido, y se entendió después de haber venido a la corte, cuan bien y firmemente había servido a nuestro señor y a su majestad en esta empresa de la Florida, y cuan importante fue este servicio a su majestad y a la cristiandad.

Tiene en este año 67 sus fuertes muy fortificados y puestos en tal orden, y a los caciques indios tan amigos, que aunque los luteranos hiciesen muy gruesa armada, no serían bastantes a hacer daño en aquella costa. Está el Adelantado ahora, cuando esto acabo de describir, a fin de diciembre, en Sevilla, aderezando dos navíos que van con socorro la vuelta para la Florida.

Capítulo LII: De las cosas que trató el Adelantado para conservación del estado de la Florida y de lo que en ella había hecho.

Allegado a España, presentó al rey esta relación de lo que había hecho y se había de hacer para la conservación de la Florida. El Adelantado Pedro Menéndez costeó y navegó tres o cuatro veces con fragatas y bergantines más de treinta leguas en las costas de la Florida, y ha descubierto los puertos y bogíos, rocas, ensenadas y corrientes que ahí en esas 300 leguas, donde tienen en tres fuertes y en otros cuatro, provincias de estas trescientas leguas; tiene repartidos hasta 150 soldados que están enseñando la doctrina cristiana a los indios y conservando la paz y amistad que con ellos ha hecho. Y aprenden la lengua, y todos los caciques indios que están dentro en esta distancia, se han dado por amigos del Adelantado y vasallos de su majestad, y los más de ellos han quedado ídolos y adoran la cruz, si no son los caciques indios que están en término de treinta o cuarenta leguas en rededor de donde los franceses luteranos tenían su fuerte, que están de guerra que no dejan cristiano que puedan haber, a vida, y no se pude pasar de un fuerte a otro sin menos de 50 soldados arcabuceros. Ciento cincuenta leguas la tierra adentro, al pie de la sierra, camino de las Zacatecas, tiene otro fuerte para la conversión de los indios y que vengan a obediencia de su majestad. Y así son amigos y adoran la cruz y aprenden la doctrina cristiana; y a cien leguas de este fuerte, hacia las Zacatecas, han venido caciques a dar la obediencia en nombre de su majestad al capitán que está en aquel fuerte, y piden con grande eficacia ser cristianos; y tienen puesto en toda la Florida, en los pueblos y fuertes de indios, hasta mil doscientos soldados, sin otros 150 hombres de mar que trae en las doce fragatas y bergantines que andan en los descubrimientos y trayendo bastimentos a los soldados que están en los fuertes.

Toda esta costa que el Adelantado ha descubierto, entrando gente de trabajo en ella, se hará gran cantidad de vigas para los navíos, de que España no tiene ninguna, porque vienen de Francia; habrá gran cantidad de alquitranes para los navíos, que no los hay en España, y viene de Alemania; habrá gran número de tablazón de pino y roble, que suelen venir de Alemania en urcas a Cádiz para naos y casas; habrá gran número de cáñamos para jarcias de naos, que suelen venir de Francia y Flandes y Alemania; podíanse hacer muchos navíos a muy poca costa por los muchos y muy buenos montes que hay; puédase hacer allí mucho pescado curado para a estos reinos de España, y no llevarán el dinero otras naciones por esta mercadería.

Hay en la Florida muchas riberas de ríos dulces, y grandes prados para ganados mayores y menores, donde se puede traer para España corambre,[534] lana, cecina,[535] tocino, porque hay muchos montes de encinas con cantidad de bellotas; hay perlas grandes y buenas, y la tierra adentro se halla oro bajo de ocho o nueve quilates; sobre cobre dicen todos los que de esto entienden, que es la mejor señal de haber mucho oro; se ha hallado mucho metal de vena[536] para hierro muy bueno; hay mucho zumaque.[537]

Es tierra saludable y de buen cielo; teniéndose su majestad por bien servido e informado de las cosas de la Florida, y de cómo se ha de conservar ella y las demás islas y puertos de la Indias.

En Madrid, a 15 de septiembre de 1567, hizo merced su majestad al Adelantado Pedro Menéndez de darle título de capitán general de todo el poniente, dándole doce navíos agalerados, con dos mil infantes, y doscientos mil ducados para ayuda de costa, conque asegure de corsarios la carrera de las Indias. Y viendo que para lo que tocaba a la Florida era cosa importante que la isla de Cuba estuviese a su mandado, hízole gobernador de ella.

Acabóse la historia a fines de diciembre, año de mil quinientos sesenta y ocho.

---

534 corambre 'conjunto de cueros o pieles' (Moliner).

535 cecina 'carne salada y ceca' (Moliner).

536 vena 'yacimiento mineral estrecho y largo; filón, veta' (Moliner).

537 zumaque 'arbusto anacardiáceo que se emplea como curtiente por el mucho tanino que contiene' (Moliner).

Bibliografía

Adorno, Rolena and Patrick Charles Pautz, Ed. *Alvar Núñez Cabeza de Vaca: his account, his life, and the expedition of Pánfilo de Narváez.* 3 volumes. Lincoln: University of Nebraska Press, 1999.
---. "The discursive encounter of Spain and America: The authority of eyewitness testimony in the writing of history". *The William and Mary Quarterly*, 3rd Series, 49, No.2 (1992): 210-28.

Acosta, Antonio y Juan Marchena, Editores. *La influencia de España en el Caribe, la Florida y la Luisiana, 1500-1800.* Madrid: Instituto de Cooperación Iberoamericana, 1983.

Ahern, Maureen. "Dichosas Muertes: Jesuit Martyrdom on the Northern Frontier of La Florida", en *Romance Philology*, Vol. 53, Fall 1999.

Alcedo, Antonio de. *Diccionario geográfico-histórico de las Indias Occidentales o América.* 5 volúmes. Madrid: Imprenta de B. Cano, 1786-89.

Arnade, Charles W. "The Cultural Heritage of Spanish Florida", en *Homage to Irving A. Leonard*, edited by Raquel Chang-Rodríguez and Donald A. Yates. New York: Editorial Mensaje, 1977.

Ballesteros Gaibrois, Manuel. Ed. *Viajes por Norteamérica.* Bibliotheca Indiana. Madrid: Aguilar, 1958.

Barrientos, Bartolomé. *Pedro Menéndez de Avilés.* Translated with and Introduction by Anthony Kerrigan. Gainsville: University of Florida Press, 1965.
---. *Vida y hecho de Pedro Menéndez de Avilés.* Edición prologada por Justo Ureña y Hevia. Gijón: Monumenta Histórica Asturiensia, 1993.

Barcia y Carballido, Andrés González de. *Ensayo cronológico para la historia general de la Florida.* Madrid: Oficina Real, 1723.

Baudot, Georges. *La vida cotidiana en la América española en los tiempos de Felipe II.* Traducción de Stella Mastrángelo. México: Fondo de Cultura Económica, 1995.

Bolton, Herbert Eugene. "Defensive Spanish Expansion and the Significance of the Borderlands", en *The Idea of Spanish Borderland*. Edited with and Introduction by David J. Weber. New York: Garland, 1991.

Caruso, John Anthony. *The Southern Frontier*. Indianapolis: The Bobbs-Merrill Company, 1963.

Cárdenas y Cano, Gabriel de. *Ensayo cronológico para la historia general de la Florida*. Madrid: Oficina Real, 1722.

Cerezo Martínez, Ricardo. *Las Armadas de Felipe II*. Madrid: Editorial San Martín, 1988.

Certeau, Michel de. *La escritura de la historia*. Traducción de Jorge López Moctezuma. México: Universidad Iberoamericana, 1985.

Chaunu, Pierre et Huguette. *Séville et l'Atlantique, 1504-1650*. Paris: Librairie Armand Colin, 1955. T. III, *Le trafic de 1561 à 1595*.

Cordingly, David. *Pirates*. North Dighton: JG Press, 1998.

Cumming, W. P., R.A. Skelton and D.B. Quinn. *The Discovery of North America*. New York: American Heritage Press, 1971.

Chatelain, Verne E. *The Defense of Spanish Florida, 1565 to 1763*. Washington: Carnegie Institution of Washington Publication 511, 1941.

Deagan, Kathleen. *Spanish St. Augustine*. New York: Academic Press, 1987.
---. "Los misioneros y los matrimonios: el papel de las relaciones hispano indias en laformación de una tradición cultural hispano-floridana", en *Conquista y colonización de la Florida*. Madrid: Ediciones Itsmo, 1989.

Elvas, Fidalgo de. *Expedición de Hernando de Soto a Florida*. Buenos Aires: Espasa Calpe, 1952.

Emmer, P.C. and M. Morner, eds. *European Expansion and Migration*. New York: St. Martin's Press, 1992.

Encinas, Diego de. *Cedulario Indiano*. Reproducción facsímil de la edición única de 1596. Cuatro tomos. Madrid: Ediciones Cultura Hispánica, 1946.

Escalante Fontaneda, Hernando. *Memoir of d'Escalante Fontaneda respecting Florida, written in Spain, about 1575*. Translated from Spanish by Buckingham Smith. Washington, 1854.

Ercilla, Alonso de. *La Araucana*. Edición de Isaías Lerner. Madrid: Cátedra, 1993.

Fernández Alvarez, Manuel. *Felipe II y su tiempo*. Madrid: Espasa Calpe, 1998.

Fernández Duro, Cesáreo. *Armada española*. Madrid: Impresores de la Real Casa, 1891.

Fernández-Shaw, Carlos. *The Hispanic Presence in North America from 1492 to Today*. New York: Facts on File, Inc., 1991.

García Baquero González, Antonio. *Comercio y burguesía mercantil en el Cádiz de la Carrera de Indias*. Cádiz: Diputación Provincial, 1991.

García Cárcel, Ricardo. *La leyenda negra*. Madrid: Alianza, 1992.

García, Genaro. *Dos antiguas relaciones de la Florida*. México: Avilar Vera y Comp., 1902.

Garcilaso de la Vega, El Inca. *La Florida*. Introducción y notas de Carmen de Mora. Madrid: Alianza, 1988.

Gómez-Tabanera, José Manuel. "Al margen de un centenario: leyenda negra y razón de Estado en la Florida hispana, en *Boletín del Instituto de Estudios Asturianos*, núm. 83 (1974): 709-779.
---. Ed. *Franceses en la Florida*. Madrid: Historia 16, 1990.

Greenblatt, Stephen. *Marvelous Possessions*. Chicago: The University of Chicago Press, 1991.
---. Ed. *New World Encounters*. Los Angeles: University of California Press, 1993.

Hilton, Silvia-Lyn. "Ocupación española de Florida: algunas repercusiones en la organización sociopolítica indígena, siglos XVI y XVII", en *Conquista y colonización de la Florida*. Madrid: Ediciones Itsmo, 1989.

Hudson, Charles. *The Juan Pardo Expeditions. Exploration of the Carolinas and Tennessee, 1566-1568*. Washington: Smithosian Institute Press, 1990.
---. *The Southeastern Indians*. Knoxville: University of Tennessee Press, 1976.
---. *Knights of Spain, warriors of the sun. Hernando de Soto and the South's ancient chiefdoms*. Athens: University of Georgia Press, 1997.

Jackson, Robert H. Ed. *New Views of Borderland History*. Albuquerque: University of New Mexico Press, 1998.

Keegan, Gregory J. y Leandro T. Sanz, *Experiencia misionera en la Florida*, Madrid: Consejo Superior de Investigaciones Científicas, 1957.

Landers, Jane. *Black Society in Spanish Florida*. Urbana: University of Illinois Press, 1999.

Lopetegui, León y Féliz Zubillaga. *Historia de la Iglesia en la América española*. Madrid: Biblioteca de Autores Cristianos, 1965.

Lorant, Stefan, Ed. *The New World. The First Pictures of America*. New York: Duell, Sloan, and Pearce, 1965.

Lowery, Woodbury. *Spanish Settlments Within the Present Limits of the United States: Florida, 1562-1574*. New York and London: Putnam's, 1911.

Lucena Salmoral, Manuel. *Piratas, bucaneros, filibusteros y corsarios en América*. Madrid: Editorial Mapfre, 1992.

Lyon, Eugene. *The Enterprise of Florida*. Gainesville: The University Presses of Florida, 1971.
---. Ed. *Pedro Menéndez de Avilés*. New York: Garland, 1995.

McGrath, John T. *The French in Early Florida: In the Eye of the Hurricane*. Gainesville: University Press of Florida, 2000.

Manucy, Albert. *Pedro Menéndez de Avilés, Captain General of the Ocean Sea*. Gainesville: Pineapple Press, 1983.

Milanich, Jerald T. *Florida Indians and the Invasion from Europe*. Gainesville: University Press of Florida, 1995.

Milanich, Jerald T. and Susan Milbrath, eds. *First Encounters: Spanish Explorations in the Caribbean and the United States, 1492-1570*. Gainesville: University of Florida Press, 1991.

Mignolo, Walter. "Cartas, crónicas y relaciones del descubrimiento y la conquista", en *Historia de la literatura hispanoamericana. Epoca colonial*. Madrid: Cátedra, 1982.

Mota, Francisco. *Piratas en el Caribe*. La Habana: Casa de las Américas, 1984.

Navarrete, Martín Fernández de. *Biblioteca marítima española*. Barcelona: Palau y Dulcet, 1995.

Nieto Ballester, Emilio. *Breve diccionario de topónimos en español*. Madrid: Alianza, 1997.

Padgen, Antonhy. *European Encounters with the New World*. New Haven: Yale University Press, 1993.
---. *Lords of the World, Ideologies of Empire in Spain, Britain and France*. New Haven: Yale University Press, 1995.

Pando Villaroya, José Luis de. Diccionario de marina. Madrid: Pando Ediciones, 1985.

Parkman, Francis. *Pioneers of France in the New World.* Boston: Little, Brown, and Company, 1935.

Pérez-Mallaína, Pablo Emilio. *Los hombres del Océano.* Sevilla: Diputación de Sevilla, 1992.
---. *El hombre frente al mar.* Sevilla: Universidad de Sevilla, 1997.

Pi Corrales, Magdalena. *España y las potencias nórdicas.* Madrid: Editorial San Martín, 1983.
---. *La otra invencible, 1574.* Madrid: Editorial San Martín: 1983.
---. *Felipe II y la lucha por el dominio del mar.* Madrid: Editorial San Martín, 1989.

Puertos y fortificaciones en América y Filipinas. Madrid: CEHOPU, 1985.

Quinn, David B. Ed. *North American Discovery.* New York: Harper and Row, 1971.

Rabasa, José. *Writing Violence on the Northern Frontier.* Durham: Duke University Press, 2000.

Ribault, Jean, René de Laudonnière, Nicolas Le Challeux et Dominique de Gourgues. *Les Francais en Amérique-Les Francais en Floride.* Choisis et Annotés par Suzanne Lussagnet. Paris: Presses Universitaires de France, 1958.

Ruidíaz y Caravia, Eugenio. *La Florida: su conquista y colonización por Pedro Menéndez de Avilés.* Madrid: Imp., Fund. y Fa. de Tintas de los Hijos de J.A. García, 1893, 2 tomos.

Sáinz, María Antonia. *La Florida, Siglo XVI.* Madrid: Editorial Mapfre, 1991.

Sauer, Carl Ortwin. *Sixteenth Century North America: The Land and the People as Seen by the Europeans.* Berkeley: University of California Press, 1971.

Salas, Alberto M. *Las armas de la conquista de América*. Buenos Aires: Editorial Plus Ultra, 1986.
---. *Crónica florida del mestizaje de Indias*. Buenos Aires: Editorial Losada, 1960.

Seed, Patricia. *Ceremonies of Possession in Europe's Conquest of the New World.* Cambridge: Cambridge University Press, 1995.

Solís de Merás, Gonzalo. *Memorial*. Introduction by Lyle N. McAlister. Gainsville: University of Florida Press, 1965.

Turner Bushnell, Amy. *Situado y Sabana. Spain's Support System of the Presidio and Mission Provinces of Florida.* Anthropological Papers of the American Museum of Natural History. Athens: University of Georgia Press, 1994.

Valcárcel Martínez, Simón. *Las crónicas de Indias como expresión y configuración de la mentalidad renacentista*. Granada: Diputación Provincial de Granada, 1997.

Weber, David J. *The Spanish Frontier in North America*. New Haven: Yale University Press, 1992.
---. Ed. *The Idea of Spanish Borderland*. New York: Garland Publishing, 1991.

Worth, John E. *The Timucuan chiefdoms of Spanish Florida. Asimilation*. Vol. I. Gainesville: University Press of Florida, 1998.
---. *The Timucuan chiefdoms of Spanish Florida. Resistance and destruction*. Vol. II. Gainesville: University Press of Florida, 1998.

Zubillaga, Félix. *La Florida: la misión jesuítica y la colonización española*. Roma: Instituto Historicum, 1941.

Índice

Escribana Books is an academic publishing house specialized in publishing works in the fields of Cultural and Literary Studies. As an imprint of Artepoética Press, Escribana Books stands out for its focus on Hispanic themes, ranging from contemporary analyses of cultural phenomena to in-depth studies of history, culture, art, and literary movements. Escribana Books combines intellectual rigor with innovative perspectives, making a significant contribution to the discourse in humanities and social sciences. Visit artepoetica.com or escribanabooks.com for further details and information.

escribana books

an imprint of artepoética press

Made in the USA
Monee, IL
12 November 2026

a607a13c-cc6f-4cce-9574-1a9bd3dd3874R01